科技支撑乡村振兴 · 农业科技培训系列教材

# 绿色
# 无公害果品
# 生产与营销

郑先波　黄　松　主编

U0349778

中国农业科学技术出版社

**图书在版编目（CIP）数据**

绿色无公害果品生产与营销／郑先波，黄松主编. —北京：中国农业科学技术
出版社，2020.5

ISBN 978-7-5116-4674-3

Ⅰ.①绿…　Ⅱ.①郑…②黄…　Ⅲ.①果树园艺-无污染技术②水果-市场营销学
Ⅳ.①S66②F762.3

中国版本图书馆 CIP 数据核字（2020）第 055056 号

| | |
|---|---|
| **责任编辑** | 崔改泵 |
| **责任校对** | 贾海霞 |

| | |
|---|---|
| **出 版 者** | 中国农业科学技术出版社 |
| | 北京市中关村南大街 12 号　邮编：100081 |
| **电　话** | （010）82109194（出版中心）　（010）82109702（发行部） |
| | （010）82109709（读者服务部） |
| **传　真** | （010）82109698 |
| **网　址** | http://www.castp.cn |
| **经 销 者** | 各地新华书店 |
| **印 刷 者** | 北京富泰印刷有限责任公司 |
| **开　本** | 787mm×1 092mm　1/16 |
| **印　张** | 17 |
| **字　数** | 403 千字 |
| **版　次** | 2020 年 5 月第 1 版　2020 年 5 月第 1 次印刷 |
| **定　价** | 60.00 元 |

# 前　言

党的十九大提出了"产业兴旺、生态宜居、乡风文明、治理有效、生活富裕"的乡村振兴战略总要求。果树产业发展的方针是"上山、下滩，不与粮棉油争地"，也是多地发展"一县一业"的特色优势产业。乡村振兴，"产业兴旺"排在首位，很多地区充分发挥果树产业在产业兴旺中的促进作用，同时大力发展果树产业助力生态宜居，党的十九大首次将"树立和践行绿水青山就是金山银山的理念"写入大会报告。果树产业的发展可以很好地诠释这一理念，农民的房前屋后、山上路边，种上适宜的果树。很多贫困地区以果树为载体，实现脱贫不返贫和乡村振兴。

生产绿色无公害果品是当代农业的发展方向，消费绿色食品已经成为人类的共识。水果人均消费量逐年增加，在整个食物消费中的比重不断提高，总体需求不断增长，水果已成为广大人民的必备食品。在乡村振兴培训中，果树专题培训显得尤为重要。用科学技术帮助实现"生活富裕"。由于果树产业的特殊性，在有效管理的前提下，多数果树树种在一定程度上可以起到种一代、富三代的效果，也是保证农民脱贫不返贫的有效手段。但如何进行有效的管理，使果树能够长期、持续地取得好的经济效益，帮助农民致富，任重而道远。同时要求广大水果产品生产与经营者，尤其是经纪人掌握水果产品市场营销的基本知识，在加工、储藏、运输等增值基础上，通过包装、定价、促销宣传等营销策略的制定，赢得市场，把水果产品卖出去，从而获取长期稳定的利润。

本书按照乡村振兴培训教材的要求，特组织河南农业大学和信阳农林学院相关有经验的专业教师，结合自己多年的科研、教学和社会实践，参阅相关技术资料共同编写本教材，系统地介绍了绿色无公害果品生产与营销的基本知识和基本方法。主要内容和分工如下：绿色无公害果品生产与营销概论由郑先波教授、黄松副教授执笔；绿色无公害苹果生产关键技术由宋春晖博士执笔；绿色无公害梨生产关键技术由黄松副教授、李明硕士执笔；绿色无公害桃生产关键技术由谭彬副教授、王小贝博士执笔；绿色无公害葡萄生产关键技术由史江莉副教授执笔；绿色无公害枣生产关键技术由李继东副教授执笔；绿色无公害核桃生产关键技术由王磊博士执笔；绿色无公害石榴生产关键技术由万然博士执笔；绿色无公害李生产关键技术由程钧博士执笔；绿色无公害杏生产关键技术由王伟博士执笔；绿色无公害柿生产关键技术由王苗苗博士执笔；果品的采收及采后保鲜技术由胡青霞副教授执笔；家庭农庄葡萄酒酒庄规划与设计由焦健博士执笔；果品营销策略由郑先波教授、鲁怀坤副教授执笔。最后由郑先波教授、黄松副教授对全书进行修改和统稿。

　　本书内容丰富系统，技术先进适用，文字通俗易懂。适用乡村振兴培训教材需要，同时适合广大果品生产与营销人员、从事果品生产的农业企业人员、农业技术推广人员与管理干部以及有关农林院校的师生阅读参考。但由于水平有限，编写时间紧、任务重，未必能够完全满足乡村振兴培训学员的全部需求，不当之处，敬请批评指正。同时，在编写的过程中，参考了一部分同行的技术资料，在此一并表示感谢。

编　者

2019 年 10 月于郑州

# 目 录

# 第一章　绿色无公害果品生产与营销概论

## 第一节　绿色无公害果品的概念与果树生产概况

### 一、绿色无公害果品概念

绿色无公害果品是出自洁净生态环境、生产方式符合环境保护有关要求、有害物含量控制在一定范围之内、经过专门机构认证的一类无污染的、安全食品的泛称，它包括无公害果品、绿色果品和有机果品三大类。绿色无公害果品是目前果品生产的发展方向。绿色食品生产不但要保证食品的安全、无污染，而且要保证食品的优质、美味、营养丰富。

无公害果品指产地生态环境清洁，按照特定的技术操作规程生产，将有害物含量控制在规定标准内，并由授权部门审定批准，允许使用无公害标志的食品。无公害农产品标志图案（图1-1右）主要由麦穗、对勾和无公害农产品字样组成，麦穗代表农产品，对勾表示合格，金色寓意成熟和丰收，绿色象征环保和安全。

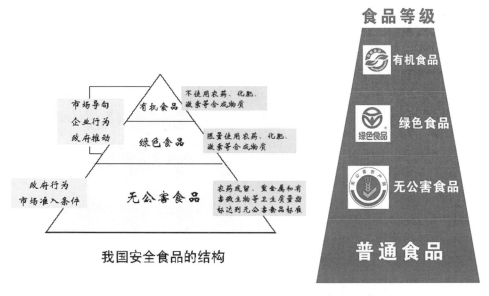

图1-1　我国安全食品的结构和食品等级（图片来源于网络）

绿色食品概念是我们国家提出的，指遵循可持续发展原则，按照特定生产方式生产，经专门机构认证，许可使用绿色食品标志的无污染的安全、优质、营养类食品。由于与环境保护有关的事物国际上通常都冠之以"绿色"，为了更加突出这类食品出自良好生态环境，因此定名为绿色食品。无污染、安全、优质、营养是绿色食品的特征。无污染是指在绿色食品生产、加工过程中，通过严密监测、控制，防范农药残留、放射性物质、重金属、有害细菌等对食品生产各个环节的污染，以确保绿色食品产品的洁净。为适应我国国内消费者的需求及当前农业生产的国际竞争，从1996年开始，在申报审批过程中将绿色食品区分为AA级和A级。绿色食品标志（图1-1右）由三部分构成：上方的太阳、下方的叶片和蓓蕾。标志图形为正圆形，意为保护、安全。整个图形描绘了一幅明媚阳光照耀下的和谐生机，告诉人们绿色食品是出自纯净、良好生态环境的安全、无污染食品，能给人们带来蓬勃的生命力。绿色食品标志还提醒人们要保护环境和防止污染，通过改善人与环境的关系，创造自然界新的和谐。

有机食品来自有机农业生产体系，根据有机认证标准生产、加工、并经独立的有机食品认证机构认证的农产品及其加工品等。有机食品标志（图1-1右）采用人手和叶片为创意元素。我们可以感觉到两种景象其一是一只手向上持着一片绿叶，寓意人类对自然和生命的渴望；其二是两只手一上一下握在一起，将绿叶拟人化为自然的手，寓意人类的生存离不开大自然的呵护，人与自然需要和谐美好的生存关系。有机食品概念的提出正是这种理念的实际应用。人类的食物从自然中获取，人类的活动应尊重自然的规律，这样才能创造一个良好的可持续的发展空间。

有机食品与无公害食品和绿色食品的最显著区别是，前者在其生产和加工过程中绝对禁止使用化学农药、化肥、除草剂、合成色素、激素等人工合成物质，后者则允许有限制地使用这些物质。

## 二、我国果树资源概况

### （一）自然条件

我国国土面积为960万 km$^2$，地形呈现出从西向东逐渐降低的趋势。中国的自然条件有以下特点。

（1）气候多样。我国地域辽阔，气候多样，从南到北既有热带、亚热带气候，又有温带、寒带。

（2）地形复杂。我国既有世界最高的高原，又有低于海平面的盆地，既有多雨的热带雨林，又有年降水量只有十几毫米的干旱沙漠。

### （二）果树资源及栽培历史

由于自然条件的多样性，决定了我国果树资源十分丰富。据研究，目前世界果树包括野生果树共有约60个科，2 800种左右。中国现有果树58个科，300余种。苏联科学家瓦维洛夫根据在世界各地的考察，提出世界8个重要作物起源中心，中国是农业和栽培植物起源最早和最大的中心之一。

我国不仅果树资源十分丰富，果树栽培的历史也十分久远。最早有文字记载的果树栽培活动是3 000多年前的《诗经》，在本书中记载有桃、杏、李等多种果树的优良品种。此外，许多中国史书中记载了果树栽培管理技术。如《齐民要术》（533—544 年）中已记载了梨树实生繁殖会产生劣变，并且谈到了梨树的嫁接方法及砧木与接穗间的相互影响。对枣树的环剥、疏花等都有较详细的记载。到中国的宋代，已经出版了果树专著《荔枝谱》（1059 年）和《桔录》（1178 年）。在《荔枝谱》中详细地记载了荔枝的历史、分布、生长特性等，并记录了 32 个品种。《桔录》是中国最早的一部柑橘专著，其中记录了 27 个种和品种，对柑橘的品种特性、栽培技术、加工、贮藏等都有详细的记载。

我国的果树资源对世界的果树生产起到过重要作用。15 世纪，葡萄牙人从中国广东、福建、台湾等地引入了许多柑橘品种，逐渐传到世界很多地区。大约 500 年前，日本僧人从中国的浙江温州带回去一批柑橘品种，经过品种的选育，培育出了著名品种温州蜜柑。20 世纪初，新西兰人从中国引入了美味猕猴桃，从中培育出了'海沃德'等著名品种，目前猕猴桃已成为新西兰的重要果树树种，其出口量占新西兰水果出口量的第一位。

目前，我国丰富的种质资源仍为世界果树工作者所重视，继续对世界果树生产和科研的发展发挥作用。如为许多国家提供了多种多样的抗病抗寒砧木，以及丰富的杂交育种资源。例如，中国原产的杜梨对火疫病的抵抗能力很强，作为西洋梨的抗病砧木对欧美的梨生产起到了重要的作用。

**（三）我国果树的分布**

我国共划分为 8 个果树带。

1. 热带常绿果树带

这一果树带位于北纬 24°以南，即大体在北回归线以南地区。主要包括海南全省，广东、广西壮族自治区（全书简称广西）的大部分地区，福建、云南和台湾的部分地区。

这一地区的特点是高温高湿。年平均气温 19.3~25.5℃，绝对最低温在−1℃以上，年降水量 832~1 666 mm，绝大多数地区终年无霜。

这一地区是我国热带、亚热带果树的主要产区。主要果树树种有：香蕉、菠萝、椰子、杧果、番木瓜、柑橘、荔枝、龙眼、橄榄、枇杷、杨桃等。这一地区中的海南省是我国唯一纯热带果树的产区。

本地区野生果树资源十分丰富，如猕猴桃、野山楂、野葡萄、锥栗、柿等。

特产果树有：广东的荔枝、香蕉；海南的椰子；广西的沙田柚；福建漳州的芦柑、琯溪蜜柚、龙眼等。海南近年来又引进了红毛丹、火龙果等。

2. 亚热带常绿果树带

这一果树带位于热带常绿果树带以北，包括江西全部，福建大部，广东、广西的北部，湖南，浙江和安徽的部分地区。

这一地区气温比热带果树带略低，年平均气温 16.2~21℃，绝对最低温−1.1~8.2℃，年降水量 1 281~1 821 mm，无霜期 240~330 天。

这一地区是我国亚热带常绿果树的主产区，主要有：柑橘、枇杷、杨梅、龙眼、荔枝、香榧等。

传统特产果树有：浙江黄岩蜜橘；江西南丰蜜橘；福建龙眼、枇杷等。

3. 云贵高原常绿、落叶果树混交带

这一地区包括贵州全部，云南的绝大部分及四川西昌地区，湖南、湖北、陕西、甘肃的部分地区。

这一果树带的特点是地势复杂，海拔变化大，具有明显的垂直气候特点，年均温、绝对最低温及年降水量差别很大，无霜期的长短也很不相同。

由于这种气候的多样性，带来植物分布的多样性。在这一果树带中，果树种类繁多，常绿果树和落叶果树混交分布。

在海拔 800m 以下，气温高，终年无霜，主要分布的果树有：香蕉、杧果、椰子、番木瓜等热带、亚热带果树。

海拔 800~1 000m 地区，分布有柑橘、龙眼、荔枝、枇杷等，也有部分落叶果树分布。

海拔 1 300~3 000m，分布各种落叶果树，如苹果、梨、桃等。

这一地区的果树野生资源十分丰富。

4. 温带落叶果树带

也称淮河、秦岭以北落叶果树带，包括江苏、山东全部，安徽、河南绝大部分，河北、山西、辽宁、陕西大部分地区，甘肃等部分地区。

这一地区地势较低，年均温在 8~16℃，绝对最低温为-29.9~10.1℃，年降水量为 499~1 215 mm，无霜期 157~265 天。

这一地区是我国落叶果树的生产基地。北方水果绝大部分产于这一地区，如苹果、梨、桃、葡萄、板栗、柿、李、杏、樱桃等。

传统特产水果有：山东的苹果、河北的金丝小枣、燕山山脉的板栗、山东肥城的桃、河北鸭梨、山东莱阳慈梨、樱桃等。

这一果树带内的野生资源也十分丰富，是我国最重要的果树产区。

5. 旱温带落叶果树带

包括山西北部，甘肃、陕西、宁夏回族自治区（全书简称宁夏）、青海、四川、西藏自治区（全书简称西藏）、新疆维吾尔自治区（全书简称新疆）等的部分地区。

这一果树带海拔高，一般海拔 700~3 600 m，年平均气温 7.1~12.1℃，绝对最低温为-24.4~-12.1℃，年降水量 32~619mm，这一地区和温带落叶果树带相比，最大的区别是降水量少，气候干燥，日照充足，昼夜温差大。因此，这一地区能够生产出优质的果品。如甘肃的天水、陕西的铜川、西藏的昌都等地生产的苹果品质非常优良，曾获得全国大奖。新疆塔里木盆地周围，由于日照充足，温差大，气候极其干燥，是世界著名的葡萄干生产基地。

这一地区主要栽培果树有：苹果、梨、葡萄、核桃、桃、柿、杏等。其次有枣、李、扁桃、阿月浑子等。

这一地区的野生果树资源也十分丰富。

6. 干寒落叶果树带

此带包括内蒙古自治区（全书简称内蒙古）全部，宁夏、甘肃、辽宁的西北部，新疆的北部，河北张家口以北及黑龙江、吉林西部。

本带处于我国干寒地区，其界限大体与我国 250mm 等雨线相同。这个地区内年降水量很少有超过 400mm 的。而最少的只有 10mm（新疆吐鲁番年降水量为 6.7mm）。

除降水量少外，气温也低。年平均温度 6.9～10.8℃，绝对最低温可达 –32～–22.5℃。这一果树带大部分处于海拔高、气候干燥寒冷的地区。

主要栽种的果树有：小苹果、苹果、葡萄、秋子梨等。

这一果树带内，由于昼夜温差大，有些地区能够生产出优质的果实。如吐鲁番的葡萄、新疆库尔勒的梨等。在这一果树带内栽种大苹果需采用匍匐栽培。

7. 耐寒落叶果树带

此带位于我国的东北地区，即辽宁的辽阳以北、内蒙古的通辽以东及黑龙江的齐齐哈尔以东地区。

这一果树带是我国纬度最高、气温最低的地区。果树分布区的年平均气温只有 3.2～7.8℃，7 月平均气温 21.3～24.5℃，1 月平均气温 –22.7～12.5℃，绝对最低温为 –40～–30℃。

此地区在自然条件下只能生产一些耐旱性果树，如山葡萄、黑加仑、醋栗等。

8. 青藏高寒落叶果树带

这一地区主要在我国西北的青藏高原及甘肃、四川的部分地区。在这一地区很少有果树栽培，只有少量的野生果树。

### 三、我国水果生产状况

1. 基本情况

（1）水果市场基本饱和，产销矛盾大。我国苹果、柑橘、梨、葡萄（鲜食）、桃等大宗水果无论种植面积和产量均居世界第一。世界上每 10 个梨有 7 个产自中国，每 2 个苹果中有 1 个产自中国，每 2 个桃中有 1 个产自中国，每 4 个柑橘中有 1 个产自中国。

2015 年全国水果总面积 1.92 亿亩（15 亩 = 1hm$^2$。全书同），总产量 1.75 亿 t，人均 127kg 水果，包括 31kg 苹果、26.6kg 柑橘、13.6kg 梨、9.9kg 葡萄、9.9kg 桃和 9.1kg 香蕉等，几乎是世界人均水果消费量（65kg）的两倍。2018 年全国人均 190kg 水果，几乎是世界人均水果消费量的三倍。即便按照最新的膳食指南标准所推荐的"成年人应该每天吃 200～350 g 水果"，人均一年有 73～128kg 水果也就足够了。

（2）主要病虫害流行蔓延，危险性大。近年来，果树病虫害呈扩散蔓延之势，严重威胁了水果质量安全和生产安全。2008 年，受柑橘大实蝇虫害影响，导致柑橘鲜果严重滞销，价格大幅下跌，果农损失惨重。目前，还有柑橘黄龙病、苹果蠹蛾、葡萄根瘤蚜等病虫害为害重、防控难、潜在威胁大。小食蝇如桔小实蝇、梨小食心虫等危害很大。

（3）结构失衡，结构调整压力大。目前，我国水果区域布局、树种结构和品种结构仍然不协调、不均衡、不经济。非适宜区或次适宜区的面积仍占一定比例。树种结构不合理：大宗水果比重过高，增长过快，如苹果、柑橘、梨产量占水果总量的近 60%。品种结构不合理：如苹果中红富士占近 70%。

另外，鲜食比重大，加工比重小，如梨加工量仅占产量的4%左右。科研投入少、力量分散，基础研究、品种选育等尤其薄弱；良种繁育体系不健全，优质苗木繁育能力不足；受传统种植习惯的影响，调整难度大。

2. 中国水果生产的特点

（1）从单纯的通过面积扩张来提高产量逐渐转化为通过提高栽培技术水平，提高单产来增加产量；果树总面积稳中趋降。在最初发展阶段，由于水果价格较高，单位面积的经济效益远高于大田作物，因此，许多地区积极扩大种植面积，使全国的果树种植面积有了很大提高，总产量也相应的大幅度提高。但这时产量的提高主要是通过种植面积的扩大来实现的。近年来，随着果品产量的增加，市场竞争日益激烈，价格不断下降，许多管理水平较低的果园出现亏损，并在市场竞争中被淘汰。而管理水平较高的果园，通过提高管理水平，使产量增加，品质提高，从而增加了经济效益。因此，目前中国果树面积增加的速度虽然在减缓甚至不断减少，但产量还在不断增加。

（2）从追求数量逐渐转变为在保证一定数量的前提下追求质量。过去中国的果农为了提高果园的效益，最主要的办法是提高果园的产量。因为在前些年中国市场上优质果品的价格与劣质果品的价格相差不大。特别是在人们生活水平较低的年代，价格是人们选择果品的最主要的依据。随着生活水平的提高，人们不仅要求有足够的水果，同时要求果品的质量要好。因此，优质果品的价格在不断提高，劣质果品逐渐被淘汰。这就促使果农必须生产出优质的果品才能被市场接受。

（3）果品市场已经由卖方市场转变为买方市场。

（4）现在正处在树种、品种、栽培区域的大调整阶段。

①树种的多样化。过去主要是发展苹果、梨、柑橘、香蕉、葡萄等，现在除了这些大的种类外，李、樱桃、杏、枣、柿、荔枝、龙眼、杨梅等过去种植面积很小的树种近年来发展很快。

②品种的优良化。在果树的发展过程中，中国对优良品种的选育非常重视。通过大量的研究，近年来选育出了大量的优良品种，特别是桃、葡萄、梨等树种。除了品种的选育外，还不断地从国外引进优良的品种。

③栽培区域的最适化。在果树大发展的阶段，果品价格很高，人们为了追求高效益，不管当地的自然条件是否适合种植某种果树，都在积极的发展。但在非适宜区种植果树带来的后果就是产量低、品质差、投资高、效益低。通过十几年的发展，在市场供过于求的情况下，非适宜区的果树逐渐被淘汰，适宜区的生产得到了发展。例如，过去中国的苹果产区主要在山东、辽宁、河北等地，近年来有向西北地区逐渐转移的趋势，如山西、陕西、甘肃、宁夏等地。

（5）设施栽培发展迅速。为了满足市场周年供应的需要，近年来中国的果树设施栽培发展很快。特别是桃、葡萄、樱桃、杏等树种，设施栽培的面积都有了很大的提高。以桃为例，河北、山东、北京、山西等地发展了大面积的温室栽培桃，河北省乐亭县、北京的平谷区桃树设施栽培面积都超过了万亩。

中国的设施栽培主要是采用日光温室，即完全利用日光来提高设施内的温度，满足果树生产的需要，不需要人工加温。这样大大减少了生产的费用，降低了成本，提高了经济效益。

# 第二节　我国果品生产的新形势

## 一、果品生产的新形势

发展农村经济、增加农民收入，是建设社会主义新农村的重大任务。改革开放以来，我国果品生产持续发展，年递增率在 10% 以上，生产总量自 1993 年已跃居世界首位，我国已成为名副其实的果品生产大国，总产量占世界果品总产量的 30% 以上。

由于发展速度过快，某些树种种植面积偏大，品种配置不合理，管理水平比较低，果品单产不高，优质高档果太少。尤其近几年出现了结构性、季节性、地域性果品相对过剩，加之果品市场开拓不力、组织化程度偏低、流通渠道不畅、产后处理技术滞后、产业化水平低、小生产与社会化市场矛盾突出，更加剧了生产发展与市场需求的严重不适应。因此，果品生产必须进行战略性调整，由产量型向质量型转移、由单寡型向多样化进军、由小而全向特色规模型转化、由鲜食初级产品向产后贮运加工增值型发展、由粗放管理型向集约化管理型发展、由内向消费型向外向出口型过渡，即果品生产应由低效型向高效型积极转化。

## 二、果品生产十大趋向

（1）树种。适当调减大宗水果，主要向发展小杂果方向转化，即落叶果树由仁果类为主（主要指苹果、梨等）向核、浆、干果类转化，并在一定程度上向我国特有的树种转化。

（2）品种。由老劣品种向新优纯、由传统大统一向地方名特优稀、由集中旺季成熟品种向早中晚排开成熟、由集中旺季供应品种向均衡供应系列化品种转化。并逐步增加设施型、加工型和鲜食加工兼用型新品种。

（3）栽培制度。由乔稀晚向矮密早、由单一模式向多元模式（立体、间作、四旁、堰边、长廊、观光等）、由露地栽培向部分多种设施型栽培转化。

（4）生产管理。由传统经验型向科技型乃至高新技术型、由粗放管理型向集约精管型、由传统工艺向智能化调控转化。

（5）果品档次。由产量型向质量型和品牌型、由中低档劣质型向高档优质型、由内销型向扩大的外销型、由长期普通混级型向特级特供特销型转化。

（6）产品供应。由传统果品供应型向鲜果超时令及反季节供应、由淡旺季大反差向周年均衡供应型、由季节鲜果简单供应向多种贮藏供应型转化。

（7）产后处理。由传统的手工处理向现代化自动流水线（分级、洗果、打蜡、烘干、包装等）处理、由古老粗放贮运向集装箱冷链化贮运、由鲜果初级产品向多类型加工增值产品转化。

（8）生态环境。由多源化学污染型（化肥、农药、除草剂、生长素等）向绿色无公害型、由病虫害单一化学防治型向以生物防治为主的综合防治型、由无机肥补充消耗型向有机质良性生态循环型果园转化。

（9）果品营销。由卖方市场向买方市场、由单一传统经营向多元化多种经营型、由内销型向外向型、由产供销分离型向产供销一条龙、由分散的个体经营向由"龙头"带动的产业化营销方式转化。

（10）运作模式。由常规传统管理型向现代化管理型、由分散经营型向产业化体系带动型转化。及时了解和掌握国内外果树生产的现状和动态，正确把握果树生产的大前景和总趋势，科学调整和优化果业生产结构，不断促进品种和质量的换代升级。

### 三、果树发展的几项原则

（1）市场导向原则。瞄准国内与国外、农村与城市、亚非与欧美等多类型多层次市场需求，发展与市场需求一致的树种和品种。

（2）因地制宜原则。根据果树的生物学特征，选择适宜的生态区域，逐步形成各类果树品种的相对集中产地，挖掘与开发适于当地的优势资源，建成特有的规模化果品基地。

（3）采后增值原则。强化采后处理，提升包装、分级、贮藏、加工、运输质量和档次，缩减初级产品比例，实现采后增值。

（4）产品标准原则。在合理提高单产的前提下，按照无公害、绿色食品生产规程组织实施标准化生产，重点抓好果品质量安全水平的提高。

（5）适度规模原则。只有适度规模才能形成批量产品，容易实现统一规格、统一品牌和产业化经营，产生长远的效益。

（6）相对特色原则。发展果园不应盲目跟风，要注意自己的产品特点，在名优特稀新等方面做好调研和论证，以发挥自己的独特优势，在某一个或某几个方面具有过人之处，形成特色产品，才能在市场上占有优势地位。

### 四、把好果园规划关

（1）园址选择。注意远离污染源，并且交通和管理方便，树种和品种适应当地生态条件，没有或少有大型自然灾害。霜冻严重地区注意避开洼地、谷地。

（2）土地整改。按照成方连片的要求，平原地要平坦，丘陵山地要修筑梯田，达到地平、土厚，旱能浇、涝能排，并且管理方便。

（3）道路与小区安排。为便于管理及其他农事操作，规模较大的果园要划分小区，一般小区面积以 20~40 亩、长方形、与道路及排灌渠道结合，既可减少土地占有，又能方便管理和维修。

（4）设施安排。园内的建筑物，如办公室、化肥农药库、机具库、果品暂贮及分级包装场地、餐饮厨房及宿舍等都要统筹规划，合理安排。

（5）防风林建设。一般而言，在风害较多、地势较高区域所建果园应设置防风林，以乔灌结合的防风林为宜，注意尽量减少防风林的遮阴、争肥水和病虫害的相互侵染与转移，慎重选择作防风林的树种和品种。

### 五、提高果园管理水平

1. 良种壮苗

确定品种之后，为保证纯度和质量，最好从信誉较高的育苗机构进苗。苗木根系要发达，主干充实粗壮，整形带芽眼饱满，嫁接口愈合良好，无病害、机械伤及检疫性病虫等，并尽量选择一级壮苗栽植。

2. 科学定植

栽植时间春秋均可，但要注意深起苗、严包装、快运输、细假植，尽量减少苗根暴露于空气中的时间，严防苗木失水、受伤、受冻，并注意授粉树品种的配置。

栽植前，按照确定的行株距定点挖穴，表土底土分放，回填时不打乱土层，底土混合有机质，改善通透性，上层土掺适量腐熟有机肥，填平沉实后再挖小穴（30～40cm）栽植。做到：深坑（80cm 以上）、浅栽（与原苗圃的深度相同）、踏实（踏实穴中的土）、暄表（表土松暄）、透水（浇透水）、干土（表层覆一层干土防止蒸发）、严盖（地膜覆盖树盘）。栽后立即定干，早春可套上塑膜袋以促进萌芽抽梢，并防止金龟子等害虫为害。

3. 栽后管理

（1）施肥浇水。追肥主要抓住芽前、花后、果实膨大期，前期以氮肥为主，后期增施磷钾肥，并进行根外追肥，使树壮枝旺、芽饱满。秋季施足基肥，以腐熟的有机肥为主，按 1kg 果 1kg 有机肥施入，同时配合微量元素肥料，效果更佳。有条件的园地要大力推广测土配方施肥技术，达到节本增效的目的。

（2）整枝修剪。以纺锤形树形为例，其结构为：高干矮冠，中干强壮，无层无侧，多主开张，上稀下密，上短下长，轴差悬殊，更新适当。修剪要点是：强化中干、弱化主枝，小化枝组，拉开级差，简化结构。修剪手法主要是：春刻芽，夏环剥，秋拉枝，冬轻剪。

（3）合理负载。大型果按 20～25cm 留单果，小型果按 20～25cm 留双果，掌握弱树少留、壮树多留的原则，确保优质、稳产、丰产。大力推广套袋、摘叶、铺设反光膜等技术措施。

（4）绿色植保。推广农业防治、物理防治、生物防治、矿物源农药防治，减少化学农药的使用量，禁止使用高毒、高残留农药，为生产无公害绿色果品奠定坚实的基础。

（5）采后处理。适时采收，严格分级，精细包装；诚信交易，创造高效益。

# 第三节 水果销售渠道

中国是世界水果生产大国。20 世纪 80 年代以来，国家对水果实行了放开价格、多渠道经营的政策，使中国果品生产得到了快速发展。目前，中国果树总面积和水果总产量均居世界首位。近几年由于水果消费趋向多样化、优质化，大宗果品产量逐年增加，价格下跌，效益下降，桃、杏、樱桃等小水果得到很大发展。目前，我国许多水果栽培面积和产量均居世界首位，市场充足，许多水果已能达到常年供应。近几年大部分果品价格下降，水果人均消费量逐年增加，在整个食物消费中的比重不断提高，总体需求不断增长，水果已成为广大人民的必备食品。

由于国际市场竞争日益激烈，我国的水果在生产、加工和销售等各个环节上还存在不少问题，离世界先进水平还有很大差距。因此，经营者要想在新的经济形势和国际环境下取得市场的发展先机，必须了解与掌握影响力知识与技能，如熟悉水果市场，了解水果需求发展趋势；不断改善水果包装，形成自己的品牌；通过多元化的销售方式和渠道建设，占领稳定的区域市场等。这就要求广大水果产品生产与经营者，尤其是长期活跃在生产和消费之间的经纪人掌握水果产品市场营销的基本知识，在加工、储藏、运输等增值基础上，通过包装、定价、促销宣传等，把水果产品卖出去，获得盈利。

### 一、农户直接销售

农户直接销售即水果生产农户通过自家人力、物力把水果销往周边地区。这种方式具有以下优点：一是销售灵活。农户可以根据本地区销售情况和周边地区市场行情，自行组织销售。这样既有利于本地区水果及时售出，又有利于满足周边地区人民生活需要。二是农民获得的利益较大。农户自行销售减少了经纪人、中间商、零售商环节的利润，能使农民朋友较多获得实实在在的利益。但也存在着一些弊端。例如，一次交易的产品数量小，增加了产品的平均交易成本；农户在市场信息、自身素质、经营能力和驾驭市场的经验等方面均有欠缺，经营利润不确定等，也有可能滞销，对自己造成巨大损失。

### 二、农民经纪人或水果运销大户销售

在改革开放的大潮中，在农村涌现了许多靠贩运和销售水果发家致富的"能人"，从实践来看，这种销售渠道具有很多优点。一是能够适应各种水果的销售，集中把当地水果销往各地，不仅解决了水果销售难的问题，而且繁荣了当地经济；二是由于运销大户的收益直接取决于其销量，这就充分调动了"大户"们的积极性，他们会想尽各种办法，如定点销售与零售商利润分成等方式来稳定销量。

### 三、水果专业合作社或专业协会销售

为了克服农户作为市场主体参与市场流通的诸多不利因素。农户以契约的形式联结起来，或自愿组织起来，建立水果专业合作社或专业协会，作为营销主体，参与市场流通。具体做法是：以商业为龙头，或以加工企业为龙头，采取贸工农一体化的形式组成经营水果产品的经济实体，即专业合作社或专业协会，为农户提供产前、产中、产后的综合服务。一方面与农户签订产品收购合同，另一方面与销地市场联系挂钩，从而形成稳定的"内联农户，外联市场"的购销关系，合作社或专业协会销售获利后，返还农户部分利润，购销合作组织和农民之间是利益均沾和风险共担的关系。这种销售渠道的优点在于：一是解决"小农户"和"大市场"之间的矛盾，减小了风险；二是购销组织也能够把分散的水果集中起来，为水果的再加工、实现增值提供可能，为产业化发展

打下基础。因此，具有很好的发展前景。

### 四、水果销售公司和配送中心销售

近几年，有些地方专门成立了水果销售公司和配送中心，它们先从农户手中收购产品，然后外销。农户和公司之间的关系可以由契约界定，也可以是单纯的买卖关系。它们往往拥有相当数量的连锁店，兼具批发零售功能，从产地采购水果产品，进行加工储运，分送下属或者其他零售连锁商店销售，同时也在批发市场上批售。这种销售方式在一定程度上解决了"小农户"与"大市场"之间的矛盾。与农户生产经营结成紧密型关系，有效地解决了水果销售难的困扰。

### 五、网络线上销售

网络销售即通过互联网进行销售。这种销售作为一种新兴的销售方式，在我国东南沿海一些发达地区开始应用，取得了一定的效果。如在中商网、全国中佳网、中国供销商情网、水果信息网等网站上，可以很容易看到网络上的销售价格、需求信息。这种销售渠道具有宣传范围广、信息传递量大、信息交互性强、节约交易费用等优点。随着互联网的普及，可以预见这种销售渠道会显得越发重要。

# 第二章　绿色苹果生产关键技术

## 第一节　苹果产业概况

我国是世界上最大的苹果生产国，面积和产量均居世界首位。近年来，中国苹果总产量均稳定在全球苹果总产量的50%左右。据农业部统计，2016年我国苹果种植面积为232.376万 $hm^2$，总产量4 388.23万t。

根据气候特点、生产规模，我国的苹果生产主要集中在四大产区，即渤海湾产区（山东省、河北省、辽宁省、北京市、天津市）、黄土高原产区（陕西省、甘肃省、山西省、宁夏回族自治区、青海省）、黄河故道产区（河南省、江苏省、安徽省）和西南冷凉高地产区（云南省、贵州省、四川省部分地区）。四大产区的栽培面积和产量分别占到全国的95%和97%。目前，中国苹果的主栽品种主要为富士系、元帅系、嘎啦系。市场上，'富士'的栽培面积占到50%以上，其次有'乔纳金''嘎啦'和'国光'等。其中早、中熟品种以嘎啦系为主，包括'红嘎啦''皇家嘎啦'等，还有'藤牧1号'和'珊夏'也有栽培，中早熟品种嘎啦系占苹果总面积的10%；中晚熟品种主要以新红星'华冠'为主，还有其他的品种，如'乔纳金''金冠''华冠'和'新世界'等；晚熟品种主要是富士系。

现阶段，我国苹果产业处在栽培模式变革时期，由乔砧稀植、乔砧密植，向矮砧集约高效栽培制度转变，新建果园采用无病毒、多分枝、自根大苗栽植，栽植当年或第二年就可以挂果。同时，采用高纺锤树形，易于管理。果园肥水一体化技术、果园生草技术、土壤起垄覆盖保墒技术、土肥水耦合技术、果园和苗圃机械化技术、花果管理省力化技术等广泛应用，使得果园能抵抗不利环境的胁迫，适应复杂环境，节省劳动力，更加科学、精细。

## 第二节　苹果生物学特性

### 一、根系

1. 苹果根系的结构

由种子繁殖的实生砧木，根系由主根、侧根和须根组成。由种子胚根发育而成的称为主根，在主根上面着生的粗大分根称侧根。主根和侧根构成根系的骨架，称为骨干根，其主要功能是支持、固定、输导、贮藏作用。侧根上形成的较细（一般直径小于

2mm）的根称为须根。苹果自根砧苗根系由侧根和须根组成，没有主根。须根是根系中最活跃的部分。

在根系生长期间，须根上长出许多比着生部位还粗的白色、饱满的新根，称为生长根。生长根具有较大的分生区，粗壮，生长迅速，每天可延伸 1~10mm。苹果生长根的直径平均 1.25mm，长度在 2~20cm。生长根的主要功能是促进根系向根区外推进，延长和扩大根系分布范围，并发生侧生根。生长根也具吸收作用，但无菌根，生长期较长，可达 3~4 周，冬季可维持白色 11~12 周。生长根经过一定时间生长后，颜色由白转黄、进而变褐，皮层脱落，变为过渡根，内部形成次生结构，成为输导根。此过程为木栓化。木栓化后的生长根具次生结构，并随年龄加大而逐年加粗，成为骨干或半骨干根。生长根自先端开始分为根冠、生长点、延长区、根毛区、木栓化区、初生皮层脱落区和输导根区。

另一类长度小于 2cm、粗 0.3~1.0mm 的白色新根，多数比其着生部位的须根细，也具有根冠、生长点、延长区和根毛区，但不能木栓化和次生加粗，寿命短，一般只有15~25 天，更新较快，称为吸收根。其主要功能是从土壤中吸收水分和矿质养分，并将其转化为有机物。吸收根具有高度的生理活性，它也是激素的重要合成部位，与地上部的生长发育和器官分化关系密切。吸收根数量远多于生长根，如苹果吸收根数量可占总根量的 90% 以上，一年生苹果树大约有 6 万条吸收根，总长相当于 250m；成年树长度可达数千米。

根毛为生长根和吸收根的表皮细胞向外凸起的管状结构，由含原生质及细胞核的细胞组成。它是果树根系吸收养分和水分的重要器官。根毛寿命较短，一般几天至几周即随吸收根的死亡和生长根的木栓化而死亡。在移栽、贮存和运输苹果苗木时，要注意保护根毛，以便提高栽植成活率。

2. 根系的生长规律

苹果的根在 3℃ 时开始生长，7℃ 以上生长加快，20~24℃ 最适于根系生长，低于 3℃ 和高于 30℃ 都停止生长。

根系在年周期中一般出现 2~3 次发根高峰，幼树多为 3 次，成龄结果树为 2 次。第 1 次高峰从萌芽前开始，到新梢旺盛生长转入缓慢，时间持续短，但发根多，主要发生细长根；春季随气温升高根系开始活动，须根的先端生出白色吸收根，吸收矿质营养和水分供给树体。吸收根不断伸长，渐渐失去吸收作用，形成细长的过渡根。在生长过程中这些过渡根少数加粗伸长。第 2 次高峰出现在新梢缓慢生长至停长期，由于地上部生长停止，当年制造的养分积累增多，土壤温度又适宜，因此发根势强，主要发生细根和网状根，但发根时间也较短。第 3 次高峰出现在秋梢缓慢生长以后至落叶休眠前，是一年中发根延续时间最长的 1 次高峰，发根数量也较多。结果大树的根系生长多表现春秋两次高峰，即春暖以后根系开始缓慢生长，至 5 月下旬、6 月上旬出现高峰，而后转入缓慢，到 9 月上旬又开始较快生长，10 月上中旬出现高峰，一直持续到 11 月下旬。

影响根系生长的外部因素主要是土壤、温度、水分、通气状况、肥力高低和酸碱度。温度过低易造成冻害，长期高温根系也会死亡。因此生产上可于早春锄地或地膜覆盖提高地温，而炎热夏季气温如达 35℃ 以上，则需地面盖草，防止直晒从而使土壤温度保持在 20~25℃ 的适宜范围。有利于根系生长的湿度条件是田间持水量的 60%~80%，含氧低于 50% 根系生长受阻，低于 20% 即停止生长。土壤、空气中含氧 10% 以上时才能正常活动，含氧 15% 以上才能长新根，含氧低于 5% 即停长，当土壤中的 $CO_2$ 达到 10% 时根的代谢机能就受到破坏。土壤肥沃，水、气、热平衡，苹果树的须根发达，吸收根多，土壤 pH 值 5.7~6.7 时根系生长良好。针对不同土壤选择适宜砧木，并采取有效措施，改良土壤结构，提高土壤肥力，为根系生长创造最佳环境条件。使根系发达，树体健壮，为稳定丰产奠定基础。

### 二、芽、枝和叶的生长特性

**1. 芽的分类**

芽是长成植株、分化器官的基础。按照芽体在枝上着生的位置可分为顶芽和侧芽（图 2-1）；按性质可分为花芽和叶芽；按照芽的质量可分为饱满芽和秕芽。这些不同类型的芽，由于它们的分化程度不同，所起的作用也各不相同，将来长成的枝类也不一样。

**2. 芽的分化与萌发生长**

芽是长在枝上，随着枝条伸长接着就在叶腋中产生芽原始体，以后再逐渐分化出鳞片、芽轴、节、叶原基等。一般充实饱满的苹果芽常有鳞片 6~7 片，内生叶原始体 7~8 个，有时壮枝上的壮芽可达 13 片叶原始体。外观瘦瘪、仅有少量鳞片和生长锥、没有叶原或仅 1~2 片叶原者为劣质芽。一个枝或一棵树充实饱满芽的多少，也是衡量枝与植株生长强度的指标之一。

芽形成后当年多不萌发，经过自然休眠后，气温平均 10℃ 左右时开始萌发。但在受到强刺激时当年也会萌发生长，如摘心、早期摘叶、喷施细胞分裂素等，都会促使新形成的芽当年萌发。

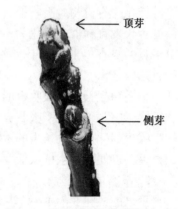

顶芽

侧芽

**图 2-1　芽体着生位置结构**

当春季夜平均温度 10℃ 左右时，叶芽即开始萌动，一般金冠、红星萌芽温度为 10℃，而富士则为 12℃。叶芽萌发生长，芽鳞脱落，留有鳞痕，成为枝条基部的环痕。环痕内的薄壁细胞组织是以后形成不定芽的基础之一，苹果的短枝一次生长而形成顶芽的，都是由芽内分化的枝、叶原始体形成的。中、长营养枝的形成除由芽内分化的枝、叶原始体生成外，还有芽外分化的枝、叶部分。芽鳞片的多少、内生胚状枝的节数常标志着芽的充实饱满程度。

苹果芽萌发力和成枝力的强弱，常因品种不同而有差异。如新红星萌芽力强，而成枝力弱；富士萌芽力、成枝力均弱。萌发力弱的品种形成的潜伏芽数量多，潜伏芽的寿命也较长。

**3. 枝条的类型及其生长规律**

（1）枝条的类型。苹果的枝条按其长度和特点分成 6 类。叶丛枝：长度在 0.5cm

以下，只有 2~3 片叶，有顶芽；短枝：长 0.5~5cm，有 5~6 片叶，有饱满顶芽；中枝：长 5~15cm，有叶 12~13 片，有饱满顶芽，也有发育较好的侧芽；长枝：长 15~30cm，20 片叶以上，有的有顶芽和发育较好的侧芽，也有的没有充实顶芽，但中部芽充实饱满；发育枝：长度在 30cm 以上，有明显的春秋梢，这类枝多处在树冠外围。还有一种由潜伏芽产生，长势旺、节间长的称为徒长枝（图 2-2）。

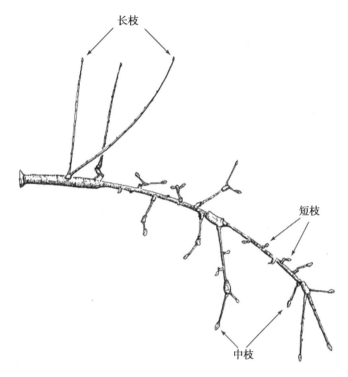

图 2-2 苹果枝条类型

（2）枝条生长特点。苹果树的不同枝类，生长延续的时间不同。短枝、叶丛枝的生长期 30 天左右；中枝和长枝 50~60 天；发育枝则长达 75~90 天或更长，而且表现出明显的节奏。不同品种、不同年份短枝停长时间不同，在陕西杨凌地区，嘎啦短枝在 4 月 21 日（盛花后第 12 天）达到停长高峰期，而富士短枝在 4 月 26 日（盛花后第 15 天）达到停长高峰期。

苹果的发育枝从开始生长到停止生长一般要经过叶簇期（又叫新梢第 1 生长期）、旺盛生长期（新梢第 2 生长期）、缓慢生长及顶芽形成期（春梢停长）、秋梢生长期（第 3 生长期）四个时期。

叶簇期：叶片簇生扩大，枝轴不见明显加长，一般保持 7~10 天。有的不再生长，形成顶芽长成叶丛枝。

旺盛生长期：叶簇期以后顶端生长点加速延伸，新梢生长加快，节间变长，叶片增大，此期停长的枝条长成短枝或中枝。不停长而持续加长的，则长成长枝或发育枝。

新梢旺盛生长期需肥、水最多，称为营养临界期。如果营养不足，新梢停长早，春梢短，中、短枝质量也差。

缓慢生长期：旺长之后生长速度减缓，部分渐渐停止生长，形成顶芽长成中、长枝。另一部分又形成明显顶芽，待 7—8 月再次生长，将来长成秋梢。

秋梢生长期：6 月底 7 月初秋梢开始生长，一直持续到 8 月底停长。生长过旺或氮肥太多的幼树往往秋梢生长量大，生长延续时间过长，对越冬不利，严寒地区易发生抽条。

春梢一般在 5 月上、中旬生长最快，5 月底 6 月初停止生长并形成顶芽。对于幼树和旺树，这类枝条停长一段时间后顶芽又开始秋梢生长，起初缓慢而后加快，在 8 月中旬前后形成第 2 次高峰，8 月底停止生长。有春秋梢的发育枝常作为树势强弱及判断营养状况好坏的标志。发育枝越多、越长，树势越旺；春梢长无秋梢或秋梢很短，说明树体贮备营养充分。

基于上述情况，栽培上应该调整技术措施，增加树体贮藏营养，使新梢快长，及时停长，使短枝健壮，春梢加长，尽量减少或不出现秋梢生长期。

新梢生长的强度，常因品种和栽培技术的差异而不同。一般幼树期及结果初期的树，其新梢生长强度大，为 80~120cm；盛果期其生长势显著减弱，一般为 30~80cm；盛果末期新梢生长长度就更加减弱，一般在 20cm 左右。大部分苹果产区新梢常有两次明显的生长，第一次春梢生长，第二次秋梢生长，春秋梢交界处形成明显的盲节。自然降水少，而且春旱、秋雨多的地区，春季没有灌溉条件的果园，往往是春梢短而秋梢长，且不充实，对苹果的生长发育极为不利。

4. 叶和叶幕

（1）叶。叶原始体开始形成于芽内胚状枝上。芽萌动生长，胚状枝伸出芽鳞外，开始时，节间短、叶形小，以后节间逐渐加长、叶形增大，一般新梢上第 7~8 节的叶片才达到标准叶片的大小。叶片大小影响腋芽的质量，叶片大光合机能强，其腋芽也相对比较充实饱满。新梢上叶的大小不齐，形成腋芽充实饱满的程度也各不相同，因而形成了芽的异质性。

叶的年龄不同，其对新梢生长所起的作用也不同。幼嫩的叶内产生类似赤霉素的物质，促使新梢节间的加长生长。成熟的叶内制造有机养分，这些营养物质与生长点的生长素一起，导致芽外叶和节的分化、增长，使新梢延长生长。成熟的叶还能产生脱落酸，起到抑制嫩叶中赤霉素的作用，如果把新梢上成熟的叶摘除，虽然促进了新梢的加长生长，但并不增加节数和叶数。由此可见，新梢的正常生长是成熟叶和嫩叶两者所合成的物质的综合作用。所以在生产上必须时刻重视保护叶片，才能获得新梢的正常生长。

（2）叶幕。叶幕指树冠内集中分布并形成一定形状和体积的叶群体。叶幕的结构与苹果树体生长发育和产量品质密切相关。丰稳产园叶面积指数一般为 3~4，且在冠内分布均匀。叶幕过厚，树冠内膛光照不足，内膛枝不能形成花芽，枝组容易枯死，反而缩小了树冠的生产体积。

5. 花芽的分化和形成

苹果花芽分化是年周期中的重要环节，它决定着幼树能否适龄结果，大树能否稳产丰产。苹果的花芽分化可分为生理分化期、形态分化期和性细胞形成期。

（1）花芽分化的时期。苹果的花芽是混合花芽，一般着生在短、中枝的顶端，有些品种长枝上部的侧芽也可形成花芽。不论哪种情况，花芽均在枝条停止生长后才开始分化，所以短果枝分化得最早，而中长果枝则生长停止越迟、分化越晚，顶芽则比侧芽分化早。苹果树一年中有两个集中分化期，一是6—7月春梢停长后，二是8—9月秋梢停长后。前期主要是短枝和部分中枝顶芽成花，后期则主要是秋梢成花，包括腋花芽，摘心、秋剪后萌发的2次枝和3次枝，以及拉枝、拿枝以后促发的短枝顶芽成花。由于苹果以短果枝结果为主，因此，花芽开始分化的早晚与树龄、树势有关。一般幼树生长旺、停长晚，花芽分化期也晚。在同一棵树上短果枝成花最早，中枝次之，长果枝较晚，而腋花芽最晚。

（2）花芽分化的条件。有关花芽分化的研究已有一百多年的历史，提出了种种假说，也作出了若干种解释，但尚未有统一的认识。通过对各家学说的分析认为，苹果花芽形成必须具备下列条件：

①芽的生长点细胞必须是接近停长而处于缓慢活动的芽，或者停长后受刺激再次活动的芽才有可能分化形成花芽。必须处在缓慢分裂状态，已经进入休眠、生长点细胞停止分裂的芽不能分化形成花芽。

②营养物质积累达到一定水平：光合产物积累，物质基础雄厚是花芽形成的先决条件。特别是要有碳水化合物和氨基酸的积累，细胞液浓度较高。叶片多而大的短枝最易成花就可说明这个问题。因此，从栽培角度促进花芽形成的关键是要提高树体的整体功能和营养积累水平。在具备了营养物质基础时再采用生长调节剂和其他促花措施才能奏效。

适宜环境条件：光照充足、温度在20~25℃、土壤相对湿度60%是花芽分化的必要环境条件。

生产上围绕上述条件，采取适当措施，能达到促花目的。最重要的应该是增加营养积累。

（3）花芽形成过程。苹果整个花芽形成分为生理分化期和形态分化期。果树花芽生理分化期是花芽形成的关键时期，又称为花芽孕育临界期，指芽生长点由营养生长转向形成花芽的过程，这一过程的主要特点是一系列成花基因启动。该临界期是调控苹果花芽形成的关键时间。处于生理分化期的苹果花芽在形态上较难与叶芽区分。

进入形态分化期的花芽才能通过显微镜观察到。苹果花芽形态分化期可以分为7个时期，各时期芽形态特征不同：1期为花芽分化始期（转化期），2~3期为花芽分化初前期，4期为花芽分化初后期，5期为花芽分化萼片期，6期为花芽分化花瓣期，7期为花芽分化雌雄蕊期。苹果完成整个花芽形态分化过程所用时间较长。从5月底陆续开始分化，到7月中旬达到峰值，一直持续到10月初完全处于雌雄蕊分化期，时间长达5个月。花芽分化各阶段有交叉重叠现象。

红富士苹果短枝花芽发育各时期与树体物候期相联系的时间点为：花芽的生理分化期在短枝停长期（5月下旬）；花芽的形态分化期在新梢停长期前后（6月下旬）开始。具体来说，花芽形态分化初期在6月下旬；花萼期、花瓣期和雄蕊期在果实迅速生长期

（7—8月）开始进入，雌蕊期发生在果实着色期（9月以后）。

不同苹果品种进入花芽形态分化各时期是不同的。在陕西杨凌地区观察到苹果短枝顶芽进入形态分化期最早出现在5月底，但是一直持续到7月15日左右达到高峰期（第2个时期），此时'富士'短枝顶芽进入形态分化期的（花芽占总花芽数的百分比）百分比达到50%，'嘎啦'达到60%；花芽分化初前期，'富士'发生在8月初，'嘎啦'则发在9月初；花芽分化初后期，'富士'发生在8月底，'嘎啦'则发生在9月中旬；花芽分化萼片期，'富士'和'嘎啦'都发生在9月中旬；花芽分化花瓣期，'富士'和'嘎啦'都发生在9月中下旬；花芽分化雌雄蕊期，'富士'发生在10月中上旬，'嘎啦'则发生在9月底10月初。

### 三、花芽萌动、开花、坐果和落花落果

1. 花芽萌动、开花

在苹果植株年周期的生命活动中，从外部形态上首先看出的是芽的萌动。在具有花芽的植株上，首先萌动的是花芽，而后才是叶芽。花芽萌动期通常较叶芽萌动早7~15天。大多数品种从花芽萌动到开花约需一个月的时间，最长可达48天。

一般日平均气温8℃以上时花芽开始萌动，日平均气温达到15℃以上时多数苹果品种即开花。但不同地区开花早晚主要与当地、当年的气温有关，其实质是需热量问题，每个品种都需要一定的积温才能开花。例如，对'元帅'来说≥3℃的积温281~288℃或≥5℃的积温193~206℃。各地应根据当地气候连续观察当地苹果开花所需要的积温，用来预测花期，为花期管理做好充分的准备。在目前主要栽培的品种中，'秦冠''红星'开花较早，'金冠''华冠''华帅'开花居中，'富士'较晚，'国光'则最晚。

开花早晚和花期长短除品种外与气温和湿度有很大关系。如气候冷凉、空气湿度大，开花期延长；高温、干旱则花期短。华北大部分地区开花期在4月中下旬至5月上旬，多数品种的花期适温为18℃左右。一般单花开放时间为2~6天，一个花序开完约7天，整个花期一般8~15天。

一个花芽从萌动到开花中间要经过一系列阶段：开绽期、吐蕾期、散蕾期、待放期、盛花期和落花期，这些阶段也就是通常所谓的开花物候期。

苹果每个花序的中心花先开，以后侧花顺次开放。短枝花先开，中、长枝随后，腋花芽最晚，具有腋花芽结果习性的品种，其花期延续较长。不同年龄的树相比，成龄树先开花，幼树则晚。

2. 传粉、受精与坐果

苹果的花在开放前一天、开花当天及次日柱头分泌黏液最多，是最好的授粉时机。至第3日黏液即开始减少，柱头开始变褐，即将失去授粉能力。花粉粒落到雌蕊的柱头上以后，很快就萌发产生花粉管，在适宜条件下，24小时便可伸入子房内的胚囊完成受精过程，最多不超过3天。经过受精的花朵子房内胚和胚乳开始发育，进一步发育成幼果。

花期湿度对授粉、受精影响很大。花粉发芽和花粉管生长需要10~25℃的温度，以20℃左右最好，因此花期温暖、晴天对传粉和受精最有利。苹果花粉管在常温下需48~

72 小时乃至 120 小时可达到胚囊，完成受精作用需 1~2 天。花前或花期晚霜可能影响产量，性器官发育程度越深，抗冻能力越低。盛开的花在 −3.9~2.2℃ 就可能受冻。雌蕊在低温下最先受冻，花芽未萌发时可解剖检查，死亡的雌蕊呈褐色；花粉较耐低温。

苹果是异花授粉结实的果树，生产上必须配置一定数量的授粉树，同时要在花期选择花粉量多、授粉结实率在 40% 以上、授粉亲和力高、有较高经济价值的品种，采其花粉进行人工授粉。另外要创造适宜的传粉条件，在自然条件下苹果是靠昆虫、风力实现传粉的，因此花期放蜂有助于传粉。

3. 落花落果

苹果多数品种花果脱落一般有 3 次高峰。第一次是落花，出现在开花后、子房尚未膨大时，此次落花的原因是花芽质量差，发育不良，花器官（胚珠、花粉、柱头）败育或生命力低，不具备授粉受精的条件。第二次是落果，出现在花后 1~2 周，主要原因是授粉受精不充分，子房内激素不足，不能调运足够的营养物质，子房停止生长而脱落。第三次落果出现在花后 3~4 周（5 月下旬至 6 月上旬），又称六月落果。此次主要是同化营养物质不足、分配不均而引起，如贮藏营养少，结果多，修剪太重，施氮肥过多，新梢旺长，营养消耗大，当年同化的营养物质主要运输到新梢，果实内胚竞争力比新梢差，果实因营养不足而脱落。除以上 3 次落果外，某些品种在采果前 1 个月左右，果实增大，种子成熟，内部乙烯、脱落酸含量增加，伴随着衰老的加剧，出现"采前落果"，尤以红星表现较突出。

不适当的落花落果会造成减产。因此生产上除满足授粉、受精条件外，还要加强树体管理，提高树体营养水平，并重视疏花疏果，合理负载，及时治虫保叶，使之不会因为营养不良而导致大量落花落果。

### 四、果实生长发育

1. 果实发育过程

从细胞学角度划分，果实的发育过程可分为细胞分裂和细胞膨大两个阶段。细胞膨大虽然是幼果体积增大的结果，但细胞分裂是果实最终大小的决定性因子。

果实细胞分裂阶段的基本特征是果实细胞进行旺盛分裂，细胞数量急剧增加。苹果果实的细胞分裂从开花前已经开始，到开花期暂时停止，授粉受精后继续进行，多数品种可一直延续到花后 3~4 周，细胞分裂结束。苹果果实分生组织中没有形成层，因此，在细胞分裂阶段，外观上果实以纵向生长为主，果形为长圆形。

果实细胞膨大阶段的主要特征是细胞容积和细胞间隙不断膨大。到果实成熟时，果肉细胞间隙可占果实总容积的 20%~40%。在果实细胞膨大阶段，随着细胞溶解和细胞间隙的增大，果实横径迅速增长，果实由长圆变成椭圆或近圆形。如果把果实在不同间隔期内的体积与纵横径的增长值绘成曲线，则发现苹果以盛花期为起点，以果实成熟期为终点，果实纵横径的增长曲线为单 S 形。

2. 果形

果形是苹果外观品质的重要标志之一，通常以果形指数（果实纵径与最大横径比 L/D）来表示。苹果为子房下位花，由 5 个心皮组成，包裹在花托之中，一般苹果品种每个心皮有2个胚珠，充分受精后，可以形成10粒种子。但多数品种坐果果实中，只有5~8粒种子。一个果实内种子数量的多少，对果实形状有重要的影响。无正常种子的相应部位，幼果期生长缓慢，致使果实纵切面不对称，影响果实外观。这种现象与因缺少种子导致的内源激素合成、分布不均有关。另外，花的质量、负荷量、果实着生状态、气候条件等对果形也有影响。同一植株上早开的花、同一花序的中心花果实的果形指数较高；负载量过高，则使果实变扁；果实着生时，果顶向下的果实易形成高桩优质果，而果顶倾斜的果实偏斜率高，尤其是富士；花后气温凉爽湿润，有利于苹果纵径的伸长，但花后气温过低（<15℃）时，不利于细胞分裂而使果实趋于扁形；夏秋多雨则使果实横径增长较大，果形常易扁化。

3. 果实发育过程中内含物的变化

苹果果实的内含物主要有碳水化合物（主要是淀粉和糖）、蛋白质、脂肪、维生素、矿物质、色素及芳香物质等，这些成分随苹果发育而消长，到果实成熟时，表现出品种的固有性状。

（1）淀粉和糖。幼果中淀粉含量很少，随着果实发育，淀粉含量逐渐增多，到果实发育中期，淀粉含量急剧上升而达高峰。此后，随着果实成熟，淀粉水解转化为糖，淀粉含量下降。

苹果果实中糖的种类主要有葡萄糖、果糖和蔗糖，还有少量山梨糖、山梨醇、D-木糖等。果实全糖含量在幼果期很低，果实膨大期（6月下旬至8月上旬）含糖量急剧上升，此后有所减缓，至果实成熟前又有明显上升。含糖量、糖的种类及其甜味度的不同将影响食用时的口感甜味。

（2）有机酸。果实生长前期有机酸的生成量虽大，但含量较低，到果实迅速膨大期，有机酸的生成量和含量都达到高峰，此后，随果实的成熟，有机酸的含量显著下降。苹果果实中至少含有16种有机酸，但以苹果酸含量最高，鲜果汁苹果酸含量一般为0.38%~0.63%。另外，单宁（鞣酸）含量在幼果期较高，果实临近成熟时显著减少。

（3）芳香物质。苹果果实中的芳香物质是随果实的渐进成熟和在成熟过程中形成的，尽管这些芳香物质的合成机制尚不清楚，但已确知内源乙烯可诱发成熟过程和果实香味的散发。苹果是芳香物质含量较高的树种，已知构成苹果香气的芳香物质多达200余种，品种和环境条件不同，芳香物质的种类与含量差异很大，各种芳香物质相互配合影响果实的芳香气味。

另外，果实中的维生素、氨基酸等物质也影响果实的风味。

4. 果实色泽发育

苹果果皮的色泽发育。苹果果皮色泽分为底色和表色两种。果皮底色在果实未成熟时一般表现为深绿色，果实成熟时将出现以下3种情况。

①绿色消褪，乃至完全消失，底色为黄色。

②绿色不完全消褪，产生黄绿或绿黄底色。

③绿色完全不消褪，仍为深绿色。果皮表色在果实成熟后，一般表现为不同程度的红色、绿色和黄色等三种类型。

决定果实色泽的色素主要有叶绿素、胡萝卜素、花青素以及黄酮素等。叶绿素含于叶绿体内，与胡萝卜素共存（约为3.5：1）。类胡萝卜素是溶于水的，呈黄色到红色的色素，苹果果皮中主要含β-胡萝卜素，呈橙黄色。果实发育过程中，在叶绿素开始分解时，胡萝卜素随之减少，但是，如果实中的叶绿素含量降至品种固有的水平时，那么，到呼吸跃变前不久或者与之同时，胡萝卜素又会开始重新形成β-胡萝卜素及其他的黄色色素，如紫黄嘌呤等，是黄色品种果皮色泽之源。

花青素赋予果实以红色。苹果果皮中的花青素其基本成分是花青素糖苷或称花青素苷，苹果表皮和下表皮中都含有花青素苷，每100g鲜果皮中的含量可达到100mg。花青素是极不稳定的水溶性色素，主要存在于细胞液或细胞质内。在pH值低时呈红色，中性时呈淡紫色，碱性时呈蓝色。与不同金属离子结合时，也会呈现各种颜色，因而果实可表现为各种复杂的色彩。花青素苷只有在叶绿素分解始期或末期才可能强烈形成。

除品种的遗传性外，果实中的糖含量是影响苹果花青素形成的主要因素。花青素是戊糖呼吸旺盛时形成的色素原；另外，花青素还常与糖结合，形成花青素苷存在于果实中。因此，花青素的发育与糖含量密切相关。任何影响糖合成和积累的因素均影响花青素的发育。较高的树体营养水平、合理负荷、适宜的磷钾肥与氮肥比例、适当控水均有利于果实的红色发育。

温度对着色的影响也与糖分的积累有关。中晚熟苹果品种夜温在20℃以上时，不利于着色。元帅系苹果果实成熟期日平均气温20℃、夜温15℃以下、日较差达10℃以上时，果实内糖分高，着色好。我国山西、陕西和甘肃等省的黄土高原地区以及西南地区的高海拔山区，多具有夜温低、温差大的条件，加之海拔高，紫外线较强，所以红色品种着色都较好。

光质对着色影响很大，紫外光有利着色，因其可钝化生长素而诱导乙烯的形成。

另外，果肉硬度也是果实品质的重要指标之一。果肉硬度不仅影响到鲜食时的口感味觉，也与果实的贮藏加工性状相关。苹果果肉的硬度与细胞壁中的纤维素含量、细胞壁中胶层内果胶类物质的种类和数量以及果肉细胞的膨压等密切相关。Kertez对17个苹果品种的研究表明，凡是细胞壁纤维素含量高、胞间结合力强的品种，果肉硬度较高；当液泡渗透压大，果实含水量多时，薄壁细胞膨压大，果肉硬度高。在果实发育过程中，果胶类物质总量减少，果肉硬度随之降低，近成熟时，果实细胞发生一系列的生理、生化变化，遂使果肉软化。

5. 果实的成熟和采收

不同品种从幼果到成熟所需要的天数不同。在山东的气候条件下，早熟的'辽伏'要70~80天，'元帅''金帅'140~145天，'新红星'等元帅系短枝型品种150天，'国光'170天，'富士'180天以上。

确定果实是否成熟主要根据生育期和品种固有的特性。从外观上看果实应体现出固有的颜色，内部的种子变褐，糖、水分、风味均合乎要求，才标志果实已成熟。

采收成熟期的确定极其重要，因其对果实的质量及耐贮性影响很大。采收过早，果实个小、色差、味淡；采收过晚则果肉发绵，不耐贮藏。判断果实成熟度、确定适宜采收期的方法主要如下。

（1）外观性状。果实大小、形状、色泽等都达到了本品种的固有性状。

（2）生理指标。如果肉硬度、淀粉含量、含糖量、乙烯含量、呼吸强度等。

（3）根据果实的生长期。在一定的栽培条件下，苹果果实从落花到成熟都需要一定的生长天数，可由此来确定不同品种的采收期。常见品种从花瓣凋落到采收成熟所需天数大致如下。'红星'140~150 天，'陆奥'150~160 天，'金冠'140~145 天，'王林'160~170 天，'乔纳金'155~165 天，'富士'170~175 天。

不同地区果实生长期间的积温不同，采收期会有所差异。另外，普通型和短枝型品种也有所不同，元帅系短枝型比普通型的采收期要晚 5~7 天。

### 五、落叶和休眠

**1. 落叶**

温度是影响落叶的主要因子，落叶果树当昼夜平均温度低于 15℃、日照缩短到 12 小时，即开始准备落叶。我国华北、西北及东北苹果落叶都在 11 月，西南地区则在 12 月，东北小苹果产区落叶在 10 月。干旱、积水、缺肥、病虫害、秋梢旺长、内膜光照恶化、土壤及树体条件的剧烈变化等容易引起叶片的早期异常脱落，超负荷树在果实采收后常发生大量采后落叶。生产中应注意保护叶片，防止早期异常落叶的发生。

**2. 休眠**

苹果通过自然休眠最适合的温度是稍高于 0℃（3~5℃）的低温，需 60~70 天，大约在 12 月至翌年 1 月末；或者是在 7℃以下的温度 1400 小时以上，才能通过休眠，次年春正常萌芽开花。

# 第三节　苹果新品种

## 一、早熟品种

**1. 嘎啦**

由新西兰果品研究部果树种植者联合会以'红基橙'和'金帅'杂交育成，1939 年选出，1960 年发表。是中早熟品种中最漂亮最优质的品种之一。在新西兰、美国、法国、英国栽培较多。

果实中等大小，单果重 140g 左右。短圆锥形，果面金黄色，阳面具桃红色晕，有红色条纹。果形端正，艳丽美观，果顶有五棱，果梗细长。果皮较薄，果肉浅黄色，质细脆，致密，果汁多，味甜、微酸，品质上等。果实 8 月上中旬成熟，采前落果轻，较耐贮存。树势中庸，枝条开张，结果早，短果枝和腋花芽结果均好，坐果率高，丰产性强。

**2. 美八**

美国纽约州农业试验站从'嘎啦'的杂交后代中选出来的优系，代号 NY543。中国农业科学院郑州果树研究所于 1984 年从美国引入。

果实近圆形，平均单果重 180g；果面光洁无锈，底色乳黄，着鲜红色霞；果肉黄白，肉质细脆，多汁，可溶性固形物含量12.4%，风味酸甜适口，香味浓，品质上等。果实发育期110天左右，比'嘎啦'早成熟10天左右。

3. 藤牧1号

美国Purdue等3所大学在抗苹果黑星病和苹果白粉病育种项目中联合育成。20世纪70年代引入日本获得专利并进行试栽，在日本被命名为'藤牧1号'，又叫'南部魁'。1986年由日本引入我国。

果实近圆形，平均单果重160g；果面光滑，底色黄绿，阳面有红晕；果肉黄白色，肉质细而松脆，汁液多，可溶性固形物含量12.2%，风味酸甜适口，有芳香，品质中上。果实发育期85~90天。

4. 华硕

中国农业科学院郑州果树研究所用'美八'×'华冠'杂交培育而成，2009年通过河南省林木品种审定委员会审定，2014年通过国家林木品种审定委员会审定。

果实长圆形，平均单果重242g；果实底色绿黄，果面着鲜红色；果面平滑，蜡质多，有光泽，果点小；果肉黄白色；肉质中细，硬脆，汁液中多；可溶性固形物含量13.4%，可滴定酸含量0.31%，果肉硬度10.1kg/cm$^2$；酸甜适口，风味浓郁，有芳香；品质上等。果实发育期110天左右，比'嘎啦'早成熟1周，耐贮性好。田间表现较抗苹果轮纹病，对白粉病中度敏感。

5. 华美

中国农业科学院郑州果树研究所用'嘎啦'和'华帅'杂交培育而成。果实圆锥形，平均单果重265g，果面平滑光洁，无果锈，果点较明显，果实底色黄绿，果面着鲜红色，艳丽美观。可溶性固形物13.6%，风味酸甜，有香味。该品种果个大，颜色鲜艳，外观不亚于'美八'，且品质优于'美八'，储运性和货架期较'美八'长，果实成熟期为8月初。

6. 华玉

中国农业科学院郑州果树研究所用'藤牧1号'和'嘎啦'杂交培育而成。果实近圆形，果面着鲜红色条纹，着色面积60%以上，果实颜色明显优于亲本品种藤牧1号和嘎啦。果肉细、脆，可溶性固形物15%，风味酸甜适口，有清香。果实7月中旬开始着色，7月下旬成熟，果实发育期110~120天，成熟期比藤牧1号晚2~3周，比'嘎啦'早2周。

## 二、中熟品种

1. 金冠

又名：金帅、黄香蕉、黄元帅，原产美国弗吉尼亚州。系从偶然实生苗选出，是世界栽培最多的品种之一。我国各苹果产区均有栽培。

果实圆锥形，顶部微有五棱，平均单果重200g左右。果实黄绿色，成熟后呈黄色，阳面微有红晕，部分果梗洼处有梗锈。果肉淡黄色，肉质细密、脆，汁多，酸甜适口，芳香味浓，贮至11月以后风味更佳。含可溶性固形物15%，品质上等。9月中旬成熟，可贮至次年2~3月，常温下贮藏易失水皱皮。树势强健，幼树枝条较直立，萌芽率、成枝力均强，栽后 3~4 年结果。以中长果枝结果为主，成龄树短果枝增多，有腋花芽结果习性。该品种适应性强，较稳产、丰产，深受栽培者欢迎。

2. 红星

原产美国，为元帅的芽变，1921 年发现于新泽西州，1924 年命名，在世界各主产国均有大量栽植，我国各苹果产区均有栽培。

果实长圆锥形，萼洼深，果顶有 5 个突起，单果重 200~250g，大者可达 500g 以上。果实底色黄绿，阳面有浓红色粗条纹，充分成熟时为全面深红。果肉淡黄白色，肉质松脆、汁多，致密，酸甜适口，香味浓郁，稍经贮藏风味更佳，含可溶性固形物13%~15%，品质上等。9 月上中旬果实成熟，常温存放 2~3 个月，易沙化。

树性强，生长旺盛，萌芽率高，成枝力强，修剪反应敏感。5~6 年结果，以短果枝结果为主，坐果率不高，树势中庸易丰产，树弱易出现大小年现象。采前落果稍重。

3. 蜜脆

西北农林科技大学从美国引育的中熟新品种，亲本为'Macoun'בHoneygold'。2006 年通过陕西省果树品种审定委员会审定。

果实圆锥形，平均单果重 310g；盖色鲜红色，着色有条纹；果面光滑，果点小；果肉乳白色，风味微酸，有蜂蜜味；可溶性固形物含量 15.0%，可滴定酸含量 0.41%，果肉硬度 9.20kg/cm$^2$，肉质极脆，汁液特多，香气浓郁，品质优，为鲜食品种。果实发育期 140 天左右。丰产性好。树体抗寒性强，抗早期落叶病。

4. 弘前富士

日本青森县北郡板柳町富士果园中发现的易着色极早熟富士品种。

果实近圆形，果形端正，果形指数 0.83；果个大，平均单果重 248g；果面呈条状鲜红色，果点圆形；果肉黄白色，汁多、松脆、酸甜适中，可溶性固形物含量 16.2%，果肉硬度 10.9~12.5kg/cm$^2$；品质佳，耐贮性同'富士'。果实发育期 145 天左右，9月上中旬成熟，成熟期比'富士'早 35~40 天，比'红将军'早 10 天。

5. 玉华早富

陕西省果树良种苗木繁育中心从弘前富士芽变选育的中晚熟品种，2005 年通过陕西省农作物品种审定委员会审定。

果实圆形至近圆形，果形指数 0.88；平均单果重 231g；底色黄绿或淡黄，盖色鲜红，着色有条纹；果面光洁，无锈；酸甜适中，可溶性固形物含量 14.8%，可滴定酸含量 0.36%，果肉硬度 6.77kg/cm$^2$；有香味；果点较大；果肉黄白色，肉质细脆，汁多。在陕西渭北地区 9 月中下旬成熟。坐果率较高，连续结果能力优于晚熟富士。

6. 红将军

日本选育的中熟品种，是从早生'富士'选出的着色系芽变。'红将军'曾称'红王将'。

果实近圆形，果形指数 0.86；平均单果重 307g；果实色泽鲜艳，全面浓红；果肉黄白色，肉质细脆、多汁，风味甜酸浓郁，可溶性固形物含量 15.9%，果肉硬度9.6kg/cm$^2$，品质优。耐贮性强，不易发绵，自然贮藏可到春节。9 月中旬成熟，比普通富士早熟 30 天以上。

7. 华冠

中国农业科学院郑州果树研究所育成，亲本是‘金帅’×‘富士’，于 1976 年杂交，1988 年命名，1989 年通过农业部验收。

果实近似圆锥形，单果重 170g 左右。底色金黄，微显绿色。1/2 或 2/3 果面红色，充分着色后可全红，外观较美，梗洼多无锈或间具小型果锈。果肉黄色，肉质致密，脆而多汁，酸甜味浓，可溶性固形物 14% 左右，品质上等。

‘华冠’以短果枝结果为主，幼时腋花芽结果能力较强。自然坐果率高，一般一个花序坐果 3~5 个。

树冠呈圆头形，枝条、叶片、新梢均似金帅。1 年生枝红褐色，2~3 年生枝灰褐色，皮孔小，较密，嫩梢部密被灰色茸毛。叶片大多为椭圆形或卵圆形，两侧略向上翘，色泽较浓。

‘华冠’为金帅类型的新品种，优质、高产、耐贮，生产上可适当发展。

8. 华帅

中国农业科学院郑州果树研究所育成，亲本为‘富士’×‘新红星’，1976 年杂交，1988 年命名，1989 年通过农业部验收。

‘华帅’果实大，平均单果重 210g，短圆锥形或长圆形，成熟时全面红色，间具较深的红色条纹；果点稀疏，白色，较明显；梗洼中深广，洼内间具黄色锈斑，萼洼中等深广，洼周微显棱起；果肉淡黄色，肉质细脆，汁多，味酸甜，风味浓厚，有浓烈芳香；品质上等，可溶性固形物 13%。

该品种以短果枝结果为主，坐果率较元帅系高，一般每个花序坐果 1~2 个，有相当一部分花序可坐果 3 个或更多。

树冠呈圆锥形，2~3 年生枝暗绿褐色或灰褐色，皮孔较密、圆形；新梢红褐色，嫩梢部密被灰色或灰黄色茸毛；叶片中等大小，多为椭圆形，色深绿。‘华帅’具有元帅系和‘富士’的优点，是一个很有希望的新品种。

## 三、晚熟品种

1. 富士

日本农林省东北农业试验场藤崎园艺部由‘国光’×‘元帅’后代培育出的新品种，1939 年杂交，1962 年正式登记命名为‘富上’。1966 年引入我国，1980 年后又引入着色系富士等。

果实近圆形，单果重 200~250g。果实底色黄绿，阳面着红色条纹，果皮薄。果肉黄白色，肉质细脆，果汁多，含可溶性固形物 15% 左右，甜酸适度，有香气，品质上等。10 月中下旬成熟，耐贮藏，可贮至次年 4—5 月，贮后肉质不变，风味尤佳。

树势强健，树姿开张，萌芽率高，成枝力强。幼树易旺，5~6 年结果，以短果枝和细的长果枝结果为主，有腋花芽结果习性，坐果率高，丰产。采前落果轻，熟前不落果，果实易感轮纹病。适应性较强，抗寒性差。

日本针对富士着色不良的缺点，从 1972 年开始进行了大量浓红型芽变选种，选出了许多浓红型的优系，通称‘红富士’。我国引进栽培后，各地表现较好的品系有‘秋富1''长富2''岩富10''青富13'等，其生长结果习性与富士类同，只是着色较富士为好。

2. 长富2号

富士苹果的芽变品系之一，1980年农业部从日本引入接穗分给辽宁省果树科学研究所、山东省烟台果树工作站等单位试栽。

果实近圆形，平均单果重250g，果面底色黄绿色，成熟时全面浓红鲜艳；盖色红色、着色有条纹，果面光滑，果点中大，果肉黄白色，风味酸甜适度，稍有芳香，可溶性固形物含量15.5%，可滴定酸含量0.48%，果肉硬度11.47kg/cm$^2$，肉质松脆致密，贮后仍脆而不变，汁液多，品质上等，为鲜食品种。果实发育期170天左右。丰产性好，树体抗寒性差，易患枝干粗皮轮纹病。

3. 寒富

沈阳农业大学园艺系与内蒙古宁城县巴林试验场于1978年以'东光'×'富士'杂交育成的晚熟抗寒苹果新品种。1994年通过内蒙古自治区品种审定，1997年通过辽宁省农作物品种审定委员会审定并命名。

果实短圆锥形，平均单果重250g；果实底色黄绿，阳面片红，可全面着色；果面光滑，果点小；果肉淡黄色，甜酸味浓，有香气；可溶性固形物含量15.2%，可滴定酸含量0.34%，果肉硬度9.9kg/cm$^2$；肉质酥脆多汁，为鲜食品种。果实发育期150天左右。丰产性好，树冠紧凑，矮生性状明显。抗寒性与适应能力优于'国光'和'富士'，抗苹果粗皮病，较抗蚜虫和早期落叶病。

4. 国光

别名"小国光"，美国品种，已有80多年的栽培历史，是我国栽培最多的品种之一。

果实扁圆形，单果重150g左右。果实底色黄绿，具红霞和暗红色粗细不等的条纹，着色较晚，在秋季昼夜温差大和早霜来临后，着色快而浓。果肉黄白色，肉质致密而脆，汁多，含可溶性固形物12%~15%，酸甜味浓，品质上等。10月中下旬成熟，耐贮藏，可贮至次年4—5月。树势强健，幼树生长势强，萌芽率低，成枝力中等，潜伏芽寿命长，便于更新。栽后5~7年开始结果。初果期，长、中果枝较多，以后短果枝增多。果台副梢易形成结果枝，连续结果能力较强，坐果率高，丰产。其发芽和开花物候期比其他品种晚1周左右。适应性较强，无论山地、滩地均生长良好。抗风力强，不落果，较抗早期落叶病、苦痘病和白粉病。采前遇雨裂果，对炭疽病抗性较差。

5. 丹霞

山西省农业科学院果树研究所从'金冠'实生苗选出的中晚熟品种，原代号72~12-72，1986年通过山西省品种审定。目前在山西等地有栽培。

果实圆锥形，平均单果重170.6g；果面底色黄绿，着鲜红色晕，平均着色度75%；果肉乳白色，肉质细脆，汁液多，风味甜；可溶性固形物含量17.0%，总糖含量13.6%，可滴定酸含量0.265%；果肉硬度5.6kg/cm$^2$。果实发育期160天左右。树势中庸，萌芽力中等，成枝力较强；结果早，坐果率高，丰产，采前落果轻。田间表现抗早期落叶病，较抗白粉病；接种鉴定表现高感苹果斑点落叶病和苹果腐烂病，感苹果枝干轮纹病。

6. 太平洋玫瑰

新西兰以'嘎啦'בquot;华丽'杂交育成的晚熟品种,原代号为GS2085,为GS系的代表性品种。20世纪90年代中期引入我国,2010年通过山东省品种审定。

果实圆形,果形指数0.82;平均单果重230g;底色黄绿,表皮着鲜玫瑰红色;果皮薄,果面光亮,蜡质厚,外观艳丽,酸甜适口,有玫瑰香气,可溶性固形物含量15%,可滴定酸含量0.32%,果肉硬度8.8kg/cm²;果肉乳白色,肉质细脆,多汁;果实耐贮性好,自然条件下贮藏至翌年4月,硬度仍可达7.0kg/cm²。在陕西渭北地区,果实9月下旬成熟。坐果率高,无采前落果现象,丰产、稳产,但树体和果实易感褐斑病。

7. 陆奥

日本青森县苹果试验场以'金冠'בquot;印度'杂交育成的苹果晚熟品种。染色体倍性为三倍体。1930年杂交,1949年发表,20世纪60年代引入我国,目前在日本和欧洲生产上有应用,我国栽培少。

果实近圆形;果顶偶有棱起,单果重260~310g;果点中多;不套袋果实果面绿色,贮藏后为金黄色;套袋后着鲜红色晕;果肉乳黄色,肉质较粗,松脆,汁液多,风味酸甜;可溶性固形物含量13.2%,可滴定酸含量0.58%,果肉硬度9.3kg/cm²;耐贮性较强。陆奥是综合性状优良的鲜食烹饪兼用型苹果品种。花粉量少,果实发育期165天左右。幼树树势强,枝条粗壮,盛果期树势中庸,结果早,易成花,连续结果能力强,丰产。田间表现较抗苹果轮纹病和苹果腐烂病;接种鉴定表现:中抗苹果枝干轮纹病,高感苹果腐烂病、苹果斑点落叶病。

8. 粉红女士

源自澳大利亚,由西澳洲Stoneville试验站以'Lady Williams'与'金冠'杂交育成的极晚熟品种,1979年选出,1985年正式发表。1995年引入我国,2004年通过陕西省品种审定。

果实近圆柱形,端正、高桩,果形指数0.94;中果型,平均单果重200g,最大果重306g;底色淡绿,着全面粉红色或鲜红色,色泽艳丽果面洁净,无锈,果点中大、中密,外观美;果肉乳白色,贮存1~2个月后果肉淡黄色,风味浓郁,甜酸适度,可溶性固形物含量16.65%,可滴定酸含量0.65%,果肉硬度9.16kg/cm²;硬脆,汁中多极耐贮藏,室温下可贮至翌年4—5月。在陕西渭北南部地区,果实10月下旬至11月上旬成熟,发育期200天左右。早果性好,丰产、稳产,抗病性较强。

9. 瑞阳

2004年杂交,亲本为'秦冠'和'富士',2015年通过陕西省品种审定。'瑞阳'易成花、结果早,丰产性强,与秦冠相近;大果型,果实色泽艳丽,果面洁净,可不套袋栽培;果肉细脆、味浓、口感好,品质接近'富士';抗病性强,优于'富士';10月中旬成熟,耐贮运。适宜陕西渭北、陕北南部及同类生态区推广,矮化、乔化栽培均可早果、丰产。

### 10. 瑞雪

2002 年杂交选育，亲本为'秦富 1 号'和'粉红女士'，2015 年通过陕西省品种审定。早果、丰产，矮化、乔化均可丰产，具短枝型品种特性，适宜密植；大果型，果型端正，果面光洁无锈，外观好；果肉细脆，风味浓郁，品质极上；树势健壮，抗病性强；10 月中下旬成熟，极耐贮藏。综合性状优于'金冠''王林'，适宜在陕西渭北及同类生态区推广。

### 11. 秦脆

'长富 2 号'与'蜜脆'的杂交后代，果实性状继承了双亲的优良特性，肉质脆，汁液多，酸甜可口，其早果丰产性、风味品质和抗逆性优于'富士'，成熟期比'长富 2 号'早 10 天左右。在不套袋条件下均能全面着色，且果面光洁。

### 12. 秦蜜

'秦冠'与'蜜脆'的杂交后代，萌芽率高，成枝力强，易成花，早果丰产性好，树体管理容易，抗旱耐瘠薄，果实圆锥形，香气浓郁，口感好，在陕西渭北产区 9 月下旬成熟。在不套袋条件下均能全面着色，且果面光洁。

## 第四节　生产栽培技术

### 一、园地选择与果园规划

**1. 园地选择**

园址所在地年均温以 9~15℃为宜。山区、丘陵地建园，应选择坡度小于 25°、背风向阳的南坡或西南坡。土壤以黄绵土、沙壤土为宜。土壤 pH 值范围为 5.5~8.0。土层厚度 60cm 以上，土壤肥沃，地下水位在 1m 以下。

**2. 园地规划**

（1）道路。果园的主路要求贯穿全园，一般宽 5~7m，干路一般宽 3~4m，支路宽 2~3m，主要作为人行作业道。

山地果园的主路宜修盘山道，干路宽 5~7m；顺坡支路为小区左右分界线，宽 1~2m。支路可以按等高线通过果树行间，顺坡支路应修建在分水线上，避免被雨水冲塌。

（2）灌溉排水设施。根据作业小区的布置，安排灌溉的机井、泵房、蓄水池、主管道、支管道、滴灌管和出水口等设备。

地势低洼，雨季容易积水的园地要挖排水沟，确保排水通畅。

**3. 品种选择与授粉树配置**

主栽品种应选择经国家或省级审定的良种，或当地主栽的地方品种。新品种在当地要经过试验，不可盲目远距离引种。

授粉品种应与主栽品种花期一致，亲和力强，花期长，花粉多。一般授粉树按照 1：（4~5）的比例配置。也可选用专用授粉品种，主栽品种与授粉树之间的距离应在 20m 以内。

## 二、建园技术

（1）苗木选择。选择品种纯正的无病毒、无病虫害和严重机械损伤的矮化自根砧或中间砧壮苗。

（2）整地。采用机械化整地，挖深60cm、宽80～100cm的定植沟，每亩施有机肥2 000～3 000kg，混合均匀后回填并耙平，浇透水；或将有机肥均匀撒施后，机械深翻混匀。

（3）栽植时间。在落叶后至土壤封冻前或土壤完全解冻后到苗木萌芽前均可进行栽植，以在落叶后至土壤封冻前进行栽植为佳。

（4）栽植密度。宜采用宽行密植，行距3.5～4m，株距1～2m，平地行向以南北向为宜，缓坡地行向以顺坡方向为宜。

（5）栽植方法。挖深30cm、直径为30cm的定植穴，栽植时边填土边提苗，然后踩实。肥水条件好的园地，矮化砧木露出地面15cm左右，其他园地，矮化砧木露出地面10cm左右。栽后浇透水。

（6）立架安装。利用矮化砧苗木建立的果园，应进行立架栽培。每隔10～15m间距设立一个镀锌钢管（直径6～8cm）或水泥桩（10cm×12cm），地下埋70cm，架高3.5m左右，均匀设4～5道直径2.2mm钢丝，最低一道钢丝距地面0.8m。每行架端部应安装地锚固定和拉直钢丝（向外斜15°左右）。

## 三、土肥水管理技术

1. 土壤管理

树干两侧各覆盖50～80cm防草膜或防草布。

行间采用自然生草或人工种草，人工种草可选择高羊茅、黑麦草、早熟禾、毛叶苕子和鼠茅草等，播种时间以9月中旬最佳，早熟禾、高羊茅和黑麦草也可在春季3月初播种。播种深度为种子直径的2～3倍，土壤墒情要好，播后喷水2～3次。自然生草果园行间不进行中耕除草，由马唐、稗、光头稗、狗尾草等当地优良野生杂草自然生长，及时拔除豚草、苋菜、藜、苘麻、葎草等恶性杂草。无论人工种草还是自然生草，当草长到30～40cm时要进行刈割，割后保留10cm左右，割下的草覆于树盘下，每年刈割2～3次。

2. 施肥

（1）施肥原则。按照"以有机肥为主，化学肥料为辅，总量控制，分期施入"的原则进行。进入盛果期后，按照每生产100kg苹果需施纯氮（N）0.7～1.1kg，磷（以$P_2O_5$计）0.6～0.8kg，钾（以$K_2O$计）0.9～1.0kg的标准确定施肥量。

（2）基肥。基肥施肥类型包括有机肥、土壤改良剂、中微肥和复合肥等。有机肥的类型及用量为：农家肥（腐熟的羊粪、牛粪等）2 000kg/亩（每亩约6立方米），或优质生物肥500kg/亩，或饼肥200kg/亩，或腐殖酸100kg/亩，或黄腐酸100kg/亩。土壤改良剂和中微肥建议硅钙镁钾肥50～100kg/亩、硼肥约1kg/亩、锌肥约2kg/亩。复合肥建议采用高氮高磷中钾型复合肥，但在腐烂病发病重和黄土高原区域可采用平衡型如 15-15-15（或类似配方），用量 50~75kg/亩。

基肥施用方法为沟施或穴施。沟施时沿树冠外围挖宽 30cm 左右、长度 50~100cm、深 40cm 左右的沟，分为环状沟、放射状沟以及株（行）间条沟。穴施时根据树冠大小，每株树 4~6 个穴，穴的直径和深度为 30~40cm。每年交换位置挖穴，穴的有效期为 3 年。施用时要将有机肥等与土充分混匀。

（3）追肥。追肥建议每年 3~4 次，第一次在 3 月中旬至 4 月中旬建议施一次硝酸铵钙或 25-5-15 硝基复合肥，施肥量 30~45kg/亩；第二次在 6 月中旬建议施一次平衡型复合肥（15-15-15 或类似配方），施肥量 30~45kg/亩；第三次在 7 月中旬到 8 月中旬，施肥类型以高钾（前低后高）配方为主（如前期 16-6-26，后期 10-5-30，或类似配方），施肥量 25~30kg/亩，配方和用量要根据果实大小灵活掌握，如果个头够大（如红富士在 7 月初达到 65~70g、8 月初达到 70~75g）则要减少氮素比例和用量，否则可适当增加。

使用水肥一体化技术进行追肥，追肥时间和施肥量参见表 2-1。

表 2-1　苹果园水肥一体化灌溉施肥方案

| 生育期 | 灌溉次数（次） | 灌水定额［m³/（亩·次）］ | N 施用量（kg） | P₂O₅施用量（kg） | K₂O施用量（kg） | 施肥量小计 | 灌溉方式 |
|---|---|---|---|---|---|---|---|
| 收获后 | 1 | 30 | 9.65 | 5.04 | 8.72 | 23.41 | 沟灌 |
| 花前 | 1 | 15 | 3 | 1 | 1.57 | 5.57 | 滴灌 |
| 初花期 | 1 | 15 | 3 | 1 | 1.57 | 5.57 | 滴灌 |
| 花后 | 1 | 20 | 2.25 | 2.06 | 3.37 | 7.68 | 滴灌 |
| 初果 | 1 | 20 | 2.25 | 2.06 | 3.37 | 7.68 | 滴灌 |
| 果实膨大期 | 1 | 15 | 2 | 0.67 | 4 | 6.67 | 滴灌 |
| 果实膨大期 | 1 | 15 | 2 | 0.67 | 4 | 6.67 | 滴灌 |
| 合计 | 7 | 130 | 24.15 | 12.5 | 26.6 | 63.25 | 滴灌 |

注：在雨季如果土壤湿度可以，则用少量水仅仅施肥即可。

3. 灌溉和排水

在萌芽期、开花前、幼果期、果实膨大期缺水时及时灌溉；夏季干旱时，宜每周灌溉两次；越冬前灌足越冬水。

低洼易积水的园地应在雨季前整理排水沟，强降雨时及时疏通，防止园地积水。

## 四、树体管理技术

1. 树体结构

宜采用高纺锤形树形，树高为 3.2~3.6m，主干高 0.8~0.9m；中央领导干上螺旋着生 30 个左右小主枝，结果枝直接着生在小主枝上（结果枝上分布长、中、短枝）。

树冠下部的小主枝长 0.7~1.4m，与中央干的夹角为 100°~110°（水平偏下）；树冠中部的小主枝长 0.6~1.2m，与中央干的夹角为 110°~120°；树冠上部的小主枝长约 0.5~1.0m，与中央干的夹角为 120°~130°。中央领导干与同部位的主枝基部粗度之比（3~5）：1。

2. 整形修剪

（1）第一年。定植时不定干，从地面到 80cm 之间萌枝疏除，以上保留。同侧上下间距小于 25cm 枝条疏除。需要剪除的枝条主要有：枝干比大于 1/3 的主枝、夹角小于 30°的主枝和基部受伤的主枝。剪口呈马蹄形，保留 1~2cm 的树桩，伤口涂抹愈合剂。第一年冬季，主枝数量达到 12~15 个。

中心干上长度大于 40cm 的主枝需要全部拉枝。富士系苹果幼树拉枝角度宜为 100°~120°；嘎啦系、元帅系、金冠拉枝角度宜为 90°~100°。

当中心干顶部的新梢生长至 5~10cm 时，人工抹除顶梢下第 2、第 3、第 4 新梢。顶梢生长量明显小于下部临近新梢时，需要向下更换树头。抹除新梢时应尽量减小伤口。

（2）第二至第四年。定植后第二年春季，在中心干分枝不足处进行刻芽或涂抹药剂（抽枝宝或发枝素）促发分枝。及时去除中心干顶梢附近的竞争枝。注意疏花和疏果，严格控制产量。第二年冬季，主枝数量应达到 22 个以上。第三年，主枝数量应达到 30 个左右。

苗干从地面到 80cm 之间再次发出的萌枝要疏除，同侧上下间距小于 25cm 新枝条疏除。枝条角度按树冠不同部位的要求进行拉枝。

冬季修剪时，疏除中央干上当年发出的强壮新梢，疏除时留 1cm 的短桩；保留中央干上 50cm 以内的弱枝。

（3）成形后更新修剪。根据树形要求，及时疏除过粗的大枝，疏除上中下部各处的过长大枝，调整角度不到位的大枝。

树体生长达到预定高度后，对超出高度部分拉弯下垂，待其结果后再行疏除。

### 五、花果管理技术

1. 促花保果

在初花期和盛花期，各喷 1 次 0.3% 硼砂、0.1% 尿素和 1% 蔗糖的混合液。积极推行果园花期放蜂（蜜蜂或壁蜂），促进授粉坐果；授粉树不足或花期气候不良时，应进行人工辅助授粉。预防花期和幼果期霜冻，可采用果园灌水、树上喷水和熏烟等方法。

2. 疏花疏果

根据栽植品种历年坐果情况，进行疏花疏果。定植当年不留果；树体成形前，宜控制负载量。疏花从大蕾期开始，根据预留果量的 120%~130% 留花序。花序间隔：大型果品种间隔 20~25cm，小型果品种间隔 15~20cm，疏花时优先疏除腋花芽、弱花芽。疏果时优先留中心果，疏除病果、残果和畸形果。

### 六、病虫害防治技术

主要病虫害防治参照表 2-2。

**表 2-2 苹果主要病虫害防治方法**

| 防治对象 | 防治方法 |
| --- | --- |
| 越冬病虫害 | 对果园内及附近各种病虫害越冬场所进行彻底清理，检查刮治腐烂病，清除园内病虫枝、烂果、落叶，集中深埋刮除原有病疤周围的粗皮，并涂 50 倍液菌毒清或 10 波美度石硫合剂。 |
| 腐烂病 | 彻底检查和刮治腐烂病，刮后用菌立灭 3~5 倍液或菌毒清 50 倍液等涂抹伤口。 |
| 早期落叶病 | 喷 25%戊唑醇乳油 2 000 倍液，或 10%苯醚甲环唑乳油 3 000 倍液，或 1：（2~3）：（200~240）倍波尔多液等，每间隔 15~20 天喷施 1 次，直至 8 月上旬。 |
| 白粉病 | 人工剪除白粉病梢，集中深埋或带出园外销毁。喷 15%三唑酮可湿性粉剂 1 500 倍液，或 12.5%戊唑醇乳油 2 500 倍液。 |
| 斑点落叶病 | 喷 10%多抗霉素可湿性粉剂 1 500 倍液或 30%己唑醇悬浮剂 5 000 倍液。 |
| 轮纹病 | 喷 80%代森锰锌可湿性粉剂 600 倍液，或 30%苯醚甲环唑悬浮剂 2 000 倍液，或 70%甲基硫菌灵水分散粒剂 600 倍液，或 250g/L 吡唑醚菌酯悬浮剂 2 000 倍液。 |
| 痘斑病等果实生理病害 | 喷氨基酸螯合钙或腐殖酸钙 600 倍液肥 2~3 次。 |
| 蚜虫、卷叶虫、星毛虫、金甲虫、叶螨、红蜘蛛等昆虫 | 喷 10%吡虫啉可湿性粉剂 3 000 倍液或 2.5%溴氰菊酯 2 000 倍液等。<br>喷 1.8%阿维菌素 5 000 倍液或 20%扫螨净 4 000 倍液。<br>喷 20%螨死净 2 000 倍液或 20%哒螨灵 3 000 倍液。<br>果园架设频振式杀虫灯（0.8~1.0hm² 一台，架设高度 3.2~3.5m）诱杀金甲虫、飞蛾及各种趋光性害虫。 |
| 桃小食心虫和果实病害 | 在幼果期，仔细喷布 1 次杀虫、杀菌剂，杀菌剂可选用多菌灵 600 倍液或 10%苯醚甲环唑 3 000 倍或 10%多抗霉素可湿性粉剂 1 500 倍液，杀虫剂可选用灭幼脲 3 号 1 500 倍液或蛾螨灵乳油 1 500~2 000 倍液。<br>果园每 15 亩悬挂一个桃小食心虫性诱捕器。 |

# 第三章　绿色梨生产关键技术

## 第一节　梨产业概况

梨是我国重要的果树树种，是我国北方四大鲜果之一。从历史上我国就有栽培梨树的历史。我国有许多著名的梨产区，梨果的收入在当地的农业总产值中占有重要的地位，为发展地方经济、增加农民收入都起到了重要作用。传统的著名梨产区有：山东莱阳、黄县，河北泊头、赵县、定县、昌黎，陕西礼泉，甘肃兰州，吉林延边，辽宁绥中，河南宁陵等地。

梨果主要用于鲜食，也可作为食品加工的原料，可加工成罐头、果汁、梨酒、梨醋、果脯等产品。如山东阳信县用鸭梨加工鸭梨醋。此外，梨还有润肺、止咳、平喘等功能，秋梨膏是传统的止咳药。

### 一、生产现状

梨是原产于我国的古老果树树种，已有 3 000 多年的栽培历史。由于梨适应性强，分布广，我国从南到北，从东到西都有栽培。目前，我国梨的栽培面积和产量均居世界第一位。据 2018 年国家农业农村部统计，2017 年全国梨产量达 1 607.80 万 t，占全国水果总产量的 6.26%。面积达 92.1 万 hm²，占全国果园总面积的 8.27%，面积和产量均仅次于柑橘和苹果，排在第三位。除海南、西藏、青海、香港和澳门外，其余各省市区均有梨规模栽培，但主产省份相对集中。按 2017 年产量计，产量超过 100 万 t 的省份有 7 个，分别为河北 342.4 万 t，其次是安徽 124.2 万 t 新疆 123.1 万 t、河南 121.8 万 t、辽宁 116.2 万 t、陕西 105.2 万 t 和山东 103.7 万 t，上述 7 个省（区）产量占全国的 64.5%。

### 二、发展趋势

1. 更新品种

梨是原产于我国的树种，在长期的栽培过程中，产生了许多优良的地方品种，这些品种在我国的梨树发展中起到过重要的作用，但有些品种现在已显得很落后了，如不更新，很难适应现在市场的需求，更不能在国际市场上争得一席之地。近年来，我国从国外引进了一批优良的梨品种，同时利用我国丰富的梨树资源，培育出一批新的优良品种，这些品种正在逐步取代原有的品种。目前，各地大力推广和发展的优良新品种有：'秋月''华酥''黄冠''红香酥''八月红''玉露香'等。

除要大力推广新品种外，也要适度发展生产上主栽的优良品种，如'早酥''锦丰''黄华''晋蜜'等。如早酥近几年来由于其品质好、成熟早，在国际国内市场上受到欢迎，出口量逐年增加。

此外，一些传统的有地方特色的地方优良品种，也可适度发展。如新疆的'库尔勒香梨'、安徽的'砀山酥梨'、辽宁的'南果梨'、四川的'金花梨'等，这些品种虽然是具有很长历史的老品种，但由于其具有特殊的优点，现在仍然被广泛栽培，近几年还有逐渐发展的趋势。

2. 增加单位面积产量，提高果实品质

梨与苹果相似，存在着品质差、单位面积产量低的问题。特别是我国有些传统品种，目前由于品质低，销售出现了困难，如鸭梨在近几年里价格大幅度下降，而且滞销。

3. 生产绿色食品

绿色食品是发展方向。随着人们生活水平的提高，人们不但要求要吃饱、吃好，还要求要吃得安全、吃得卫生。在水果生产中要尽量减少农药和化肥的使用，降低果实中有害物质的残留，使其达到国际市场的要求标准，只有这样，才能在将来的国际竞争中取得优势。

# 第二节　种类和优良品种

## 一、种类

梨是蔷薇科梨属植物。梨属中有 30 多个种，与栽培有关的主要有以下几种。

1. 秋子梨

野生于我国东北、华北、内蒙古、西北各省，尤其以东北各省和河北、山西北部、甘肃陇中、河西地区最多。此外，在俄罗斯远东地区和朝鲜、日本等地也有分布。秋子梨是高大的乔木，在梨属中是抗寒性最强的，在降雪稀少的冬季，可耐 $-50 \sim -45$ ℃的低温。在我国东北地区，是梨的良好砧木。

秋子梨除作为砧木外，在这个种中也产生了许多品种，我国东北地区，梨的栽培品种来源于此种的约在 150 个以上。秋子梨的品种在东北地区表现为抗寒力强，产量高，寿命长。秋子梨果实与白梨和砂梨相比，品质较差，石细胞较多，果个小，须经后熟才可食用，后熟后果肉变得柔软多汁，有强烈的香气，味道极美。

秋子梨的果实萼片是宿存的。具有代表性、品质好的品种有：'南果梨''大香水''小香水''京白梨'等。

2. 白梨

白梨是一个栽培种，原产于河北昌黎一带，目前在我国的分布很广，主要在华北、西北各省，尤其以河北、山东、河南、陕西、山西最多。白梨品种很多，我国很多著名的品种都出自这个种。

白梨果实果肉汁多细脆，味甜，大多无香气，萼片脱落。这个种的抗寒力不如秋子梨，一般在-25℃的低温下即发生冻害。著名的品种有'鸭梨''慈梨''雪花梨''库尔勒香梨''金川雪梨'等。

3. 砂梨

这个种原野生于我国长江流域及珠江流域各省。四川、湖北、湖南、江西、浙江、福建、广东、广西、云南、贵州均有分布。此外，日本、朝鲜也有分布。

源于这个种的栽培品种很多。我国长江流域所栽培的品种大都属于此种。著名的品种有：四川'苍溪梨'云南'宝珠梨'等。日本和朝鲜梨大多为这个种。

砂梨系统品种果实形状的共同特征是，大多为长圆形、圆形或扁圆形，果皮褐色或黄褐色，少数为绿黄色，萼片大多脱落，少数宿存；果肉脆而多汁，石细胞少，味甜，风味较淡。一般无香气，不经后熟即可食用；贮藏能力不如白梨系统的品种。

4. 西洋梨

这个种的自然分布很广，整个欧洲都有分布，此外，在亚洲的部分地区也有分布。这个种与上面其他三个种有所区别，最大的区别是西洋梨的叶片明显比以上三个种要小。西洋梨的抗寒性弱，其栽培品种在-22℃的低温下即受害。

西洋梨的栽培品种绝大部分来源于这个种。品种多达数千个。这类品种的共同特征是：叶片较秋子梨、白梨、砂梨小，锯齿不显著或具圆钝锯齿。果实多为瓢形，萼片宿存，采收后须经后熟才可食用，后熟后肉质柔软易融，绝大多数不耐贮藏。

## 二、优良品种

### （一）我国传统的名、特、优品种

1. 鸭梨

'鸭梨'是我国著名的古老品种，原产于河北省，目前在华北、山东、河南、江苏、辽宁等地均有栽培，其中以河北、山东栽种较多。

'鸭梨'品质好，单果重185g，外形美观、皮薄肉细，曾是我国水果出口的主要品种，在国际市场上有较高的声誉。'鸭梨'的成熟期在河北为9月下旬。

2. 雪花梨

原产于河北省赵县，也是我国传统的优良品种，现在在华北、西北、华东等地都有栽培。'雪花梨'的特点是果个大，平均单果重210g，大的可达1 500g。果实耐贮藏，肉质较粗，有香味，风味比'鸭梨'浓。是'鸭梨'良好的授粉品种。

3. 慈梨

原产于山东省莱阳等地，目前在华北、西北、江苏、四川等地均有栽培。'慈梨'是我国传统的优良品种，其特点是内在品质好，肉质细脆多汁，风味甜，可溶性固形物含量可达13%~15%（'鸭梨''雪花梨'只有11%~13%），单果重233g，最大可达600g。果实9月中下旬成熟，耐贮藏性较差。慈梨的外观品质不好。果点大而突出，果皮褐色，果面粗糙。

4. 砀山酥梨

是古老的地方优良品种。原产于安徽省砀山，在陕西、山西、山东、河南、四川、云南、新疆等地也有栽培。在陕西渭北、山西南部和新疆等地栽培的'砀山酥梨'内在品质和外观均好于原产地。

果实近圆柱形，顶部平截稍宽。平均单果重 250g，最大的可达到 1 000g 可以上。果皮黄绿色，果点小，果心小，果肉白色，肉质稍粗，酥脆，汁多，味甜，有石细胞。丰产性好。适应性很广，对气候和土壤条件要求不高。

'砀山酥梨'的特点是果实个大、肉质松脆、外观好、丰产。是很优良的晚熟品种。

5. 库尔勒香梨

原产于新疆库尔勒地区，新疆栽培很多，我国北方 2019 年也在引种。'库尔勒香梨'平均的单果重 109.8g，果皮黄绿色，阳面有红晕，果心较大，果肉白色，肉质细嫩，味甜，有浓香，品质极好，是东方梨中品质非常好的品种。果实可贮存到翌年 4 月。近年来新疆发展很快。内地也在试种。

除以上品种外，我国还有许多优良的地方品种，如'南果梨''苹果梨''京白梨''苍溪雪梨'等。

**(二) 国内选育的新品种**

1. 早酥蜜

以'七月酥'为母本，'砀山酥梨'为父本杂交选育而成的极早熟梨新品种。单果重 300g，卵圆形，绿黄色、果肉细嫩、汁特多、石细胞极少、可溶性固形物含量 13.6%，甘甜味浓，郑州地区 7 月中旬成熟，货架期长。适合在华北、西北、西南及黄河故道地区种植。

2. 中梨 4 号

中国农业科学院郑州果树研究所培育的极早熟梨优良新品种。单果重 350g，近圆形、绿色、果肉细脆、汁多、石细胞极少、可溶性固形物含量 12.8%，味甜适口，郑州地区 7 月中旬成熟，货架期长、耐高温多湿。适合在华中、华南、西南及黄河故道地区种植。

3. 玉香蜜

是由'八月红'与'砀山酥梨'杂交选育而成的免套袋中晚熟优良新品种，梨新品种。2018 年 3 月通过河南省林木品种审定委员会审定，单果重 300g，卵圆形，果面光滑、洁白如玉，肉质细腻，脆甜味浓，可溶性固形物 13.8%，郑州地区 8 月中下旬成熟，较耐贮藏。2013 年获"全国梨王擂台赛"金奖，具有极高的商品价值。适合华北、西北、辽西南及渤海湾地区种植。

4. 早红玉

是由'新世纪'与'红香酥'人工杂交选育而成的红皮梨新品种。2017 年 3 月通过河南省林木品种审定委员会审定并命名。果实近圆形，果面 60%着红色，平均单果重 280g；肉质酥脆，汁多，味甜，可溶性固形物含量 13.1%；石细胞少，果心小。果实在郑州地区 8 月上旬成熟。果皮韧性好，耐运输，果实大小整齐，商品果率高。该品种树势中庸、树姿半开张、成枝力较强，极易成花，早果性好，适应性强，栽培管理容易，丰产稳产。适合密植省力化栽培。可在我国黄河故道、华北南部、长江流域及华南地区栽培发展。

5. 黄冠

以'雪花梨'为母本，'新世纪'为父本杂交育成。果实椭圆形，平均单果重225g；果皮黄色，果肉白色，质地细，松脆多汁，甜酸适口；在徐州地区8月初成熟。该品种抗黑星病能力强、结果早、丰产性好。

6. 冀蜜

以'雪花梨'为母本，'黄花梨'为父本杂交培育而成。果实椭圆形而大，平均单果重258g；果皮绿黄色；果肉白色，品质极好，可溶性固形物含量为13.5%，在江苏的成熟期为8月上中旬。在华北地区比鸭梨、雪花梨提前成熟20天。

7. 金花4号

是从'金花梨'中选出来的最优品系。果实大，平均单果重250~407g，多呈长圆形；果皮黄绿色，贮后黄色；果心小，果肉细，松脆，汁液较多，味甜，可溶性固形物含量为11.8%~16.8%；在江苏省9月下旬成熟，较耐贮藏，一般可贮藏到次年4—5月。

8. 八月红

是以'早巴梨'为母本，'早酥梨'为父本杂交育种而成。果实卵圆形，平均单果重233g，最大280g，果个均匀整齐；果面光滑，果点小而密，浅褐色，阳面红色，外观美丽；肉乳白色，肉质细脆，石细胞少，汁液多，味甜，香气较浓，可溶性固形物含量为11.9%~15.3%，果实成熟期为8月中旬。该品种树体生长旺盛易获早期丰产。

9. 红香酥

以'库尔勒香梨'为母本，'鹅梨'为父本杂交培育而成的晚熟红皮梨优良品种。果实中大，平均单果重178g，最大291g，纺锤形，萼端稍突起，果皮底色为黄绿色，阳面鲜红色，外观诱人；肉质细脆，香甜味浓，可溶性固形物含量13%~14%，品质上等；成熟期为9月上中旬，果实耐贮藏。该品种树势中等，树姿较开张，成花容易，结果早，丰产稳产，适合在华北、西北及渤海湾地区种植。

10. 八月酥

1979年用'栖霞大香水梨'与'郑州鹅梨'杂交。经全国26个省（自治区、直辖市）的190个县地栽培实践证明：该品种丰产稳产，结果早，抗病性、耐涝性强，适应性广，经济效益高，八月中旬成熟。果个大，单果260g，最大可达900g，外观好，近圆形、浅黄色、果面干净、果心小、肉质松脆、汁液多、风味酸甜可口、具香味，可溶性固形物12.2%，较耐贮运。生长健壮，植株矮化，容易管理，适合密植。

11. 五九香

是中国农业科学院果树研究所育成的中熟品种，母本为'鸭梨'，父本为'巴梨'。1952年杂交，1995年命名，因果实具有西洋梨的香气，故称为五九香。目前，在北京郊区、甘肃兰州、河北及辽宁等地有栽培，表现很好。

果实形状为西洋梨的葫芦形，平均单果重271g，大的可达625g；果皮黄绿色，着色条件好的在阳面有淡红晕。果肉淡黄白色，肉质稍粗，采后即可食用，贮后肉质变软，汁多，味酸甜，有香气。

该品种果实大，外形美，品质好，商品价值高，丰产稳产，果实脆肉、软肉均可食用，适应性强，是有发展前途的品种。

**12. 中梨 1 号**

中国农业科学院郑州果树研究所于 1982 年用 '新世纪' × '早酥梨' 为亲本培育的耐高温多湿的优良新品种。果实大，平均单果重 250g，最大果重 450g，近圆形或扁圆形，果面较光滑，果点中大，绿色，郑州、石家庄、胶东半岛等地无果锈，成都、苏南等地少量果锈；果形正、外观美，果心中等，果肉乳白色，肉质细脆，石细胞少，汁液多，可溶性固形物含量 12%～13.5%，风味甘甜可口，有香味，品质极上等。郑州地区 7 月中旬成熟，货架寿命 20 天，冷藏条件下可贮藏 2～3 个月。

**13. 翠冠**

浙江省农业科学院园艺研究所培育。母本为 '幸水'，父本为 '杭青' × '新世纪'。早熟、高产、优质，且生长势旺，适应性强。1999 年通过浙江省农作物品种审定委员会认定。目前已在浙江、重庆、四川、江西等地大面积栽培，果品受市场欢迎。果实圆或长圆形，果皮黄绿色，平滑，有少量锈斑。单果重 230g，最大单果重 500g。果肉白色，果心较小，石细胞少，肉质细，酥脆，汁多，味甜。含可溶性固形物 11.5%～13.5%，品质上等。在杭州地区果实成熟期 7 月底。

**14. 苏翠 1 号**

是以 '华酥' 为母本，'翠冠' 为父本杂交选育而成的早熟砂梨新品种。树姿半开张，花芽易形成。在南京地区 7 月中旬成熟，果实倒卵圆形，果皮黄绿色，果锈极少或无。平均单果重 260g。果肉白色，肉质细脆，石细胞极少，汁液多，味甜，可溶性固形物含量 12.5%～13.0%。早果丰产性强。

**15. 玉露香梨**

山西省农业科学院果树研究所以 '库尔勒香梨' 为母本，'雪花梨' 为父本杂交育成的优质中熟梨新品种，平均单果重 236.8g，果实近球形，果形指数 0.95。果面光洁细腻具蜡质，保水性强。阳面着红晕或暗红色纵向条纹，采收时果皮黄绿色，贮后呈黄色，色泽更鲜艳。果皮薄，果心小，可食率高（90%）。果肉白色，酥脆，无渣，石细胞极少，汁液特多，味甜具清香，口感极佳；可溶性固形物含量 12.5%～16.1%，品质极佳。果实耐贮藏，在自然土窑洞内可贮 4～6 个月，恒温冷库可贮藏 6～8 个月。

玉露香梨继承了库尔勒香梨所特有的肉质细嫩、口味香甜、无渣，果面着红色等优良品质，克服了香梨果小、心大、可食率低、果形不正的缺点，是一个优质、耐藏、中熟的库尔勒香梨型大果新品种。

**（三）国外引进的优良品种**

近年来，我国通过各种渠道从国外引进了许多优良品种。从品种类型上看，主要可分为两类：一类是从日本、韩国等地引进的砂梨系统的品种；另一类是从欧美各国引进的西洋梨系统的品种。其中在我国表现较好的有如下。

**1. 金二十世纪**

日本梨品种，是 '二十世纪' 的辐射育种苗，1991 年登录。果实大小与 '二十世纪' 基本相同，但对梨黑斑病的抗性比 '二十世纪' 强。在叶片、幼果上基本上不发生黑斑病。成熟期比'二十世纪'早3天。近年来在我国发展很快，是生产水晶梨的主要品种，适合我国西部部分地区栽种。

2. 新星

日本梨品种，是日本农林水产省果树试验场用'翠星'与'新奥'杂交育成。1984年3月19日登录。单果重350g，果形圆卵形，果皮黄褐色，肉质柔软、致密，酸少、糖多。在日本山形县9月下旬至10月上旬成熟。幼树生长势稍强，成年树生长势中等。

3. 新高

日本品种。果实大，单果重450~500g，肉质好，多汁，味较酸，没有香味，在气候较温暖的地区糖分含量增加，品质好。贮藏性较好。新高的果皮较其他砂梨系统的品种颜色浅。9月下旬成熟。

4. 幸水

原产于日本，是日本的主栽品种。我国上海、江西、江苏、四川和贵州等省都有栽培。山东、北京、河北等地也已引进。果实扁圆形，果重200~300g，果皮黄绿色，果肉白色，肉质细嫩，稍软，果汁特多，味浓甜有香气，可溶性固形物11%~14%，品质上等。

5. 秋月

日本梨中晚熟优良新品种。果个大，平均单果重400g，果实扁圆形，果形端正，果实整齐度极高。果皮棕褐色，果色纯正；果肉白色，肉质酥脆，汁液多，石细胞少，口感香甜；可溶性固形物含量14.5%左右。果心小，可食率可达95%以上，品质上等。耐贮藏。郑州地区9月上旬成熟，适合在我国中东部及长江流域地区推广种植。

6. 黄金

韩国农村振兴厅园艺研究所选育，母本为'新高'，父本为'二十世纪'，1984年育成。果实圆形，果皮黄绿色，果实大，平均单果重430g，果肉白色，肉质细，汁液多，味甜。含可溶性固形物14.9%，品质上等。在郑州地区8月中下旬成熟。果实不耐贮藏。

7. 圆黄

韩国品种，1994年育成，亲本为'早生赤'דᥫ三吉'，1997年引入我国。该品种果实大，平均单果重380g，最大630g；纵径6.9cm，横径8.7cm，果实扁圆形。果皮锈褐色，果点大多。果心中大，5心室。果肉黄白，肉质细腻，柔软多汁，味甘甜，石细胞极少，可溶性固形物含量为12.0%~13.3%，品质上等。在郑州地区盛花期为4月上旬，果实成熟期为8月中旬，果实发育天数约为120天。不耐贮藏，常温下可贮藏10天。

8. 巴梨

英国品种。至今仍是世界上梨中品质最佳的软肉品种。这个品种在世界上分布最广，栽培面积最大，尤其是美国和加拿大栽培面积约占其梨总面积的3/4。我国栽培面积也较广，辽东半岛、山东半岛最多，黄河故道、陕西、山西、华北、西北、湖北、贵州、昆明等地均有栽培。平均单果重220g，粗颈葫芦形，果肉白色，肉质细，汁液多，味香甜，可溶性固形物 13.5%左右，郑州地区果实成熟期 8 月下旬。

### 9. 茄梨

‘茄梨’也是传入我国较早的西洋梨品种，在我国分布较广。我国辽宁、山东胶东地区栽培较多。四川、河南、山西、甘肃等地也有少量栽培。

‘茄梨’是美国品种，果形为葫芦形或短瓢形。单果重 175g，大的可达 269g。同‘巴梨’一样，‘茄梨’也是需后熟后才可食用的，果肉柔软多汁，有香气，石细胞少，品质很好。成熟期为 8 月中旬。

‘茄梨’的适应性比‘巴梨’稍强，可耐-28.5℃的低温，枝干抗腐烂病能力较强，抗旱、抗风，可在气候较冷凉和半干旱地区发展。

### 10. 红茄梨

美国品种，是‘茄梨’的芽变。其成熟后全面着紫红色，是外观很美的早熟品种。单果重较‘茄梨’小，为 131g，果肉乳白色，经后熟果肉柔软多汁，味酸甜，有香气，可溶性固形物含量 11%~13%，品质上等。果实耐贮性差，一般仅可存 15 天左右。果实成熟期 7 月上旬。

### 11. 阿巴特

法国品种。平均单果重 270g，长颈葫芦形，果皮绿色，果肉白色，经后熟肉质细而致密，柔软多汁，味甜，有清香，可溶性固形物 13.0%，郑州地区果实成熟期 8 月下旬。

### 12. 考西亚

意大利品种，平均单果重 210g，葫芦形，果皮淡黄色，肉质柔软细嫩，汁多，甘甜可口，具清香，可溶性固形物含量 12.0%，果实成熟期 7 月上旬。

# 第三节　梨的生长结果习性

## 一、梨的根系生长

梨的根系一般集中分布在相当于树冠大小的 20~60cm 深的表土层，在一年中一般形成两次生长高峰。第一次是从春季萌芽前后开始的，以后随温度的升高，生长量逐渐增加。当新梢进入缓慢生长期时，根系开始加快生长，当新梢停止生长时，根系生长最快，形成第一次生长高峰。以后随果实的生长、花芽分化的进行等根系生长逐渐减缓。第二次生长高峰出现在采果前，以后随着温度的下降根系生长逐渐停止。

梨树在幼年期其垂直根系的生长要比水平根系的生长量大，以后随着树龄的增加，垂直根的生长逐渐减弱，而侧生根的生长逐渐加强。

梨树种子萌发后，其胚根生长很强，形成粗壮发达的垂直根。但侧根的生长受到影响，生长势较弱。当出圃起苗时，主根易断，影响成活率。为了增加梨树的移苗成活率，在苗圃中常采用断根的方法促发侧根。

## 二、梨的枝叶生长

按生长结果性质的不同，梨树的枝条分为营养枝和结果枝。

不结果的发育枝为营养枝。营养枝依枝龄的不同，又分为新梢、1 年生枝和多年生枝。1 年生枝，按枝条长度划分为短枝、中枝和长枝。长度在 5cm 以下的为短枝，5～30cm 长的为中枝，长度在 30cm 以上的为长枝。

着生有花芽，能开花结果的枝为结果枝。结果枝按长度分为短果枝、中果枝和长果枝。长度在 5cm 以下的为短果枝，5～15cm 长的为中果枝，长度在 15cm 以上的为长果枝。

梨树的新梢在萌芽后进入生长旺期，这个时期的长短受树龄、树势、栽培条件等因素的影响，这个时期的长短，决定了枝条的最终类型。据观察，一般生长旺盛期约持续 20 天左右，盛果期树全树枝条生长期为 30～35 天，幼旺树可达 45～50 天。

梨树的新梢在一年中只有一次生长期，即只有春梢，很少发生秋梢。只有在树势过旺、秋季肥水供应充足时，才有可能发生少量秋梢。在年周期中，新梢生长量的长短，标志着树体的健壮程度。据研究，连年丰产、稳产的鸭梨盛果期树的新梢生长量为 40cm 左右，中部粗度为 0.5cm 以上。

同苹果树相比，梨树枝条生长的特点：①梨树的顶端优势强。②梨树的萌芽力强，成枝力弱。③梨芽的异质性强。④梨树的新梢一般没有二次生长。

梨树叶片的生长发育过程，是从叶原基出现后开始的，经过叶片、叶柄和托叶的分化，直到叶片展开，停止增大为止。

梨树长梢上的叶片可分为两轮，从第一片叶到出现一张最小叶片之间的叶为第一轮叶，这轮叶是在芽内分化的。小叶以上的为第二轮叶，是在芽外分化的。

第一轮叶一般叶色较深，有光泽，叶片较厚，长宽比较小。第二轮叶叶色较浅，光泽较差，叶片较薄，长宽比较大。

第一轮叶片在前期光合作用较强，当枝条生长到后期，第二轮叶片光合作用较强。

这两轮叶片的生长状况反映了树体的健壮程度。第一轮叶片越多、两轮中间小叶出现得越晚、小叶的数量越少、两轮叶片的差异越小，说明树势越好。

### 三、梨的花芽分化

梨由于不同品种的分布范围很广，花芽分化开始的时期不同。鸭梨的形态分化开始期一般在 6 月中旬，6 月底到 8 月中旬是分化的高峰期。梨的花芽形态分化期其过程和苹果是相同的，即首先分化萼片，然后依次是花瓣、雄蕊、雌蕊。但梨的花序是伞房花序，在花序中最先开始分化的是边花，而苹果最先分化的是中心花。

### 四、梨的结果习性

1. 梨树结果开始年龄因树种、品种差异较大

一般砂梨系统的品种结果最早，如日本的有些品种在我国栽种当年即可见果，第二年可有少量的产量。白梨系统的品种结果比砂梨系统晚，一般在种植后 3 年可结果。秋子梨系统的品种结果最晚。相同的系统，不同的品种之间结果早晚也有很大差异。

2. 梨树一般以短果枝结果为主，中、长果枝结果较少

梨树萌芽率高，成枝率低，短枝量大，因此短果枝结果的比例较大。但不同的品种、不同的树龄间差异还是较大，如秋子梨中、长果枝结果也较多。幼树中长果枝较多，进入盛果期后逐渐变为以短果枝结果为主。

3. 梨花的特性

梨的花序是伞房花序，每花序的花朵数一般有 5～10 朵，但不同品种间相差较多。根据花的多少，可分为三类：少花型、中花型、多花型。

由于梨是伞房花序，因此，在开花时是边花先开、然后逐渐向上。而苹果是中心花先开。

梨的大多数品种是异花授粉品种，需配置授粉树。不同的授粉组合亲和力相差较大。而且梨树的花粉直感现象比较严重，不同的授粉树常常会影响主栽品种的品质。

梨花序中不同序位的果实果形常不同，一般基部序位的果实具有该品种的典型果形，如鸭梨。

4. 梨的果实生长发育

可分为三个时期：果实迅速膨大期、果实缓慢增大期、果实迅速增大期。

### 五、对环境条件的要求

（1）温度。在四个种中，秋子梨最抗寒，可耐−35～−30℃的低温。其次是白梨，可抗−25～23℃低温。最不抗寒的是砂梨和西洋梨，当温度低于−20℃时就有可能受害。

梨树开花和花粉发芽时的温度要求 10℃以上，14℃以上开花速度加快，24℃时花粉管生长最快。

（2）光照。梨是喜光树种，光照不良会影响梨的产量和品质。一年中需光 1 600～1 700 小时。鸭梨树冠内光照降低到自然光强的 10% 以下时，即处于补偿点以下。

（3）水分。砂梨需水量最大，一般生长在年降水量 1 000mm 以上的地区。白梨和洋梨主要分布在年降水量 500～900mm 的地区。秋子梨最抗旱，主要分布在年降水量 350mm 左右的地区。

（4）土壤。梨对土壤的要求不严，在大部分类型的土壤上都可生长。梨树耐盐碱和耐涝的能力较强，可在含盐量不超过 0.2% 的土壤上正常生长，但如超过 0.3% 时则明显受害。在 pH 值 5.4～8.5 范围内均可正常生长。但以 pH 值 5.6～7.2 生长最好。

梨对土壤要求较低，但土壤的质地对梨果实的品质影响却很大。一般以在土壤疏松、排水良好的轻质土上结果最好。在沙质土上的 '鸭梨' '慈梨' 等，果肉肉质细、果心小、味甜，但栽植在黏重土壤上时，果实肉质变粗、果心大、味变淡、并且较酸。

# 第四节　育苗技术

## 一、常用砧木

我国梨树育苗一般采用嫁接方法，常用的砧木主要如下。

（1）杜梨。分布于我国华北、西北各省。根系分布很深，须根发达。耐寒、耐旱、耐涝能力均很强，并且抗盐碱，与栽培梨嫁接亲和力很强，是我国华北、西北地区梨树的主要砧木。

（2）豆梨。分布于我国华东、华南各省。根系发达，抗性很强。适宜生长在温暖潮湿的气候条件下。与砂梨和西洋梨的嫁接亲合力强，是砂梨系统的良好砧木。

（3）砂梨。实生苗发育健壮，分枝较少，根系发达。抗热、抗旱力强，对腐烂病的抵抗力中等，抗寒力较差。与品种的嫁接亲和力强，是我国长江两岸及南方地区的常用砧木。

（4）秋子梨。在所有砧木中抗寒力最强，适宜作寒地梨的砧木。植株生长健壮，所嫁接的品种寿命长、丰产。但与西洋梨品种的亲和力较差。

## 二、种子采集及层积处理

（1）种子采集与处理。待果实内种子充分成熟后，采回果实。首先选择果实肥大、果形端正的堆放起来，厚度25~30cm，温度控制在30℃以下，使其腐烂变软。然后将果肉揉碎，取出种子，用清水淘洗干净，放在室内或阴凉处充分晾干，切不可在太阳下暴晒。最后去秕、去劣、去杂，选出饱满的种子，根据种子大小饱满程度或重量加以分级。放在温度为0~8℃，空气相对湿度为50%~80%，良好通风条件下进行储藏，注意防止鼠害和霉烂变质。

（2）层积处理。将精选后的种子与干净湿河沙按1∶（4~5）的比例混合，河沙的含水量应以手握成团但不滴水为准。混合好后放入木箱或花盆里，埋入背阴、地势较高的土中。如种子量大，也可采用沟藏的方法。梨砧木种子一般要求在2~5℃条件下层积60~80天以上，才可保证其发芽率。

（3）播种。播种可采用秋播或春播。在冬季时间较短，土壤湿度较大的地区适合秋播。其优点是种子可在田间自然通过休眠，省去了人工层积处理。但在冬季严寒、干旱、风沙大、地下鼠害和虫害严重的地区应采用春播。

播种一般采用平畦条播，畦宽1.2m，每畦播四行，为节省土地，可采用双行带状条播。带内行距20cm，带间行距45cm。每公顷出苗10万~12万苗。

## 三、苗木管理

（1）施肥。播种前施足底肥，当砧木苗长出5~6片真叶后开始第一次追肥，根据生长情况和土壤肥力，在嫁接前要追肥3~5次，并适时灌水。

（2）定苗。当长出两片真叶后，按株距10cm定苗，如有缺株，结合定苗移苗补缺。

（3）断根。梨实生苗主根发达，但侧根、须根很少，会影响移苗成活率。为此，在砧木苗长到20~30cm时，用铁锹从苗侧斜切下去，切断主根，以利促发侧根。

（4）摘心。为使砧木苗尽快达到嫁接所需粗度，在苗高60~70cm时摘心。

（5）嫁接。采集接穗时，应选择品种纯正、树势健壮、进入结果期、无枝干病虫害的母株，剪取树冠外围生长充实、芽子饱满的1年生枝。梨树苗一年四季均可嫁接，通常 2 年生苗嫁接时期为 8 月 10 日至 9 月 5 日，要求砧木苗基部粗度 0.5cm，嫁接部位距地面 10cm 处。嫁接前 10 天对砧木进行摘心，以促进加粗生长。如果土壤干燥，嫁接前 3~4 天适当浇水，可以提高嫁接成活率。嫁接方法采用芽接、劈接和切接法。嫁接成活萌发后，要及时抹除砧木萌芽，集中养分以利于接穗品种加快生长。劈接苗或嵌芽接苗，一般在接后一个半月解绑，夏、秋芽接苗在接后 20 天解绑。解绑不宜过早，过早会影响成活。

# 第五节　栽培管理技术

## 一、建园技术

1. 园地选择

梨树适应性广，平地、山地、坡地均可栽植，但以土层深厚、质地疏松、透气性好的地块建园为佳。果园附近应有充足的深井水或河流、水库等清洁水源，能够及时灌溉，以满足梨树不同生长时期对土壤水分的需要。

2. 果园的规划与设计

果园规划设计主要包括小区设计、道路系统、排灌系统、附属建筑物等。

3. 品种选择与授粉树的配置

(1) 品种选择。根据大量生产实践，在梨树生产中选择栽培品种时应注意以下事项，以利于生产效益的提高。梨品种不同，其生产能力是不一样的，综合全国各地的经验，在梨主栽品种中，丰产性好的品种有：秋月梨、绿宝石梨、红香酥梨、砀山酥梨、鸭梨、早酥梨、幸水、黄花梨、南果梨、锦丰梨、巴梨、安梨、翠伏梨等，在同等条件下应优先选择丰产性强的品种种植，以提高产能，促进生产效益。

(2) 授粉树配置。授粉品种要求结果习性好，果实商品性高，比主栽品种花期略早或相近，花粉多，与主栽品种花粉亲和性好，萌发率高。授粉品种配置比例达到15% 以上，授粉树与主栽品种隔行或梅花式定植。注意，新高、爱宕、黄金、新梨 7 号等没有花粉或花粉极少的品种不能作为授粉品种。

4. 栽植与栽后管理

(1) 选择壮苗。梨园要求苗木整齐健壮，根系发达，品种纯正。优质苗木标准是苗高 1.4m 以上，离接口 10cm 处粗 1cm 以上，芽眼充实饱满，有 4 个以上粗 0.5cm 侧根。

(2) 栽植密度和方式。综合考虑梨树栽植密度，肥水条件好的平原地区，乔化密植园，栽成枝力弱的品种，株行距（2~3）m×（3.5~4）m，亩栽 55~95 株。成枝力强的品种，株行距 3m×（4~5）m，亩栽 44~55 株。矮密栽植每亩可栽 111~222 株，株行距（1~1.5）m×（3~4）m。

(3) 栽植时期。秋栽和春栽均可，提倡秋栽。秋季栽植的苗木缓苗时间短，生长旺盛，成活率高，但冬季要采取幼树根颈培土和树干涂白、套袋等防冻保护措施。春栽在土壤解冻后至萌芽前进行。具体栽植时期根据土壤、气候条件而定。

（4）栽植方法。栽植前要结合平整土地，沟深宽度一般为0.8~1m。挖时将表土放一边，心土放另一边。栽植深度与苗木圃内深度一致或略深3cm左右，将树苗放置在定植坑中心，树干扶正与地面垂直，然后理顺苗木根系，分层埋细土，培土至根颈部位。手扶树身，用脚踩实，及时灌水，待水下渗后继续回填盖土至基砧露出地面3~5cm。

（5）栽后管理。栽后及时定干，一般为1~1.2m，剪口涂抹封剪油或漆等加以保护。树苗栽植后立即浇水，之后每隔7~10天灌水1次，连灌2次，以后视天气情况浇水促长。栽后起垄平地建园，栽植宜浅，栽后沿行向起垄，垄宽100~120cm、高20~30cm。覆膜保墒，可采用通行覆膜或树盘覆膜（园艺地布），覆膜时尽量把膜展开压实。

## 二、高产优质栽培技术

### 1. 采用合理的土壤管理制度

土壤是果树生长结果的基础，土壤条件的好坏，直接影响果实的产量和品质。中国传统的果园土壤管理方法多采用清耕法，这样可以保持土壤的疏松，控制杂草生长。但长期采用会降低果园土壤中有机质的含量，破坏土壤表层结构，并且费工费时，加大了生产成本。因此，现代化果园提倡采用生草或覆盖的土壤管理制度。

生草法具有防止水土流失、增加土壤有机质含量、改善果园生态环境等优点。其缺点是草的生长与果树争夺水分，缺水地区很难采用；其次，生草法要求有较好的灌溉和割草设备。

覆盖法分为覆盖有机物和覆盖地膜两种。覆盖法对改善土壤结构、抑制杂草生长、保持土壤水分等方面都有重要作用。特别是有机物覆盖还可明显增加土壤有机质含量、降低上层土壤温度变化幅度，在有机物（秸秆、杂草等）充足、降水少的干旱的地区，覆盖法是值得推广的。在采用覆盖法时，一定要注意防止火灾。特别是在园中抽烟、小孩玩火等都可能点燃覆盖物，引起火灾，烧死果树。

### 2. 增加肥料施用

梨树栽培要获得高产优质，首先要重视有机肥的施用。据研究，盛果期早酥梨要达到优质高产，每产1kg果施2kg优质有机肥，每667m²施优质有机肥4 000kg，有机肥主要在秋季作为基肥施用。除基肥外，全年还应追肥3~4次。第一次在萌芽前，以追施氮肥为主。第二次一般在5月中旬至6月上旬，目的是促进花芽的分化，以追施氮肥为主，结合施用部分磷肥。第三次是在果实膨大期，以钾肥为主配合施用磷肥，对促进果实的膨大有重要作用。第四次在采收以后，此时追施氮肥可延长叶片的寿命，增加树体贮藏养分，对第二年春季树体的生长极为有利。

### 3. 加强花果管理

花果管理技术是果树丰产、稳产、优质的重要保证。主要包括以下措施。

（1）人工授粉。人工授粉是提高坐果率的有效措施。授粉前先要采集花粉，从适宜授粉树上采大蕾期的花，剥取花药后阴干备用。当主栽品种进入盛花初期后，即可进行人工点授。为提高效率也可采用液体授粉、机械喷粉等方法，但花粉消耗量较大。

果园放蜂也是提高坐果率的有效措施。通常每 0.3hm² 果园放一箱蜂，即可达到良好的效果。放蜂时应注意：蜂箱要在开花前 3~5 天搬到果园中，以保证蜜蜂能顺利度过对新环境的适应期，在盛花期到来时出箱活动；在果园放蜂期间，切忌喷施农药，以防对蜜蜂产生毒害。果园放蜂的缺点是当花期遇雨或低温时，蜜蜂不出箱活动，影响授粉效果。因此，遇恶劣天气应及时进行人工补充授粉。

（2）疏花疏果。疏花疏果是克服大小年、提高果实品质、保证树体生长健壮的重要措施。疏果时要注意根据树体生长情况、土壤肥力条件确定合理的留果量。在疏果时要优先疏除病虫果、畸形果、位置不好（如枝杈处）的果、果台副梢弱的果。在同一花序中应尽量保留低序位的果（从花序基部计算），低序位的果有发育成大果的潜力，并且果形端正。对于坐果率低的品种，要注意防止疏除过量。目前，生产上广泛采用果间距法，疏除多余的花果，每个花序留单果，使果实之间间隔一定的距离。一般大果型品种的果间距为 25~30cm，中果型品种的果间距为 20~25cm，小果型品种的果间距为 15~20cm。

（3）果实套袋。套袋能够显著改善果实的外观品质，使果皮细嫩、洁净、果点变小，而且还具有减轻果实病虫害、减轻雹灾危害的作用。果实套袋是一项技术要求很高的管理措施。一般从谢花后 15~20 天开始套袋。梨不同品种套袋时期有区别，绿皮梨品种应尽早套袋；褐皮梨品种可以晚些，但一般也要求谢花后 1 个月左右完成。西洋梨为防止果实轮纹病发生要尽早套袋，一般谢花后 10~15 天后开始套袋。在套袋前要仔细喷洒一遍杀菌和杀虫剂，并尽快套上果袋。套袋时要先将果袋撑开，使果实在袋中不与纸袋接触。袋口封闭要严，以防害虫（特别是梨木虱和黄粉虫）进入果袋，为害果实。套袋后要继续加强病虫防治工作，防止黄粉虫等害虫入袋为害。套袋的缺点是费工费时，增加成本。

4. 整形修剪

随着梨树栽植密度的增加，树形也发生了很大的变化，常用的树形有倒伞形、主干形、"Y" 字形、自由纺锤形、小冠疏层形、开心形等。

幼树要轻剪多留枝，进入结果期后注意调整生长与结果的平衡，控制过强的顶端优势。直立枝及时开张角度，使其萌发短枝，形成花芽。对于幼年树，在生长期运用刻芽定向发枝，通过长放等枝条长到所需长度摘心促发侧枝，形成枝组。通过拉枝、扭梢、拿枝改变枝条的走向、角度，缓和树势，促进花芽的形成，使其早成型，为盛果期丰产稳产打下良好基础。

盛果期树调节梨树生长和结果之间的关系，促使树势中庸健壮。树冠外围新梢长度以 30cm 为好，中短枝健壮。花芽饱满，约占总芽量的 30%。枝组年轻化，中小枝组约占 90%。采取适宜修剪方法，调节树势至中庸状态，疏除外围密生旺枝和背上直立旺枝，改善冠内光照。对枝组做到选优去劣，去弱留强，疏密适当，更新合理，树老枝幼。

5. 保鲜贮藏加工

梨要注意适时采收，采收时动作要轻，避免机械损伤。采后要及时分级贮藏，主要贮藏技术有通风库贮藏、低温贮藏（冷藏）、气调贮藏、短期高浓度 $CO_2$ 处理和化学保鲜等方法。

梨果适宜的贮藏温度一般为-1~5℃，相对湿度85%~95%，不同品种间有所不同。

梨的加工品较多，如梨汁、罐头、梨醋等。我国梨品种丰富，有些品种很适宜作为加工原料，如河北的安梨风味浓厚、甜酸适口，其加工品安梨汁非常畅销。各地要根据市场情况，进行梨的加工。

6. 梨树周年作业历（以郑州地区为例）

11月至翌年2月：按照丰产、优质树体管理要求进行休眠期修剪；清除果园杂草、枯枝、落叶及剪下的枝条、僵果。落叶、杂草及剪碎的枝条可结合深翻施肥埋入土中；病虫枝梢、僵果带出果园烧掉；没有秋施基肥的果园要增施有机肥，并浇一次透水。

3月：刮粗皮、翘皮。靠近地面的翘皮里是天敌的主要越冬场所，注意保护；追花前肥，以氮肥为主；萌芽前喷5波美度石硫合剂，在彻底刮除老树皮的基础上喷石硫合剂，可有效杀死越冬害虫，降低害虫基数。

4月：上旬疏花蕾，中旬疏花，人工授粉；防治虫害，花后防治蚜虫、梨木虱、梨茎蜂；花后追肥、灌水、松土除草。

5月：中旬疏果，有条件时可套袋。套袋前喷1次杀虫杀菌剂；防治蚜虫、梨大食心虫、梨实蜂、蝽象等，可喷25%灭幼脲3号2 000倍液。下旬开始每隔15天喷一次石灰倍量式波尔多液，并与退菌特或氰菌唑交替使用。

6月：夏季修剪，摘心、环割、拉枝开角；追施果实膨大肥，以氮肥为主，配磷钾肥，浇水松土；防治害虫，摘虫果，糖醋液诱杀梨小食心虫，扑杀天牛、金龟子。

7月：对树体进行一次全面的整理，支撑被果实压弯的大枝，回缩和疏除伸进作业道的长枝、拉地枝、冠内过密枝。对直立枝、角度小的枝进行拉枝开角；早熟品种已成熟，应适时采收，尽早上市，采后立即追采后肥，保护树体健壮生长。中晚熟品种应追施果实膨大肥，应以磷钾肥为主。雨水过多注意排涝；防治红蜘蛛、梨小食心虫、桃蛀螟、黑心病、轮纹病，可喷1 500倍液30%蛾满灵+2.5%高效氯氰菊酯乳油3 000倍液。

8月：病虫害防治，喷50%多菌灵或甲基托布津800~1 000倍液，同时混合50%杀螟松1 000~2 000倍液。主要防治轮纹病、黑星病、梨小食心虫、黄粉蚜、舟形毛虫、蝽象等。结合喷药进行叶面施肥；中熟品种成熟，及时采收。晚熟品种防治采前落果，月底要准备晚熟品种的采收工作。

9—10月：秋施基肥，10月上旬施基肥，配合氮肥钾肥，约2 500kg/亩，幼年树少施，盛果期多施。并及时灌水。

# 第四章　绿色桃生产关键技术

## 第一节　桃产业概况

### 一、桃栽培现状

桃起源于中国，栽培历史悠久。中国是桃产业大国，栽培面积和产量均居世界首位。桃以其结果早、产量高、收益快等特点在我国农村产业结构的调整中具有举足轻重的地位。目前桃产业已成为农民脱贫致富的重要途径，在桃的栽培区桃果收入占农民现金收入的50%以上。

传统的桃产业是以劳动力密集型和精耕细作型的生产方式为特点，随着社会的进步和发展及观念的改变，传统的果树业受到了冲击，果树从业人员老龄化、高龄化现象日趋明显，尤其是在经济发达地区更为突出。目前，果园生产成本随着生产资料、交通运输、劳动力价格的增加不断攀升，经济效益逐渐下降。因此，迫切需要品种、栽培技术和种植方式的创新，以转变果业增长方式。

我国桃产业现状：①面积、产量成倍增长，栽培区域明显扩大；②品种多样化；③设施栽培蓬勃发展；④栽培方式向集约化迈进。

我国桃产业存在问题：①区域化程度低，品种结构不合理；②栽培管理水平低，果实品质差；③贮藏、加工、运输等设施不配套；④良种繁育体系不健全，苗木市场混乱。

发展趋势：①品种区域化、多样化、特色化、国际化；②果实绿色化、优质化、高档化、品牌化；③栽培规模化、管理集约化；④技术规范化、标准化。

### 二、生物学特性

桃属于蔷薇科李属桃亚属，属落叶小乔木。

1. 生长习性

（1）根。桃树为浅根性树种，水平根发达，垂直根较浅，具有吸收能力的根系主要分布在土表40cm内，其中10~30cm分布最多。桃根需氧量较大，当土壤氧含量低于10%时，桃根就生长不良。桃根系的生长与土壤温度有密切关系，地温4~5℃时，根系开始活动，15~20℃为根系生长活动的适宜温度，地温超过30℃时，根系停止生长。

（2）芽。桃树芽按性质分为叶芽和花芽。叶芽着生在枝梢顶端或叶腋中，萌发后只能抽生枝叶。花芽均侧生于枝上，是纯花芽，只能长成花器官，可分为单花芽和复花芽。花芽的质量主要受树体贮藏养分多少的影响。除花芽和叶芽外，桃树还有不定芽和潜伏芽。不定芽是在树体受伤后可能在伤口附近长出的芽。潜伏芽是指枝条基部的几个不萌发叶芽，但在受到刺激后仍能萌发。

（3）枝。桃树枝条按主要特性和功能不同可分为营养枝和结果枝两大类。

营养枝根据生长势的不同，可分为发育枝、徒长枝和叶丛枝三类。发育枝生长健壮，长度多在 50cm 左右，常会发生副梢，并有少量花芽；徒长枝生长极旺，枝条粗大，长度一般可达 1m 以上，节间长；叶丛枝一般着生在光照较差结果枝组，长度在 1cm 以下，无腋芽，仅有顶芽。

结果枝按枝条的长短分为花束状短果枝、短果枝、中果枝和长果枝等。长果枝长度在 30cm 以上，无二次枝；中果枝长度在 15～30cm，侧芽以单花芽为主，顶芽为叶芽，为多数品种的主要结果枝；短果枝长度在 15cm 以内，节间短，新梢停止生长早，芽较饱满，顶芽为叶芽，以下为单花芽；花束状枝与短果枝相似，长度在 3cm 以下，芽的排列很紧凑，顶芽为叶芽，以下为单花芽。

2. 结果习性

（1）花芽分化。桃的花芽属夏秋分化型，具体分化时间依地区、气候、品种、栽培管理状况等方面的不同而异，6—8 月是花芽分化的主要时期。此时新梢大部分已停止生长，树体养分的积累为花芽分化奠定了基础。此外，良好的光照，适当的高温和干旱有利于花芽分化。

（2）开花。桃花种类较多，从形态上可分为蔷薇形（大花型）和铃形（小花型），见图 4-1；根据花瓣数目可分为单瓣花和重瓣花。桃花是雌雄同花，可自花授粉，但异花授粉果实品质更好。春季日平均气温达 10℃ 左右开始开花，同一品种花期一般 7 天左右。桃单花的有效授粉期一般为 2～5 天。

**图 4-1　蔷薇形花（左）和铃形花（右）**

（3）果实发育。分为 3 个时期：①幼果膨大期，从谢花后子房膨大开始到核层木质化以前，子房细胞迅速分裂，幼果迅速增大，一般 45 天左右；②硬核期，从核层开始硬化至硬化完成，胚充分发育，果实发育缓慢；③果实迅速增重增大期，从核层硬化完成至果实成熟，这是果实的第二次迅速增大期，同时果重也相对增加。

3. 对环境条件的要求

桃树为喜光、耐旱、耐寒能力较强的树种。

（1）光照。桃属喜光性很强的植物，树冠上部枝叶过密，极易造成下部枝条枯死，且结果部位迅速外移，光照不足还会造成根系发育差、花芽分化少、落花落果多、果实品质变劣。

（2）温度。桃的生长最适温度为18~23℃，果实成熟期的适温为25℃左右。冬季休眠时，须有一定时期的低温，才能正常发芽。桃在不同时期的耐寒能力不一致，休眠期花芽在-18℃的情况下易受冻害，花蕾期在-6℃的低温下易受冻害，开花期温度低于0℃时即受冻害。

（3）水分。因桃原产于大陆性的高原地带，耐干旱，故桃树属极不耐涝树种，土壤积水后易死亡。

（4）土壤。桃树对土壤的要求不严，但以排水良好、通透性强的沙质壤土最适宜。土壤的酸碱度以微酸性至中性为宜，即一般pH值5~6生长最好。桃树对土壤的含盐量很敏感，土壤中的含盐量在0.14%以上时即会受害，含盐量达0.28%时则会造成死亡。

# 第二节　桃的主要种类和品种

## 一、主要种类

桃亚属共有6个种，即桃、光核桃、甘肃桃、山桃、陕甘山桃和新疆桃。

（1）桃。别名毛桃、普通桃。果实圆形，果面有毛；核大、长扁圆形；本种栽培品种最多，分布最广，也是我国南北方栽培桃的主要砧木。有如下4个变种。

①蟠桃。果实扁圆形，果顶处平或凹陷，核小而圆，分有毛和无毛两种类型。

②油桃。果皮光滑无毛，果形圆或扁圆。

③寿星桃。树体矮小，有红花、粉花和白花3种类型，一般作观赏用。

④碧桃。花色多，有单瓣、重瓣类型，结果很少，一般作观赏用。

（2）光核桃。别名西藏桃、康布，主要分布在雅鲁藏布江及其下游支流海拔1 700~4 200m处，在云南德钦县和四川也有少量分布。光核桃以普通直立形、开张形为主；花为蔷薇形；果实以圆和椭圆为主；肉质多为溶质；核卵圆形或椭圆形。

（3）甘肃桃。集中分布在黄河上游海拔600~2 000m的陕甘山区。甘肃桃幼树生长直立，至成年呈半开张状；花瓣数以5瓣为主，也有复瓣类型；果实圆形，有茸毛，风味甜酸可食；极丰产。

（4）山桃。别名山毛桃、漆桃，主要分布黑龙江、内蒙古、辽宁、河北等省，适应性强。树冠开张、直立、盘龙形和垂枝形；花有单瓣和重瓣之分；果实圆球形，不可食；离核。可作桃、李、梅的砧木。

（5）陕甘山桃。分布在甘肃南部、陕西西部和四川北部狭小地带，与山桃极为相似，在当地可用作砧木。树体开张；花蔷薇形；果实圆形，风味酸，硬溶质；离核。

（6）新疆桃。别名大宛桃，分布在新疆喀什、和田和甘肃的敦煌、张掖等地，与桃混生，没有单独的种群存在。树体直立，树势旺；花单生；果实圆形、扁圆或扁平形，风味酸，有香气；离核。与普通桃嫁接亲和性良好，广泛用作砧木。

## 二、主要品种

目前可检索到的桃品种有 1 000 多个，受篇幅限制，本文仅从栽培桃中的普通桃、油桃和蟠桃中各列举部分品种进行介绍。

### （一）普通桃

**1. 春美**

中国农业科学院郑州果树研究所培育的早熟鲜食桃品种。果实椭圆形或圆形；平均单果重 180g，最大果重 300g 以上；果皮茸毛中等，成熟后着鲜红色，果皮不易剥离；果肉白色，肉细硬质；风味浓甜，有香气，可溶性固形物含量 11%～14%；黏核；不裂果。在郑州地区果实 6 月 10 日开始成熟，果实发育期约 80 天。品质好，耐贮运，自花结实，产量高而稳定，可作为早熟主栽品种或砂子早生的替代品种发展。

**2. 黄水蜜**

河南农业大学选育的早中熟、鲜食、黄肉普通桃新品种（图4-2）。2018 年通过国家林业局林木品种审定委员会审定。果实椭圆形到卵圆形；果面茸毛稀少，皮色金黄；平均单果重 160g，最大果重 280g；果皮易剥离；果肉黄色，可溶性固形物含量为 11.3%～14.5%；硬溶质；离核。果实 6 月底 7 月初可开始采收，果实发育期 85 天左右。成熟期早，口感及香气浓郁，外观品质极佳，丰产。

图4-2 '黄水蜜'（左）和'秋蜜红'（右）

**3. 中桃 5 号**

由中国农业科学院郑州果树研究所育成全红、优质桃新品种。果实圆而端正，果顶凹入，果实表面茸毛中等；果皮底色白，成熟后整个果面着鲜红色；单果重 195～246g。果肉白色，风味浓甜；果肉脆，成熟后不易变软；可溶性固形物含量 12.6%～13.9%；黏核。果实发育期约 105 天，7 月中旬成熟。硬肉、外观极美、品质优，是目前综合性状最好的中熟品种之一。

**4. 秋蜜红**

河南农业大学育成的晚熟桃品种（图 4-2）。2013 年通过国家林业局林木品种审定委员会审定。果实圆形；平均单果质量 336g，最大果重 438g；果面茸毛稀少，果皮底色黄白，成熟时 85% 果面着鲜红到紫红色晕；果皮厚，充分成熟时可剥离；果肉水白色，可溶性固形物含量 16.3%～20.3%；果肉为偏韧硬溶质，黏核。9 月上中旬成熟，果实发育期 155 天。耐贮运。

**5. 春艳**

青岛市农业科学研究所用'仓方早生'×'早香玉'杂交培育而成。果实圆形，果顶圆平或稍有突尖，缝合线浅不明显，两半对称，果形整齐。果实底色为纯白色，极干净，着艳丽红色，果面可达全红；果肉白色，硬溶质，完熟后变为软溶质，口感好，可溶性固形物含量 11.2%～12%，味甜，有香气，完熟后果皮可剥离。核硬，黏核，完全成熟时半离核；无裂果和采前落果现象。平均果重 105g，最大果重 142g。在河南郑州地区 6 月上旬果实成熟，果实发育期 65 天左右。

**6. 湖景蜜露**

江苏省无锡市桃农邵阿盘在'基康'桃园中发现的中熟桃品种。果实圆形，平均单果重 160g，最大果重 291g；果顶圆平略凹入，缝合线浅，两半部对称，果形整齐；果皮乳黄色，果面大部分着红晕，皮易剥离，茸毛中等。果肉白色，肉质柔软，组织致密，纤维少，汁液多；风味浓甜，有香气；黏核。可溶性固形物含量 13.7%。花蔷薇形，有花粉。果实生育期 113 天，在江苏无锡地区 7 月中旬果实成熟。

**7. 燕红**

别名'绿化 9 号'，由北京市林果研究所杂交育成的鲜食品种。平均果重 172g，最大果重 300g。果实圆形，果皮底色绿白，近全面着暗红或深红色晕，果皮厚，完全成熟后易剥离。黏核，果肉乳白色，肉质硬溶，味甜，稍香，可溶性固形物含量 13%，个别年份有裂果现象。果实发育期 132 天左右，在郑州地区果实于 8 月上中旬成熟。

**8. 豫金蜜 1 号**

'豫金蜜 1 号'是河南农业大学以黄肉鲜食桃品种'黄水蜜'为母本，通过天然杂交育成的中熟鲜食黄肉桃新品种。该品种植株长势旺盛，树姿半开张；花蔷薇形，有花粉；果实卵圆形，果面茸毛稀少，皮色金黄，成熟时着红色；果肉黄色，硬溶质，肉质细腻；离核；平均单果重 200g，可溶性固形物含量可达 15.2%。在河南郑州地区 7 月上旬成熟，果实发育期 95 天左右，丰产性强。

**（二）油桃**

**1. 中农金辉**

中国农业科学院郑州果树研究所育成的油桃早熟新品种。果实椭圆形，单果重 173g，最大单果重 252g；果皮底色黄色，80% 果面着鲜红色晕；果皮不能剥离；黏核；果肉橙黄色，硬溶质；可溶性固形物含量 12%～14%；花铃形；在河南省郑州地区，果实 6 月中旬成熟，果实发育期 80 天左右；耐贮运；丰产稳产；需冷量 650～700 小时，是我国露地和设施栽培的主要油桃栽培品种。

2. 中油桃 13 号

中国农业科学院郑州果树研究所培育的早熟油桃新品种。果实扁圆或近圆形；平均单果重 210~270g，大果 470g 以上；果皮底色乳白，80% 以上果面着玫瑰红色；果肉白色，较硬，可溶性固形物含量 13%~15%。在郑州地区果实 6 月 20 日成熟，果实发育期 83 天左右。该品种需冷量少，丰产，果实大，不易裂果。

3. 黄金蜜桃 3 号

中国农业科学院郑州果树研究所培育的鲜食黄肉油桃新品种。果实近圆形；平均单果质量 258g，大果质量 363g，成熟时果皮底色黄，茸毛长度中等；果肉橙黄色，可溶性固形物含量 11.8%~13.6%，近核处红色素多，肉质致密，味甜；黏核。自花结实，丰产。郑州地区果实 7 月底 8 月初成熟。

4. 紫金红 3 号

江苏省农业科学院育成的早熟油桃新品种。果实圆形；平均单果质量 165g，大果质量 264g；果皮底色黄色，果面 80% 以上着红色；果肉黄色；硬溶质，较耐贮藏；风味甜，可溶性固形物含量 12.1%；黏核。南京地区果实 6 月中旬成熟，果实发育期 79~87 天。自花结实，丰产性好。

5. 中油桃 10 号

中国农业科学院郑州果树研究所培育的早熟优质油桃品种。果实大小中等，平均单果重 106g，大果可超过 179g；果形近圆形；果皮底色浅绿白色，充分成熟时可全面着色，为紫玫瑰红色；果皮光滑无毛，难剥离；肉质为半不溶质，果肉乳白色，可溶性固形物含量 10%~14%；黏核。

6. 中油金铭

中国农业科学院郑州果树研究所培育而成。果实圆整，果顶平，全红，肉质硬。果大，平均单果重 250g，大果 450g。果肉黄色，硬溶质，风味甜，可溶性固形物含量 15%，黏核。郑州地区 6 月下旬成熟。

### （三）蟠桃

1. 瑞蟠 22 号

北京林果所培育的中熟蟠桃新品种。果实扁平形；平均单果质量 182g，最大单果质量 283g；果皮底色黄白，果面近全面着紫红色晕，不能剥离；果肉黄白色；硬溶质，可溶性固形物含量 13%；黏核。在北京地区果实 8 月上旬成熟，果实发育期 112 天左右。自然坐果率高，丰产性强。

2. 中蟠 7 号

中国农业科学院郑州果树研究所培育的早熟黄肉蟠桃新品种。果形扁平，外观漂亮，树体丰产。平均单果重 160g，大果 250g 以上；果肉黄色，风味较甜，可溶性固形物含量 13%；果肉类型为硬溶质，黏核。郑州地区果实 6 月上中旬成熟，适合露地和设施栽培生产。

3. 中油蟠 13 号

中国农业科学院郑州果树研究所培育的早熟黄肉油蟠桃新品种。该品种成熟早，果实较大；硬溶质，风味甜香，可溶性固形物含量 15%~17%；该品种自花结实，丰产性好。单果重 120g，大果 160g。

4. 风味太后

中国农业科学院郑州果树研究所培育的中熟金黄色油蟠桃。果实 7 月中下旬成熟，果实发育期 105 天。果实扁平，外观金黄无彩色，精致美观。单果重 130g 左右，硬溶质，风味甜香，品质极上。可溶性固形物含量 18%~20%。黏核，有花粉，极丰产。

# 第三节　栽培技术

## 一、育苗与建园

1. 育苗

目前桃生产中常用的苗木为采用嫁接方法生产的"三当苗"，即当年播种、当年嫁接、当年接芽萌发而形成成苗。"三当苗"的培育具体包括以下过程。

（1）砧木苗培育。我国广泛采用的桃树砧木是毛桃和山桃。①砧木种子沙藏处理：种子在沙藏前浸水 7 天左右；沙藏的地点应选在背阴、通风、不易积水的地方，沙的湿度应以"手握成团，一触即散"为宜；一般毛桃种子沙藏 100~200 天，山桃 60~80 天。②播种：一般采用春播，播种密度因砧木种类而异，山桃和毛桃种子每亩用量分别在 30kg 和 40kg 以上；苗圃地畦内采用宽窄行播种，每畦种 4 行，窄行行距 20~25cm，宽行 45~50cm；按 10cm 株距播种，种子一粒一粒平放，注意不能将芽碰掉。③砧木苗的管理：一般播种后 10 天左右出苗；注意墒情；5 月中旬追肥一次；及时除萌和摘心。

（2）接穗采集和保存。应选择树势强、无病害、生长结果良好的成龄树作为采穗母树；在夏季采集接穗，最好选择阴天的早晨或傍晚温度稍低时进行。剪下枝条后立即去除所有叶片，保留 4mm 左右的叶柄，并剪去基部和梢部芽眼不饱满部位。将采好的接穗尽快捆好，喷洒水后阴凉保存。也可结合冬季修剪进行接穗采集，采集后及时进行低温沙藏。

（3）嫁接。嫁接时间一般在 6 月，此时苗木高度要求在 50cm 以上，嫁接部位距地面 20cm 处，通常采用"T"字形嫁接方法，注意芽眼露出，以利接芽萌发。接后立即去掉砧木上部生长点（砧木从接芽位置算起留 6~7 片成叶），灌足水。

（4）嫁接后的管理。嫁接后在接芽上方留 3 片叶立即剪砧、待接芽萌发后紧贴接芽剪砧；除蘖工作要反复进行多次，直到嫁接芽抽生的新梢长到 20cm 以上时。接芽大量萌发后，隔 10~15 天浇 1 次水，并松土除草。进入雨季后，应及时排水防涝，防止根腐病发生。结合松土除草，追施尿素，9—10 月叶面喷施磷酸二氢钾 2~3 次，促进接芽的饱满。到秋季苗木一般可长到 1~1.5m。

2. 建园

（1）园地选择。园地要选择在桃树能正常生长的地方。以冬季低温不低于−25℃的地带为北界，一般以冬季平均温度低于 7.2℃天数在 1 个月以上的地带为南线，宜选在地下水位低、不宜积水的地方；pH 值在 8 以上的地方不宜栽植桃树；选择在土层比较深厚，透气性好的沙壤土或壤土上；并注意桃树对重茬连作反应敏感。

（2）品种选择。遵循生态适应性、地域优势、目标市场和优质丰产原则。同时根据果园面积及采收和销售能力确定主栽品种的数量和规模，面积小则品种要少、成熟期相对要集中，反之则品种要多，供应期要尽量拉长。

（3）桃园规划设计。桃园规划要根据地形、地貌、气候特点、土壤状况、规模、机械化程度等确定。可设置防风林带；按照规划设计道路及排灌系统；根据果园面积可建桃园附属建筑。

（4）定植。定植一般于每年的3—4月土壤化冻后桃树发芽前进行，也可以于秋季桃树落叶后至封冻前定植。没有花粉或花粉很少的桃品种以及无法自花授粉的桃树品种，应该配置授粉树，一般配置比例主栽品种：授粉品种=2：1。按栽植的株行距，挖定植穴或定植沟，放入苗木，填土与原地面平；浇透水；要求嫁接口要露出地面2～5cm，嫁接口向南，以防大风折断苗木。

（5）定植后管理。12月或翌年的2—3月，将苗木留5～7个饱满芽，剪去其余枝芽，"三当苗"一般较细的留30～40cm长，粗的留40～60cm。5月下旬追肥，尿素每公顷需150kg，二铵150kg，施后灌水，20天后，以同等量的化肥再追施1次。注意对刺蛾、叶蝉、蚜虫、红蜘蛛、天牛及细菌性穿孔病和缩叶病进行防治。

## 二、土肥水管理

### 1. 土壤管理

桃园土壤管理的根本任务是通过采用适宜的耕作制度与技术，以不断改良和培肥土壤，为桃树根系的生长创造良好的水、肥、气、热条件。目前生产上常用的土壤管理方式主要如下。

（1）清耕。清耕是在整个生长季经常对桃园土壤进行中耕除草，常年保持土壤疏松无杂草的一种桃园土壤管理方法。优点是保持桃园整洁，避免病虫害滋生；保持土壤疏松，改善土壤通透性，增加土壤养分供给，以满足桃树生长发育的需要。但长期采用此法，会加速土壤有机质消耗。

（2）覆草。在桃树冠下或全园覆草10～20cm，不耕翻，每年添盖新草，保持覆草效果。包括全园覆草、株间覆草、树盘覆草等方式。通过果园覆草可以增加土壤有机质含量、稳定地温、保墒增水、防止杂草生长、防止土壤泛碱等。

（3）生草。在树盘内中耕除草，在株行间种草或自然生杂草，防止或减少水土流失，提高土壤肥力，提高果树抗灾害的能力，便于机械作业，省时省力。华北区可选苜蓿；黄河流域产区、长江流域产区和华南产区，首选毛叶苕子，也可选苜蓿。

（4）免耕。免耕是指通过施用化学除草剂控制桃园杂草，对土壤实行免耕的土壤管理制度。化学除草效率高、成本低、使用方便，能经济有效地控制杂草。生产上常用的除草剂有草甘膦、百草枯等，使用时需注意除草剂浓度和使用方法。

（5）种植绿肥。种植绿肥是在桃园种植各种绿色植物作为有机肥的一种土壤管理方法。此法对于防风固沙、保持水土、培肥土壤，提高树体营养水平、促进丰产、改善品质，以及降低生产成本等均具有良好作用。

（6）地膜覆盖。采用各种地膜覆盖桃园地面的一种土壤管理制度。优点是防旱保墒，提高地温，抑制杂草；改善桃园特别是树冠中下部光照条件；减少病虫为害；促进桃树生长发育，提高产量，增进着色，改善果实品质。缺点是长期使用会对农田土壤造成污染。

2. 施肥

（1）秋施基肥。宜在9月至11月上旬，于树行内一侧距树干50cm处用开沟机挖30cm宽、30cm深的沟，每株树施有机肥10~20 kg，施肥后封土埋平，翌年于另一侧开沟施肥。每3~5年土壤翻耕时，可结合施基肥一次，每亩施有机肥500~1 000kg，在翻耕前均匀撒施，随翻耕埋入地下。

（2）追肥。根据桃树新梢、果实生长特点及年周期中肥料吸收的特点，追肥可在以下三个关键时期进行。①萌芽期追肥（3月上中旬）：早春是树体梢、叶、花、果等器官的再造期，需要大量营养物质。此期需肥以氮肥为主，可施用尿素等。②硬核期追肥（5月下旬至6月上旬）：硬核期是种子中胚的发育阶段。此期施肥应以氮钾肥配合施用，氮肥量要少，钾肥要多。对中晚熟品种在此次追肥后应根据树体生长情况，再进行1次追肥，氮钾肥配合施用。③采后补肥：以磷、钾肥为主，多在9—10月施入。主要补充因大量结果而引起的消耗，增强树体的同化作用，充实组织和花芽，提高树体营养和越冬能力。

此外，根外追肥（叶面追肥）全年均可进行，可结合病虫害防治一同喷施。利用率高，喷后10~15天即见效。土壤条件较差的桃园，采取此法追施含硼、锌、锰等元素的肥料更有利。

（3）施肥方法。常用的施肥方法有：①带沟状施肥：适用于果树早期施肥量大的情况。在两排果树之间挖一条沟，中间埋肥料，覆土。带槽深度一般在50~100cm，宽度在20~30cm即可。②肥水混合施肥：将复合肥和水混合，待其融化后作为肥料水去浇即可。适合杂草少的地区或相对干旱的地区，种植密度高的果树比较好。③环状沟施肥：主要用于施肥量大的果树，环状沟应开于树冠外缘投影下，沟深30~40cm、宽30~40cm。此法适于幼树和初结果树，太密植的树不宜用。④全园施肥：将肥料均匀地撒在园内，再借助人力或物力翻入土壤。此法施肥面积大，省工，适于成年树、密植树。⑤放射沟（辐射状）施肥：由树冠下向外开沟，里面一端起自树冠外缘投影下梢内，外面一端延伸到树冠外缘投影以外。沟的条数4~8条，宽与深由肥料多少而定。施肥后覆土。此法伤根少，能促进根系吸收，适于成年树。

3. 水分管理

（1）灌水时期。桃园灌水有以下四个关键时期：①萌芽前：此次灌水是为桃树萌芽、开花、展叶、新梢生长及坐果做准备，灌水量要大。②硬核期：此时期对水分较敏感，水分过多会造成新梢旺长，与幼果争夺养分而引起落果，所以灌水量应适中，不宜太多。③果实第二次速生期：一般是在果实采收前20~30天，此时的水分供应充足与否对产量影响很大。④封冻水：桃树落叶后，土壤冻结前可灌1次越冬水，以满足越冬休眠期对水分的需要。

（2）灌溉方式。根据桃园情况可采用以下几种方式：①地面灌溉：有畦灌和沟灌两种方式，即在地上修筑渠道或垄沟，将水引入果园。在水源充足，能自流灌溉的果园可用畦灌；沟灌是我国目前使用广泛的一种灌溉形式。②喷灌：利用机械设备把水喷射到空中，形成细小雾滴进行灌溉，这是目前最先进的灌水方法。喷灌不会破坏土壤结构，不会造成水土流失，可以比畦灌节约用水 30%~40%。③滴灌：是将灌溉用水在低压管系统中送达滴头，由滴头形成水滴后，滴入土壤而进行灌溉，用水量仅为沟灌的 1/5~1/4，是喷灌的 1/2 左右。

（3）桃园排水。桃不耐水淹，怕涝。桃园短期积水轻者黄化，树势衰弱，重者导致桃树死亡。南方建园时要考虑排涝系统的设置；北方夏季雨水集中时，可临时挖沟排水，防止水淹。

### 三、整形修剪

1. 桃树整形修剪的时期

（1）休眠期修剪。即冬季修剪，是多数果树的主要修剪时期，从秋季正常落叶后到翌年萌芽前进行。冬季修剪主要任务是培养骨干枝，平衡树势，调整从属关系，培养结果枝组，控制辅养枝，促进部分枝条生长或形成花芽，控制枝量，调节生长枝与结果枝的比例和花芽量，控制树冠大小和疏密程度；改善树冠内膛的光照条件，以及对衰老树进行更新修剪。

（2）生长期修剪。生长期修剪分春、夏、秋三季进行。①花前复剪和晚剪：指在春季萌芽后到开花前进行的春季修剪，是冬季修剪任务的复查和补充，主要是进一步调节生长势和花量。在花芽开绽到开花前进行一次复剪，疏除过多的花芽，回缩冗长的枝组，这样有利于花量控制、提高坐果率和结果枝组的培养。晚剪是指对萌芽率低、发枝力差的品种萌芽后再短截，剪除已经萌芽的部分，有提高萌芽率、增加枝量和减弱顶端优势的作用，是幼树早结果的常用技术。②夏剪：利用夏季修剪来控制枝势、减少营养消耗，以利树势缓和、花芽形成和提高坐果率，还能改善树冠内部光照条件，提高果实质量。常用的措施有撑枝开角、摘心疏枝、曲枝扭梢、环剥环刻等。③秋季修剪：落叶前对过旺树进行修剪，可起到控制树势和控制枝条旺长的作用。

2. 桃树整形修剪的方法

桃树修剪的基本方法有短截、疏枝、回缩、缓放、除萌、摘心、弯枝、扭梢、拉枝、环刻、环剥等。此外，还有近年来桃生产上应用较多的长枝修剪法。

（1）短截。指将一年生枝剪去一部分。适度短截对枝条有局部刺激作用，可以促进剪口芽萌发，达到分枝、延长、更新、控制（或矮壮）等目的。按剪截量或剪留量可分为 4 种。轻短截：剪除部分一般不超过一年生枝长度的 1/4，保留的枝段较长，侧芽多，养分分散，可以形成较多的中、短枝，使单枝自身充实中庸，有利于形成花芽，修剪量小，树体损伤小；中短截：多在春梢中上部饱满芽处剪截，大约剪掉春梢的 1/3~1/2，截后分生中、长枝较多，成枝力强，长势强，一般用于延长枝、培养健壮的大枝组或衰弱枝的更新；重短截：多在春梢中下部半饱满芽处剪截，剪口较大，修剪量亦长，重短截后一般能在剪口下抽生 1~2 个旺枝或中、长枝，多用于培养枝组或发枝更新；极重短截：多在春梢基部留 1~2 个瘪芽剪截，剪后可在剪口下抽生 1~2 个细弱枝，有降低枝位、削弱枝势的作用。

（2）疏枝。将枝条从基部剪去叫疏枝。一般用于疏除干枯枝、病虫枝、无用的徒长枝、过密的交叉枝和重叠枝，以及外围搭接的发育枝和过密的辅养枝等。其作用是：疏除有害枝保证树形稳定；疏除过密枝减少夏季工作量；疏除无用枝，对留下的果枝生长有促进作用。

（3）回缩。短截多年生枝的措施叫回缩修剪，简称回缩或缩剪。在壮旺分枝处回缩，去除前面的下垂枝、衰弱枝，可抬高多年生枝的角度并缩短其长度，分枝数量减少，有利于养分集中，能起到更新复壮作用；在细弱分枝处回缩，则有抑制其生长势的作用，多年生枝回缩一般伤口较大，保护不好也可能削弱锯口枝的生长势。其作用是：恢复衰弱枝条长势；减缓结果部位外移；对结果枝进行更新。

（4）缓放。对中庸枝、结果枝不修剪任其生长。其作用是：缓和生长不刺激萌发旺长；由于留芽多，萌生的枝条多分散养分；缓放果枝留下的花芽较多，并且果枝前后部花芽发育程度不一致，开花时间可以避免晚霜的危害。

（5）抹芽和除萌。在桃树萌芽后抹除双生、三生芽、剪锯口过多的萌芽、背上无花处的萌芽、两侧过多的叶芽以及方位不正的叶芽。除萌指抹除主干基部抽生的实生萌蘖。其作用是：节省树体养分、削弱顶端优势、促进花芽形成、提高坐果率、促进枝芽充实。

（6）摘心。将枝条顶端的生长点连同数片幼叶一起摘除。主要摘除生长过旺枝、背上有果处的枝、需分生枝条的新枝，主枝附近的竞争枝以及内膛的徒长枝。其作用是：暂时抑制新梢生长，避免与果实争夺养分提高坐果率；抽生分枝的部位降低，避免结果部位外移；抑制竞争枝、徒长枝生长，保证主枝的健壮生长。

（7）扭梢。是把徒长梢或旺梢部分扭转一下，使木质部和韧皮部受伤而不折断，以改变枝条生长方向。具体做法为，左手握住新梢基部，右手每隔2~3节将枝转一下。扭梢时期多为新梢尚未木质化时期。其作用是：改变枝条生长方向抑制其生长，促进成花，不会造成死枝。

（8）拿枝。亦称捋枝，即在新梢生长期用手从基部到顶部逐步使其弯曲，伤及木质部，响而不折。其作用是：在秋梢开始生长时拿枝，可减弱秋梢生长，形成少量副梢和腋花芽；在秋梢停长后拿枝，能显著提高次年萌芽率。

（9）长枝修剪法。以疏、缩、放为主，基本上不采用短截，修剪后的一年生枝的长度一般为50~60cm，是一种简化修剪技术。其作用是：留下的花芽较多，树体结果早、丰产、稳产；萌发的旺长枝少，养分消耗少，叶幕分布合理，光照条件好，便于生产优质果；枝条容易更新，树体内膛不易光秃。

3. 桃树主要树形及整形修剪技术要点

在桃生产中，传统的树形有三主枝自然开心形和两主枝自然开心形（Y字形）。近年来，为了适应果树"省力化"或"简约化"的栽培模式，产生了主干形，以及在两主枝自然开心形基础上进行改良的改良Y字形或两主枝挺身开心形等。

（1）三主枝自然开心形。此树形符合桃树喜光、干性弱等特点，主从分明，结果枝均匀分布，树体见光好。其基本要求：干高40~60cm，配备3个主枝，主枝开张角度30°~50°，每个主枝上培养2~3个侧枝，侧枝角度60°~80°，在主侧枝上均匀分布中小型结果枝组。

主要整形技术如下：幼树期以整形为主，栽后及时定干，干高 40~60cm，剪口下留 25~30cm 作为整形带，在带内培养三个主枝，三主枝的方位角各占 120°，各主枝开张角度 30°~50°；第一年冬剪对主枝进行短截，按枝条生长势强弱和粗度及长度确定剪留长度，一般按长粗比平均为 25∶1；第二年冬剪在合适的位置选留侧枝，侧枝与主枝之间角度 50°~60°；第三年冬剪仍以培养主侧枝为主；此后桃树开始进入成年，整形修剪的主要目的是维持目标树形。

（2）两主枝自然开心形。也叫"Y"字形，此树形一般成形容易，适合宽行密植栽培模式，株距 1.5~2.0m，行距 4.5~5.5m。其基本要求：全树只留两个伸向行间的主枝，主干高 40~50cm，主枝开张角度 40°~50°，主枝上依次排列 2~3 个较大的侧生枝或直接着生结果枝组，侧枝开张角度 60°~80°，根据株间距离大小选留侧枝个数和大小。

主要整形技术如下：苗木定植后及时定干，干高 40~50cm，萌芽后抹去主干 20cm 以下的芽；当新梢长至 50cm 时选主枝立杆绑缚；冬剪时疏除背上直立旺枝、培养大侧枝、对结果枝去强留弱；夏剪时疏除背上直立旺枝、疏除过密枝。需注意：两主枝夹角不宜超过 90°，大侧枝由上至下一定要一级比一级弱，行距一定要大于主枝长度。

（3）主干形。也叫纺锤形，此树形树体结构简单，整形修剪技术易掌握，适合密植，株距 1.0~2.0m，行距 3.0~4.0m。其基本要求：整个树体结构由主干、中心干、结果枝三部分组成。主干高 50~60cm，树高 2.5~3.0m，中心干直立挺拔，均匀分布 20~30 个结果枝，在中下部可留少量结果枝组。着生在中心干的果枝粗度为 0.6cm 左右。主干形幼树期宜设立架，将中心干绑缚在立架上，保证直立。

主要整形技术如下：幼树期以整形为主，栽后及时定干，干高 50~60cm；及时扶干，确保中央领导干向上生长；对竞争枝进行摘心、扭伤或重短截控制；疏除低位粗壮大枝，干支比维持在 1∶（0.3~0.5）；随着树龄增长，将干高逐年提至 80~90cm 处。成年树宜采用长枝修剪法进行修剪。树高达 3.5m 时落头，疏剪顶部强旺枝，留当年新形成的中、长果枝长放不短截，让其结果后自然下垂；以后每年都按此进行更新结果枝。

（4）改良"Y"字形。树体由主干、两个主枝、结果枝组与结果枝组成。主干高 40~50cm，两个主枝向行间延伸，两主枝垂直行向对生，两主枝夹角为 40°~60°，在主枝上配结果枝或小型结果枝组。

主要整形技术如下：定植当年以整形为主，栽后及时定干，干高 40~50cm，留 2 个主枝，分别朝向行间，通过拉或撑，使各主枝呈半直立状态，与垂枝方向夹角为 20°~30°；保持每个主枝的顶端生长优势，及时处理（剪除、扭伤或重短截）影响主枝延长生长的枝条。7 月中旬后，喷多效唑或 PBO，促生花芽；冬剪时，采用长枝修剪法，只疏除不适宜结果的粗旺枝、过密枝、病虫枝。

第 2 年生长季夏剪，只疏除不适宜下年结果的粗旺枝、过密枝、病虫枝；冬剪时留当年新形成的结果枝。以后每年都按此进行更新结果枝。

### 四、花果管理

1. 疏蕾和疏花

（1）疏蕾。疏蕾的关键时期为花蕾露瓣期，即花前 1 周至始花期，此时期花蕾最容易脱落，可人工抹去多余的花蕾。疏蕾量控制在总蕾量的 20%~50%。幼树、旺树可轻疏，老树、弱树可重疏。

（2）疏花。一般是疏晚开的花、弱枝上的花、长果枝上的花和朝上花。因盛花期桃花不易脱落，故疏花主要采用化学疏花的方法，可在盛花期使用石硫合剂，也可于花后 8 天喷施浓度为 60mg/kg 的乙烯利。

2. 疏果

（1）疏果时间和原则。在落花后 15 天，果实黄豆大小时开始。此时主要疏除畸形幼果，如双柱头果、蚜虫为害果、无叶片果枝上的果，以及长中果枝上的并生果（一个节位上有两个果）；第二次疏果在果实硬核期进行，疏除畸形果、病虫果、朝上果和树冠内膛弱枝上的小果。疏果时要按照疏少叶果留多叶果，留单不留双，留大不留小，留正不留偏，留外不留内的原则。

（2）疏果方法。包括人工疏果、化学疏果和机械疏果。人工疏果时期与桃品种的落花落果特性相关。有花粉的品种可于花后 20 天开始疏果；有生理落果特性的品种在花后 40 天左右进行。疏果一般分 1~2 次，生理落果严重的品种可分 3 次。化学疏果使用的药剂有乙烯利、萘乙酸、二硝邻甲酚钠、硫基脲、疏桃剂等。机械疏果主要利用高压气流震动树枝进行疏果，要求必须在果实发育到一定时期并对外界条件敏感时才能有效。

（3）疏果量的确定。依树龄、树势、品种和管理水平，可采用依产量定果法、果枝定果法、按果实间距定果法、叶果比法等确定疏果量。①依产量定果法：根据历年桃园实际生产经验以及果品定位，一般早熟品种的每亩产量为 1 500kg，中熟品种为 2 000kg，晚熟品种为 2 500kg。②果枝定果法：一般小型果的品种，长果枝留 5~6 个果，中果枝留 3~4 个果，短果枝留 2~3 个果；中果型的品种，长果枝留 3~4 个果，中果枝留 2~3 个果，短果枝留 1 个果；大果型的品种长果枝留 2~3 个果，中果枝留 1~2 个果，短果枝留 1 个果或不留果。③按果实间距定果法：在正常修剪、树势中庸健壮的前提下，树冠内膛每 20cm 留一个果，树冠外围每 15cm 留一个果；大型果略远，小型果略近。④叶果比法：早熟品种的叶果比一般为（15~20）：1，中熟品种的叶果比为 30：1，晚熟品种为 40：1。

3. 果实套袋

（1）果袋种类。桃果实一般用白色、黄色和橙色 3 种果袋。红色品种选用浅颜色的单层袋，如黄色、白色袋即可；对着色很深的品种，可以套用深色的双层袋，到果实成熟前几天再去袋，其外观十分鲜艳。

（2）套袋时间。应在疏果后、生理落果基本停止时进行。在郑州地区一般在 5 月下旬进行，此时蛀果害虫尚未产卵。早熟品种可在花后 30 天开始套袋。套袋前先对全园进行一次病虫害防治，杀死果实上的虫卵和病菌。套袋时应将袋口捏在果枝上用铅丝或铁丝一同扎紧，注意不要将叶片绑进果袋中，一定要绑牢。

（3）套袋果实的管理。果实套袋后要加强肥水管理，除秋施基肥时每亩施过磷酸钙 50kg，另外还要进行叶面喷钙。在套袋后至果实采收前，一般每隔 10～15 天喷一次 0.3% 硝酸钙溶液。

（4）果实去袋技术。根据果实着色难易程度，确定解袋时间，如易着色品种可于采前 4～5 日解袋，不易着色品种于采收前 10～15 天解袋。采收前考虑到日照强和气温高，果实易发生日灼，可进行分步解袋。可先将袋体撕开使之于果实上方呈一伞形，以遮挡直射光，然后使袋内果实在自然散射光中过渡 5～7 天后再将袋全部解掉。

4. 提高坐果率的技术措施

（1）加强桃园的综合管理。提高树体营养水平，保证树体正常生长发育，增加树体储存营养。加强桃园的病虫害防治水平，保护好叶片，避免造成早期落叶；加强夏季修剪，做到冬夏修剪相结合，改善树体的通风透光条件；多施有机肥，改善土壤理化性状，保证树体营养充分，为花芽分化打下基础。

（2）花期喷布微量元素。盛花期叶面喷施 0.3% 硼砂、0.2% 磷酸二氢钾以及其他多元素微肥。

（3）花期喷激素。在初花期和盛花期各喷一次 1% 爱多收水剂 6 000 倍液，或用其他植物生长调节剂。

（4）创造良好的授粉条件。配置花期相遇的授粉树，并进行人工辅助授粉和花期放蜂。

（5）进行合理的疏花疏果。控制好树体的负载量，合理地解决好果实与枝叶生长、结果与花芽分化的关系。

（6）加强肥水管理防止落果。防止 6 月落果，主要是在硬核前适当供给肥水，应避免单独大量施用氮肥，要配合磷、钾肥一起施用。

5. 促进果实着色技术

影响果实着色的外界条件，主要是光照、温度和水分。光照充足，温度适中且有一定的温差，水分分配合理，果实着色就会红亮。为保证果实着色效果，在生产中应做好以下几点：合理修剪；拉枝与吊枝；摘除果实周围叶片；果实采收前 20～30 天进行转果；地面铺设反光膜；秋季多施有机肥、生长季少施氮肥、叶面喷施钾肥；控制土壤水分。

## 五、主要病虫害防治

### （一）主要病害的防治方法

桃树生产中出现的病害有桃炭疽病、腐烂病、褐腐病、疮痂病、流胶病、缩叶病、黄叶病、细菌性穿孔病、日烧病、根瘤病等。本文重点介绍以下几种常见病害的防治方法。

1. 黑星病

又叫疮痂病，主要为害果实，也能为害果梗、新梢和叶片。防治方法：结合冬季修剪，剪除病枝并集中深埋；喷布铲除剂，发芽前喷 5 波美度石硫合剂，清除枝条上越冬病菌；生长期根据降雨情况，雨前喷施药剂预防，雨后喷施药剂补救。药剂可选择：430g/L戊唑醇悬浮剂3 000倍液+45%甲基硫菌灵吡唑醚菌酯悬浮剂1 000倍液。

2. 炭疽病

是我国桃主要病害之一，主要分布于长江流域。炭疽病病菌主要为害桃果实，也可侵染枝条和叶片。防治方法：冬季修剪时，彻底剪去干枯枝和残留在树上的病僵果，集中深埋；在花芽膨大期，喷5波美度石硫合剂；生长期根据降雨情况，雨前喷施药剂预防，雨后喷施药剂补救。药剂可选择：30%咪鲜胺微胶囊悬浮剂3 000倍液+45%甲基硫菌灵吡唑醚菌酯悬浮剂1 000倍液。

3. 褐腐病

又叫菌核病、果腐病，分布于全国各地，尤其是江淮流域至江浙一带，每年都有发生，且在多雨年份发病更重。主要为害果实，引起果实腐烂，也为害花、叶和枝条。防治方法：结合冬剪，彻底清除树上病僵果、病枝、地面落叶，集中深埋；可喷5波美度石硫合剂，在萌芽前喷施；果实接近成熟期，雨前可喷洒70%代森锰锌可湿性粉剂600~800倍液预防，雨后及时喷洒430g/L戊唑醇悬浮剂2 000倍液+50%多菌灵可湿性粉剂600倍液补救。

4. 流胶病

主要为害枝干、果实。防治方法：选用抗病品种，加强土肥水管理，改善土壤理化性质，提高土壤肥力，增强树体抵抗能力；芽膨大前喷施3~5波美度石硫合剂，及时防治桃园各种病虫害；剪锯口、病斑刮除后涂抹伤口愈合剂保护伤口，促进愈合；落叶后树干、大枝涂白，防止日灼、冻害，兼杀菌治虫。

5. 根瘤病

也叫根癌病，不仅大树可以发病，而且苗圃中桃苗也可以发病。防治方法：根瘤病发病后难以根除，应采取措施预防；育苗田，播种桃核时使用K84生物菌剂按照1∶1比例对水后，拌种桃核，随后再播种；严格检查出圃苗木，发现病株应剔除烧毁；苗木栽植前要先用K84生物菌剂按照1∶1比例对水后蘸根，随后定植，定植后立即浇水。

6. 细菌性穿孔病

在多雨地区或多雨年份，常会导致大量落叶，削弱树势，影响果实品质和产量。防治方法：加强园内管理，培养健壮树体；降低地下水位，抬垄定植，深沟排水；做好园内通风透光，降低园内空气湿度；适时防治虫害，减少传播途径；冬季修剪时，彻底清除枯枝落叶，集中烧毁，消灭越冬病原；桃树萌芽前喷3~5波美度石硫合剂或1∶1∶100波尔多液，展叶2~3片后喷70%代森锰锌可湿性粉剂500~600倍液或喷布硫酸锌石灰液（硫酸锌0.5kg、消石灰2kg、水10kg）1~2次。

7. 黄叶病

主要为害叶片，叶脉及叶片均先后出现黄化现象后，叶片随之脱落，造成树体衰弱。防治方法：如因缺氮、缺铁引起，可适时追施氮肥、硫酸亚铁等；如由根癌病等病害引起，则参照根癌病等病害防治方法进行防治；加强树体管理，避免过度修剪；控制盐害。

### （二）主要虫害的防治方法

桃树生产中出现的虫害有蚜虫、红蜘蛛、桃象鼻虫、桃小绿叶蝉、红颈天牛、桑白蚧、桃蛀螟、桃小食心虫、梨小食心虫、桃潜叶蛾等。本文重点介绍以下几种常见虫害的防治方法。

**1. 蚜虫**

有桃蚜和桃粉蚜两种，主要为害叶片。防治方法：加强冬春管理，结合冬春修剪，剪除受害枝条；花芽露红时使用氟啶虫胺腈、氟啶虫酰胺、吡虫啉、吡蚜酮等药剂防治；落花后及时细致地喷洒氟啶虫胺腈或螺虫乙酯。

**2. 红蜘蛛**

别名山楂叶螨，常群集于叶背和初萌发的嫩芽上吸食汁液。防治方法：发芽前，用3~5波美度石硫合剂喷雾；生长期，害虫发生前期集中喷布5%噻螨酮乳油1 500倍液，1.8%阿维菌素乳油2 000倍液，430g/L联苯肼酯悬浮剂3 000倍液等药剂防治。

**3. 潜叶蛾**

其幼虫在叶内串食，使叶片上呈现出弯弯曲曲的白色或黄色虫道。防治方法：落叶后结合冬季清园彻底扫除落叶，集中深埋或烧毁，消灭越冬幼虫；在成虫发生期，喷25%灭幼脲三号1 500倍液或20%杀灭菊酯2 000倍液等，均可收到良好效果。

**4. 桃小食心虫**

又叫桃小食蛾，为害桃果，导致果实畸形，果内充满虫粪，俗称猴头果和豆沙果。防治方法：套袋是较好的预防方法；在越冬幼虫出土化蛹期：于地面洒75%辛硫磷胶囊剂，然后浅拌土，残效期可达50天以上；卵期和幼虫孵化期用100g/L吡丙醚乳油2 000倍液+2.5高效氯氟氰菊酯水乳剂1 000倍液，20%氯虫苯甲酰胺5 000倍液等药剂防治。

**5. 桑白蚧**

又称桑盾蚧，以成虫和若虫固着桃树枝干刺吸汁液。防治方法：冬季或早春结合果树修剪，剪除越冬虫口密集的枝条，或刮除枝条上的越冬虫体；春季发芽前，喷5波美度石硫合剂或机油乳剂；若虫分散期，及时喷洒扑虱灵25%可湿性粉剂1 500~2 000倍液或48%乐斯本乳油2 000倍液或5%高效氯氰菊酯2 000倍液等。

# 第四节　果实采收及商品化处理

## 一、桃果实采收与商品化处理

**1. 果实采收**

销售距离的远近和采后用途可作为桃果采收期的依据。远距离销售和需要贮藏的果实，可在七成熟时采收；近距离销售的桃果，可在八成熟时采收；就地销售的桃果，可在八至九成熟时采收。耐贮运品种可参考品种特性适当晚采。

采前不宜灌水，不宜在雨天、有雾时和露水未干时进行采收。一天中的采摘时间应避免在炎热的中午前后。手工采摘仍是鲜食果品的主要采摘方法。采摘时应注意修剪指甲，轻拿轻放，采摘筐应有软垫，以免造成新的机械损伤。采摘时要带果柄，避免病原微生物的入侵。采后应及时处理。

2. 果实商品化处理

为提高桃果实品质，保证经济效益，桃果实采收后应做适当处理，包括挑选、分级、包装等。

（1）挑选。一般使用人工挑选，剔除受机械损伤和受病虫害侵染的果实，可与分级、包装等过程结合，可节省人力，降低成本。工作人员必须戴手套，挑选过程中要轻拿轻放，以免造成新的机械损伤。量多时，为缩短挑选时间，可借助于传送带进行人工挑选。

（2）分级。分级就是在挑选的基础上，按照果个、色泽、果面、品质进行扫描分类，便于批发销售和商品检疫。目前通行的做法是在果形、新鲜度、颜色、品质、病虫害和机械伤等方面已符合要求的基础上，再按照大小和单果重分为若干等级。

（3）包装。内包装可以保持果品周围的温度、湿度适宜，同时还能避免果品之间的碰撞而造成新的机械损伤。内包装通常是衬垫或铺垫各种包装纸、发泡网、塑料包装膜及塑料盒等。外包装可分为贮藏包装和销售包装。需要贮藏时间较长才上市销售的晚熟桃果，在贮藏期间应用质地坚硬的塑料箱或木箱作为贮藏包装；销售包装是上市时的桃果包装，由保护桃果的纸箱和印在纸箱上的商标两部分组成。一般情况下，不需要久藏的桃果，都在挑选后直接用内包装外加销售包装，以降低成本，减少消耗。需要贮藏后再销售的果实，在挑选后用贮藏包装。出售前再经挑选用内包装加销售包装出售。

## 二、桃果保鲜技术

1. 预冷

一般在采后 12 小时内对果实进行预冷。对需要远距离运输和贮藏的桃果，挑选包装后应立即置于 0℃ 的条件下进行预冷，将果实迅速冷却到 5℃ 以内。桃果预冷的方式通常采用的是风冷和冷水冷却，后者冷却效果更佳。风冷就是采用机械制冷系统的风机循环冷空气对桃果进行降温。水冷是将桃果浸在冷水（0.5~1℃）中或用冷水喷淋，以达到降温的目的。同时可在冷却水中加入防腐剂以减少病原微生物交叉感染。有条件的地方，可在桃果采收后，立即进行预冷，然后挑选、包装。

2. 贮藏

（1）通风库贮藏。通风库贮藏是在有隔热的条件下，用库内外自然的温度差异和昼夜温差，以通风换气的方式，来保持库内比较稳定和适宜的贮藏温度的一种贮藏方法。在使用前应对通风库进行打扫、消毒杀菌处理。贮藏时要有良好的自然通风条件，并随时注意果实质量的变化。当库内温度高于库外温度时，可打开通风口或库门，使冷空气进入库内；当气温过高时，可在进气口处放置冰块，以达到降温的目的。此外，可用地面铺湿锯末、地面喷水、挂湿麻袋等方法调节库内湿度。

（2）冷库贮藏。冷库贮藏是利用机械制冷设备实现的，贮藏的湿度、温度及通风条件可根据贮藏桃品种的不同进行调节和控制。贮藏冷库可由土窖、通风库加装保温性能的隔热材料和制冷机器改造而成，效果与普通冷库相同。采收后的果实经挑选，应尽快预冷入库，库内堆放排列整齐，箱与箱之间留有一定空隙，以利通风降温。

（3）气调贮藏。气调贮藏是根据低氧高二氧化碳能显著降低桃果品呼吸强度的方法来延长果品贮藏期。桃果品入气调库前要先预冷，气调库温度要预先降到设定温度 $0 \sim 1 ℃$，并调节气调库氧气（$1\% \sim 3\%$）和二氧化碳（$5\%$）浓度。

（4）间歇升温贮藏。桃果实先在 $0 ℃$ 条件下贮藏 4 周左右，然后再在 $18 \sim 20 ℃$ 条件下贮藏 2 天，最后再在 $0 ℃$ 条件下贮藏。这种方法能有效地避免冷害的发生，还能保持桃果实原有的风味。

# 第五章 绿色无公害葡萄生产关键技术

## 第一节 葡萄产业概况

葡萄营养丰富，味美多汁，红似玛瑙、绿如碧玉、紫如水晶，深受广大消费者喜爱。葡萄产品形式多样，既可鲜食，又可用于酿酒、制干、制汁、酿醋、制酱等。

### 一、当前世界葡萄产业发展现状

国外葡萄产业发展的突出特点是，生产专业化、机械化、集约化、区域化、品种更新速度快，着重选育高产、优质、抗性强、易管理、适于机械采收的品种。

据 2019 年 7 月国际葡萄与葡萄酒组织（OIV）发布行业报告，2018 年全球葡萄种植面积 740 万 $hm^2$，其中西班牙的葡萄种植面积最大，占 13%，我国葡萄栽培面积位居第二，占 12%，法国第三，占 11%；全球葡萄产量 7 780 万 t，其中酿酒葡萄占 57%，鲜食葡萄占 36%，风干葡萄占 7%；全球葡萄酒产量 292 亿 L，其中意大利 54.8 亿 L，位居第一，法国第二，我国位居第九。

根据联合国粮食与农业组织（FAO）统计，2017 年我国葡萄总产量达 1 316.1 万 t，稳居世界第一，占全球葡萄总产量的 17.7%，因此我国已经成为世界葡萄生产大国。

### 二、我国葡萄产业蓬勃发展

由于葡萄适应性较强，耐盐碱，在全国各省份均有种植。从我国水果生产看，葡萄已成为超千万亩、千万吨的大宗水果，与苹果、柑橘、梨、桃、香蕉并称六大水果。

随着乡村振兴战略的实施，互联网电子商务与人民生产生活的交集越来越多，葡萄设施栽培技术的发展，广大果农的种植管理观念和技术均有长足进步，设施葡萄栽培也成为一些地区农业生产中的龙头产业，并成为农村脱贫致富的重要途径。

1. 葡萄栽培面积和产量稳步增长，促进葡萄产业做大做强

根据 FAO 统计，我国葡萄的种植稳定持续增加，截至 2017 年种植面积位居世界第二（图 5-1）。葡萄产量，以鲜食葡萄为主，占栽培面积的 80%，酿酒葡萄约占 15%，制干葡萄约占 5%，极少的制汁葡萄。近十几年来，我国葡萄的产量增长迅速，截至 2017 年，产量已稳居世界第一，真正成为世界葡萄生产大国（图 5-2）。

2. 葡萄品牌建设逐步完善，栽培形式多样化，开拓市场前景良好

目前我国葡萄生产形成了七个产业带，即西北干旱新疆葡萄产业带、黄土高原干旱半干旱葡萄产业带（陕西、山西、甘肃、宁夏、内蒙古西部等）、环渤海湾葡萄产业带

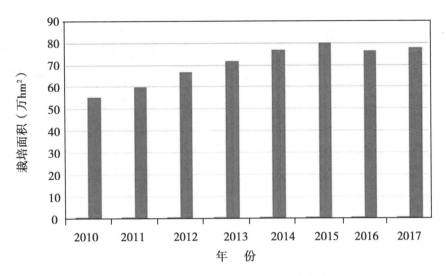

图 5-1　我国葡萄 2010—2017 年种植面积（数据来源：FAO）

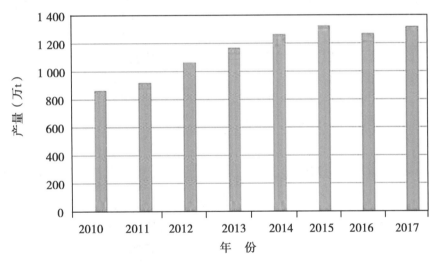

图 5-2　我国葡萄 2010—2017 年产量（数据来源：FAO）

（山东、辽宁、河北等）、黄河中下游葡萄产业带、南方和西南特色葡萄产业带（云南、贵州、广西、四川等）及以吉林长白山为核心的山葡萄产区等相对集中的优势产业带。

我国葡萄种植呈现西进、南移的发展趋势。设施栽培（包括促成栽培、延迟栽培、避雨栽培）蓬勃发展，不但拓宽了栽培葡萄品种的选择范围，提高了果实品质，而且满足了反季水果的市场需求，提高经济效益和社会效益效果显著。截至 2016 年年底，我国设施葡萄栽培面积已经达到 300 余万亩，约占全国栽培总面积的 25%。

"学术产生理论，技术引领产业，品种打造品牌，产业对接市场"。很多省份已经形成了一个产区、一个产业、一个产品、一个品牌的葡萄产业新格局。如新疆吐鲁番葡萄、宁夏贺兰山葡萄、上海马陆葡萄、福建福安巨峰葡萄、陕西临渭葡萄、云南宾川葡萄等。

此外，葡萄产业的发展壮大，还带动了各种葡萄农庄、葡萄酒庄、葡萄采摘园和葡萄主题公园等农业休闲观光园在城市周边的发展，促进了生态农业的发展，改善了城市环境，同时，也成为农业增效、农区居民增收的支柱产业。如上海马陆葡萄主题公园、西安白鹿原葡萄主题公园等，都具有很好的引领带动作用。云南省弥勒市东风农场的云南红酒庄通过整合葡萄酒文化、葡萄园生态农业、养生文化三种资源，大力开发以"酒庄"为特色的乡村旅游产业，带动第一、第二产业融合发展。年接待游客达 10 万余人，实现旅游收入 2 000 多万元。

3. "互联网+"促进信息化建设，助力葡萄产品电子商务迅速发展

为了深入解决我国农村发展不平衡不充分的现状，党提出了乡村振兴发展战略。2016 年中央一号文件提出大力推进"互联网+现代农业"，推进农业全产业链改造升级，而"互联网+特色果蔬"又势必掀起农业新一轮发展的浪潮。在乡村振兴的多元化道路上，"互联网+"理念为传统农业的发展提供了新思路。

"互联网+"可以将文字、图片、视频、音频等结合起来，利用互联网多媒体优势，将传统纸质宣传转变为图文结合、视频互动、音频互动等宣传方式，打破了传统农业技术推广空间和时间的限制，农民可以通过手机学习先进农业技术，实时掌握天气变化、了解市场变化等，提高农业生产效率，为农业经济合理发展奠定坚实的基础。

电商扶贫战略，将互联网和农村经济连接起来，让农村电商直面生产者和消费者，让生产者不再闷头做农业，必须从市场需求出发，直接向农产品生产者提出农产品质量要求。此外，农村电商多由农民合作单位或农村大户开展，其农业合作能力较强，与生产农户直接签订协议，要求农户生产者按照国家规范标准进行生产，在一定程度上促进了农业规范化发展。

### 三、对我国葡萄产业发展的建议

为实现葡萄产业优质、绿色、高效的健康发展，达到提高葡萄品质、打造葡萄品牌、带动葡萄主题公园等新兴产业为目的，对我国葡萄产业发展提出以下建议。

1. 以市场为导向，以质量为核心，实施标准化栽培技术

随着人们生活水平提高，倡导有机农业的理念已经向传统的栽培方式提出了挑战。采取葡萄的周年管理技术标准化（整形修剪、科学施肥、花果管理等均按制定的各种技术规程或规范进行操作），选用优良品种、严控三乱（乱用化肥、乱用农药、乱用激素），实现三提（提高管理水平、提高果品质量、提高经济效益），生产优质、绿色、高效的葡萄产品，满足市场需求，发挥经济效益最大化。

2. 设施栽培葡萄，不能忽视葡萄的生长发育规律

近年，设施葡萄栽培（包括促早栽培、延后栽培和避雨栽培）改变了葡萄正常的季节生长规律和种植区域，大幅提高了葡萄价格，成为农民增收、区域经济发展和精准扶贫的有效途径。但是，果农盲目追求早上市、高价格，而过早打破休眠，促使发芽，不能满足需冷量，忽略了葡萄的生长发育规律，也忽略了较简易的塑料大棚内的温度条件，一旦遇到低温冷害，得不偿失。

3. 改变传统理念，加强品牌意识，促进销售产业化

与其他水果相比葡萄的季节性和集中上市的特点突出，更容易出现季节性供过于求的现象，价格波动大。而多数果农只有产品意识，没有商品意识，对产品营销缺少认识，在葡萄成熟期坐地头等销售的问题仍然普遍。"一个草帽一杯水，一个马扎几穗葡萄"就是整个销售过程。

随着互联网与人们生产生活的交集越来越多，"互联网+"在农村地区的逐步推广和应用使得生态农业和文化产业联系日益紧密，结合品牌发展战略和生态农业的吸引力，赋予生态农产品更深层次的文化意蕴。通过创立合作社、创建品牌、利用互联网实现观光采摘、主题公园、网络销售等多种销售形式，才能在当前激烈的市场竞争中取胜。

# 第二节　葡萄生长特性

## 一、葡萄各器官生长发育

葡萄是落叶的多年生藤本果树，根、茎、叶、芽属于营养器官，主要进行营养生长；花、果穗、浆果和种子属于生殖器官，是经济效益的体现。

1. 根

葡萄的根系发达，是深根性树种。在一般情况下，根系在土壤中的深度可达 2～5m，主要分布深度为 15～80cm，而多集中分布在 20～40cm 处。

2. 茎

葡萄的茎称为枝蔓，主要包括主干、主蔓、侧蔓、结果母枝、结果枝、新梢和副梢。

主干是指由地面到第一层分枝之间的树干。主干上着生的一级分枝，即主蔓。对于无主干扇形，习惯上将地面上发出的枝蔓称为主蔓。主蔓上的多年生分枝称为侧蔓，其上着生结果母枝。

当年由结果母枝上萌发的新枝，即着生果穗的新梢称为结果枝。着生结果枝的枝蔓称为结果母枝。

葡萄当年萌发的带有叶片的枝条称为新梢。新梢叶腋部位由夏芽或冬芽萌发形成的二次长枝称为副梢。

3. 叶

葡萄叶片为单叶，互生，多 5 裂。葡萄叶片光合作用最适宜的温度为 25℃。

4. 芽

葡萄的芽属于混合芽，叶和花原基共存于同一芽体中，生长在叶腋内，分冬芽、夏芽、隐芽三种。冬芽，着生在结果母枝上，体型比夏芽大，有褐色鳞片；具有晚熟性，一般次年春季萌发。夏芽，着生在新梢的叶腋中，是裸芽，没有褐色鳞片。隐芽，潜伏在枝蔓的表皮下，寿命长，极短梢修剪可刺激隐芽的萌发，用于更新枝蔓，复壮树势。

5. 花序、花和卷须

葡萄花序是复总状花序（或称圆锥花序），由花梗、花序轴、花蕾组成，通常称穗。葡萄花序多着生在结果枝的第3~7节上，其中以中部的花序质量最好。

卷须（图5-3）和花穗是同源器官，都着生在叶片的对面。生产中，为减少营养消耗，防止扰乱树形，便于工作，在半木质化之前应尽早去掉卷须。

图5-3　葡萄卷须与花穗是同源器官

6. 果穗

果穗的大小、形状、产量与品种有关。果穗的性状因品种不同而异，一般为圆锥形、圆柱形和分枝形。

果穗上果粒着生的松紧度也是评价果穗质量的一个重要指标，通常分为极紧（果粒之间很挤，果粒变形），紧（果粒之间较挤，但果粒不变形），适中（果粒平放时，形状稍有改变），松（果穗平放时，显著变形），极松（果穗平放时，所有分枝几乎都处在一个平面上）。

二、葡萄植株的年生长发育周期

进入结果期的葡萄植株的年周期，可分为两个主要的时期，即生长期和休眠期。休眠期是从落叶开始到次年萌芽之前。葡萄的生长期是从春季的伤流开始到秋季落叶为止。

（1）伤流期。当春季地温达到10~13℃，葡萄由于根压作用，从伤口分泌大量的透明液体，俗称伤流，到芽萌动时停止。

（2）萌芽期和新梢生长期。萌芽期是指从萌芽到开花前的阶段。从萌芽展叶到新梢停止生长为新梢生长期。

（3）开花期。由始花到终花为止称为开花期。开花早晚、时间长短和当地气候条件和品种有关，一般花期7～10天。一个花序完成开花需2～3天，中部的花先开，基部的花其次，尖部的花最后开（图5-4）。

**图5-4 葡萄花穗中部先开，尖部最晚开放**

（4）浆果生长期。从子房开始膨大到浆果着色前称为果实生长期，一般可延续60～100天。当浆果长到该品种所具有的形状和大小时，生长缓慢，这个时期要通过绑蔓，改善架面光照条件，提高果实着色。

（5）果实成熟期。从果实转色开始到果实完全成熟。果粒变软而有弹性，浆果开始成熟，绿色品种颜色开始变浅，其他有色品种开始着色。浆果的含糖量迅速升高，含酸量下降，芳香物质逐渐形成，单宁物质逐渐减少。

（6）落叶期。从浆果采收后至落叶为止。在落叶期，绝大多数新梢和副梢的生长基本停止，但是花芽分化仍在微弱进行。

（7）休眠期。葡萄休眠期从落叶开始，到翌年树液开始流动为止。

### 三、葡萄对生长环境条件的要求

葡萄器官的生长发育，需要特定的生态环境条件，温度、湿度、光照和土壤对果树生产有较大的影响。

**1. 温度**

葡萄设施促早栽培，首先应满足需冷量，保证顺利通过自然休眠，葡萄才能正常萌芽展叶。一般葡萄的需冷量要求，7.2℃以下温度需700～1 500小时（因品种不同有差异），冬季30～45天可以满足自然休眠的要求。

我国北方地区10月温度开始明显降低，当夜间温度降到7℃，设施栽培葡萄可强迫进入休眠，通过夜间卷起保温被，打开放风口降温，白天覆盖遮光保持低温、隔热等措施保证休眠状态，此过程约持续15天左右。当外界温度全天低于7℃后，全天覆盖保温，以满足葡萄的需冷量。

**2. 光照**

葡萄是喜光树种。成熟期，每年葡萄树大概需要1 500～1 600小时的日照，从葡萄发芽到采摘期间至少需要1 300小时，由于色素和单宁的原因，红葡萄比白葡萄需要更多一些的阳光和热量。我国葡萄的主要产区在西北、华北和东北地区，这些地区光照充足，日照时数较多，果实品质优良。

**3. 降水量和水分**

葡萄是需水量较多的植物，我国北方大部分葡萄产区降水量为300～800mm，并且多集中在7、8两个月，冬春干旱，夏秋多雨。因此，许多地区春季需灌溉，夏秋需控水。果实膨大期到成熟期雨水过多，会引起葡萄果实糖分降低，着色不良，品质低劣。土壤水分条件的剧烈变化，对葡萄会产生不利影响。长期干旱，突然大量降雨，极易引起裂果，果皮薄的品种尤为突出。

**4. 土壤**

健康的土壤是果树生长的基础，培肥地力是果业工作首要任务。最适宜葡萄生长的土质是疏松、肥沃、通气良好的沙质土和砾质壤土，pH值6.0～7.5。南方丘陵山地黄红壤土壤pH值低于5时，对葡萄生长发育有影响。海滨盐碱地pH值高于8时，植株易产生黄化病（缺铁等）。

葡萄根系在土壤中的垂直分布最密集的范围是20～80cm，随着气候、土壤类型、地下水位和栽培管理的不同，根系分布也有所不同。葡萄根系在土壤含氧量15%以上时，根系生长旺盛；当含氧量降至5%时，根系生长受到抑制，细根开始死亡；当含氧量降至3%以下时，根系因窒息死亡。

# 第三节　标准化葡萄园建立与高效栽培技术

葡萄建园是一项重要的基础建设，标准葡萄园的建立直接影响果园的经济效益。当前，葡萄生产园以篱架为主，葡萄观光农业生态园区和采摘园多采用棚架。

## 一、标准化葡萄园建立

### （一）园地选择

无污染葡萄园土壤、灌溉水源和大气是优良生态、生产环境的 3 个基本要素，对生产优质的葡萄产品具有重要影响。

葡萄相对于苹果、梨等大宗水果，不耐贮运，因此宜选择交通方便、地势平坦的园地。气候条件以果实成熟期昼夜温差大为宜。土壤 pH 值以 6~6.7 最好。

瘠薄土壤每亩施发酵腐熟的有机肥 6~10t，均匀撒施于行间。土壤偏酸时适量施入生石灰、偏碱性的有机肥、钙镁磷肥；土壤偏碱时则施入石膏，酒糟、偏酸性的有机肥。

### （二）果园规划

果园内道路建设应以方便机械化作业放在首要位置。果园基地化建设要根据机械化程度、施肥与果实运输的要求，合理规划田间道路。生产道路一般宽 4m，大型汽车、耕作机械或拖拉机等通过的道路宽 6m。

行向以南北行向、行长 60~80m 为宜，最长不超过 100m。不下架埋土防寒地区，篱架，行距 1.5~3.0m，株距 0.5~1.0m 为宜。棚架，单主蔓的株距 50~60cm 为宜；双主蔓的株距以 1m 为宜。为方便机械化作业，可进行宽行窄株栽培。

### （三）品种选择

品种的选择是果园经营成败的关键，应根据当地自然条件，因地制宜，结合交通条件、品种的耐贮性、货架期、市场销路等，选择早熟、中熟、晚熟品种。一个受消费者、种植者和经销商三者都喜爱的品种必定是一个有着强大市场竞争力的、划时代的优良品种。吃了能够记住，能让人有味蕾记忆的就是非常好的品种。

鲜食品种中主栽品种要特点突出，同时搭配不同成熟期和果皮色泽的其他品种。若不考虑观光园、采摘园建设，品种不宜多。设施葡萄促早栽培，应选择适合短梢修剪、需冷量低、耐弱光、花芽容易形成、坐果率高的早熟、极早熟品种，如'夏黑''维多利亚''早黑宝''金手指'等。利用日光温室或塑料大棚等进行延迟栽培，供应春节市场，应利用晚熟品种，推迟发育期以延迟果实采收，如'红地球''圣诞玫瑰''红宝石无核'等。

在成熟时间上，应当早中晚熟品种合理搭配，尽量拉长产销期；品种布局上适当集中，相对统一。优先发展绿色、黄色、硬肉、无核、抗病、早熟品种，侧重发展红色、紫色、大粒、硬肉、抗病品种。

葡萄品种的分类有多种方法。最常用的按照品种用途，可分为鲜食品种、酿酒品种、制干品种、制汁品种、制罐品种、砧木品种及药用品种等七大类。

1. 鲜食葡萄品种

鲜食品种的育种目标是，大粒、优质、抗病、无核、不掉粒、适于运输。

（1）阳光玫瑰。中晚熟品种，挂果期长，成熟后可以在树上挂果长达 2~3 个月。不裂果，耐贮运，鲜食品质极优。果穗圆锥形，果粒着生紧密，椭圆形，黄绿色，完熟可达到金黄色，肉质脆甜爽口，有玫瑰香味，可溶性固形物含量 20% 左右。

（2）夏黑。别名夏黑无核，欧美杂种。早熟、丰产、无核，高糖、脆肉、有香味，鲜食品质上等，耐运输。果穗呈圆锥形，果粒近圆形，紫黑色或蓝黑色，果粒着生紧密或极紧密，可溶性固形物含量可达 20%~22%。植株生长势极强，抗病力强，不裂果，不落粒。

（3）巨峰。欧美杂种，中熟品种，是我国栽培范围最广、面积最大的鲜食葡萄品种。果穗较大，呈圆锥形，带副穗。果粒着生中等紧密，紫黑色，果皮较厚，有涩味。果肉有草莓香味。植株生长势强，抗逆性较强，抗病性较强，但是落花落果严重，栽培上需要控制花前肥水，并及时摘心，花穗整形，均衡树势，控制产量。

（4）户太八号。欧美杂种，7 月上中旬成熟。酸甜可口，香味浓，外观色泽鲜艳，耐贮运，耐低温，不裂果，成熟后在树上挂至 8 月中下旬不落粒。果穗圆锥形，果粒着生较紧密，果粒大，近圆形，紫黑色或紫红色，果粉厚。对黑痘病、白腐病、灰霉病、霜霉病等抗性较强。

（5）红地球。欧亚种，晚熟品种。果穗极大，呈长圆锥形。果粒圆球形或卵圆形，果皮多为暗紫红色，果粉不易脱落。在西北地区能达到紫红色或红色。味香甜，品质优良，极耐贮运。抗寒性中等，抗旱性较强。

（6）摩尔多瓦。中晚熟品种，极耐贮运。果穗圆锥形，果皮蓝黑色，果粒非常容易着色，无香味，品质中等，果肉柔软多汁。生长势强或极强，结实力极强，每结果枝平均果穗 1.65 个，丰产性强。

（7）醉金香。欧美杂种，中熟品种。果穗大，呈圆锥形，果粒着生紧密，呈倒卵圆形，金黄色，果肉软，汁多，有茉莉香味，鲜食品质优。植株生长势强，抗逆性和抗病虫力均强。树势强，丰产，果实过熟易脱粒。

（8）藤稔。又称乒乓球葡萄，欧美杂种，早中熟鲜食品种，属于巨峰系第三代特大粒葡萄新品种。果粒着生中等紧密，呈短椭圆形或圆形，紫红色，平均粒重 12g 以上。可溶性固形物含量为 16%~17%。鲜食品质中上等。

（9）金手指。欧美杂种，中早熟品种。8 月上中旬果实成熟，比巨峰早熟 10 天左右。不易裂果，储运性好，货架期长。果穗长圆锥形，果粒长椭圆形至长形，黄白色，有浓郁的冰糖味和牛奶味。抗寒性、抗病性、抗涝性、抗旱性均强，对土壤、环境要求不严格，全国各葡萄产区均可栽培。

（10）美人指。欧亚种，晚熟品种。果穗呈长圆锥形，果粒长椭圆形，果顶尖。果实先端紫红色，基部为淡黄色到淡紫色，外观独特艳丽。果肉脆甜爽口，品质极好，耐储运。

（11）玫瑰香。欧亚种，晚熟鲜食品种，鲜食品质极优，广泛分布在全国各葡萄产区。果穗呈圆锥形间或带副穗，果粒呈椭圆形，紫中带黑，有浓玫瑰香味。可溶性固形物含量高达20%，甜而不腻，着色好。耐运输和短时期的贮藏。耐盐碱，不耐寒。适合在温暖、降水量少的气候条件下种植。

2. 酿酒葡萄品种

（1）赤霞珠。全世界最受欢迎的黑色酿酒葡萄，居我国酿酒红葡萄品种的第一位。果穗圆柱形或圆锥形，带副穗，果穗小，平均穗重175g。果粒圆形，紫黑色，有青草味。酿制的高档干红葡萄酒，淡宝石红色，澄清透明，滋味醇厚，品质上等。

（2）黑比诺。欧亚种，北京地区9月中旬果实成熟。果穗圆柱形或圆锥形，较小，平均穗重170g。果粒圆或椭圆形，果实紫黑色，果皮较厚，果肉软，果汁多，味酸甜。果实出汁率78%，果汁颜色浅宝石红色，澄清透明。是酿造香槟酒和干白葡萄酒的优良品种。抗寒、抗旱力都较强。

（3）梅鹿辄。欧亚种，9月中旬成熟。居我国酿酒红葡萄品种的第二位。果穗歧肩圆锥形，带副穗，穗梗长，果粒短卵圆形或近圆形，紫黑色，平均粒重1.8g。果皮较厚、色素丰富。适合酿制干红葡萄酒和佐餐葡萄酒。

（4）雷司令。欧亚种。常被用作鉴定其他白葡萄酒品种的标准品种。果穗圆锥形带副穗，少数为圆柱形带副穗，果粒近圆形，黄绿色，有明显的黑色斑点。酿制的葡萄酒浅金黄微带绿色，澄清透明，果香浓郁。

（5）霞多丽。欧亚种，早熟型白色酿酒品种，是世界著名的酿酒品种，主要用于酿造高档白葡萄酒和香槟酒，其酒呈淡柠檬黄色，澄清，幽雅，果香微妙悦人。果穗歧肩圆柱形，带副穗，果粒着生极紧密，近圆形，绿黄色，果皮薄。

3. 制干葡萄品种

无核白。新疆的主栽品种，制干品质优良。在新疆吐鲁番地区，果实8月下旬成熟。抗旱、抗高温性强。果穗歧肩长圆锥形或圆柱形，椭圆形，黄白色，果粉及果皮均薄而脆。

### （四）苗木选择

选择根系强壮，无霉烂变质，枝条粗壮，无病虫害的苗木。判断标准，可用指甲刮枝条外皮，皮内鲜绿，则为鲜活枝条。

### （五）挖定植沟

按南北行向挖定植沟，一般宽、深各60cm。沟底可一层杂草、秸秆，再放入与表土搅拌均匀的土杂肥，沟内施农家肥不低于5 000kg/ 667m²，同时施入普通过磷酸钙100kg/667m²，然后覆土回填，平整墒面。

定植前苗木根系用70%甲基硫菌灵可湿性粉剂700倍液消毒，苗木用3~5波美度石硫合剂消毒。

### （六）架式选择

葡萄是藤本植物，茎蔓柔软，生产管理中根据品种特性、管理水平和地理条件等选用不同的支架结构。以支撑葡萄枝蔓生长的支架形式，称为架式。葡萄生产中以篱架和棚架为主。架材以木杆和水泥柱居多。横梁选用毛竹、木杆、钢管、角铁等。水泥柱最好在苗木定植前栽好。

葡萄架面与地面垂直或略倾斜，沿着葡萄行向每隔一定距离设立支柱，支柱上拉钢丝，葡萄枝叶在架面上分布，像篱笆墙，故称为篱架。在立柱上设横梁或拉铅丝，上面像荫棚，故称为棚架。

1. 单篱架

每行一个架面，行内每间隔 4~6m 设一立柱，自地面开始上每隔 40~50cm 拉一道铁丝，共 3~4 层，使整个架面连成篱壁形。适用密植，便于机械化耕作、病虫害防治、果实采收于行距较窄的园区。单篱架通风透光条件好，田间管理方便，有利于果实着色，提高果实品质，还可达到早期丰产，但是枝蔓直立生长易造成枝蔓生长过旺。

2. 双篱架

在葡萄植株两侧，沿行向建立相互靠近的两排单篱架。两壁略向外倾斜，基部相距 50~80cm，顶部相距 80~110cm。自地面向上拉 3~4 层铁丝，第一道距地面 60~80cm，其余二道铁丝等距离设计，间距 40~60cm 即可。双篱架能充分利用光能，有效利用空间，结果枝量和结果部位明显增多，但架材用量较多，枝叶密度较大，通透性较差。

3. T 形架

行内每间隔 4~6m 设一立柱，立柱高 2.0m，架高 1.5~2.0m。第一层铁丝距地面 1.5~1.7m，第二层铁丝高于第一层 40~60cm，架面在顶部横梁上分布，呈"T"字形。果实生长在架面上部，通风透光好，病虫害较轻，果实品质佳，操作方便，工作效率高，但结果部位易上移，对肥水要求较高，适于高宽垂式栽培，无强风、不防寒地区适用。

4. 小棚架

小棚架基部高 1.2~1.5m，架梢高 1.8~2.2m，架面呈拱形，主蔓较短，上下架操作方便，在我国防寒栽培地区应用较多。

5. 大棚架

架长大于 7m 均为大棚架，接近根端架高 1.5~1.8m，架梢高 2.0~2.5m。多见于庭院、停车场或观光采摘园等。

6. 水平式棚架

架高 1.6~2.0m，将棚架呈水平状连接在一起，多见于机械化程度较高的设施葡萄栽培，方便栽培管理和采摘。多采用 H 形、厂字形、一字形（图 5-5）整形方式，适用于生长旺盛的品种，肥水充足且平整的园区。

**（七）搭设避雨棚**

避雨栽培是以防病为目的、将薄膜覆盖在树冠顶部棚架上，能够躲避雨水的一种栽培方法。避雨栽培技术能够降低葡萄架下的水分和空气湿度，显著减少葡萄病害的发生，提高果实品质，减少劳动用工。

避雨棚搭建的方法，避雨棚由棚柱、横梁、弓片、棚膜、拉线等组成。连栋避雨大棚以钢架为主，简易大棚可以采用竹质材料来搭架。避雨棚与叶幕等宽或宽出 10cm，棚弓高 30~50cm，葡萄避雨棚专用膜宽度 2.0~2.5m，厚度 0.025mm、0.03mm 或 0.04mm 均可。要注意避雨棚面不能过窄，下斜风雨易淋湿中下部叶片和果穗，加重霜

图5-5　一字形水平棚架

霉病、灰霉病等病害的发生，尤其在降水量大时棚面上流下的水会飞溅到葡萄穗部。

一般在5月下旬扣膜，或多雨季节来临前扣膜，9月下旬果实采收后揭膜。

**（八）标准化葡萄园配套设施**

先进而实用的现代化配套设施，能够有效减少劳动力投入、节省灌溉和农药的使用费用、减轻农药对果品和环境的污染。标准化葡萄园的配套设施包括传统的堆肥场、沼气池、现代的肥水一体化输送设施、防雹网、防鸟网、防虫网、促成或延迟栽培的保护设施等，在建园时应合理规划、科学布局。

水肥一体化滴灌系统。主管道（一般为160管）为南北行向，支管道（一般为110或90管）连接并垂直于主管道，田间分支管（一般为75或63管）连接于支管上，呈"丰"字形。滴灌管（毛管）的单边辐射长度，国产为80～90m，以色列进口为120m，滴灌管间距根据株距确定，一般为50～60cm，可埋土或绑缚第一层铁丝上（距离地面约50cm）。

## 二、扦插育苗

扦插育苗是葡萄繁殖的主要方法之一，因其繁殖速度快、方法简单、操作容易、成活率高，不需要设施条件也可完成，在葡萄生产中被广泛采用。根据扦插的时间不同，分为硬枝扦插和绿枝扦插两种。

1. 硬枝扦插

结合冬季修剪，选取成熟度高、粗壮、芽体饱满，且无病虫害和冻害的枝条，根据品种挂牌、捆扎。利用贮藏沟、地窖、恒温库等设施贮藏插条。

沟藏：沟深1米，在沟底铺一层湿沙，约10cm厚，湿度标准为手握成团、一触即散。贮藏过程中温度要求0℃左右，湿度80%左右。然后把成捆的插条平放或竖放在沟内，上面再覆沙或土20～30cm，寒冷地区可随气温下降逐渐加厚覆土。

第二年春季，气温稳定在>10℃，采用双芽扦插。插条留两个芽，长20cm左右。

插条下端在芽背面斜剪，上端在芽上方约 2cm 处平剪。扦插前，放清水中浸 24 小时，使其充分吸水。也可挖简易沟，铺塑料袋，放水浸泡插条下端。为了促进生根，可加入生根粉，还可加入杀菌剂。

春季扦插：由于葡萄芽萌发的适宜温度低于插条生根的温度，扦插后，往往先萌芽后生根，而根系生长缓慢，不能从土壤中吸收足够的营养和水分，因此葡萄扦插可以采用药剂催根、火炕催根、电热温床催根等方法促进根系生长。

药剂催根通常采用生根粉，可以速蘸或浸泡根系。火炕催根的关键是温度和湿度。床温保持 25~28℃，湿度 80%。把浸泡过的插条依次摆在火炕的炕面上，插条的大部分用湿沙埋好，在湿沙外面露一个顶芽。插条基部形成白色的愈伤组织后，要停止加温，然后将插条锻炼 2~3 天，就可以到大田扦插。电热温床采用电加温线加热，作为葡萄催根的热源，获得 30℃ 稳定的土温，设备简单，操作方便，催根效果极好，已被广泛应用于葡萄育苗生产中。

### 2. 绿枝扦插

又称嫩枝扦插。在生长季选择半木质化、直径 0.5cm 粗、芽眼饱满的新梢。剪成 2~3 节长的插条进行扦插。插条上方剪口，距顶芽 2cm 平剪，最上一片叶剪留 1/2，其余留叶柄剪掉叶片，下剪口在下部芽处斜剪。

绿枝扦插的时期以 6 月为好，在阴天或晴天的傍晚进行，防止叶片和枝条水分损失过多，降低成活率。扦插时以 45°~60° 角斜插入，上面的芽露出床面，覆土，压实，插后立即浇透水并扣遮阴棚。

### 3. 苗圃地整地

要保持苗圃地足够温度和湿度，避免插条抽干，是保证扦插成活的关键。扦插前 2~3 天，挖出枝条，对下剪口用 ABT 生根粉、吲哚丁酸、萘乙酸等浸泡或蘸根处理，再用 200 倍液甲基硫菌灵或多菌灵消毒。

若先覆地膜后扦插，为防止扦插时戳破的地膜沾在插条基部而影响生根，扦插时先用尖锐的东西扎破地膜，如一次性筷子、木棍等，再将插条插入土壤。插至地上部分只露独芽为宜，浇透水，覆干土堵住薄膜插口防止地膜晒热烧苗，降低扦插成活率。

### 4. 扦插后的管理

扦插后，要灌 1~2 次透水，使插条与土壤紧密接触，以后要注意保持苗圃地湿润，适时灌水。待苗高 20~25cm 时，即可开始追肥，追肥以稀薄的人粪尿为好，隔 2 星期施一次，共施 2~3 次并及时松土除草。生根后，用 0.3% 的尿素或者 0.2% 的磷酸二氢钾做根外追肥，每周 1 次。同时用 70% 代森锰锌以 500 倍液喷洒，预防病菌滋生。

## 三、定植及定植后的管理

葡萄以秋后冬前定植为最好（落叶休眠后至土地封冻前），越早越好。我国北方地区，通常在 9 月下旬至 10 月上旬。春季定植，也是越早越好。夏季绿苗建园，在 5 月中旬至 7 月上旬定植为好。过晚，新梢营养生长过旺，枝条不够成熟，易受冻害。

苗木种植前，对成品苗木进行修根，留 15cm 左右，定植前苗木根系用 70% 甲基托布津 700 倍液消毒，苗木用 3~5 波美度石硫合剂消毒。按照"一挖二填三踏实"的原则进行种植。种植后立刻滴水。若条件具备，可边栽边滴水，一次性滴透为佳。

葡萄定植后，要及时进行修剪，培养良好的树形。根据不同的树势采取不同架式。如生长势极旺的品种，适于棚架整形；而生长势弱的品种，以篱架整形为宜。

冬季需要覆土防寒地区，无论哪种树形必须首先考虑便于下架覆土防寒，使植株具有倾斜的主蔓，紧凑的树冠，通常采用无主干树形为宜。冬季不覆土防寒地区及南方高温多湿的地区，树形及整枝形式多样，可以根据立地条件、品种、生长势、肥水供应等采用多种树形结构。

1. 单干双臂水平整形（篱架）

定植第一年对于生长势较弱的植株，在近地表 3~5 个芽处进行短梢修剪；对于生长中庸的植株，可在 30~50cm 处壮芽部位进行短截，然后水平绑缚在第 1 道铁丝的两侧，对于生长势强的植株要进行长梢修剪，占领上部空间，扩大结果面积。以选留 3 个健壮、发育良好的新梢作为主蔓培养为目标。当年秋季每个主蔓至成熟节位长度达100~120cm，力争培养 1~2 个枝组作为来年结果母枝。

定植第二年选留 3 个主蔓健壮、发育良好，当年秋季每个主蔓全成熟节位长度达到1.8~2.0m，树体布满 80% 的架面，每个主蔓力争培养 5~6 个结果枝组。确保有足够的结果母枝，能够在来年生产 800kg/亩的鲜食葡萄。

结果期生长季的管理，主干 60cm 以下的芽全部抹掉。单篱架，主蔓上以间距20cm留结果枝（双篱架以间距 10cm 留结果枝），结果枝长至第一道铁丝以上 5~6 叶时，倾斜绑缚在第二道铁丝上（双篱架左右错开，分别倾斜绑缚在第二道铁丝上），并摘心，第一道铁丝以下的新梢和果穗以下的副梢全部抹除。结果枝长至第三道铁丝，8~12节，顶端叶片生长至其 1/3 大小时再次摘心，副梢留一片叶摘心（留单绝后）。

冬季修剪采用中短梢修剪相结合，注意控制结果部位外移，要及时回缩。

2. T 形架整形

主干高 1.6~1.8m 为宜，第一年在顶部培养有两个主蔓，分别引缚在主干两侧的架面上。各蔓上每 25~30cm 间距留 1 个结果枝，结果枝先端铺满架面时及时摘心，以防郁闭。冬季修剪时，结果母枝采用极短梢修剪和短梢修剪。

3. 单臂篱架一字形

在我国北方埋土防寒地区适用。干高 30~50cm，便于冬季下架。培养一个主蔓，所有植株顺一个行向生长，间距 15~20cm 培养结果枝。

4. 厂字形

树体仅留一个主蔓延伸，主蔓两侧着生结果母枝，结果枝 20~30cm 间距规则地着生在主蔓两侧，每年冬季对结果母枝进行短梢修剪，若架面铁丝间距大于 50cm，可采用中梢修剪。主蔓长度根据架面大小而定，架面需要延伸扩展时，在主蔓的前端进行长梢修剪。厂字形适于密植，小棚架应用较多。

5. H 形

有一个主干，主干高度由棚架高度而定，一般干高 1.5~1.7m，主干顶部着生两对生的主蔓，主蔓呈一字形向两边延伸，主蔓上再分出 4~8 个侧蔓，同侧侧蔓间距 1.8~2.0m，呈单 H 或双 H 形，新梢由侧蔓分生，每年进行单芽或痕芽的超短梢修剪。多见于大棚架。

### 四、葡萄生长期管理技术

整形修剪是果树栽培管理中一项重要技术措施，在调节营养生长和生殖生长、提高果实产量和品质、实行机械化操作、减少用工等方面发挥着重要作用。

葡萄的生长期管理是劳动力和生产成本投入相对较高的果树之一，尤其是绑蔓、花果管理都耗费大量人力。葡萄生长期的整形修剪，其主要目的就是：改善通风透光条件，创造良好的生态环境。

1. 抹芽（除萌）定梢

河南地区 3 月下旬至 4 月上旬，葡萄开始萌芽，春季抹芽需要反复进行，每隔 3~5 天一次，保证通风带空气流通，防止郁闭。抹除主干上距地面约 50cm 以内所有的芽，遵循去副留主、去双留单、去弱留强、防止外移的原则。

定梢可以集中养分供应，有利于培养壮枝和壮树，为果实生长做准备。遵循"枝蔓均匀、合理分布架面"的原则，一般情况下，留枝标准为 20cm 左右一个结果枝。结合产量和株行距，每亩留约 2 600 新梢，亩产 1750 kg。

2. 去卷须、绑蔓

卷须与花穗属于同源器官，争夺养分，影响树形培养，要尽早、多次去除卷须。当新梢长度超过葡萄架的第 1 层铁丝时，应及时进行绑缚，避免出现交叉枝、重叠枝，可结合定梢完成。

3. 摘心（打尖）

摘心可以让养分向花穗集中，促进花器官的发育完善，从而促使新梢发育健壮和果实生长良好。可分为主蔓摘心和副梢摘心。

第一次摘心：新梢长至第二道铁丝，第 6~8 节处（结果枝顶端）；第二次摘心，当新梢长至第三道铁丝，10~12 节位时，顶端副梢长至 5~6 片叶，基部留 1~2 片叶进行摘心。一般主蔓留 12~15 节。

副梢摘心：原则上花序以下不留副梢，仅保留一片叶，反复摘心，即"留单绝后"。依据架势和品种特点，一般副梢顶端叶片达到正常叶片 1/3 大小时，再进行摘心，否则可能刺激叶腋正形成的冬芽萌发，直接影响下一年的产量。

营养枝：一般留够 8~10 片叶即可进行摘心。

巨峰、户太八号等易落花落果品种，要在花前进行摘心；红地球、红宝石等易坐果品种，要在花后摘心；夏黑等品种，可在花期进行摘心。

4. 定花序、定果

当前葡萄生产正由"产量效益型"向"品质效益型"转变，因此要控制产量，提高果实品质。第一步，定花序，去双留单，去弱留强，单枝单穗。第二步定果，当果粒长至黄豆大小时，坐果稳定后，可定产定量，如红地球、巨峰亩产约 1 500kg，夏黑亩产约 1 000kg 为宜。

5. 果穗整形

葡萄果穗整形是产出高品质果实不可或缺的一项工作。合理的果穗整形可以极大地减少疏果的工作量，利于无核化处理，促进果穗标准化和商品化。果穗整形的适宜时期为开花前1周至初花期。欧亚种（红地球、维多利亚等）可修整成圆锥形，欧美杂种（巨峰、夏黑等）可修整成圆柱形。

（1）仅留穗尖式整形。根据品种特点，一般保留穗尖3~9cm，有利于无核和果实膨大的处理，并且方便套袋。

（2）除副穗去穗尖。去除果穗长度约1/5的穗尖，掐掉果穗肩部大的副穗以及中部过长的副穗的穗尖约1cm。适用于坐果率较高、果穗较大的品种（如红地球、美人指等），穗长10~20cm。

（3）隔二去一整形。操作简单，适用于果穗较大的品种。果穗上每隔两个小分枝，去除一个小分枝，果粒较为松散，果穗大小适中、通风透光好。

6. 套袋保果

果实套袋可显著改善果面光洁度，避免枝叶擦伤，预防病虫害，降低果实农药残留及鸟类的侵害，从而达到绿色食品的要求，提高果实商品性。但是果实套袋也会影响果实受光，影响果实可溶性固形物含量，降低果实风味，并增加了劳动用工。

目前市场上常见的果袋有三种：纸袋、无纺布袋、塑膜袋。其中无纺布果袋通气透光效果更好，能有效减少农药残留，并提高果实品质。

套袋前全园喷洒一次杀虫剂和杀菌剂（可选用腐霉利＋嘧霉胺或苯醚甲环唑专用套袋消毒剂）对果穗进行处理（浸穗或喷穗），待果面药液干后，套上纸袋（可将纸袋口端6~7cm浸入水中，使其湿润柔软），注意将果实固定在纸袋中央，扎丝固定在枝条上，扎紧袋口，下口两角分别留一个通气口。若喷药时间超过5天，套袋前补喷农药。

套袋时间一般在花后两周，葡萄幼果长到大豆粒大小时，坐果稳定、整穗及疏果结束后进行。在采收前7天去除纸袋或把纸袋沿两条缝线向上撕开呈伞状，这样有利果实上色。紫黑色的品种，如巨峰系列，在袋内着色很好，可以达到最佳商品色泽，即可连袋采收装箱。红色品种，如粉红亚都蜜等，可在采收之前10天左右摘袋，以增加果实受光，促使着色良好。

7. 促进果实着色的措施

（1）铺反光膜。对有色葡萄品种，铺反光膜可以增加反光效果，促进果实着色，增加含糖量。当前市场上质量较好的是聚丙烯、聚酯铝箔、聚乙烯的纯料双面复合膜，韧性强，反光率高，抗氧化能力强。

（2）转色期合理施肥。葡萄转色期的标志是，葡萄皮的颜色开始发生变化。在葡萄转色期，施用磷钾肥，应配合钙镁肥的使用，提高磷钾肥的利用率。

（3）摘除老叶。葡萄生长后期枝蔓基部老叶失去光合作用老化变黄，为使浆果着色良好，避免叶片磨伤果面，可适当摘除新梢基部与果穗上部的部分叶片。

（4）利用植物生长调节剂。研究发现，赤霉素（GA）可增加果实可溶性固形物含量2%，增加上色加速10天左右。

（5）使用LED植物生长灯。充足的光照有利于葡萄上色快、糖度增加。光照是花色苷合成的诱导因子，紫外照射花色苷含量高，红外照射花色苷含量低。因此设施栽培，可以选择合适的LED植物生长灯。

8. 无核化处理技术

无核葡萄在我国乃至世界的葡萄产业占据着十分重要的位置。使有籽葡萄成为无核葡萄，不仅缩短了果实生长期，而且果实可以提前20天成熟，达到无核、稳产、优质、早熟的目的。

赤霉素等植物生长调节剂已经得到广泛推广及应用。赤霉素+农用链霉素组成的无核剂是处理效果最好的组合，能显著提高葡萄的无核率、单粒质量和可溶性固形物含量。氯吡脲，又称吡效隆、CPPU、4PU，是一种新型的苯脲类细胞分裂素，添加CPPU使GA处理的适期延长，而且可极显著提高坐果率，增加无核化栽培的成功率，有利于生产操作。噻苯隆，是一种新型的植物生长调节剂，使用后葡萄的各项商品性状能够得到较大提高，如促进果粒膨大、提高品质、降低穗轴硬度且增粗明显。

由于不同葡萄品种对赤霉素的敏感性不同，产生的无核化效果存在很大差异，且或多或少的伴有各种副作用，因此使用赤霉素的最佳使用时期和使用浓度也存在不同。一般情况下，两次处理均以完全浸没式浸蘸花/果穗3~5s为宜。为方便实际生产中大面积操作，也有第二次直接向果穗均匀喷布药液的。目前国内无核化栽培较成功的品种有'巨峰''夏黑''阳光玫瑰''京亚''巨玫瑰''醉金香'等。

9. 设施栽培温度和湿度管理

以促成栽培为主要目的，萌芽前最低温度确保5℃以上，相对湿度80%以上；萌芽后至新梢生长期，温度控制在12~28℃，相对湿度60%~70%；花期温度18~30℃，相对湿度50%~60%；果实膨大期温度20~30℃、相对湿度60%~70%。若遇到高温，要及时通风降温。

设施内栽培，温度高，蒸发量大，应及时灌水；果实膨大期需水较多，应保持田间持水量75%~80%。

### 五、葡萄休眠期管理技术

葡萄落叶后，进入休眠期，此时葡萄园的管理以确保冬季树体的安全越冬，并通过修剪为第二年的丰产和稳产奠定基础为目标。

1. 清园

果实采收后，可以结合剪除虫枝并补充使用一次内吸性强、高效、低残留的杀虫剂，常用杀虫剂有50%狂刺（噻虫嗪水分散粒剂）3 000倍液、60%吡虫啉6 000倍液等。11月结合秋、冬季修剪，将果园地面枯枝、落叶、病虫僵果、杂草等清除干净。可用3~5波美度石硫合剂在树体、棚架上喷雾，消灭越冬病菌。

2. 冬季防寒

（1）灌封冻水。一般在冬至前果园浇一次透水，待土壤松散后，再深耕一遍，以防冻害发生。一般地温在-4℃时即可受冻，-6℃持续两天根系就可全部冻死，因此要重视冬季葡萄树的冬灌防寒。

（2）埋土防寒。需埋土防寒的地区，在果园根颈部，埋土约30cm厚，能够起到防寒作用，而且第二年春季，枝蔓芽眼饱满，萌芽后新梢生长健壮。此外，也可采用地下开沟、深沟种植埋土防寒，或利用淋膜等进行防寒。

### 3. 冬季修剪

冬季修剪一般在落叶后到翌年萌发前20天进行。修剪过早，树体养分不充分，降低了树体的抗寒性，修剪太晚容易造成伤流对树体损伤严重，植株生长衰弱。冬剪时应注意芽眼负载量，一般每平方米架面留15~20个新梢。

短梢修剪根据所留的芽数分为：极短梢（1个芽）、短梢（2~3个芽）、中梢（4~6个芽）、长梢（7~12个芽）、极长梢（>12个芽）修剪。此外要疏除细弱枝、病虫枝、过密枝、受冻害的枝条。葡萄冬季修剪以短梢修剪为主，结合中、长梢修剪。

回缩，把二年生以上的枝蔓剪去一部分的剪枝方法。用于更新复壮，防止结果部位的扩大和外移，改善光照，均衡树势。

### 4. 设施栽培

为了使葡萄提早萌芽，需要扣棚预冷，要求在外界最低气温连续7天低于7℃时进行扣棚。河南郑州地区一般在10月下旬至11月上旬扣棚，棚膜上覆盖草帘。夜间揭开草帘并开启通风口让冷空气进入，白天盖上草帘并关闭通风口保持棚内低温，使气温在2~7℃、空气湿度75%~80%，以满足葡萄需寒量从而尽快通过休眠期，经过35天左右可结束自然休眠。

为了发芽整齐一致，一般于12月中旬可以进行化学破眠，常用药剂有石灰氮和单氰胺。用毛刷或棉球蘸取药液涂抹冬芽，枝条顶端1~2个芽不涂，以避免顶端优势的影响。20天后芽眼开始萌发。

## 六、土肥水管理

### 1. 土壤管理

土壤管理就是通过人为的栽培措施，协调植株需要的水分、养分、空气、热量等，维持并创造良好的土壤生态环境。

（1）果园生草。果园生草，土壤节省大量劳动力、电力、物力等，因此在当前农村劳动力老龄化及劳动力短缺的地区，已经成为现代新型葡萄园建设的方向。而且，果园生草可以改善葡萄园生态小气候，减轻日灼、气灼等生理病害的发生，建立生物多样化的生态系统，为天敌提供良好的栖息地。

行间可以种植三叶草、黑麦草、鼠茅草等，当草生长至约0.4m时，人工或机械割草，将草覆盖树盘周围，确保草不要高于15cm。

（2）地膜覆盖。在萌芽前半个月就要覆盖，最好通行覆盖，可显著改善土壤的理化结构，促进发芽，使发芽早而且整齐。生长期间还可减少多种病害的发生，增加田间透光度，并且促进早熟及着色，减轻裂果。

（3）地面秸秆覆盖。5月底，用稻草等有机物覆盖树盘或全园，覆盖厚度0.2~0.3m，夏季可降低地温，保持土壤湿度，以利于根系生长。干旱地区覆草要谨防鼠害及火灾的发生。最好先覆草后盖膜，树干周围可留出不要覆草，防止高温烧干。

（4）果园除草。为了防止杂草、疏松土壤，每次灌水或雨后及土壤板结时要及时松土。葡萄园每年至少要在行间、株间进行2~3次中耕，深度5~15cm。每个生长季节要在行间、株间除草3~4次，保持园内疏松无杂草状态，也可采用除草剂除草。

2. 果园施肥

葡萄需肥规律，葡萄萌芽至开花前为大量需肥期，果实膨大期为营养稳定需求期，果实采收后为营养储备期。所施用的肥料应该以有机肥为主，化肥为辅，提倡根据土壤和叶片的营养分析进行配方施肥和平衡施肥。

（1）萌芽肥。萌芽前 5~10 天，结合灌水施用腐熟的农家肥加 0.2%尿素，促进花穗发育，施肥量为全年的 10%~15%。根外追肥，发芽前喷氨基酸锌硼钙 400 倍液可以促使发芽整齐，预防缺素症和缩果病发生，促进叶幕迅速形成。以叶面喷施铁肥、硼肥、锌肥、镁肥、钙肥等为主。

（2）花前肥。开花前，以追施硼肥为主，对新园、中弱树追施复合肥，灌足水，促使枝条粗壮。大树少施氮，小树多施氮。0.2% 磷酸二氢钾，提高坐果率，防止或减轻果实后期裂口，避免水罐病发生。

（3）花后肥。花后 5~10 天，配合水肥一体化追施中氮低磷高钾高钙复合肥，有利于提高坐果率，减轻或避免裂果。果实膨大期、花芽分化期追肥，一般在 5 月下旬至 6 月上旬（又称营养转换期），以钾肥为主，辅以少量氮肥。叶面追肥，在果实着色前可间隔 10~15 天喷施一次 0.3%的尿素或以氮素为主的叶面肥；果实着色后每 15 天喷施一次 0.3%~0.5%磷酸二氢钾；在采收前 1 个月内可连续喷施 2 次 1%的硝酸钙或 1.5%的醋酸钙溶液，以提高葡萄耐贮性；在坐果期和果实生长期喷洒 0.05%硫酸锰溶液，可增加含糖量和产量。

（4）果实着色肥。葡萄喜钾，成熟期需钾量最大。追肥以磷、钾为主。钾肥可以通过土壤补施，高钾复合肥 25~40kg/亩，促进果实着色。磷肥可以通过叶面喷施，每周喷 1 次 0.3%磷酸二氢钾和高钙叶面肥及氨基酸液，促进果实膨大，对增糖、上色也有一定作用。

（5）秋施基肥。葡萄果实采收后，植株照常生长，是葡萄根系生长的第二次高峰期。因此，秋施基肥的优点在于：有利于第二年的萌芽开花，增强树势，提高果品产量和质量；有利于葡萄根系的大量生长，对第二年早春营养的吸收具有重要作用；有利于基肥适时发挥肥效。

秋施基肥一般在葡萄采收后（9 月下旬至 11 月上旬）进行。施肥过早，葡萄地上部分还在生长，土壤深翻会造成根系受损。施肥过晚，在冬季落叶后施肥，地温较低，根系活动趋于停止，降低肥料利用率及肥效发挥。尽量避免斩断主根，控制断根量。断根数量不要超过总根量的 1/3。

3. 水分管理

葡萄是浆果类果树，葡萄果实中的水分含量高达 80%以上，因此灌溉对葡萄的生长和结果有十分重要的作用。

（1）萌芽期。春季出土上架后至萌芽前灌水，忌大水漫灌，易降低地温，影响萌芽。可以结合浇小水，灌水追肥，配合浅耕，破除土壤板结，增加土壤透气性，为葡萄开花坐果创造一个良好的水分条件。

（2）开花期。开花前 10 天，新梢和花序迅速生长，根系也开始大量发生新根，是一个关键浇水期，需水较多。落花后约 10 天，新梢迅速加粗生长，叶片迅速增大，根系大量发生新侧根，也是关键的需水时期。

对于易落花落果的品种，如巨峰、户太八号等，开花前后需要严格控制肥水，防止旺长造成的严重落花落果。对于红地球、克瑞生、红宝石等葡萄品种，花序过紧，生理落果少，疏果工作量比较大，可利用充足的水分供应，造成较多的生理落果，以减少后期疏果的工作量。

（3）浆果膨大期。从开花后 10 天到果实着色前这段时间，是葡萄全年生长发育中的水肥的临界期。开花后和果实成熟前，一般应隔 10~15 天灌 1 次水，减少生理落果；而鲜食品种在果实采收前 15~20 天，应停止灌水。在高温天气，尤其是用地下水浇地的情况，最好在傍晚后灌水。

对于生理落果严重的品种，比如巨峰、户太八号等，应该在谢花后 15 天以后再大量施肥和浇水，一旦肥水供应过早，会出现较严重落花落果。

（4）果实转色期。小水勤施，适当控水。保持土壤一定湿度，有利于葡萄糖度增加和转色完成。要避免短时间内大量浇水，引起土壤水分剧烈变化，导致裂果。

对容易发生裂果的品种如乍娜、凤凰 12 号、里扎马特、京优等在整个浆果生长期内要采用覆膜、覆草等措施保持水分的均衡供应。

（5）果实采收后。由于采收前较长时间未灌水，树体的养分和水分消耗很大，因此采收后应立即灌 1 次水。

（6）休眠期。俗话说，"冬灌不冬灌，产量减一半"。北方地区埋土防寒地区，在冬剪后埋土防寒前应灌 1 次防寒水，使土壤和植株充分吸水，保证植株安全越冬，防止早春干旱，对次年的结果丰产具有重要的作用。

# 第四节　葡萄病虫害防治

由于病虫害的影响和根系问题，往往会造成叶片过早脱落，甚至全园光秃，致使葡萄植株无法继续进行光合作用，更无法为下一年积累和贮备充分的营养物质，因此以保护叶片为重点。

## 一、葡萄园绿色防控技术

### 1. 物理防治

通过绑诱虫带、悬挂杀虫灯、粘虫板、黑光灯、利用性诱剂等措施进行病虫害防治。应注意，在各代成虫盛发期前使用杀虫灯进行捕杀，建议晚上 7 点打开，天亮后关闭。不同害虫应采用不同捕杀方法，如蚜虫喜黄色，用黄色黏虫板可达到明显效果。

### 2. 农业措施

（1）结合冬季修剪进行涂白、刮树皮等措施，清除隐藏在病枝残叶中越冬的虫卵。

（2）早春结合土壤施肥，深翻树盘 40cm，将土壤中越冬的幼虫暴露于地面冻死或被啄食。

（3）合理修剪，合理负载，创造良好的生态环境，是绿色防控的关键。

3. 生物防治

保护和利用天敌对害虫进行防治，达到以虫治虫的目的。如草蛉虫、瓢虫是螨类、蚜虫的天敌。

化学药剂进行病虫害防治，是目前应用的最广泛的手段，具有高效、快速、方便、范围广的优点，但带来了残留毒性、污染环境等一些问题。

## 二、主要病害

### 1. 黑痘病

葡萄黑痘病又名疮痂病，俗称"鸟眼病"。幼果在感病初期产生褐色圆斑，圆斑中部灰白色，略凹陷，边缘红褐色或紫色似"鸟眼"状，是葡萄的一种主要病害。

防治措施：①黑痘病的初侵染主要来自病残体上越冬的菌丝体，冬季彻底清除果园内的枯枝、落叶、烂果等，然后集中烧毁。②选择比较抗黑痘病的品种。如巨峰品种，对黑痘病属中抗类型；玫瑰露和白香蕉等较抗病黑痘病。③药剂防治：萌芽后到开花之前，喷施波尔多液、石硫合剂、苯醚甲环唑、代森锰锌、甲基硫菌灵等。在重病区，可在展叶期用好力克5 000倍液对越冬病原菌进行铲除；采收后，受害的新梢可先使用40%汇优（苯醚甲环唑悬浮剂）3 000倍液或者40%氟硅唑乳油8 000倍液+80%必备600倍液，后使用30%万保露（代森锰锌悬浮剂）600倍液或者铜制剂。

### 2. 白粉病

叶片表面覆有一层白色粉状物，严重时白粉状物布满全叶，病叶卷曲、枯萎致脱落。临近成熟的感病果实，多雨时会在果实表面有网状纹路，易裂开腐烂。

防治措施：①化学防治，可采用烯肟菌酯、晴菌唑、甲基硫菌灵、福星等药物。春季未发芽前，喷3~5波美度石硫合剂。发芽后，70%甲基硫菌灵可湿性粉剂1 000倍液、1%多抗霉素或百菌清1 000倍液进行喷雾，每7~10天喷一次，连续喷3次。②设施栽培可采用烟雾预防。在棚内点燃乙嘧酚磺酸酯烟雾剂，每亩用量约200g。发病初期每10天左右一次，发病盛期8天一次。③冬季清除病残体，集中烧毁或深埋，减少菌源。

### 3. 霜霉病

主要为害叶片，也会为害新梢、花蕾和幼果等植物组织。叶片感病后，在叶片正面多形成黄色多角形或近似圆形的半透明油渍状病斑，背面产生白色霜霉状物，严重时叶片焦枯早落，新梢生长不良。

防治措施：①结合冬剪，清除越冬病菌来源，在植株及地面喷一次3~5波美度石硫合剂。②甲霜灵锰锌400倍液或杜邦公司的克露（霜脲氰和代森锰锌组成的多元混合制剂）600~700倍液或抑快净2 500倍液喷雾防治，待葡萄落叶后用石硫合剂进行封园，以杀灭多种病原菌。

### 4. 炭疽病

也称"晚腐病"，主要是在果实着色过程和接近成熟时期为害植株。在我国北方地区，葡萄果实成熟过程中为害较为普遍，一般为7—8月，夏季高温多雨的天气，最容易造成炭疽病的盛行。

一般距地面近的果穗尖端先发病，初期在果面上产生水浸状的褐色小斑点，略凹陷，呈同心轮纹状。果实发病重时，果粒变软、腐烂，逐渐失水干缩，变成僵果脱落。炭疽病最明显的特征是，当空气湿度过大时，有粉红色胶质黏液流出。

防治措施：①一定要保证通风透光。②在开花前 3~5 天喷施 60%百泰 1 000 倍液，花后 5 天 再喷施 20%氟硅唑咪鲜胺 800 倍液，间隔 10 天再补喷 1 次。③冬季修剪时清理受害部位，清除感病枝蔓。

5. 灰霉病

俗称"烂花穗"，主要为害花序、幼果和已成熟的果实，发病部位产生鼠灰色的霉层是灰霉病主要的病症特点。花期遇低温且空气湿度大时（湿度达到 90%~95%以上，温度 22℃时，只需 15 个小时即可侵入组织，引起发病），最容易诱发灰霉病的流行，常造成大量花穗腐烂脱落。

防治措施：①设施栽培应注意控制棚内温湿度，白天温度 32~35℃，空气湿度 75%左右，夜晚温度维持在 10~15℃，空气湿度控制在 85%以下。②花前预防主要喷施保护性的杀菌剂，如腐霉利、福美双、世高可湿性粉剂、甲基硫菌灵等。若已发病，可用嘧霉胺、抑霉唑、多菌灵等进行防治。

6. 酸腐病

多出现在烂果上，有醋酸味，在烂果穗周围有粉红色醋蝇，正在腐烂的果粒有蛆。腐烂的汁液流出，会造成汁液流过的地方（果实、果梗、穗轴等）腐烂，果粒腐烂后，果粒干枯。

防治措施：①栽培管理方面，避免果实上出现伤口、避免果穗过于紧凑。②化学防治，封穗期用 400 倍液的波尔多液喷施；转色期用 400 倍的波尔多液与杀虫剂混合喷施；葡萄成熟期（成熟期 10~15 天）再喷施一次 400 倍的波尔多液。

### 三、主要虫害

虫害的防治，应使用内吸性、高效、低残留的杀虫剂。

1. 蓟马类

在我国葡萄产区广泛分布。喜欢为害嫩叶、幼茎、花和幼果，雨季来临前发生严重。吸食幼果、嫩叶和新梢的枝叶，造成被害部位失水干缩，形成小黑斑。可用噻虫嗪、辛硫磷乳油、吡虫啉、氧化乐果等进行防治。在葡萄园内和四周尽量不要种植大葱和蔬菜，防止蓟马为害葡萄。

2. 螨虫

在幼嫩枝叶背面刺吸式为害，受害叶片背面产生苍白色不规则病斑，叶边缘向下卷曲，严重时叶片皱缩、变硬，表面凸凹不平，常引起早期落叶。可利用天敌小花蝽捕食进行生物防治，也可用石硫合剂、20%螨死净胶悬剂 2 000 倍液进行喷药保护。生长季节喷 5%噻螨酮乳油、15%哒螨灵乳油 1 500 倍液等进行防治。

注意，用锡类杀螨剂防治时，必须在喷波尔多液后 15 天以上才可使用，而喷锡类杀螨剂后，至少 7 天后才可喷波尔多液，否则就会失去防治效果。

3. 绿盲蝽

被害幼叶最初出现细小黑褐色坏死斑点，叶长大后形成无数孔洞，严重时叶片扭曲皱缩，与黑痘病症状相似；花序受害后，花蕾枯死脱落。幼果受害后，出现黑色坏死斑或者出现隆起的小疱，被害果实果肉组织坏死、脱落，严重影响产量。

早春及时清除园内杂草，减少越冬虫卵，春季发芽前，萌芽期喷石硫合剂可以有效预防绿盲蝽的发生。严重时使用 4.5% 的高效氯氰菊酯乳油 2 500 倍液、5.0% 啶虫脒乳油 3 000 倍液混合喷施进行防治。

## 四、常见生理病害

1. 葡萄裂果

裂果直接影响葡萄外观品质，严重时果粒腐烂，甚至完全失去商品价值，造成经济效益严重下滑。造成葡萄裂果的原因包括药剂使用不当，水分管理不合理，栽培管理措施不当等方面。葡萄不同品种间，易于裂果差别很大。早玉、香妃、维多利亚、贵妃玫瑰等品种裂果严重，美人指、奥古斯特、巨峰等次之，亚历山大、意大利、夏黑、京亚等裂果轻或不裂果。

防治措施：①严格控制氮肥使用，在幼果期和果实膨大期要不间断补钙，避免钙元素缺乏。②通过改善土壤通透性，地面覆盖作物秸秆的方法，避免土壤水分变化过大。③果实套袋，减轻裂果。④紧凑型果穗的品种，合理确定负载量，防止果穗紧凑挤压。⑤正确使用植物生长调节剂，如膨大剂混合不均匀或蘸果不均匀、乙烯催熟浓度过高等。

2. 水罐子病

也称转色病、水红粒，多发生在穗尖、歧尖或副穗尖上的果粒，全穗发病的很少。发病初期是在果柄、穗轴、穗柄处出现褐色圆形或椭圆形褐色病斑，果粒感病造成果肉逐渐变软、糖度降低、皮肉极易分离，成为一泡酸水，故有"水罐子"之称。受害严重时，果梗与果粒间易产生离层，病果极易脱落。

防治措施：①掐穗尖和掐副穗的办法，以及花期修剪、去叶、环剥等栽培措施都可降低该病发生。②植株生长势弱的情况下，每个结果母枝只留 1 穗果。

# 第六章　绿色无公害枣生产关键技术

## 第一节　苗木培育和建园

良种壮苗，是枣丰产栽培的基础，苗木质量直接关系到枣园的经济效益和建园成败。枣的繁殖方法很多，播种、嫁接、扦插和根蘖等方法均可获得苗木，近年来在河南枣区应用最广泛的是酸枣实生苗嫁接大枣技术，比根蘖归圃苗能提早 2~3 年进入结果期，且盛果期到来早，适应性强，易丰产优质。其他几种方法在生产中也有不同程度的应用。

### 一、嫁接育苗

1. 砧木繁育

常用的枣树砧木有本砧和酸枣砧两种。本砧可用枣的根蘖苗、归圃苗或实生苗，酸枣砧可用野生酸枣苗，也可以在苗圃播种酸枣种子培育实生苗。近几年在生产中大规模繁殖嫁接苗时多采用播种酸枣种子的方法来培育砧木。

（1）种子的采集、贮藏与处理。于 9—10 月秋季酸枣成熟时，采集生长饱满的成熟酸枣果。用水浸 1~2 天，使酸枣果外皮充分吸水后将其反复搓洗，也可以将果实堆积软化待果皮腐烂后，将其反复搓洗，去皮后把枣核晾干。在果实堆积期间应注意翻动果堆，以防止局部温度过高或果实霉烂。

近几年，很多地方也采用酸枣仁播种育苗，将种子破壳后得到种仁，然后进行催芽处理。方法是先将枣仁用 60℃温水浸泡 6~8 小时，捞出后与湿沙按 1：5 混匀，然后与带核种子处理方法相同，放入坑中覆膜保温催芽，待 30% 以上种仁露白时即可进行播种。

（2）播种与管理。育苗地施足基肥，浇水保墒，深耕细耙。秋播于 11 月，春播于 4 月初作畦，畦面宽 1m，畦中间按间距 30cm 开 3 条播种沟，沟深 2~3cm。种核（或种仁）点播沟底，每点集中点播种核（或种仁）3~4 粒，点间距 10~12cm，播后覆土并加盖地膜。幼苗出土后要及时破膜引苗，待苗长到 4~5 片真叶时间苗，每点选留 2 株壮苗。苗高 10cm 时进行定苗，每点保留 1 株壮苗。每亩留苗 7 000~8 000 株，对缺苗断垄应及早补种或移栽。

酸枣实生苗幼苗期生长缓慢，不耐干旱，苗木生长期间要注意及时浇水保墒。苗高 15cm 和 30cm 时，分别追肥 1 次，每次亩施尿素 20~30kg，采用穴施法施肥。在生产中经常将施肥和浇水结合起来，先追肥后浇水效果最好。

苗期要及时锄草，防治病虫害。待苗高 30~40cm 时，清除主茎基部 10cm 内分枝，以保证嫁接部位光滑，操作方便，嫁接成活率高。苗高 50cm 时对主茎进行摘心，通过摘心可缓和顶端优势，抑制苗木高生长，促进苗木加粗生长，以保证苗木早日达到嫁接地径。

2. 接穗的采集和处理

接穗必须采自优良品种的健壮果树。枝接的接穗一般选用 1~2 年生的发育枝，群众称为"枣茆"。也可选用 3~4 年生的 2 次枝，但最好是组织充实、芽体饱满的 1~2 年生发育枝的中上部。芽接多用 1 年生枣头一次枝上的主芽做接穗。

（1）采接穗。采穗时间最好在枣树发芽前 15~20 天，采后要进行蜡封，以防止接穗失水干枯。如在冬季或早春结合修剪采下的接穗，可每 50 条捆成 1 捆，2 次枝不必剪除，以免接条失水，沙藏在 5℃ 左右的冷库或土窑洞内。

（2）剪接穗。剪截多以单芽为主，长度一般为 5~7cm，芽体上部一般留 1.5~2cm，随截随蘸蜡。

（3）蘸蜡。蘸蜡时先将熔点 65℃ 左右的石蜡加热熔化，温度控制在 80~100℃，温度太高容易烫伤接穗，温度太低，蘸出来的蜡层太厚，容易剥落。蘸蜡时操作要迅速，并预先准备一盆冷水，蘸一下热蜡后，及时再蘸一下水，保证接穗尽快冷却。接穗蘸蜡后，用编织袋包装，注明品种、数量、日期，放于 1~5℃ 阴冷处待用。

3. 嫁接方法

枣树的嫁接方法很多，常用的嫁接方法有劈接、插皮接、芽接和腹接 4 种。

（1）劈接。将接穗削成两个等长的斜面，斜面长 3cm 左右，如砧木较粗，接穗长斜面可达 5cm。将砧木剪至距地面 6cm 处，然后用嫁接刀具把砧木从中央劈开，将削好的接穗插入，使穗和砧木的形成层对齐，迅速用塑料条将接口绑紧缠严。劈接的特点是嫁接时期早，成活率高，接后幼苗生长快。

（2）插皮接。将接穗削成 3~5cm 长的平滑切面，在削面两侧背面轻轻削一下，露出形成层，再在长削面的下端背面削长 0.5cm 的短斜面，便于插入。选枝皮光滑处剪砧，修平截面，在砧木一侧用嫁接刀划一纵口，深达木质部，顺手用刀将嫁接部位枝皮与木质部分开。插入接穗时，将长削面向里，短削面向外，对着切缝向下慢慢插入，用塑料条绑紧缠严。插皮嫁接的特点是嫁接时间长，从 4 月上旬到 9 月上旬，长达 100 天以上，只要砧木能离皮均可嫁接；接穗容易采集，1~4 年生的枣头一次枝及二次枝均可；砧木选择不严格，砧粗 1~3cm 均可利用；嫁接成活率高，一般可达 90% 以上。

（3）芽接。枣树的芽接方法不同于一般果树。枣树一年生枝的枝皮很薄，而且侧芽都在枝的弯曲部位，要削取完好平整的芽片，必须附带较厚的木质组织。削芽时，先在芽上方 1.2mm 处横切一刀，深达 2~3mm，再从芽下 1.5cm 处向上斜切到横切口，取下带木质部的芽片。在砧木光滑处切"T"字形切口，切口纵横长与接芽相当，深达木质部，将接芽斜面插入"T"形接口，接芽上端与砧木横切口密接，用塑料条绑紧，仅露出主芽，1 周后可解绑检查成活率。此法操作简便，嫁接成活率高，但接穗需随采随用，不能远距离运输。枣树芽接的时间也比较长，一般从 4 月上旬树液流动到 9 月上旬，凡砧木和接穗离皮都可进行。

（4）腹接。将接穗剪成一面长 3cm，相背一面 2cm 左右的不等斜面，然后在砧木上选好嫁接部位，用剪枝剪向下斜剪一切口，切口的深度根据砧木和接穗的粗细而定。粗的切口要长，细的切口要短。接穗插入切口内，长削面向内，短削面向外，使形成层对齐，用塑料布将嫁接口和砧木伤口绑紧绑严。此法操作简便，嫁接成活率高。

4. 接后管理

枣树嫁接是否能成活，苗木质量高低，接后管理很重要，具体管理有以下几个方面需要注意。

（1）检查成活。一般在嫁接后 10~15 天，查看接穗顶部剪口皮层和木质部交接部位有无长出环状的白色愈伤组织，接穗的皮色是否鲜亮，如无愈伤组织且接穗已失水干枯或新梢长出后又萎蔫，说明接穗死亡，应及时进行补接。

（2）除萌。枣树嫁接后，砧木上的芽很容易萌发，影响接穗的成活和生长，为使养分集中供应给接穗，必须及时抹除砧木上的萌芽。一般需除萌 3~5 次。

（3）放芽和松绑。接后定期检查，如发现接穗新芽被塑料膜包裹，要小心挑开包扎的塑料膜，放出新芽。芽接苗一般在接后 30 天左右、接口完全愈合后解除绑缚；枝接苗一般在接后 2 个月左右解除绑缚。

（4）绑扶固定。接芽长到 30~50cm 时，应注意进行扶绑，以防止风折。扶绑的支柱可用钻桩，也可插直立支柱或顺行拉铁丝绑扶，绑扶固定高度应距接口 25cm 左右。

（5）加强水肥管理。在接穗发芽以后重点是搞好苗木的促长工作。追肥放在 6 月以前施用，以氮肥为主，一般每亩地施尿素 15kg 左右。干旱时要及时浇水保墒，一般情况下追肥后浇水效果较好。浇水以后要及时除草、松土、保墒。

（6）注意防治病虫害。苗期病虫害主要有枣红蜘蛛、枣瘿蚊、枣壁虱，病害主要有枣锈病、缺素症等，要对症进行及时防治。

## 二、根蘖和归圃育苗

枣树的根系有容易形成不定芽、长成新植株的特性，根系机械损伤会刺激不定芽和植株的形成。利用这一特性，收集枣园内因枣粮间作、耕地或开沟施肥损伤部分枣树根系，萌发出的大量根蘖苗，也是生产中常用的枣树育苗手段。

1. 断根

选择品种优良，树体健壮，无病虫害的植株，于春季发芽前在树冠外围挖宽 30~40cm，深 50~60cm 的育苗壕沟，切断沟内所有直径 2cm 以下的小根，并用刀削平断根的切口，施入一些腐熟的肥料，并用湿土填满。被切断的根系受到刺激后，于 5 月、6 月间，在壕沟处地面上产生很多丛状根蘖苗。对于萌发过密的根蘖苗，要进行间苗，去弱留强，分枝多的要剪除，促使苗木加速生长。为尽量减少对母树的影响，促进苗木生长，对根蘖苗的母树，应在枣园正常管理的基础上，加强水肥管理。秋季落叶后，应在苗木靠近母树的一侧，离苗 20~30cm 的地方，用铁锹下切，以截断母根，促进根蘖苗产生自生根。翌年春季，进行移苗归圃。

注意，嫁接繁殖的枣树，因其根系与地上部分来源不同，不宜采用此法。

**2. 归圃**

归圃育苗的圃地整理同嫁接苗。于春季清明前后，将散生的根蘖苗收集起来，集中移栽到圃地进行育苗。移栽的密度为每亩约 10 000 株苗。移栽前将收集的根蘖苗按大小分级，以保证栽后长势整齐。为促进苗木生根成活，可用清水浸泡。移栽后及时浇水。移栽后管理同嫁接苗。移栽后当年秋季落叶后可以出圃。

### 三、苗木出圃

苗木出圃环节直接关系到苗木质量和定植后的成活率，其主要工作有起苗、分级、假植、包装和运输等。在苗木出圃前，应对所有的苗木进行调查登记，查清苗木种类、数量，制订好出圃计划。

起苗在秋季或春季均可进行，一般秋季起苗有利于根系伤口愈合及劳力调配，春季起苗可减少假植工序，并且成活率较高。起苗前一周左右，对苗圃地进行灌溉，以使土壤松软，减少起苗时对根系的伤害。起苗时，要深挖至 25cm，截断主根，尽量保全侧根，少伤或不伤根皮。起苗后，对于根系伤口，要用修枝剪削平，以利伤口愈合，对于地上部分的二次枝，留 1~2 芽后剪掉，便于包装运输。起苗后按地径和根系状况分级放置，每捆 50 株或 100 株。

### 四、园地选择与规划

**1. 园地选择**

枣树适应性强，对环境条件要求不太严格，我国中部省份的平原、河滩地和浅山丘陵地区均可建园。但新建枣园的园地选择，应尽量满足枣树生长发育对环境条件的要求。枣树属浅根性喜光的多年生果树，结果早、寿命长，结果期可达百余年甚至几百年。所以，在建园时必须慎重选择土地，力求在可能的条件下，最大限度地满足枣树对气候、土壤、地下水位、土壤含盐量、地势、海拔等条件的要求。

根据枣树喜光怕风的特性，枣园应地势开阔，背风向阳，日照充足，土壤深厚疏松，排水良好，无长期积水之患。此外，还要综合考虑交通、电力等配套设施是否方便，是否符合地方土地规划，能否与林业建设规划相适应等因素。建设鲜食枣园，还应考虑市场消费能力以及贮藏保鲜设施。

**2. 园地规划**

园地规划的主要内容包括因地制宜地设计作业区的面积和形状，合理安排枣园的道路、灌溉和排水系统、防护林和辅助建筑，尽量提高枣树的占地面积，控制非生产用地所占的比例，方便枣园长期经营管理作业。

（1）作业区的划分。作业区划分时应注意在同一作业区内土壤及气候条件应基本一致，以保证作业区内农业技术的一致性，能减少或防止枣园的水土流失，能减少或防止枣园的风害，还要有利于运输及枣园的机械化管理。

作业区一般多采用（2~5）：1 的长方形，平地类型作业区的长边，应与有害风方向垂直，枣树的行向与作业区的长边一致。山地丘陵类型作业区的长边，应与等高线平等，作业区不一定规整。

（2）道路的规划。枣园的各级道路，应与作业区、防护林、排灌系统、输电线路及机械行走线路等统筹规划。

道路设计应与排水系统结合，不应打乱或切断排水沟，并尽量减少与排水沟的交叉。丘陵和山地枣园的道路，主要根据地形特点，顺坡度较缓处，迂回盘绕地修筑。

（3）灌溉和排水系统规划。枣园灌溉一般采用投资少、简单易行的地面灌溉系统，这种灌溉系统一般由干渠、支渠、小区间的排水沟、行间引水沟连接而成。规划灌溉系统时，首先要根据地形和作业区的设置规划好机井位置，然后设置渠道，各渠道应相互垂直，尽量缩短渠道的长度，以节约资源，减少水的渗漏和蒸发。在新郑沙区，因渠道渗漏严重，多采用塑料水带移动灌树盘的方式进行灌溉。

近年来，喷灌和滴灌等灌溉方式因其节约水源、控制精确，不会造成土壤板结等优点，成为果园灌溉的发展趋势，但其造价较高，可根据枣园的实际情况考虑布置。

目前大多数枣园采用地面明沟排水，以排出地面径流为主，保持地面不积水。

（4）防护林配置。防护林可以调节枣园的温、湿度，减少风害，保护枣树，还能保护枣园水土。

设置防护林时，林带的方向要与主要有害风方向垂直，选择对当地环境条件有较强的适应性、树体高大、树冠紧密且直立、与枣树无共同病虫害的树种，常见的主要有杨、泡桐、椿、苦楝等。

枣园规划时，还应考虑预留晾晒鲜枣的场地。近年来，许多城市近郊发展观光农业，建设采摘型枣园，还可考虑设置一些简单的游乐、休闲设施。

### 五、栽植建园

栽植是建园的关键工作，直接影响到枣树成活及建园后的产量与效益，因此，务必保证苗木质量与栽植技术。

1. 品种选择

建园品种的选择应根据建园目的进行。交通方便、距离城市较近的枣园，可以考虑以生产鲜枣为主要目的，应选色泽艳丽、味道鲜美、成熟早的鲜食品种和鲜食制干兼用品种，并注意早、中、晚熟品种的搭配，以延长供应期。

交通不方便的山区或离城市较远的地区，果品主要用于加工制干。应根据当地气候特点和劳动力情况，选择果型整齐、含糖量高、制干率高、耐贮、耐运的优良制干品种。

对于一些自花授粉能力差的品种，还应按一定比例配置授粉品种，以提高结实能力。

2. 栽植时期

枣树春秋两季均可栽植。秋栽在寒露至立冬或土壤结冻前都可栽植，以早栽为宜。但秋栽的枣苗地上部分处于干燥多风的条件下，再加上冬季寒冷气候，容易引起枝条抽干失水而死亡。秋栽适合冬季较温暖、冬春少风的地区。

春栽一般在土壤解冻后至萌芽前进行，以晚栽为好，因枣树发芽较晚，适当晚栽可减轻栽后浇水保墒等管理工作，并能提高成活率。

3. 苗木的选择

建园的苗木一般提倡自育自栽。近年来，专业育苗的苗圃逐渐增多，亦可选择生产能力强、有一定资质和专业技术能力的苗木生产企业的苗木。栽植时宜选择生长充实、根系发达、无病虫害、苗高 1m 以上的优质苗。优质苗树体营养物质贮存多，建园后成活率高，发芽快，缓苗期短，建园能一次成功。如苗木不足，或没有苗木的情况下，可采用先定植砧木后嫁接，实行坐地苗建园，以保证苗木生长一致。

4. 规范栽植

（1）挖掘栽植穴或栽植沟。一般栽植穴深 60~80cm，宽、长各 80~100cm；栽植沟深 60~80cm，宽 80~100cm，长度依具体情况而定。

挖掘前，先用测绳测出栽植穴或沟的位置，做好标记，然后开挖。人工挖土时，表土和心土分开放。也可用机械挖坑或沟，如旋坑机，每分钟可打坑 1~3 个。

（2）施入基肥。栽植穴或栽植沟挖好后，在其中施入基肥，基肥最好是施腐熟的圈肥。每亩施入量为 4 000~5 000 kg，同时加入化学氮肥和磷肥，每亩施入尿素 10~20kg，过磷酸钙 25~55kg。

如果有机肥料不足，可把玉米秆、高粱秆及杂草等有机物，用拖拉机碾扁，然后一层秸秆一层土填入栽植沟或栽植坑中，每层 3~5cm 厚，并将速效肥料撒入每次填入的秸秆中，填到距地面 25cm 左右时，上层再铺 5cm 表土，经踩实或灌水沉实后，即可栽树。

（3）栽植要领。

①栽植沟、穴内的土要踩实。在栽树时，要将栽植穴、沟底部的土做成馒头形，以利于根系伸展。

②栽植深度要适宜，一般以保持苗木在苗圃的原有深度为准。枣树栽植过深，缓苗期长，并且生长不旺；过浅，则苗木容易干旱死亡，固地性也差。栽植深度也要因土质而定。在沙壤土、沙滩地栽植时，可适当深一些，而黏土地则应栽浅些。

③栽植过程一定要保持根系舒展，分层填土，分层踩实，及时提苗，使根系与土密接。填土时，先填表土，后填心土，最后整平树盘。

## 六、栽后管理

栽植结束后，随即用水灌透，沉实土壤。水渗入后，及时修整树的营养带。营养带宽 1m，上盖 1m$^2$ 地膜，以提高地温，保持湿度。该措施对提高枣树的栽植成活率，加速生根和缓苗，具有重要意义。

栽植当年，枣树处于缓苗期，因此，有其特殊的管理方式。其主要目的是，加速生根，缩短缓苗期，促进幼树的生长。

1. 及时补充水分

及时检查枣园土壤的墒情。发现缺水，立即补给。土壤相对含水量，以保持在 60%~70% 为宜。

2. 除萌

枣树萌芽后，大部分是幼树主干上部芽体正常萌发形成枣头，但也有个别下部芽先萌发的，应及时检查。如上部芽萌发正常的，保留 3~4 个培养主枝，而将其余的全部抹除。若上部芽萌发不良，而下部芽生长健壮的，可及时截去上部的芽，保持一个下部健壮芽生长，以防形成双干。

3. 检查成活率及补栽

在树体大部分发芽完毕后，检查成活率，对未发芽的枣树分析原因，进行补救。秋后将未成活的树及时挖出，予以补栽。

4. 防治病虫

对第一年栽植的幼树，主要是做好对枣瘿蚊、绿盲蝽、红蜘蛛和枣锈病等病虫的防治工作，保证叶片健康生长。

5. 追肥

在枝条长到 30cm，新根已经长出并有了一定数量的分布时，可以追施以氮肥为主的速效肥料一次，每株施 50g 左右为宜，施肥量不宜过大。

6. 摘心

对当年生幼树，在枣头长到 6~8 个二次枝时，要及时摘心，以促进枣头、二次枝的加粗生长。这样，非常有利于第二年的整形修剪，而且使栽植当年有足够的根系生长量。

7. 冬季防寒

栽植当年，在北方寒冷地区易出现冻害。因此，要在枣园周围建立防寒墙（用作物秸秆制成），或培月牙形土埂，进行防寒，也可涂白防寒。

# 第二节　枣园管理

## 一、土壤管理

土壤是枣树生长的基础，长期不断地进行土壤改良和土壤管理，可以从多方面改善土壤环境，满足树体对养分、水分的需求，增强植株的适应性和抗逆性，以延长寿命、提高产量。土壤管理如能与施肥、浇水、病虫防治、整形、修剪等措施紧密结合，则效果更好。

枣园土壤管理主要包括深翻改土、中耕除草两项工作。

1. 深翻改土

为了保持枣园土壤疏松，加深枣树根系分布层，扩大其吸收营养范围，除了在栽植时加大定植穴深翻外，随着树龄的增长，应年年进行深翻改土，以达到根深、叶茂、果丰之目的，深翻改土根据枣树立地条件不同，又分深翻扩穴和全园深翻两种方式。

（1）深翻扩穴。深翻扩穴适用于山坡、丘陵、旱地枣园，各地枣农十分重视此项措施。其做法是：在距树干 1.5m 外挖环形沟，梯田外栽培挖半环形沟，深 60~80cm，宽度不限，并要注意与原来的栽植沟挖通，以利根系向外发展。以后随着树冠的扩大，逐年向外扩展。挖土时注意把表土和心土分开，并尽量勿伤 1cm 粗以上的根系，以免影响树体生长。挖好后将表土与绿肥、厩肥等有机肥料混合填平壕沟。如有水利条件，扩穴后应立即浇水，使土壤下塌与根系密切接触。

深翻扩穴在春秋两季均可进行，秋季在果实采收后到土壤封冻前，此时枣树正接近休眠期，扩穴后土壤经冬季冻融，熟化较快。春季待土壤解冻后即可进行。

（2）全园深翻。全园深翻适用于土层深厚、质地疏松、肥力基础较好的平地枣园或枣粮间作。深翻深度一般以 30~40cm 为宜。树冠外宜深，树干周围宜浅。对于栽植较密，进入盛果期的枣园，如根系已交错盘结布满全园，可采用隔年隔行深翻的方法，避免过多地伤害根系，削弱树势，影响坐果。

深翻在春秋两季均可进行，秋季在枣果采收后到土壤封冻前，春季在土壤解冻后到萌芽前。一般以秋翻为好，因秋翻多在新梢停止生长后进行，此时地上部分消耗已大为减少，树体养分已开始回流积累，地下部分被损坏的根系伤口容易愈合，同时容易发出部分新根，有利于枣树翌年生长发育。无论秋翻或春翻的枣园，翻后都应及时平整耙糖，蓄水保墒。对秋翻的盐碱地可暂不耙糖，预防返碱。

2. 中耕除草

（1）人工中耕。生长季节对枣树进行多次中耕，可以破除地表板结、切断毛细管、减少水分蒸发，又能使土壤空气流通、促进肥料分解。同时消除杂草，节省养分消耗，减少病虫害，尤其是在雨后、浇后和干旱季节，效果更为明显。中耕全年一般进行 3~5 次，枣粮间作的枣园，可结合对间作物的管理进行。中耕深度 6~10cm，对树下萌生的根蘖苗，如不做繁殖用，可彻底清除，节省养分，增强树势。

对山坡丘陵地枣园，应结合中耕修整梯田树盘，防止水土流失。

（2）化学除草。化学除草要根据枣园主要杂草种类对除草剂的敏感性、忍耐力及除草剂的效能，确定所选用除草剂的种类、浓度和时期。一般成龄枣园常用的化学除草剂有威霸、扑草净和盖草能等，并结合人工除草，防治草害。

3. 枣园生草

枣园生草可以达到以草灭草、改善园相、提高土壤有机质含量、降低夏季园内温度、提高湿度、减轻病虫害发生等目的，是现代简约化栽培的常用技术。

枣园生草可利用天然杂草，也可人工种草，常选用的草种有紫花苜蓿、白三叶、毛叶苕子、早熟禾等，当草高达到 30~40cm 时，即时刈割。

## 二、施肥浇水

1. 施肥

施肥是综合管理中一项重要措施。合理施肥是保证枣树生长发育和丰产的有效途径。通过施肥可以改善土壤理化性质、提高土壤肥力和减少落花落果，提高产量和品质。尤其是山坡、丘陵、沙滩地的枣树施肥要求更为迫切。

（1）施肥时期。

①枣树施肥以秋施基肥和夏季追肥为主。在秋季枣树根系活动比较旺盛，地温也较高，施肥时伤根易愈合，并能发生新根，促进根系对养分的吸收。秋施基肥时，加入一些速效的氮、磷、钾肥料，有利于增强叶片光合作用，延长树体光合作用时间，增加树体贮藏营养。另外，秋季施入的有机肥经秋、冬、早春的进一步分解，使有机养分不断

转化为有效养分，在翌春能充分发挥作用，及时供萌芽及开花坐果之用。

②追肥在枣树生长发育期进行，以速效性肥料为主。追肥一般进行3次，也可结合生长季节病虫害防治工作适当进行叶面喷肥。第一次在萌芽期，此期追肥能促进萌芽整齐、苗壮、利于新梢生长和花芽分化，尤其是树势衰弱或基肥不足时，追肥更为重要。肥料以速效性氮肥为主。第二次追肥在开花期，此期正值营养生长与生殖生长旺盛阶段，适时追肥可以促进枝叶健壮生长，提高花芽分化质量，减少落花落果。肥料以速效氮肥为主，配以磷肥。第三次在果实膨大期，这个阶段正是地上部分和地下部分第二次生长高峰，果实细胞迅速分裂，是氮、磷、钾三要素吸收量最多的时期，此期追肥可以补偿萌芽、开花所消耗的养分和幼果形成所需要的养分，减少落果，加速果实膨大，促进根系生长。施肥以钾肥、磷肥为主，氮肥为辅。

（2）施肥方法。选择何种施肥方法最好要根据树龄、栽植密度、土壤类型、肥料多少不同而定。只有把肥料施在吸收能力最强的部位，才能发挥最大的效能。一般常用的施肥方法有以下几种。

环状沟施肥法：即在树冠外围挖宽60cm、深30~40cm的环形沟，在沟内施肥。施基肥可深些，追肥可浅些。

放射状施肥法：在距树干1.5m向外呈放射状挖4~8条沟，沟深20~40cm、宽30cm，长度以树冠大小而定，内浅外深。此法多用于已封行，且全园土壤熟化程度较高的成熟枣园。

穴状施肥法：在距树干1m处挖深穴数个到数十个，视肥多少而定，穴深40~50cm，穴径以挖穴锹宽度为准。此法多用于施磷、钾肥。

以上各种施肥方法，均应把肥料和沟内土壤充分搅匀，最后回土覆盖，略高于地面。各种施肥方法要轮换使用，施肥位置应随着树龄增大和树冠扩大逐年外移。

叶面喷肥：叶面喷肥即根外追肥。就是把肥料溶解在水里，配成浓度较低的肥料液，在生长期用喷雾器喷到枣树的枝叶上。肥料借助水分的移动，从叶片的表皮细胞或叶片底面的气孔进入树体发挥作用。实践证明，叶面喷肥简单易行，用肥量少，见效快，一般喷后1~2小时就能进入叶中参与合成代谢，被树体吸收利用，减少了根系吸肥的许多环节，增产效果十分显著。是枣树追肥不可缺少的一种施肥方法，尤其是对缺水及施肥不方便的果园，叶面喷肥显得更为重要。另外，叶面喷肥还可避免某些肥料元素在土壤中的固定现象。

叶面喷肥虽有用肥省、肥效快的特点，但肥力持续时间不长，一般持续10~12天。因此，喷肥一般从展叶期开始，每隔10~15天进行一次，在生长前期以喷施氮肥为主、磷钾肥为辅，生长后期磷钾肥为主、氮肥为辅。如能混合在一起喷，效果更好。对于微量元素的喷洒，应根据叶分析或土壤分析，缺什么，喷什么。

叶面喷肥应注意把肥料喷在叶片的背面。因植物叶片的背面吸收养分的速度比正面大几倍至几十倍。喷肥应在无风的晴天进行，并最好能预计喷后3~4天为晴朗无雨天，这样一方面可以保证所喷的肥料有较长的时间停留在叶片上，另一方面光合作用旺盛，有利于提高肥效。在1天时间内，以傍晚喷肥为最好，其次是早晨。因为白天喷肥，气温高，叶片上的液滴会很快蒸发干，影响肥料的利用率及被叶吸收的速度。甚至引起肥害。

2. 浇水

（1）浇水时期。具体的浇水时期、次数要因地制宜，在山区和没有浇水条件的地方，应进行多次中耕、蓄水保墒，以解决枣树生长结果的需水问题。一般在北方枣区全年灌水5次，分别叫催芽水、花期水、坐果水、变色水和越冬水。

催芽水：于萌芽前，一般在4月上中旬进行灌水，有利于萌芽和枣头、枣吊的生长、花芽分化和提高开花质量。

花期水：枣树花期对水分相当敏感，这是因为花期正处于各器官迅速生长期，器官之间在水分和养分上的争夺激烈，而且枣的花粉萌发也需要较大的湿度，水分不足则授粉受精不良，会降低坐果率。同时，枣树开花期正处于北方干旱季节，如果水分不足，"焦花"现象相当严重，会造成大量的落花落果。因此，花期是枣树需水的关键时期，花期灌水不但能提高坐果率，而且促进果实迅速发育。

坐果水：于7月上旬，在幼果迅速生长期，结合追肥灌水，可促进细胞的分裂和增长，而细胞的分裂和增长又是果实增大的基础。此期若水分不足，果实生长会受到抑制而造成减产和枣果质量降低。

变色水：于枣果白熟期结合施肥进行，能加速果实膨大，提高果实品质。

越冬水：于土壤封冻前浇水，促进根系吸收养分，提高树体积累能量，可增加枣树的越冬抗寒能力。

（2）浇水方法。浇水方法应考虑到充分利用当地水源，节约用水，减少土壤冲刷，既省工又收效大的要求，灵活掌握，合理运用。

树盘浇水：是常见的一种浇水方法。实现按照树龄的大小，在树干周围修成直径不等的圆形坑，再行引水浸浇。

分区浇水：这是树盘浇水扩大的方法。将几株或十几株树盘连接成一个小灌区，整个枣园又可分成若干个小区，引水入园后，整个小区依次进行浇灌。

穴浇：是山坡旱地枣园一种节约用水的好方法。在树冠外围挖6~10个深60~80cm、宽约30cm的洞穴，引水将穴灌满，使其缓缓地向土壤中渗透。挖穴时注意不要损伤根系，以免影响树体生长。

滴灌：是近年新兴起的一种先进灌水方法。通过插入土壤中或放在枣树根部的滴头，将水一滴滴注入枣树根系分布范围内，以达到灌溉的目的。滴灌能节约用水90%~95%，土壤湿润适度，有利于根系活动，能以较少的水灌溉较多的树。丘陵地区或缺水地区的枣园应积极创造条件，大力推广应用。

浇水量应根据树体大小和土壤干旱程度而定，树冠大，土壤干旱，灌水量大，反之则小。

### 三、整形修剪

整形修剪是枣树栽培中的一项重要技术措施。合理地整形修剪，可使枣树提早结果，延长经济结果寿命，提高产量，改善通风透光条件，减少病虫害，改善枣果品质，增强枣树的抗灾能力，降低生产消耗，提高经济效益。

1. 丰产树形

枣树的整形，要按照枣树的生长和结果习性及行间间作物特点，本着有形不死、无形不乱的原则，因势利导，合理安排。在生产上表现比较好的丰产树形有主干疏散分层形、多主枝圆头形和开心形3种。

（1）主干疏散分层形。主干疏散分层形树形有明显的中央领导枝，全树有主枝7个，分3层着生在中央领导枝上。层间距1.2m左右，第二层到第三层略小于第一层。主枝开张角度50°~60°，每主枝留侧枝1~3个，侧枝间距70cm左右，树高一般5~6m。

本树形的特点是主枝分层，上下错落着生，层间距离大，侧枝排列规则，通风透光好，树体寿命长，是枣树较理想的丰产树形。

（2）多主枝自然圆头形。多主枝自然圆头形树形没有明显的中央领导枝，在主干上错落着生6~8个主枝斜上方自然生长。每一主枝分层着生2~3个侧枝。侧枝之间互相错开，均匀分布。树冠顶端由中心枝或最上一个主枝自然开心，形成自然开心形。

本树形的特点是虽无明显层次，但树冠较开张，树体高大，枝量多，发育快，稳产高产。

（3）开心形。开心形树形没有中央领导枝，干高1~1.5m，主枝与干呈三叉或四叉结构。幼树较直立，随年龄增长逐渐开张，每个主枝上着生2~3个侧枝，结果枝组依空间大小，均匀分布在主侧枝的周围。

本树形的特点是树体较小，结构简单，整形容易，通风透光条件好，便于田间管理。

2. 修剪时期与方法

（1）修剪时期。修剪一般分冬季修剪和夏季修剪。冬季修剪一般在落叶后到翌年树液流动前均可进行。但因枣树休眠时间长（180天以上），愈合能力差，冬剪不宜过早进行，一般在2—3月为宜。夏季修剪在5月下旬至6月上旬，枣头生长开始减慢时进行。

（2）修剪方法。

①疏枝：就是将树冠内干枯枝、不能利用的徒长枝、下垂枝及过密的交叉枝从基部除掉的修剪手法。疏枝能起到使树体养分集中，疏密适度，通风透光，平衡树势的作用。

②回缩：即对多年生延长枝、结果枝的缩剪。它可以抬高枝头角度，增强生长势，利于枝组的复壮和老树更新。

③短截：就是把较长的枝条剪短。作用是增强下部养分，刺激主芽萌发，促其抽生新枝，保证树体健壮和结果正常。

④摘心：在生长季节将新生枣头顶芽摘掉，控制枣头加长生长，提高坐果率。

⑤刻伤：即主芽上方1cm处刻伤，促其萌发新枝。

3. 幼树整形修剪

幼树的整形修剪，主要包括枣树生长期的修剪或生长结果期的修剪。早果品种一般没有明显的生长期，栽植第二年就进入生长结果期。在集约化栽培条件下，生长结果期一般维持3~4年。5年后大多数早果品种可进入大量结果期。因此，早果品种的整形修剪，多是边整形边结果，树形培养完成后，整个枣园也就进入大量结果期了。晚果品种，进入结果期较晚，有明显的生长期和生长结果期。因此，整形修剪多在生长期或生长结果初期完成。

（1）定干。在枣树定植当年或若干年后，对主干进行短截或回缩，以培养健壮的骨干枝。

一般以主芽萌芽率高、成枝力强的品种，多采取栽植当年定干的方法。而主芽萌芽率一般或较低、成枝力弱的品种，生产上一般在定植后暂时不进行定干，尽量多保留一些枝条，促其主干加粗生长，2~3年后，等主干长到2~3cm时，再进行截头定干。

栽培条件好、集约化管理水平高的枣园，提倡早定干、快整形，以提高早期的产量。其前提条件是要栽植健壮的一级、二级苗木，甚至特级苗。

定干的高度要依据栽培方式和品种而定。密植枣园中生长势弱的品种，定干高度以60cm左右为宜，生长势强的品种以80cm左右为宜，一般密度枣园，枣树的定干高度相应要提高一些；枣粮间作园，定干高度一般较高，以120~150cm为宜。

（2）主侧枝的培养。以主干疏层形为例。

定干后第二年首先选一个生长直立粗壮的枝作中心干，一般选留剪口下第一主芽萌发出的枣头作中心干。其下选留3~4个方向、角度均合适的枣头作为第一层主枝，其余的可酌情疏除。

保留下的当年生枣头（粗度超过1.5cm）第二年冬剪时可进行短截。短截时一般进行双截，即对一次枝短截的同时，疏除或短截剪口下1~2个二次枝，促生新枣头，培养延长枝和侧枝。如粗度不够，应剪去顶芽，使枣头加粗生长一年后再处理。

对培养的主枝通过拉枝、撑枝，调整其方向和枝角，以形成合理的树体结构。

作为中心干的枣头应在100~120cm处短截，剪去剪口下的第一个、第二个二次枝以培养主干延长枝和第二层主枝。

第三年，继续用同样的方法培养第一、第二层主、侧枝外，对中心干延长枝继续短截培养第三层主枝，并开始在第一、第二层枝上选留结果枝组。第四年后，树体骨架基本形成，可形成结构合理而丰满的树冠。

4. 结果期树的修剪

枣树进入结果期后，树冠已基本形成，扩冠已不再是主要任务。因此，修剪的重点应是维持良好的树体结构，保持树体的生长势，同时均衡生长与结果。

结果前几年，产量处于上升阶段，新枣头仍有较大数量萌发，修剪上应注意及时抹芽、疏枝、摘心，使树体保持合适的枝量和营养生长总量。树冠长到一定的高度应及时落头。

随着树体结果能力的增强，枣树很快进入盛果期。盛果期枣树萌发枝条的能力明显下降。此期的修剪应注意保留一定比例的新枝，适时摘心，作为后备更新枝加以培养。对多余的新枝及时疏除。

盛果期枣树离心生长基本结束，随着先端结果能力的增强，枝条多弯曲下垂，先端生长渐弱，后期开始出现向心更新的枣头。因此，这类骨干枝要依据树体情况，有计划地对其适当回缩，利用更新枝代替衰老部分，抬高枝角，增强骨干枝的枝势。同时要培养新枣头，补充新枣股，维持结果面积。

枝组的培养和更新也如此，始终要保持枝条的健壮生长和正常结果。这样，会大大延长盛果期的年限，从而延长整个枣园的经济寿命。

5. 衰老期树的修剪

衰老期的枣树，树冠逐渐缩小，生长转弱，树冠内出现大量枯死枝，树冠逐渐稀疏，产量明显下降。这个时期修剪的首要任务是对树体全面更新，恢复树势，使其"返老还童"。其主要修剪方法是回缩。

根据更新程度不同，枣树的修剪可分为轻度更新、中度更新和重度更新。

（1）轻度更新。树体上还有相当数量的有效枣股时，可以轻度回缩更新，一般回缩量是枝总长的1/3。

（2）中度更新。树体上有一定数量的有效枣股但结果能力已经很差时，可采取中度回缩更新。回缩长度一般为枝总长的1/2。

（3）重度更新。树上只有少量有效枣股，产量很低时，可采用重回缩的方法进行更新，回缩量达枝总长的2/3。

更新后，刺激骨干枝中下部的隐芽萌发新枣头，培养新树冠。枣树的更新一般一次性完成。

### 四、花果调控措施

1. 促花促果技术

（1）适地建园。枣树的根系比较发达，喜土层深厚而疏松的土层，因此，山坡丘陵枣园要进行深翻改土，加厚土层。为了有一个良好的气候环境，丘陵地应选择背风向阳的地块建园，避开花期易积冷空气的风口和低洼谷地，平原地建园最好建立防护林带，用以调节枣园内的温、湿度；减少灾害。

（2）加强肥水管理。由于养分缺乏是导致落花落果的最主要原因之一，因此肥水管理是补充树体养分、提高坐果率的重要措施之一。与提高坐果率有关的枣园肥水管理主要有秋天注意增加基肥，花前注意必要的追肥，盛花期喷施叶面肥，根外追肥等。

（3）调节树体有机营养运输分配。

①抹芽。自枣树发芽后，对各级主侧枝、结果枝组间萌发出的新枣头，既不作为延长枝和结果枝组培养，又不作当年结果用，都应从基部抹除，以减少营养消耗，增强树势。

②枣头摘心。营养生长与生殖生长是有矛盾的，适时抑制营养生长，调节营养物质的运转去向，可有效地提高坐果率。枣头摘心可打破茎尖生长极性，控制枝条的营养生长，促进坐果。

③花期开甲。在开花和坐果的关键期，切断树干韧皮部，阻止光合产物向根部的运输，控制枣树根系和地上部枝叶的生长，使养分在地上部积累，缓解地上部生长和开花坐果间在养分方面的矛盾，从而提高坐果率。此外，开甲也调节了营养物质的运输和分配。

④疏枝与拉枝。枣树是喜光的树种，因此，一些增加树冠通风透光度的修剪措施有

利于枣树花芽分化、授粉受精和提高坐果率。冬剪中疏除交叉枝、重叠枝、过密枝和病虫枝，夏剪时注意及时疏除过密枝和影响通风透光的徒长枝。这样不仅增加了树冠的通风透光度，还可减少树体的营养消耗，以利枣树集中营养供应花芽的分化、开花和坐果。对于有意图做培养枝的直立枝和摘心的枣头也可以采取拉开角度和扭转的方法，以改变其生长方向，减小对树体光照的影响。

⑤环割和绞缢。环割是在枝、干或枣头下部用刀割韧皮部，深达木质部1~2圈，将形成层割断为准，不伤木质部。绞缢又称勒伤，是用铁丝在干、枝或枣头下部拧紧拉伤韧皮部一圈，20天后解除。环割和绞缢的目的是，暂时对营养运输形成阻碍，提高坐果率。最适时期是盛花初期，适于末开甲的幼树。据研究，环割使花获得的光合产物比对照增加1倍多。

（4）创造良好的授粉条件。通过合理配置授粉树，枣园放蜂，花期喷水满足大量开花对水分的需求，花期注意喷施微肥等手段，促进授粉受精，提高坐果率。

2. 控制采前落果技术

枣果成熟前落果严重。据观察，金丝小枣后期（自果实着色至采收）落果占产量的30%~40%，重者可达到50%以上。因为果实发育后期养分往往不足，另外，高温、干旱、雨水过多、日照不足、久旱忽降大雨、病虫害、不良的栽培技术等都会加重采前落果。

为防止采前落果，除加强树体管理和保护外，更重要的是调节营养生长和生殖生长的关系，削弱其营养生长。生产上可通过控制有机肥和追肥的比例、环剥和适当修剪等方法，减少单枝生长量、缓和树势减轻采前落果。

3. 枣裂果防治技术

生产中可以采取以下措施防止采前裂果。

（1）栽植成熟期较早、能避开当地连阴雨季节、果皮较厚的抗裂果的枣品种。

（2）喷激素提前或推迟熟期，使枣的成熟时间避过雨季。

（3）易裂果的品种在果实的白熟期采收，用其生产枣加工产品。

（4）灌水防旱。要求在果实白熟期内视实际情况及时灌水解决旱情，具体要求是，地表0~40cm土层含水量稳定在14%以上，不足时，灌水补充。能进行滴灌或喷灌最好。果实膨大期，保持土壤湿润，但要防止土壤过湿或过干。另外，在雨季，注意排放枣园中的积水。

（5）枣园（枣行）覆草，一般在春季灌水之后进行，主要以麦秸、稻草为主，覆草厚度20cm左右，覆后上面盖一层细土防止风刮和火灾。

（6）枣园覆盖地膜。树下覆膜的效果十分明显，成龄结果树覆膜宽度达到树冠边缘（一般在5m左右）即能基本上防止裂果发生。覆膜应在8月上旬雨季结束前进行，也可在早期施肥灌水后进行，覆膜后，膜上盖土1~2cm，保护地膜。有条件枣田也可以覆盖稻草代替地膜，还可起到增加有机质、培肥土壤的作用。

（7）增施有机肥料，增强土壤透水性和保水性，使土壤供水均匀。

（8）合理修剪，使树枝叶繁茂，果实生长正常，可以减轻裂果。

（9）从7月下旬开始结合其他病虫害防治，喷浓度为0.3%的氯化钙水溶液，每隔

15 天喷 1 次，共喷 2~3 次，可明显降低裂果率。

### 五、主要虫害及其防治

在枣树的生产中，主要的害虫有 10 余种，如枣尺蠖、枣桃小食心虫、枣黏虫、刺蛾、龟蜡蚧、枣瘿蚊、枣天蛾等；病害主要是枣疯病、枣锈病、炭疽病等，这些病虫在大发生年份往往给枣树生产造成重大损失，有时甚至绝产绝收。因此，如何有效地防治枣树病虫害，是提高枣果产量和质量的重要保证。

1. 桃小食心虫

简称桃小，俗名枣蛆、猴头。

（1）为害特点。桃小食心虫是我国北方果区重要害虫之一，除为害枣和酸枣外，还为害苹果、梨、桃等十几种果树。以幼虫蛀果为害，果实内部被纵横串食、变褐，严重影响果实质量。

（2）防治方法。

①根据预测预报，在田间出现第一头雄蛾后，立即在树冠周围地面撒施 75% 辛硫磷制成的毒土，每亩用辛硫磷 250~500g。在一二代老熟幼虫脱果时，也可采用上述方法。

②根据测报，在两代蛾峰过后 3~7 天进行树上喷药，杀卵和初孵幼虫。第一代用药一次，第二代用药两次，两次间隔 5~7 天。常用药剂有：2.5% 溴氰菊酯乳剂 3 000~4 000 倍液；20% 杀灭菊酯乳剂 3 000~4 000 倍液；10% 杀虫精 1 500~2 000 倍液；50% 杀螟松乳剂 1 000 倍液。

③也可采用摘拾虫果、落果；筛茧、晾茧和培土压夏茧等方法，防治该虫。

2. 枣尺蠖

又名枣步曲。

（1）为害特点。普遍分布于国内各产枣区，主要为害枣和酸枣。当枣萌芽时，初孵幼虫开始为害嫩芽，群众称其"顶门吃"。造成大量减产。枣树展叶开花，幼虫随之长大，食量大增，能将全部叶片及花蕾吃光，不但当年无产量，对树势影响也很大。

（2）防治方法。

①早春在成虫羽化前，在树干四周堆沙或在树干基部绑塑料薄膜，阻止雄蛾上树。

②喷施农药，集中消灭 3 龄前幼虫。常用药剂有：2.5% 溴氰菊酯乳剂 4 000 倍液；20% 速灭杀丁乳剂 4 000 倍液；90% 敌百虫 1 000 倍液。

3. 枣黏虫

又名黏叶虫、枣镰翅小卷蛾。

（1）为害特点。分布较广，以幼虫为害枣芽、枣花、枣叶，并蛀食枣果，造成枣花枯死，枣果脱落，对产量影响极大。

（2）防治方法。

①冬季和早春，刮树皮，堵树洞，涂白，消灭越冬蛹。

②利用黑光灯诱杀成虫。

③在各代幼虫孵化盛期树上用药。常用药剂有：2.5% 溴氰菊酯乳剂 4 000 倍液；50% 杀螟松乳剂 1 500~2 000 倍液。

4. 黄刺蛾

俗称洋辣子、八角等。

（1）为害特点。分布普遍，食性很杂，以枣、梨、柿、苹果、核桃上最多。以幼虫食叶为害，幼龄幼虫只食叶肉，残留叶脉呈网状，幼虫长大将叶片吃成缺刻，仅留叶柄和主脉，每年发生1~2代，以老熟幼虫结茧在枝干上越冬。

（2）防治方法。

①冬、春结合修剪除树上越冬虫茧。

②幼虫发生期（7—8月），喷施90%敌百虫1 500~2 000倍液，也可用青虫菌800倍液喷洒。

5. 枣豹蠹蛾

又名核桃豹蠹蛾，俗称截杆虫。

（1）为害特点。为害枣、核桃、杏、梨等，蛀食枝梢，使树冠不能扩大，影响树势和产量。

（2）防治方法。

①5、6月，经常检查被害枝梢，发现后剪除，集中销毁。

②6月下旬至7月，可用灯光诱杀成虫。

6. 枣龟蜡蚧

又名日本龟蜡蚧，俗名枣虱子。

（1）为害特点。以若虫和雌成虫在枣枝叶上吸食汁液为害，严重时排泄物布满全树枝叶，引起大量煤污菌寄生，影响光合作用，导致幼果脱落并严重减产。此虫除为害枣外，还为害柿、梨等50余种植物。

（2）防治方法。

①人工防治可从11月到第二年3月，刮刷越冬雌成虫，配合枣树修剪，剪除虫枝。

②6月底至7月初，喷50%可湿性西维因400~500倍液，20%害扑威200~400倍液、25%亚胺硫磷400~500倍液等防治。早春喷洒10%柴油乳剂，防治效果良好。

7. 牧草盲蝽

又名绿盲椿蟓。

（1）为害特点。寄主有枣、李、梨、大豆、苜蓿、烟草等多种植物。以成虫和若虫为害枣树幼芽、嫩叶和花蕾，被害枣叶先出现枯死小点，随芽叶伸展，小点变成不规则的孔洞，花蕾受害后即停止发育而枯落，受害严重株几乎无花开放。

（2）防治方法。

①铲除杂草，消灭越冬虫卵。

②早春越冬虫卵孵化后，对越冬作物喷洒90%敌百虫1 500~2 000倍液或40%氧化乐果乳剂1 000倍液或2.5%溴氰菊酯乳油3 000倍液等；若虫或成虫为害期树上可喷洒同类农药防治，效果良好。

8. 枣食芽象甲

又名枣月象，枣飞象。

（1）为害特点。为害枣、苹果等多种果树、林木。成虫早春上树，为害嫩芽、枝叶，严重时可将枣树嫩芽吃光，造成二次萌芽，使枣果产量下降，严重影响树势。

（2）防治方法。

①成虫出土上树前，在树干四周 1m 范围内集中撒施 2.5%敌百虫粉，撒施时将 2.5%敌百虫粉与 10 倍体积沙土混合，均匀撒施。

②4 月、5 月间成虫出现期，喷 50%杀螟松乳剂 1 000 倍液。

③在树干上缠绕有增效速灭杀丁 400 倍液的草绳，并加围塑料裙。

9. 枣瘿蚊

俗名枣卷叶蛆。

（1）为害特点。枣树萌芽而尚未展叶时，幼虫就开始上树为害，嫩叶受害呈现筒状，变硬发脆，叶尖呈紫红色，不久则枯萎。花蕾被害，花萼膨大，花蕾不能开放，枯黄脱落。

（2）防治方法。

①枣树萌芽尚未展叶时，喷 80%敌敌畏乳剂 800~1 000 倍液，每隔 5~7 天一次连续 2~3 次。

②在成虫羽化出土前，用 75%辛硫磷拌土毒杀，每亩用药量 0.25~0.5kg。

## 六、主要病害及其防治

1. 枣疯病

（1）为害特点。分布普遍，国内各主要枣产区均有发生，发病严重区造成枣树大量死亡，对生产威胁极大。

枣疯病由植原体引起，主要传播媒介为菱纹叶蝉、橙带拟菱纹叶蝉等刺吸式昆虫，也可通过嫁接和根蘖繁殖传播。病害在不同发展阶段症状分别表现为花叶、花变叶、丛枝三种类型。最初感病呈现深浅相嵌的花叶，逐渐整个叶片黄化，继而叶边缘上卷皱缩，变硬而脆；花器常退化为营养器官，花梗变长，萼片、花瓣、雄蕊均可变成小叶；最后，病株常发展为丛枝型，全株一年生发育枝上的主芽和多年生发育枝的隐芽，大部分萌发成发育枝，其上的芽又大部分萌发小枝，如此逐级生枝而成丛生枝。病枝纤细，节间短，叶片小而萎黄。

枣疯病的发生与立地条件、管理水平有关；另外，与品种也有关系。

（2）防治方法。

①培育无病苗木，选用抗病品种和砧木繁殖、建园。

②加强枣园管理，增强树势，提高抗病性。

③一旦发现病株，立即根除销毁。

2. 枣锈病

（1）为害特点。全国各地均有发生，为叶片病害，初在叶背散生淡绿色小点，后逐渐凸起呈暗黄褐色，叶面呈现花叶状，逐渐失去光泽，最后干枯脱落。落叶自树冠下部开始逐步向上蔓延，严重时引起大量早期落叶。

（2）防治方法。

①加强栽培管理，增强树势；适当疏除过密枝条以通风透光。雨季要及时排水，防

止园地过湿，冬季清除落叶。

②发病严重的枣园，可于7月上旬开始喷一次1：（2~3）：300的波尔多液或0.3波美度石硫合剂，隔1月左右再喷一次，可有效控制此病发生。

3. 枣炭疽病

（1）为害特点。分布较普遍，主要为害果实，染病果实着色早，果肩部初变淡黄色，变色处出现水渍状斑点，逐渐扩大成不规则褐色斑块，中间产生圆形凹陷，病斑连片后，呈红褐色，导致落果。枣吊、枣头、枣股、枣叶也可受侵染而带菌，但一般不表现症状。

（2）防治方法。

①清洁枣园，并进行冬季翻耕，加强树体管理，增强树势，提高抗病力。

②结合防治枣锈病，喷布波尔多液效果很好。

### 七、枣果的采收

枣果的采收应依据品种特点和果实的用途而采取相应的采收方法。

1. 手摘

用于鲜食枣和做醉枣的原料。采用手摘法的主要目的是保留枣果美观的外表。同时也是尽量减少枣果损伤，进而提高枣果耐贮性的一项技术措施。采用手摘法可依据枣树的成熟情况，有选择地进行采摘，若在同一株枣树上，果实成熟情况差异较大时，可进行分期采摘。这样不仅从整体上提高了枣果的质量，也延长了鲜枣的供应时间，较大程度地提高了果农的经济效益。

采用手摘法时，在选好要采的枣果后，用手捏住枣果，然后向上用力将枣果摘掉，最好带果柄，这样既美观又耐贮藏。采摘时不宜向下用力采摘，否则易将果柄弄掉，同时也易造成枣果的损伤，从而影响枣果的外观质量，也降低了枣果的贮藏性能。

2. 震落法

此法用于制干、加工用的枣果的采收，采用此方法时，一般是一次性采尽。具体做法是，用木杆或竹竿先打震大枝，晃落成熟的枣果，收起后再用木杆打梢部的尚未完全成熟的果实，应分别存放。采用此方法，常造成枝条损伤，有的将枝条打断，有的打破树皮，造成终生不能愈合的"杆子眼"。同时在打枣的过程中，会将大量的叶片打落。因而对树势影响较大。

3. 催落法

主要适用于制干枣果的采收。具体做法是：在枣果正常采收前5~7天，全树喷布200~300mg/kg的乙烯利水溶液。喷后第二天开始生效，第四至第五天进入落果高峰，只要摇动枝干，即能催落全部成熟的枣果。喷布400mg/kg的乙烯溶液有轻微的落叶现象不宜采用。同时，催落速度与喷布的时期有关，一般是越近采收期，催落用的时间就越短。

# 第三节　枣果加工

## 一、鲜枣的贮藏保鲜

鲜枣营养丰富，味道鲜美，富含维生素 C，具有较高的营养和药用价值，深受消费者青睐。但鲜枣不易保鲜，在室内常温下 24 小时即失水 5% 左右，失去原有的新鲜状态。鲜枣一经失去新鲜状态，食用价值大大下降，维生素 C 大量被破坏。目前，鲜枣的长期贮藏仍处于探索研究阶段。

1. 农村家庭贮藏

（1）冰箱贮藏。选择半红期枣果，采后立即装入薄的方便袋中，放入冰箱的冷藏室内，能延长鲜食时间。

（2）背阴沙藏。在阴凉潮湿的地方，铺一层 3cm 厚的湿沙，上面放一层经挑选的鲜枣，再铺第二层沙，再放一层枣，如此堆高至 30～50cm。为防止沙堆干燥，可用少量清水定期喷洒沙堆，保鲜期在 1 个月以内。

（3）地窖贮藏。农家的地窖也可用于鲜枣的短期贮藏。将适时采收的鲜枣装入较薄的方便袋中，每袋 0.5～1kg，袋口不宜扎紧，或在袋的两侧各打孔 2 个，以防止二氧化碳伤害，保鲜期也在 1 个月之内。

2. 气调贮藏

（1）自发气调贮藏。选用 0.007mm 厚的聚乙烯薄膜制成 70cm 长、50cm 宽的塑料袋，每袋精选鲜枣 15kg。装枣时注意轻倒轻放，不要碰破塑料袋，装好后随即封口。封口可用绳子扎紧，也可用熨斗热合，以热合密闭包装的贮藏效果最好。鲜枣装袋后，贮放在阴凉的凉棚中，逐袋立放在离地 60～70cm 高的搁板上。每隔 4～5 袋留一条通风道。贮藏初期要注意散热，棚内温度越低越好。贮藏过程中要防止鼠害。

（2）气调库贮藏。气调库属现代贮藏设施的高级形式，一般要求 $O_2$ 含量降低到 2%～4%，$CO_2$ 低于 2% 较为适宜。气调库的气体成分靠气调设备来调节，主要是降 $O_2$ 和 $CO_2$ 脱除设备。气调贮藏能根据不同果蔬的要求调控适宜的温度、湿度以及低 $O_2$ 和 $CO_2$ 气体环境，并能排除呼吸代谢放出的乙烯等有害气体，显著地抑制果实的呼吸作用和微生物的活动，达到延迟后熟、衰老和保持果实品质的目的。

3. 冷库贮藏

鲜枣的气调冷库贮藏的效果比较好，下面介绍其主要技术要点。

（1）果实处理。枣果在半红期人工采摘。采前可喷布 0.2% 的 $CaCl_2$，或采后立即用 2%～5% 的 $CaCl_2$ 浸泡处理。选择好果装袋入冷库，袋是厚度在 0.03～0.05mm 的无毒聚氯乙烯保鲜袋，在袋的两侧对打直径为 5mm 的小孔 4 个，每袋容量以不超过 5kg 为宜。入库前迅速降温预冷。

（2）库房管理。入库前的库房先进行保温试验，以确保贮藏期间的温度稳定，确认保温无误后进行库房消毒，每立方米库容用 10～15g 硫黄熏蒸 2 小时，或用 2%～3% 的福尔马林消毒 24 小时。入贮前将库房温度降到 -2℃，防止鲜枣入库后库温回升过高。

（3）入库贮藏。入库后果实分层堆放库中，冷库温度控制在±1℃。库内温度应均衡、稳定。枣果入库预冷1~2天后将袋口扎住，袋内的相对湿度保持在90%~95%，氧气不低于3%~5%，二氧化碳不高于3%。保鲜期在2~3个月。

（4）定期检查和出库。每星期检查一次贮藏情况，观察袋或箱中枣果的质量变化，当发现果实原有红色变浅或有病斑出现时，说明果实开始变软或腐烂，应及时出库和销售，以免造成损失。

### 二、干枣的制备与贮藏

1. 枣果的干制

（1）晾干法（阴干法）。晾干法就是用自然通风的方法，使枣果逐渐蒸散水分成为红枣。此法适用于采收期常有降雨侵扰的地区和肉薄、质地疏松、含水量过多、不宜暴晒的鲜枣品种。方法是：把挑去烂枣的鲜枣，按干湿程度分开，摊放在顶棚上、窑洞内或树阴下的秫秸箔上，厚度约30cm左右，堆成长垄或馒头形，每隔3~4天倒翻一次，遇连阴雨要每天翻一次，经过1个月左右即可晾干。

（2）晒干法。是干制红枣最常用的方法。零星产枣区直接在地上、房顶上或山石上摊晒；集中产枣区则要铺放在箔上摊晒，即在平坦透风无积水的地方设置晒枣场。用秫箔在秫秸把上或砖面上，支离地面20cm左右，作为枣铺，将枣摊成高低起伏的瓦垄状，均匀地摊放箔上暴晒，厚度6~10cm，每平方米放枣30~50kg。每隔1小时上下翻动1次，每日翻动8~10次，使上下干燥均匀。夜间堆集在箔子中间，呈屋脊状长垄，用席或塑料布覆盖，以免受露返潮，次日早晨，日出后揭去盖席，待箔面露水干后，再将枣摊向两边，空出中间堆枣的潮湿箔面。待箔面晾干后，再将枣匀摊在整个箔面上暴晒。经过15~20天，手捏枣不发软，含水量降到28%以下，即可挑选分级，装商品袋销售或贮藏。

（3）机械干燥法。采用功效较高的干燥设备，对于干燥空气的温度、湿度和流速，按需要加以控制，干燥时间短，能获得高质量的干制品。干制机类型很多，常用的有隧道式干燥机、滚筒式干燥机、带式干制机等。

此外，还有其他的一些干制技术，如烘房干制法、冷冻升华干燥法、真空脱水法、远红外干燥法、太阳能干燥法等，在此不再详述。

2. 干枣的贮藏

干枣贮藏方法比较多，常用的有袋藏、囤藏、棚藏等。但遇到不良环境条件，容易反潮、霉烂、虫蛀。贮藏期短，或者完全风干，造成瘦小无肉。根据枣的特性，许多科研单位对于枣贮藏技术进行了大量的研究，摸索出一些可行的方法。

（1）屋藏与囤藏。

①屋藏法是把干枣放在干燥的屋内或仓库内。贮前在屋内或仓库内的墙壁上钉一层苇席，地上用砖或秫秸把支好2~3层（即用芦苇或秫秸编成的帘子）作的枣铺，把枣堆放在箔上，或把枣装入麻袋里堆集存放。

②囤藏法是在干燥的库房内设置席囤，囤底要垫砖铺箔隔离地面，把枣贮放于囤

中。贮藏期间要注意做到库内保持干燥（红枣的含水量不得超过 28%。含水率指标是衡量是否耐贮的关键），防虫、防鼠。发现枣果返潮要及时晾晒。发现虫蛀，可用硫黄熏杀，一般经 24 小时熏蒸后，蛀虫可基本死亡。

（2）缸藏。把无虫的干枣放入干净的缸或坛中，加盖置于干燥凉爽的屋内即可。该法适宜少量干枣的存放。

（3）气调贮藏。是用塑料薄膜压制成大帐，充入氮气（含氮量保持在 2%~4%）或二氧化碳，造成帐内无氧状态（含氧量小于 8%），并放入石灰吸潮，帐内温度夏季保持在 21~30℃，湿度为 90%，贮藏效果良好。

（4）塑料袋小包装。选用 0.07mm 厚的聚乙烯薄膜，用热合法制成 40cm×60cm 的包装袋，每袋装干枣 4~5kg，抽出袋内空气密封，然后放于干燥凉爽的室内即可。用此法贮放一年后的干枣，好果率达 90% 以上，果实饱满，色泽和风味都正常。

### 三、枣果的分级、包装

1. 枣果的分级

枣果分级，就是按照枣果质量标准或合同要求，采用一定的方法，把同一品种的枣果分成若干等级的过程。分级后便于枣果包装、销售、运输和贮藏。分级中剔出的残次果和病虫果，可就地进行加工处理，减少浪费，有利于枣果的综合利用。

（1）分级标准。枣果的质量标准是对商品枣果进行分级的主要依据。我国于 1986 年发布并实施了红枣国家标准（GB/T 5835—1986），是全国最早发布的枣果质量标准。

（2）分级方法。分级前应先进行挑选，将外观品质不符合等级果要求的先行剔除，再根据内在品质优良程度、外观完好程度和果实大小（重量）情况，将枣果分成不同的等级。

果实的外观品质主要包括大小、色泽、洁净度、病虫果率及机械伤情况和杂质含量等。外观品质挑选，就是将鲜枣中病虫、日灼、碰压、裂果等果面损伤严重，红枣中干条、破头、浆头、病虫为害等损伤较重，外观缺陷明显不符合等级指标要求的果实剔除，余者再进行分级。目前多采用人工方法进行外观品质挑选，或借助选果台进行。选果台是一条狭长的胶皮传送带，工作人员分列两侧进行挑选。

经挑选后，主要根据枣果大小进行分级。可人工分级和利用滚筒式分级机进行分级。对于商品枣的等级鉴定，通常鲜枣用天平测定单果重进行分组（每件抽果数不少于 30 个，计算平均单果重），红枣通过数每 kg 果数进行分级。

2. 枣果的清洗

枣果分级后，一般鲜枣要进行入库冷藏，干制枣可进行人工烘焙干制。为了提高枣果的商品质量，一般要对枣果进行清洗处理。这样，既提高了果面的洁净度，又可以减少果面农药残留对人体健康的危害。

鲜枣贮藏前，一般可以用清水清洗。然后通过热气流风干表面水分，再加以贮藏。用作干制的枣果，在人工干制前，也应充分进行水洗以去除表面尘土和污迹。这样，制干后即成为免洗产品，备受消费者欢迎。

3. 枣果的包装

包装是枣果商品化的重要组成部分。主要起保护果实、方便贮运和购买、促进流通和销售、美化和宣传产品、品牌识别等作用。枣果包装应符合"科学、经济、牢固、美观、适用"的原则，在货真价实的前提下，力争能够显示商品的特点和风格，最大限度地发挥包装的各项功能，做到包装档次与商品档次、实体结构与装潢艺术相一致，并符合消费者的消费心理和消费习俗。

（1）包装容器。目前，枣果包装广泛采用瓦楞纸箱为包装容器。瓦楞纸箱的主要优点是：重量较轻，空箱可以折叠，便于存放和运输；箱体坚固，具有一定的弹性，可较好地保护果实，提高枣果的市场竞争力。但也存在吸潮后变软、强度不太理想、外观及质地不够高雅美观的缺陷。

此外，鲜枣还可用塑料箱、泡沫塑料箱做包装容器。1kg 以下枣果的小包装（包括鲜枣和红枣），可用单层硬纸盒或透明塑料盒为包装容器。

（2）包装方法。枣果经过分级后应分别装在不同的包装容器内，避免混装，包装前应剔除枝、叶、沙、尘土及其他异物。枣果要轻装轻放，装紧装满。各包装件的表层枣果在大小、色泽和重量上均应代表整个包装件的情况。包装容器外面要做好标志，注明品种、品名、等级、净重、个数、产地、包装者、包装日期等。同一批枣果包装标志的形式和内容要统一。

4. 枣果的运输

枣果包装后，需采用各种运输工具将枣果从产地运到销售地或贮藏库。一般而言，运输过程很难完全满足果实的需要，应该尽量创造平稳、适宜的条件，把损失降至最低。为此对运输提出的基本要求是："一快二轻三防"，即快装快运、轻装轻卸、防热防冻。无论鲜枣还是红枣，在待运时都必须批次分明、堆码整齐、环境整洁、通风良好，严禁烈日暴晒和雨淋。不论用什么运输工具，都应尽可能保持适宜的温度、湿度及通气条件，这对保持枣果的新鲜品质有十分重要的意义。

# 第七章  绿色无公害核桃生产关键技术

## 第一节  种质资源及其生物学特性

### 一、核桃栽培现状

核桃属于胡桃科、核桃属，是世界"四大干果"之一。我国是世界核桃原产地之一，至今已有 2 000 多年的栽培历史，种质资源十分丰富。据联合国粮农组织年鉴 2017 年资料显示，我国的核桃总产量位居世界第一。我国核桃栽培面积大、产量高、品质优，已逐渐成为我国农村经济发展的一个新的增长点，充分发挥其经济效益，是我国当前新农村建设的一个主要方向。

### 二、核桃种质资源和品种类型

我国核桃育种资源主要有普通核桃、铁核桃、核桃楸、河北核桃、黑核桃、野核桃、灰核桃、吉宝核桃、心形核桃、北加州黑核桃、小果核桃、果子核桃、长果核桃等。其中普通核桃是核桃属中栽培应用最广泛的树种，较耐寒冷、干旱而不耐湿涝；其类型繁多，结实期有早晚之分；坚果较大，壳薄，核仁饱满，品质优良，为世界核桃主产国的主栽树种，也是我国北方核桃主产区的主要分布树种。

新引进和新发现的变异类型有：①特大型核桃。坚果纵径可达 8cm，侧径 5cm，单果重约 36g，相当于普通核桃的 3 倍左右，但果壳较厚。②无壳核桃。坚果的硬壳退化成一层薄膜，用手极易撕掉。③穗状核桃。雌花序为穗状，有 4~30 朵雌花。目前发现两种：一种为雌花聚生，呈葡萄穗状，故称葡萄状核桃；另一种为雌花散生在一个较长的花轴上，又称串核桃。④红瓤核桃。我国秦岭核桃产区的珍稀资源，《中国果树志——核桃卷》有记载。果个小，近圆形，坚果重 10~13g，壳厚 1~1.2mm。仁色鲜红，贮藏后呈艳紫红色，甚是美观。

### 三、主要优良品种

#### （一）国内优良品种

1. 辽宁 1 号

果实经济性状：坚果圆形，果重 9.4g。壳面较光滑，色浅，壳厚 0.9mm 左右。可取整仁。核仁重 5.6g，出仁率 59.6%。侧生混合芽率超过 90%。

生长和结果习性：该品种树势强，树姿直立或半开张，分枝力强，极丰产，每雌花序着生 2~3 朵雌花，坐果率 60% 以上，属雄先型。9 月下旬坚果成熟。5 年生平均株产坚果 1.5kg，最高达 5.1kg，高接树 4 年生平均株产坚果达 2.1kg。该品种适应性强，耐寒，适于北方核桃栽培区栽培。

2. 辽宁 7 号

果实经济性状：坚果圆形，单果重 10.7g。壳面极光滑，色浅，壳厚 0.9mm 左右，可取整仁。核仁重 6.7g，出仁率 62.6%。

生长和结果习性：该品种连续丰产性强，属雄先型。9 月中旬坚果成熟。5 年生平均株产坚果 4.7kg。该品种适应性强，耐寒，适宜在年均温 9~16℃，冬季最低气温在 −28℃ 以上，年降水量在 450mm 以上，无霜期在 145 天以上的地区栽培。适于北方核桃栽培区栽培。

3. 香玲

果实经济性状：坚果卵圆形，中等大，平均单果重 10.6g，最大 13.2g，三径平均 3.4cm，壳面光滑美观，壳厚 0.99mm，缝合线较松，可取整仁，出仁率 57.6%，仁色浅，风味香，品质上等。

生长和结果习性：植株生长中庸，树姿开张，分枝角 70° 左右，树冠半圆形。叶较小，绿色，属雄先型，中熟品种。该品种丰产性强，肥水不足果实变小，结果过多时树势易衰弱。注意增施有机肥，适量负荷，可延长结果寿命。抗寒、抗旱、抗病性较差，对肥水条件要求严格，干旱、管理粗放时，结果寿命变短。

4. 薄壳香

果实经济性状：坚果较大，平均单果重 13.02g，最大 15.5g，三径平均 3.58cm，壳面光滑美观，壳厚 1.19mm，缝合线紧，可取整仁，出仁率 51%，仁色浅，风味香，品质上等。

生长和结果习性：植株生长势强，树姿较直立，分枝角 55° 左右，树冠圆头形。叶大而厚，深绿色，属雄先型，晚熟品种。该品种丰产性较强，抗寒、抗旱、抗病性较强，对栽培条件要求严格。适宜在干旱黄土丘陵区生长，栽培条件好，结果寿命长。

5. 礼品 1 号

果实经济性状：坚果长圆形，单果重 9.7g。壳面光滑，色浅，壳厚 0.6mm，极易取整仁，属纸皮类。核仁重 6.74g，出仁率 70%。

生长和结果习性：树势中庸，树姿半开张，母树 16 年生，每母枝平均发枝数 1.9 个，果枝率为 58.4%。果枝长 15~30cm，粗 0.9cm，属于长果枝型。每果枝平均坐果 1.2 个。每平方米冠幅投影面积产仁量 150g 左右。属雄先型。9 月中旬果实成熟。嫁接树 3 年生开始结果，产量中等。该品种适应性强，耐寒，适宜在年均温 9~16℃，冬季气温在 −28℃ 以上，年降水量在 450mm 以上，无霜期 145 天以上的北方核桃栽培区栽培。

6. 晋龙 1 号

果实经济性状：坚果较大，平均单果重 14.85g，最大 16.7g。三径平均 3.78cm，果形端正，壳面光滑，颜色较浅，壳厚 1.09mm，缝合线窄而平，紧密易取整仁，出仁率 61.34%，平均单仁重 9.1g，最大单仁重 10.7g，仁色浅，饱满风味香，品质上等。在通风、干燥、冷凉的地方（8℃以下）可贮藏一年品质不下降。

生长和结果习性：植株生长势强，树姿开张，分枝角 60°~70°。树冠圆头形，叶片大而厚，深绿色，属雄先型，中熟品种。该品种是我国第一个晚实优良新品种，其嫁接苗比实生苗提早 4~6 年结果，幼树早期丰产性强，品质优良。抗寒、抗晚霜、耐旱、抗病性强。栽培条件好，连续结果能力强。适宜我国华北、西北丘陵山区发展。

7. 晋龙 2 号

果实经济性状：坚果近圆形，纵径、横径、侧径平均 3.77cm，坚果重 15.92g，缝合线窄而平，结合紧密，壳面光滑美观，壳厚 1.22mm。内褶壁退化，横隔膜膜质，可取整仁，出仁率 56.7%，仁饱满，淡黄白，风味香甜，品质上等。

生长和结果习性：树势强，树姿开张，树冠半圆形。雄先型，中熟品种。果枝率 12.6%，每果枝平均坐果 1.53 个。嫁接苗 3 年开始结果，8 年生树株产坚果 5kg 左右。该品种果型大而美观，生食、加工皆宜，丰产、稳产，抗逆性强，适宜在华北、西北丘陵山区发展。

### （二）国外优良品种

1. 培尼（Payne）

果实经济性状：原产地美国，坚果中等至小，平均单果重 11.25g。缝合线紧密，出仁率 48%，浅色核仁约占 50%。

生长和结果习性：树体中等大小，树冠圆形，生长势强。丰产，侧生混合芽率为 80%~90%。为了防止结果过多，幼树需中度或重度修剪，成年树也需适当重剪，以维持树体的生长势。早熟品种。在美国加利福尼亚州 3 月中下旬展叶，4 月中下旬开花，雌雄花期吻合，故在单一品种栽植时也能获得较高的产量，9 月初成熟。但易遭苹果蠹蛾和细菌性黑斑病的危害。宜中冠稀植栽培。

2. 维纳（Viina）

果实经济性状：坚果锥形，果基平，果顶渐尖，坚果重 11g。壳厚 1.4mm，光滑。缝合线略宽而平，结合紧密。易取仁，出仁率 50%。

生长和结果习性：美国主栽品种，1984 年引入中国，树体中等大小，树势强，树姿较直立。侧生混合芽率 80% 以上，早实型品种。雄先型，中熟品种。该品种适宜华北核桃栽培区的气候，抗寒性强于其他美国栽培品种。早期丰产性强。

3. 清香

果实经济性状：坚果大，平均坚果重 11.98g；坚果椭圆形，果型大而美观，缝合线紧密。出仁率 52%~53%，仁色浅黄，风味香甜，无涩味，核仁品质好。

生长和结果习性：产自日本，树体中等大小，树姿半开张，幼树期生长较旺，结果后树势稳定。属雄先型，晚熟品种。一般仅顶芽能够结实，结果枝率 60% 以上，连续结果能力强，坐果率 85% 以上，发枝率 1:2.3，双果率高。丰产性强。嫁接后 3 年结果，5 年丰产，每亩产坚果 278kg。在河北保定地区 4 月上旬萌芽展叶，4 月中旬雄花散粉，4 月下旬雌花盛期。9 月中旬成熟。10 月下旬至 11 月初落叶。该品种抗性强。抗冻，开花晚，避霜冻。对炭疽病、黑斑病抗性较强。对土壤要求不严。适宜在华北、西北、东北南部及西南部地区大面积发展。

4. 哈特利（Hartley）

果实经济性状：坚果大，平均单果重 13.56g。坚果基部宽而平，顶部尖，似心脏形。缝合线紧密。出仁率约为 45%，90% 为浅色核仁。是漂洗后带壳出售的主要品种。

生长和结果习性：树体中等至大，树姿半开张，在肥沃的土壤中生长势很旺。侧芽结实率约 10%。开始结果年龄较晚，但盛果期产量高。属雄先型，9 月中旬成熟。该品种在美国加利福尼亚州表现丰产，核仁浅色，不易遭受苹果蠹蛾和黑斑病的危害。易感树皮深层溃疡，在水分不调或土壤瘠薄时，深层溃疡是限制哈特利栽培的主要因素。只有栽植在土层深厚、肥沃、排水良好的土壤上，并能合理灌水时才能丰产。宜大冠稀植栽培。

## 四、核桃生物学特性

1. 根系

核桃的根系，分为主根、侧根和须根。主根发达，为深根性树种。侧根水平伸展较远，须根多，根系强大。一般而言，早实核桃比晚实核桃根系发达。发达的根系有利于对水分及有机盐的吸收，有利于体内营养物质的积累和花芽分化的进行，实现早结果，早丰产。核桃根系的生长状况与立地条件，尤其与土层厚薄、石砾含量、地下水位状况有密切关系。

2. 芽、枝、叶

（1）芽。核桃芽分为混合芽、雄花芽、叶芽、潜伏芽。

混合芽（雌花芽）：芽体肥大，近圆形，发育饱满，芽顶钝圆，鳞片紧包，萌发后抽生结果枝，在结果枝的顶端着生雌花并开花结果（图 7-1）。

叶芽：结果枝上多着生在混合芽以下雄花芽以上，或与雄花芽上下排列呈复芽着生，叶芽呈三角形或圆形。

雄花芽：呈短圆锥状，鳞片极小，不能被覆芽体，故称裸芽。萌发后形成雄花序。

潜伏芽：又称休眠芽，呈扁圆形且瘦小。一般情况下不萌发，随枝条加粗生长埋伏于皮下，受到刺激容易萌发，核桃的更新复壮都由潜伏芽完成。

（2）枝条。新梢的生长高峰期在 5 月上旬至 6 月上旬，分别形成春梢。旺梢可出现第二次生长高峰。

营养枝：只有叶芽而没有花芽的枝条，具体可分为发育枝和徒长枝。

发育枝：芽体饱满，生长健壮的枝条，是构成树冠和着生结果枝的主要枝条。

徒长枝：多由休眠芽萌发而成，徒长枝生长直立，芽体瘦小。老树可用以更新复壮。

结果枝：着生混合芽的枝条称为结果母枝，春季萌发抽生结果枝。在结果枝顶端着生雌花结果。

雄花枝：只着生雄花，且多生长短小细弱，雄花序脱落后顶芽以下光秃，多着生在老弱树或冠内膛郁闭处。雄花枝过多是树弱及劣种表现。

（3）叶片。叶片为奇数羽状复叶。其数量与树龄和枝条类型有关。叶片随着新枝形

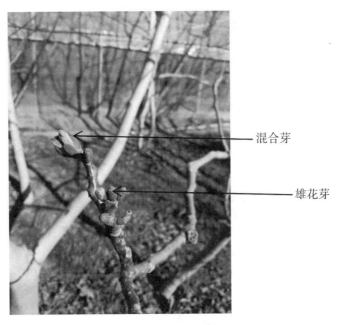

图 7-1　核桃混合芽和雄花芽

成和封顶长大。

3. 花和果

（1）花。核桃树为单性花，雌雄同株异花，雌花芽为混合芽（图 7-1）。雄花呈葇荑花序，序长 6~12cm，每花序有雄花 100~180 朵。雌花序为总状花序（图 7-2），单生或 2~4 个，子房下位，二心皮，一心室。核桃树开花结果早晚因种类不同而异；早实核桃定植后 2~3 年开始结果，4~6 年进入盛果期；晚实核桃定植后 4~5 年开始结果，8~10 年进入盛果期。核桃是异花授粉，属风媒花。雌花柱头在开花后 1~5 天接受花粉能力最强，一天中以上午 9—10 点、下午 3—4 点授粉效果最佳。

（2）果实。核桃果实由子房发育而成。果皮绿色或黄绿色（现已发现特异种质资源果皮为红色），光滑或有茸毛。果实成熟后果皮失水干裂。其大小因种类、品种及立地条件而异。果实发育期，南方地区为 170 天左右，北方为 120 天左右。

4. 核桃树的生命周期

依据核桃一生中树体生长发育特征呈现的显著变化，可将其划分为四个时期，即幼龄期、初果期、盛果期和衰老期。生产上可根据各个生长发育时期的特点，采取相应的栽培管理技术措施，调节其生长发育状况，达到栽培之目的。

（1）幼龄期。从苗木定植到第 1 次开花结果之前，称为幼龄期。一般早实核桃为 1~3 年，晚实型实生核桃 7~10 年，铁核桃 10~15 年，两者的嫁接苗也需 5~8 年。

管理要点：在栽培管理基础上加强其营养生长，尽快形成牢固而均衡的骨架，扩大树冠；同时对非骨干枝条加以控制，促使提早开花结实。

（2）初果期。核桃从第 1 次开花结果到大量结果以前，称为初果期。

管理要点：此期栽培的主要任务在于培养骨架，扩大树冠，抑制树势，促使及早转

图7-2 核桃雄花（左）和雌花（右）

入盛果期。可通过对直立旺枝扭枝、多次摘心等措施控制树势。

（3）盛果期。盛果期是指从核桃有经济产量到几乎无经济产量之前。这一时期延续时间的长短，同立地条件和栽培管理水平关系极大。

管理要点：这一时期是核桃树一生中产生最大经济效益的时期。核桃经营者应重视此期的科学管理，延长结果盛期，以获得较高的经济收益。栽培的主要任务是通过栽培措施尽量维持和延长这一时期，修剪上注意改善内膛光照；土肥水管理上通过深翻改土、增施有机肥等方法，增加根系的活力，以便维持健壮的树势。

（4）衰老期。这一阶段是从植株开始进入衰老到全部死亡为止。本期开始的早晚与立地和栽培条件有关：晚实核桃和铁核桃从80~100年开始，早实核桃进入衰老期较早。

管理要点：这时期栽培管理的主要任务是在加强土肥水管理和树体保护的基础上，有计划地进行骨干枝更新，形成新的树冠，恢复树势，以保持一定的产量并延长其经济寿命。核桃树衰老更新期开始的早晚与持续时间的长短因品种、立地条件和管理水平不同而相差甚多。

上述分4个阶段简述了核桃各生命周期的生长发育特点，各个阶段之间是有机联系在一起的，是发展变化的。为了获得高而稳定的产量，必须根据核桃个体发育的特点，采用合理的栽培技术措施，以促使结果盛期的提前到来和推迟结束。

# 第二节　核桃建园与土肥水管理

## 一、园地选择

建园时应选择海拔700~1 300m，无霜期150天以上，年平均气温8~16℃，极端最低温度不低于-25℃，地形背风向阳，空气流通，日照充裕的地方。在山地栽植时，应特别注意海拔、坡度、坡向、坡形及土层的厚薄等条件，以及核桃对温、光、水、气等条件的适应状况。坡度大的地区必须规划水土保持工程。初步确定园址后，要进行核桃园的整体规划与设计，内容包括园地调查、主要道路、排灌系统、防护林建立、小区划分及品种搭配等。在沙荒地上栽植核桃时，应在建园前营造防护林，达到防风固沙、改善核桃园气候环境的目的。

核桃喜光，进入结果期后更需要充足的光照条件，全年日照时数要在2 000小时以上，才能保证核桃的正常生长发育。凡核桃园边缘的植株均表现生长好，结果多；同一植株也是外围枝条比内膛枝结果多。为此，在栽培中，园地选择、栽植密度、栽培方式及整形修剪等方面，均必须考虑光照问题。

核桃对干燥空气环境适应性强，但对土壤水分较为敏感。土壤水分过多会影响树体生长发育。山地核桃园需采取水土保持工程措施；在平地则要解决排水问题。核桃园的地下水位应在地表2m以下。

核桃为深根性的树种，土层不能少于1m，在土层过薄地区生长的核桃，容易形成小老树，也容易"焦梢"且不能正常结果。核桃可以在微酸性到微碱性土壤中生长，pH值在6.5~7.5为宜，土壤含盐量宜在0.25%以下。核桃比较适宜的土壤为沙壤土和中壤土，不宜使用质地黏重和砾石过多的土壤。核桃对地势的要求不太严格，但以坡地平缓、上层深厚、背风向阳、10°以下的缓坡地带等立地条件较为适宜。避免易积水的低洼地。

## 二、科学栽植

### 1. 品种选择

早实核桃品种最好在立地条件好的地方发展；立地条件差，管理粗放的地方应该选择晚实核桃品种。一般建园时应根据核桃品种的雌雄花期选择3~4个主栽品种。栽植品种同授粉品种的最大距离应小于100m，平地栽植时，可按4~5行主栽品种，配置1~2行授粉品种，保证授粉品种的盛花期同主栽品种的盛花期相一致，授粉品种的坚果品质也要优良。

### 2. 栽植技术

核桃树的栽植可分为春栽和秋栽两种。春栽是在土壤解冻后到春季苗木萌芽前进行栽植。秋栽是指秋季苗木落叶后到土壤封冻前进行栽植，秋栽苗木易抽条或受冻。在冬季温暖不干旱的地方，适合进行秋栽；在冬季气温低，风大，冻土层较深的地区，可以进行春栽，要强调栽时灌水，保墒，防止苗木失水。春栽能有效防止秋季栽植后所栽苗木的抽条和冻害。

通常，晚实核桃的株行距，可以采用（6~8）m×（8~9）m；早实核桃的株行距可采用（2~4）m×（4~5）m。

### 3. 栽后管理

栽植后必须灌一次透水，两周应再灌一次透水，可提高栽植成活率。此后，如遇高温或干旱还应及时灌溉。水源不足的地区，栽植并灌水后，立即用秸秆或地膜等覆盖树盘，以减少土壤水分蒸发。在春、夏两季，结合灌水，可追施适量化肥，前期以追施氮肥为主，后期以磷、钾肥为主；也可进行叶面喷肥。

### 三、土肥水管理

**1. 改土与间作**

深翻改土最适宜的时间是在果实采收以后至落叶以前。深翻分为扩穴深翻和全园深翻。扩穴深翻结合秋施基肥进行，核桃幼树在定植 2 年后，逐年向外深翻扩大栽植穴，直至株间全部翻遍为止。成龄树在树冠垂直投影边缘处每年或隔年挖环状沟或平行沟，沟宽 40~50cm，深 60~80cm，以不伤 1cm 粗的根为度，然后充分灌水。改土主要是针对沙土、黏土和盐碱土等不良土壤进行的改良措施。如果核桃园是在河滩地建园，则必须进行抽沙换土或压土。抽沙换土时按行距抽去 1m 宽、30cm 深的沙，换上同体积的壤土，然后上下翻搅均匀，深度为 50~60cm。压土时，全园普遍压 30~40cm 厚的壤土，然后深耕或深翻，使沙与土混合。有些纯沙土地，在 30~40cm 以下为黏土，要通过深耕把下层黏土翻上来与上层的沙土混合。

间作常用的作物种类有大豆、各种杂豆、马铃薯、油菜、花生等；核桃栽培的株行距较大时也可间作玉米、高粱等高秆作物。可间作的药材种类有丹参、桔梗、柴胡、板蓝根、黄芩、白术、生地、金银花等。可间作的蔬菜种类有红萝卜、白萝卜、大白菜、甘蓝、草莓、青菜以及各种瓜类等。果肥间作的绿肥作物有：毛叶苕子、豌豆、草木樨、紫花苜蓿、绿豆等。

间作时应采用带状或者全园间作。不管采用哪种形式，树下要留出直径 1m 以上的树盘，注意轮作。随着树冠的扩大，逐年减少间作面积。定植 5 年后，树冠基本郁闭时，退出间作物。对间作物每年都要进行松土、除草、施肥、灌水等，防止荒芜或与树体争水争肥。

**2. 土壤管理**

多采用行间生草、行内覆盖的方法。果树行间的生草带的宽度应以果树株行距和树龄而定，幼龄果园生草带可宽些，成龄果园可窄些。人工生草适合的草种有：白三叶草、匍匐箭筈、豌豆、扁茎黄芪、鸡眼草、扁蓿豆、多变小冠花、草地早熟禾、匍匐剪股颖、野牛草、羊草、结缕草、猫尾草、草木樨、紫花苜蓿、百脉根、鸭茅、黑麦草等。

覆盖主要是进行地膜覆盖，最佳时间是秋季。覆膜若与施基肥结合起来，可增强秋施基肥的效果，同时有效延长土壤生物的活动时间，促进养分的分散与释放，提高树体营养，为果树安全越冬及翌年生长提供良好条件。

**3. 施肥技术**

根据核桃外部形态，可以判断某种元素的丰歉，具体症状见表 7-1。

表 7-1　常见的核桃缺素症及元素过量症状

| 元素 | 缺素症状及元素过量症状 |
| --- | --- |
| 氮 | 缺氮时，生长期开始叶色较浅，并逐渐变黄，叶片稀而小，常提前落叶，新梢生长量减少，树势衰弱，落花落果严重；严重时，植株顶部小枝死亡，产量明显下降。但在干旱及其他逆境条件下，也可能发生类似现象。氮肥施用过量，常引起枝叶徒长，组织不充实，果实成熟期推迟，贮藏性降低，生理病害加重。 |

（续表）

| 元素 | 缺素症状及元素过量症状 |
|---|---|
| 磷 | 缺磷时，树体一般很衰弱，叶片稀疏，小叶片比正常略小，叶片出现不规则黄化和坏死，提前落叶。磷过剩时，则影响氮、钾、镁的吸收，还可导致植物体内及土壤中铁的活性降低，叶片变黄，并引发缺锌造成的"小叶病"。 |
| 钾 | 缺钾症状多表现在枝条中部叶片上，刚开始叶片变灰白（类似缺氮），然后小叶叶缘呈波状内卷，叶背呈现淡灰色（或青铜色），叶和新梢生长量减少，坚果变小。 |
| 钙 | 缺钙时，根系短粗、弯曲，尖端不久变褐枯死。地上部首先表现在幼叶上，叶小、扭曲、叶缘变形，并经常出现斑点或坏死，严重时枝条枯死。缺钙果实生理病害加重。钙素过多，铁、锰、锌、硼等易转化为不可利用状态，出现缺素症。 |
| 铁 | 缺铁时，幼叶失绿，叶肉呈黄绿色，叶脉仍为绿色，严重缺铁时叶小而薄，呈黄白或乳白色，甚至发展成烧焦状和脱落。由于铁在树体内不易移动，因此最先表现缺铁的是新梢顶部的幼叶。 |
| 锌 | 缺锌时，枝条顶端芽的萌芽期延迟，叶小而黄，呈丛生状，称为"小叶病"，新梢细，节间短；严重时，叶片从新梢基部向上逐渐脱落，枝条枯死，果实变小。 |
| 硼 | 缺硼时，树体生长迟缓，枝条纤细，节间变短，小叶呈不规则状、有时呈萼片状；严重时顶端抽条死亡。硼过量可引起中毒，使组织坏死，症状首先表现在叶尖，逐渐扩向叶缘，严重时坏死部分扩大到叶内缘的叶脉之间，小叶边缘上卷，呈烧焦状。 |
| 镁 | 镁是叶绿素的主要组成元素。缺镁时，叶绿素不能形成，表现出失绿症，首先在叶尖和两侧叶缘处出现黄化，并逐渐向叶基部延伸，留下 V 形绿色区，黄化部分逐渐枯死呈深棕色。 |
| 锰 | 缺锰时，表现有独特的褪绿症状，失绿是在叶脉间从主脉向叶缘发展，褪绿部分呈肋骨状，枝梢顶叶仍为绿色。严重时，叶子变小，产量变低。 |
| 铜 | 缺铜时，新梢顶端的叶片首先失绿变黄，后出现烧焦状，枝条轻微皱缩，新梢顶部有深棕色小斑点。果实轻微变白，核仁严重皱缩。 |

根据肥料的性能和施肥时期可分为基肥和追肥两大类。

基肥以秋施腐熟的有机肥为主，在果实采收后至落叶前这段时间内施入。秋施基肥越早越好。幼龄核桃园可结合深翻施入基肥，成龄园可采用全园撒施后浅翻土壤的方法施入基肥，施入基肥后灌一次透水。

追肥是在基肥的基础上，根据树体生长发育需要及时补充的速效性肥料。以速效化肥为主。幼树追肥次数宜少，一般每年 2~3 次，随着树龄增大和结果量增多，追肥次数增多，成年树一般每年 3~4 次。核桃 3 次主要的追肥时期分别如下。

（1）第一次追肥。早实核桃在雌花开花前，晚实核桃在展叶初期进行。以速效性氮肥为主，如尿素、硫酸铵、硝酸铵等。对于进入盛果期的核桃树，一定要在萌芽前追施速效性氮肥和磷肥，施肥量应占全年追肥量的 50% 以上。

（2）第二次追肥。早实核桃在雌花开花以后，晚实核桃在展叶末期施入。以氮肥为主、配合适量磷、钾肥。施肥量应占全年追肥量的 30%。

（3）第三次追肥。主要是针对进入结果期的核桃，在 6 月下旬果实硬核后进行的一次追肥。以磷、钾肥为主，配施少量氮肥。此次追肥量应占到全年追肥量的 20%。

### 四、灌溉

依据核桃的需水关键期所确定的灌水时期主要有三次。

第一次灌水在春季核桃树萌芽前后。北方地区的 3 月下旬至 4 月上旬，核桃要完成萌芽、抽枝、展叶和开花等生命过程，需要充足的水分供应。此时恰逢北方春旱季节，应结合施肥进行灌水，又称为萌芽水。

第二次灌水在开花后和花芽分化前。北方地区 5—6 月，此时正值果实膨大和树体迅速生长期，其生长量可达全年生长量的 80%，而且雌花芽已经开始分化，树体内的生理代谢十分旺盛，如果水分不足，不仅会导致大量落果，而且会影响花芽分化。此时期应灌一次透水。

第三次灌水在果实采收后至落叶前。10 月下旬至落叶前，可结合秋施基肥进行灌水，要求灌足灌透，有利于基肥腐烂分解和受伤根系的恢复、促发新根以及树体贮藏营养，为来年萌芽、开花和结果奠定营养基础。

在水源充足的地方还可在土壤上冻前再灌一次透水，俗称"打冻水"，可以提高树体抗寒能力，对核桃树越冬非常有利。应该注意的是，核桃园应前促后控，即春季多浇水，后期控水，雨季还应注意排水。在降水量大的年份和降水集中的季节，要挖沟排涝。

## 第三节　核桃树体管理与病虫害防治

### 一、花果管理技术

1. 防治落花落果

落花落果在核桃生产中是一种比较普遍的情况，以预防为主，防、治、管相结合；在合理施肥、深翻土壤的基础上，加强病虫害防治，保护好叶片，增强树势。另外，在柱头枯萎后每隔 15 天左右喷施一次 0.3%~0.5% 的尿素或磷酸二氢钾溶液，连喷 2~3 次，能促进果实迅速膨大，有效提高果实品质。选择晚花、抗寒、耐湿、生育期短的优良品种，配置好授粉树，多留花芽，合理使用生长调节剂等方式也能起到一定的作用。

2. 疏花疏果措施

疏花疏果关键在于留适量的花果量。一般着双果的结果枝需要有 6 片以上正常复叶，才能保证枝条和果实正常发育。具 1~2 片复叶的果枝应疏除。核桃是强枝壮枝结果，粗度在 1.0cm 以上一般能坐果 2~3 个；粗度在 0.8~1.0cm 可坐果 1~2 个；粗度在 0.7cm 以下的果枝几乎坐不住果。一般中等以上立地条件和中等偏旺树势，每平方米树冠投影面积留果量为 60~80 个，立地条件优越和树势很强的核桃树，每平方米树冠投影面积留果 80~100 个。

疏花疏果要因地因园因树而定。有晚霜冻害的地区和病虫严重的果园，其留花留果量应比实际需要留果量多 30%~40%，待坐稳果后再行疏果，以弥补冻害或病虫为害造成的损失。

核桃疏花疏果应该以早疏为主。疏除雄花芽的时期为雄花芽未萌发前的 20 天内；核桃雌花序与雄花序之比为 1：（5±1），疏雄量以疏除全树雄花序的 90%～95% 为宜，使雌花序与雄花（小花）之比达 1：（30～60），但对栽植分散和雄花芽较少的树、刚结果的幼树，可适当少疏或不疏。疏果时间，可在生理落果以后，一般在雌花受精后 20～30 天，即当子房发育到 1～1.5cm 时进行为宜。对于品种园来讲，授粉品种的雄花适当少疏，主栽品种可多疏。

疏雄的方法可直接人工掰除。疏果仅限于坐果率高的早实核桃品种，尤其是树弱而挂果多的树。方法为先疏除弱树或细弱枝上的幼果，也可连同弱枝一同剪掉；每个花序有 3 个以上幼果时，视结果枝的强弱，可保留 2～3 个；留果部位在冠内要分布均匀，郁闭内膛可多疏。

3. 人工授粉

（1）采集花粉。在当地或其他地方选择生长健壮的成年树，采集基部将要散粉（花序由绿变黄）或刚刚散粉的雄花序，在干燥且无阳光直射的室内，将花序放在干净的硫酸纸或者报纸上晾干。在 20～25℃ 恒温箱中，经 1～2 天大部分雄花散粉后，筛出花粉。将花粉收集在指形管或小青霉素瓶中盖严，置于 2～5℃ 的低温条件下备用。在常温下，花粉生活力可保持 3～5 天，在 3℃ 的冰箱中可保持 20 天以上。注意瓶装花粉应适当通气（瓶口用棉花塞上），以防发霉。为满足大面积授粉的需要，可将花粉加以稀释，一般按 1：10 加入淀粉或滑石粉，稀释后的花粉同样可达到良好的授粉效果。

（2）授粉适期。根据雌花开放特点，当雌花柱头开裂并呈倒"八"字形张开，柱头羽毛状突起并分泌大量黏液，黏液具有一定光泽时，为雌花授粉的最佳时期。此时为雌花盛期，持续时间雌先型为 2～3 天，雄先型只有 1～2 天。因此，要抓紧时间授粉，以免错过最适授粉期。有时因天气状况不良，同一株树上雌花期早晚可相差 7～15 天，为提高坐果率，有条件时可进行两次授粉。实践证明，在雌花开花不整齐时，两次授粉可比一次授粉坐果率提高 8.8% 左右。

（3）授粉方法。

①授粉器授粉法：对树体较矮小的早实核桃幼树，可用授粉器授粉，也可用"医用喉头喷粉器"代替。将花粉装入喷粉器的玻璃瓶中，在树冠中上部喷布即可（注意喷头要在柱头 30cm 以上）。此法授粉速度快，但花粉用量大。

②人工点授法：用新毛笔蘸少量花粉，轻轻点弹在柱头上，注意不要直接往柱头上抹，以免授粉过量或损坏柱头，导致落花落果。

③花粉袋抖授法：适用于成年树或高大的晚实核桃树。具体做法是：将刚散粉雄花序或花粉与淀粉按 1：10 的比例混合拌匀后，装入 2～4 层纱布袋中，封严袋口，拴在竹竿上，然后在树冠上方迎风面轻轻抖动，撒出花粉。

④树冠挂花序法：将正在散粉的雄花序采下，每 4～5 个为一束，挂在树冠上部，任其自由散粉。

⑤液体喷粉法：将花粉配成水悬液（花粉与水之比为 1：5 000）进行喷授，有条件时可在水中加 10% 蔗糖和 0.2% 的硼砂（酸），以促进花粉发芽和受精。在上午 9～10 点或下午 3～4 点进行喷雾。此法既节省花粉，又可结合叶面喷肥同时进行，适于山区

或水源缺乏的地区。花粉液须随配随用，不能久放和隔夜。

### 二、整形修剪技术

#### （一）常见树形及结构特点

核桃枝芽的异质性很强，尤其是早实核桃，因其分枝力强，结果早、易发二次枝，更容易造成树形紊乱。因此，在核桃的栽培管理中，一定要重视幼树整形工作。

我国目前核桃树形主要有两类，即以疏散分层形为代表的主干形和以自然开心形为代表的开心形（图7-3）。在生产实际中，可根据品种特点、栽植方式、立地条件、管理水平等选择合适的整形方式。一般情况下，早实核桃干性弱，宜用开心形，晚实核桃干性强，宜用主干形；稀植时可用主干形，密植时可用开心形；山地栽培生长弱，易培养成开心形，平地及管理水平较高的条件下，生长势较强，可培养成主干形。

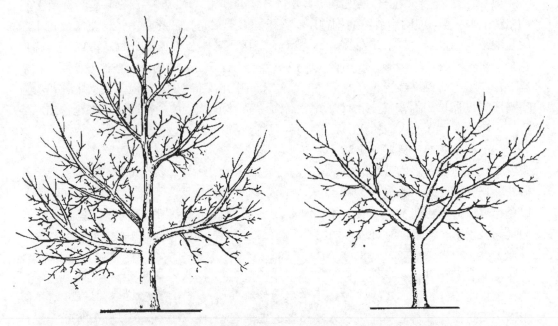

**图7-3　核桃常见树形示意（左：疏散分层形；右：自然开心形）**

1. 疏散分层形

疏散分层形特点是有明显的中央领导干，主枝5~7个，分层着生在中心主干上。长成后树冠高大，枝条多，负载量大，产量高。适于生长环境适宜的稀植大树造形。但盛果期后易郁闭，内膛易光秃，产量下降。具体整形如下。

定干：核桃定干高度依土层厚薄、肥力高低、不同品种类型、有无间作而定，晚实核桃一般定干高度1.2~2m，如行间间作，亦可定干稍高（1.5~2.0m）。山地土薄、肥力低宜培养小树冠，定干高度以1.0~1.2m为宜。早实核桃树冠较小，定干高度以1m为宜，立地条件较好，可按1.2m定干。

中央领导枝和主枝的选留：定干后，长出分枝开始选留中心干和第一层主枝。作为中心主枝应选长势较壮，方向适宜者进行培养，并按不同方向选留3个邻近枝作第一层主枝，基角不小于60°，角度小时，应进行调整。栽后4~5年，早实核桃3~4年，选留第二层主枝2个，使上下两层主枝间间隔距离不小于1.5m（早实核桃1~1.5m）；栽后5~6年选留第一层主枝1~2个，保持第二层和第三层间距0.8~1m（早实核桃0.5~0.8m），各层主枝上下错开，插空选留，避免重叠。

侧枝的选留：侧枝是着生结果枝的重要部位，要求分布适当合理。第一层主枝各选留向外斜生的侧枝3~5个，第二层主枝各选留2~3个，第三层主枝各选留1~2个，基部主枝上的第一侧枝应距中心干0.8~1m（早实核桃0.5m左右），忌留"把门侧"和"背后侧"。在第一侧枝对侧留第二侧枝，距第一侧枝0.5m左右，距第二侧枝0.8~1.2m，留第三侧枝，充分占据空间，避免密集。

2. 自然开心形

自然开心形树体较大，结构简单，整形容易，主从分明，结果枝分布均匀，树冠内膛光照好，枝组寿命长，通风透光好，结果品质高，成形快，进入结果早，适宜于土壤瘠薄、肥水较差的山地。缺点是主枝易下垂，不便树下管理，寿命较短。

定干：定干高度70~100cm。较疏散分层形稍矮，定干方法相似。

主枝的选留：在整形带内，按不同方位选留2~4个枝条或已萌发的壮芽作为主枝，主枝间距20~40cm。主枝可一次选留，也可分两次选定。各主枝的长势要接近，开张角度要近似（一般为60°以上），以保持长势的均衡。

侧枝的选留：各主枝选定后，开始选留一级侧枝，由于开心形树形主枝少，侧枝应适当多留（3个左右）。各主枝上的侧枝要上下错落，均匀分布。第一侧枝距主干距离可稍近些，晚实核桃60~80cm；早实核桃40~50cm。晚实核桃6~7年生，早实核桃5~6年生，开始在一级侧枝上选留二级侧枝1~2个。至此，开心形的树体骨架基本形成。

**（二）主要修剪时期与方法**

1. 核桃的夏季修剪

夏季修剪泛指生长季的修剪，主要内容包括抹芽、摘心、疏枝、环剥、拉枝、夏季剪梢等。由于在生长季进行，所以它的作用比冬剪更直接、更快、更明显，尤其有利于花芽的形成，因此必须重视夏季修剪。具体措施如下。

抹芽除萌：萌芽后到新梢生长初期，抹除并生萌发芽及主枝背上新梢，节约养分，改善光照条件。初萌发时用手抹去不再萌发，如长大再剪还会萌发。

摘心：在新梢迅速生长期，将新梢顶端5~10cm嫩梢摘除。在幼树整形期，当主侧枝的延长新梢长到50cm时摘心，促使副梢生长，加速树冠形成。树冠内膛可以利用而需要控制的直立枝或徒长枝，可早期摘心，使之由直立生长变为斜向生长。平斜枝长到30cm摘心有利于成花，降低花芽节位。

疏枝：在新梢生长期，疏除树冠内膛的无用直立旺枝、过密枝，以节省养分，改善树冠内膛光照。

生长季拉枝：对分枝角度小、直立生长枝进行拉枝或利用开角器进行开角，加大主枝角度，变直立枝为平斜枝，改善内膛光照条件，利于花芽分化。

夏季剪梢：在新梢缓慢生长期，对直立枝进行短截，剪去未木质化部分，以控制其生长，促发分枝。核桃夏季修剪很重要，一般要进行三次，第一次在新梢迅速生长前进行抹芽、除萌、疏除过密枝和竞争枝。第二次在迅速生长期选留位置适当的直立枝留20cm左右摘心，促发副梢。平斜花芽枝留30cm摘心，以利花芽形成，降低花芽节位。第三次，在6—7月，疏除过密枝、徒长枝，以节省养分。对生长强的副梢再摘心，促进枝条成熟和成花。

**2. 冬季修剪**

核桃喜光不耐阴，幼树生长旺盛、萌芽率高、成枝力强，一般应用自然开心形三年完成整形工作。在修剪上，除骨干枝适度短截外，以轻剪缓放、疏枝为主，结果较多时可短截一部分营养枝作预备枝，同时注意局部更新。主要修剪方法如下。

短截：剪去一年生枝条的一部分。短截对象是一级和二级侧枝上抽生的生长旺盛的发育枝，作用是促进新梢生长，增加分枝。

长放：对枝条不进行任何剪截。

疏枝：将枝条从基部疏除。疏除对象一般为雄花枝、病虫枝、干枯枝、无用的徒长枝、过密的交叉枝和重叠枝等。

缩剪：对多年生枝剪截叫回缩或缩剪。回缩的作用有复壮和抑制。复壮的运用有两个方面：一是局部复壮，例如回缩更新结果枝组，多年生冗长下垂的缓放枝等；二是全树复壮，主要是衰老树回缩更新。

开张角度：通过撑、拉、坠等方法加大枝条角度，缓和生长势，是幼树整形期间调节各主枝生长势和改善光照条件、促进花芽分化的常用方法。

**（三）核桃树的修剪技术**

**1. 骨干枝修剪**

及时回缩交叉的骨干枝，对过弱的骨干枝回缩到斜上生长较好的侧枝上，以利于抬高延长枝角度。对树高达到3.5m左右的及时落头。

**2. 结果枝组的培养和更新**

核桃结果枝组的培养是增加产量、稳定树势、延长盛果期年限、防止结果部位外移、防止早衰的重要措施，培养结果枝组的方法有三种：

（1）先放后缩。即对1年生壮枝进行长放、拉枝，一般能抽生10多个果枝新梢，第2年进行回缩，培养成结果枝组。枝组的分布要稀密均匀，密而不挤，大中小搭配。一般主枝内膛部位，1m左右有一个大型枝组，60cm左右有一个中型枝组，40cm左右有一个小型枝组，同时要放、疏、截、缩结合，不断调节大小和强弱，保持树冠内通风透光良好，枝组生长健壮、果多。

（2）先截后放。在空间较大，培养大型结果枝组时，先对1年生壮枝中短截，第2年疏去前端的1~2个壮枝，其他枝长放，从而培养成结果枝组。也可在6月上旬进行新梢摘心，促使分枝，冬剪时再回缩，1年即可培养成结果枝组。

（3）辅养枝改造。对有空间的辅养枝，当辅养作用完成后，可通过回缩方法培养成大型枝组，一般采用先放后缩的办法，枝组的位置以背斜枝为好。背上只留小型枝组，不留背后枝组。枝组间距离控制在60~80cm。

结果枝组的更新复壮修剪，其核心是调整枝组内营养生长和生殖生长的矛盾，调节营养枝与结果枝的比例，使枝条发育、花芽分化、开花坐果处于良性的动态循环中。修剪上时刻考虑预备枝的位置，弱枝及时回缩，旺枝适当缓放，维持结果枝组健壮生长的状态。

3. 结果枝组的修剪

结果枝组形成后，每年都应不同程度地短截部分中长结果母枝，控制留果量，防止大小年现象，及时疏除过密枝、细弱枝和部分雄花枝，直立生长的结果枝组剪留不能过高，留枝要少，3~5 个即可，将其控制在一定范围内，以防扩展过大，影响主、侧枝生长。斜生枝组如空间较大时，可适当多留枝，充分利用空间，及时采用回缩和疏剪的方法，去下留上，去弱留壮，更新结果母枝，使其始终保持生长健壮，防止内膛秃裸，结果部位外移。

4. 背后枝处理

核桃树大量结果后，背上枝生长变弱，背后枝生长变旺，形成主、侧枝头"倒拉"的夺头现象。若原枝头开张角度小，可将原头剪掉，让背后枝取代，若原枝头开张角度适宜或较大时，要及时回缩或疏除背后枝。

5. 徒长枝处理

徒长枝在结果初期一般不留，以免扰乱树形；在盛果期，有空间时适当选留，及早采取短截、摘心等方法，改造成枝组。而对'辽核4号'等品种，对上部徒长枝应及时疏除。

6. 二次枝处理

良种核桃易形成二次枝，由于二次枝抽枝晚、生长旺、枝条不充实，基部很长一段无芽，成光秃带，应及时处理。当有空间时，应去弱留强，并在6—7月摘心，控制旺长，促其形成结果母枝，无空间时及时疏除。

核桃修剪时期与其他果树不同。由于核桃在落叶后进行休眠期修剪，会引起"伤流"，使养分流失，造成树势衰弱，甚至枝条枯死，故不宜在冬季进行。核桃伤流期一般在秋季落叶后到来年萌芽前（即11月中旬至翌年3月下旬）。因此，核桃修剪要避开伤流期。适宜修剪的时期应在果实采收后到叶片未变黄以前和春天展叶以后。但春剪营养损失较多，且易碰伤嫩枝叶，故成年树应在采果后叶未变黄的10月前进行秋剪，秋剪不伤流，伤口愈合快。幼树则可在春、夏、秋季修剪。近年来，也有人在伤流的两个波峰间（12月中旬至3月中旬）的低潮期修剪，也没发生伤流或只发生轻微伤流。

### 三、病虫害综合防治

与其他果树相比，核桃的病虫害发生相对较少，核桃病虫害的发生主要是由于传统的粗放管理以及主要分布在交通、水源不便的地方导致的。病虫害发生时，会导致树势衰弱，产量下降，果实品质劣变，严重时可造成树体死亡，整片核桃园绝收甚至毁灭，因而核桃生产中病虫害的防治工作也越来越受到人们的关注。病虫害防治应本着"预防为主，综合防治"的原则，以农业防治为基础，合理使用农药，利用生物防治、物理防治结合化学防治的综合防治措施，经济、安全、有效地控制病虫害，以达到提高核桃产量、保证质量、保护生态环境和人们身体健康的目的。

### （一）主要病害及其防治

在我国，核桃主要病害有 30 多种，其中较为常见和为害较为严重的有：核桃炭疽病、核桃细菌性黑斑病、核桃腐烂病、核桃溃疡病、白粉病、核桃枝枯病、褐斑病等。

1. 核桃炭疽病

（1）为害特点。多在 6—8 月发病，主要为害核桃果实，在叶片、芽及嫩梢上亦有发生，使得核桃仁干瘪，产量和品质大为降低。果实上病斑初为褐色，后变黑色，近圆形，中央下陷。病斑上有很多褐色至黑色的小点突起，有时呈同心轮纹状排列。湿度大时，病斑上小黑点呈粉红色小突起，即病原菌分生孢子盘。一个病果有一至十几个病斑，病斑扩大或连片，可导致全果发黑腐烂。叶上病斑较少发生，病斑近圆形或不规则形，有的病斑沿叶缘扩展，有的沿主侧脉两侧呈长条状扩展。发病严重时，引起全叶枯黄。

（2）防治方法。

①冬季清除病果、病叶，集中烧毁或深埋，减少发病来源，6—7 月及时摘除病果。

②栽植时，株行距不宜过密，使通风透光良好。

③药剂防治。发芽前用 3~5 波美度石硫合剂；开花后发病前用 1：1：200 波尔多液或 50%退菌特 600~1 000 倍液，幼果期为防治关键时期。

2. 核桃细菌性黑斑病

（1）为害特点。一般 5 月中下旬开始侵染。主要为害果实，也能为害叶片、嫩梢和枝条。果实受害后绿色的果皮上产生黑褐色油浸状小斑点，逐步扩大成圆形或不规则形，无明显边缘，严重时病斑凹陷深入，全果变黑腐烂、早落，受害率为 30%~70%，严重时可超过 90%，核仁干瘪减重 40%~50%，坚果品质下降。叶片被侵染后，叶正面褐色，背面病斑淡褐色，油状发亮。病斑外围呈半透明黄色晕环，严重时病斑相连成片，导致果实脱落。花序受侵后产生黑褐色水浸状病斑。病原细菌在病枝或病梢内越冬。夏季多雨或潮湿天气有利于病菌侵染，栽植密度大、树冠郁闭、通风透光不良的果园发病重。

（2）防治方法。

①核桃楸较抗黑斑病，可选用它作为砧木。

②清除菌源，结合修剪，剪除病枝梢及病果，并收拾地面落果，集中烧毁，以减少果园中病菌来源。

③药剂防治。发芽前喷 3~5 波美度石硫合剂 1 次，杀灭越冬病菌；生长期喷 1：0.5：200（硫酸铜：石灰：水）的波尔多液，或 50%甲基托布津 500~800 倍液。使用方法：喷雾，雌花开花前、花后及幼果期各一次。

3. 核桃腐烂病

（1）为害特点。生长期内可发生多次侵染。春秋两季为一年的发病高峰期，特别是在 4 月中旬至 5 月下旬为害最重。一般在管理粗放、土层瘠薄、排水不良、肥水不足、树势衰弱或遭受冻害及盐碱害的核桃树上发病。主要为害枝干树皮，因树龄和感病部位不同，其病害症状也不同，大树主干感病后，病斑初期隐藏在皮层内，俗称"湿囊皮"。有时多个病斑连片成大的斑块，周围聚集大量白色菌丝体，从皮层内溢出黑色粉液。发病后期，病斑可扩展到 20~30cm 长。树皮纵裂，沿树皮裂缝流出黑水，干后发亮。幼树主干和侧枝受害后，病斑初期近于梭形，呈暗灰色，水浸状，微肿起，用手指按压病部，流出带泡沫的液体，有酒糟气味。病斑上散生许多黑色小点，即病菌的分生孢子器。当空气湿度大时，从小黑点内涌出橘红色胶质丝状物。病斑沿树干纵横方向发展，后期病斑皮层纵向开裂，流出大量黑水，当病斑环绕树干（树枝）一周时，导致幼树全株或侧枝枯死。枝条受害主要发生在营养枝或 2~3 年生的侧枝上，感病部位逐渐失去绿色，皮层与木质层剥离迅速失水，使整枝干枯，病斑上散生黑色小点的分生孢子器。

（2）防治方法。

①刮治病斑。一般在早春进行，也可以在生长期发现病斑随时进行刮治。刮后用 50%甲基托布津可湿性粉剂 50 倍液，或 50%退菌特可湿性粉剂 50 倍液，或 5~10 波美度石硫合剂，或 1%硫酸铜液进行涂抹消毒，然后涂波尔多液保护伤口病疤，最好刮成菱形，刮口应光滑、平整，以利愈合。病疤刮除范围应超出变色坏死组织 1cm 左右。

②采收后，结合修剪，剪除病虫枝，刮除病皮，收集烧毁，减少病菌侵染源。冬季树干涂白，预防冻害、虫害引起的腐烂病。

4. 核桃溃疡病

（1）为害特点。为害核桃苗木、大树的干部和主侧枝，多发生于树干基部 0.5~1.0m 范围内。初为褐、黑色近圆形病斑，直径 0.1~2cm，有的扩展成菱形或长条形病斑。在幼嫩及光滑的树皮上，病斑呈水渍状或明显的水疱，破裂后流出褐色黏液，遇空气变黑褐色，随后病部散生许多小黑点，严重时病斑相连呈菱形或长条形，向周围浸润，使整个病斑呈水渍状，中央黑褐色，四周浅褐色，无明显的边缘。后期病斑干瘪下陷，中央纵裂一小缝，其上散生很多小黑点，为病菌分生孢子器。病树韧皮部和内皮层腐烂坏死，呈褐色或黑褐色，腐烂部位有时可深达木质部。果实受害后呈大小不等的褐色圆斑，早落、干缩或变黑腐烂。

（2）防治方法。

①防旱排涝，开沟排水，降低地下水位。

②避免与容易感病的枫杨、刺槐或者杨树等混合造林，以免交叉感染。

③树干涂白。涂白剂配方：生石灰 5kg、食盐 2kg、油 0.1kg、水 20L。

④药剂防治。4—5 月及 8 月各喷洒 50%甲基托布津可湿性粉剂 200 倍液或抗菌剂"402"乳油 200 倍液 1 次。用刀刮除或划破病皮，深达木质部，再涂 3~5 波美度石硫合剂或 2%硫酸铜液、10%碱水（碳酸钠）等药剂。

5. 白粉病

（1）为害特点。白粉病是我国各核桃产区常见主要病害之一，为害叶片、幼芽和新梢，造成早期落叶，甚至苗木死亡。发病初期叶片褪绿或造成黄斑，严重时叶片扭曲皱缩，提早脱落，幼芽萌发而不能展叶，在叶片的正面或反面出现薄片状白粉层，后期在白粉中产生褐色或黑色粒点，或粉层消失只见黑色小粒点，即病菌有性阶段的闭囊壳。幼苗受害时，植株矮小，顶端枯死，甚至全株死亡。

（2）防治方法。

①采收后清除病残枝叶，集中烧毁，减少侵染源。

②药剂防治。发病初期可用 0.2~0.3 波美度石硫合剂喷洒。夏季用 50% 甲基托布津可湿性粉剂 800~1 000 倍液或 25% 粉锈灵 500~800 倍液喷洒，以后者防治效果较好。

### （二）核桃虫害及其防治

核桃主要虫害种类有举肢蛾、木橑尺蠖、云斑天牛、瘤蛾、草履蚧、根象甲、核桃扁叶甲、小吉丁虫、缀叶螟、刺蛾类等。

1. 举肢蛾

（1）为害特点。以幼虫钻入核桃青皮内蛀食果皮和果仁，受害果逐渐变黑、凹陷，早期脱落或干在树上，轻者种仁不能成熟，出现瘪仁，影响核桃产量和品质。该虫在多雨的年份比干旱的年份为害严重，深山沟及阴坡比沟口开阔地为害严重。

幼虫蛀入核桃果实后有汁液流出，注入孔呈现水珠，初透明，后变琥珀色，在表皮内纵横穿食为害，虫道内充满虫粪便，受害果果皮变为黑色，并逐渐凹陷、皱缩，形成黑核桃。幼虫在果内可为害 30~45 天，老熟后从果中脱出，落地入土结茧越冬。

（2）防治方法。

①秋末或早春深翻树盘，采果后至次年 5 月中旬翻耕、扩盘、清园，可消灭部分幼虫。

②及时摘除虫果和捡拾落果，6—8 月摘拾黑果，集中销毁。

③药剂防治。产卵盛期树上喷 20% 速灭杀丁乳油 2 000~3 000 倍液或 20% 氯马乳油 2 000~2 500 倍液；6 月上旬至 7 月中旬成虫羽化期再选用 50% 的杀螟松 1 000~1 500 倍液或敌杀死 3 000 倍液树冠喷药。

2. 木橑尺蠖

（1）为害特点。以幼虫食害叶片，对核桃树为害严重，严重发生时，幼虫在 3~5 天内就可以把全树叶片吃光，致使核桃减产，树势衰弱，受害叶片出现半点状透明痕迹或小空洞，幼虫长大后沿叶缘将叶片吃成缺刻，或只留叶柄。

（2）防治方法。

①于结冻前或早春解冻后，人工树下及树干裂缝中刨挖，或结合深翻消灭越冬蛹和卵，以减少越冬基数。同时加强冬季清理，清除受害致死的枝干叶片，并集中烧毁，消灭越冬虫体。

②成虫期由于雌虫无翅，可在树干基部缠塑料环阻止雌虫上树，每天早晨扑杀；利用雄虫的趋光性，于夜晚设置高压电网或频振式杀虫灯诱集、灭杀。

③幼虫发生期，可喷洒阿维菌素、灭幼脲、苦参碱、Bt 等无公害杀虫剂。幼虫在 3 龄以前喷洒以上药剂或 25% 西维因 300~500 倍液，杀虫效果均在 80% 以上。

3. 云斑天牛

（1）为害特点。主要为害枝干，受害树有的主枝死亡，有的主干因受害而整株死亡，被害部位皮层开裂。成虫羽化多在上部，呈一大圆孔。幼虫在皮层及木质部钻蛀隧道，从蛀孔排出粪便和木屑，受害树因营养器官被破坏，逐渐干枯死亡。

（2）防治方法。

①人工扑杀。根据天牛咬刻槽产卵的习性，找到产卵槽，用硬物击之杀卵。经常检查树干，发现有新鲜粪屑时，用小刀轻轻挑开皮层，将幼虫处死。

②灯光诱杀成虫。根据天牛的趋光性，可设置黑光灯诱杀。

③当受害株率较高、虫口密度较大时，可选用内吸性药剂喷施受害树干。

④冬季或产卵前，用石灰 5kg，硫黄 0.5kg，食盐 0.25kg，水 20kg 拌匀后，涂刷树干基部，以防成虫产卵，同时也可杀幼虫。

4. 草履蚧

（1）为害特点。若虫早春上树后，群集吸食叶汁液，大龄若虫喜于直径 3cm 左右的 2 年生枝上刺吸为害，但以幼龄若虫为害影响较大，常导致芽枯萎，不能萌发成梢，致使树势衰弱，甚至枝条枯死，影响产量，被害枝干上产生一层黑霉，受害越重，黑霉越多。

（2）防治方法。

①结合秋施基肥、翻树盘等管理措施，收集树丁周围土壤中的卵囊集中烧毁；5 月中下旬雌成虫下树产卵前，在树干基部周围挖半径 100cm、深 15cm 的浅坑，放树叶、杂草，诱集成虫产卵。

②树干涂粘虫胶带。2 月初若虫上树前，刮除树干基部粗皮并涂粘虫胶带，阻止若虫上树，胶带宽 20cm。粘虫胶可用废机油、柴油或蓖麻油 1.0kg 加热后放入 0.5kg 松香粉熬制；在树干绑塑料薄膜效果也很好。

③保护利用其天敌黑缘红瓢虫。

④药剂防治。1 月下旬对树干周围表土喷洒机油乳剂 150 倍液，杀死初孵若虫；2 月上旬至 3 月中旬若虫期，每隔 10 天喷 1 次药，连喷 3 次，消灭树上若虫。效果较好的药剂有速纷克 1 500 倍液、外死净 1 000 倍液、触杀蚧螨 1 000 倍液。

# 第四节　核桃采收与贮藏加工

## 一、核桃的采收与分级

1. 核桃的采收

核桃的采收方法主要有两种，一种是人工采收法，另一种是机械震动采收法。我国的劳动力资源相对便宜，以人工采收为主，在采收前，要根据核桃树所在地地形以及树冠大小决定如何采摘。成熟期不一致的，要分批采收，严格按品种分别采收，分别加工。而欧美发达国家在核桃采收方面已用机械化代替手工劳动，大大提高了采收效率，节省了采收时间。机械震动采收就是用机械震动树干，将果实晃落到地面后收集。

2. 核桃的分级

核桃坚果质量等级分为特级、一级、二级、三级 4 个等级，每个等级均要求坚果充分成熟，壳面洁净，缝合线紧密，无露仁、虫蛀、出油、霉变、异味，无杂质，不含有害化学物质。

（1）特级核桃。果形大小均匀，形状一致，外壳自然黄白色，果仁饱满、色黄白、涩味淡；坚果横径不低于 30mm，平均单果质量不低于 12.0g，出仁率达到 53%，空壳果率不超过 1%，破损果率不超 0.1%，含水率不高于 8%，无黑斑果，易取整仁；粗脂肪含量不低于 65%，蛋白质量达到 14%。

（2）一级核桃。果形基本一致，出仁率达到 48%，空壳果率不超过 2%，黑斑果率不超过 0.1%，其他指标与特级果指标相同。

（3）二级核桃。果形基本一致，外壳自然黄白色，果仁较饱满、色黄白、涩味淡；坚果横径不低于 30mm，平均单果质量不低于 10g，出仁率达到 43%，空壳果率不超过 2%，破损果率不超过 0.2%，含水率不高于 8%，黑斑果率不超过 0.2%，易取半仁；粗脂肪含量不低于 60%，蛋白质含量达到 12%。

（4）三级核桃。无果形要求，外壳自然黄白色或黄褐色，果仁较饱满、色黄白色或浅琥珀色、稍涩；坚果横径不低于 26mm，平均单果质量不低于 8g，出仁率达到 38%，空壳果率不超过 3%，破损果率不超过 0.3%，含水率不高于 8%，黑斑果率不超过 0.3%，易取四分之一仁；粗脂肪含量不低于 60%，蛋白质含量达到 10%。

分级后的核桃坚果，要用干燥、结实、清洁和卫生的麻袋包装，每袋装 45kg 左右，包口用针线缝严，在包装袋的左上角标明批号，果壳薄于 1mm 的核桃可用纸箱包装。在运输过程中，应防止雨淋、污染和剧烈的碰撞。

## 二、核桃的贮藏与加工

### 1. 核桃的贮藏

（1）核桃贮藏特点。与水果相比，核桃有着相对较长的贮藏期，但在核桃不立即出售或加工的情况下，就必须为核桃提供一个适宜的贮藏条件，并采用合理的贮藏方法，以保证核桃仁的质量。

（2）贮藏影响因素与贮藏要求。核桃贮藏期的长短与贮藏效果的好坏，由自身条件和外界条件两个方面决定。自身条件包括核桃品种特性、坚果的破损度、核仁含水量等，一般纸皮核桃最不耐贮，厚壳核桃最耐贮；破损度越高，贮藏期越短，完整无缺的核果贮藏期最长。核仁含水量是更为重要的决定因素，一般长期贮藏的核桃要求含水量不超过 7%。外界条件要求低温、相对湿度在 50%~60%、低氧高二氧化碳的环境；并要定期观察监测，及时去除坏果和烂果。

（3）核桃的贮藏方式。主要包括普通贮藏、低温贮藏和塑料薄膜帐贮藏三种。

①普通贮藏分干藏和湿藏两种方法。在贮藏前应确定核桃坚果已被完全晒干，干藏时将核桃装入布袋或麻袋、篓内，放在通风、冷凉干燥的地方即可。为防水浸或地面返潮，将其悬挂保存也可。在贮藏期间，要定期检查翻动，防止鼠害、霉烂及发热。湿藏时选择地势高、干燥、排水良好、背阴避风处挖深 1m、宽 1~1.5m、长度随贮量而定的沟。沟底铺一层 10cm 厚的洁净湿沙，沙的湿度以手捏成团但不出水为宜。然后铺上一层核桃一层沙，沟壁与核桃之间以湿沙充填。铺至距沟口 20cm 时，再盖湿沙与地面相平。沙上培土呈屋脊形，其跨度大于沟的宽度。沟的四周开排水沟。沟长超过 2m时，在贮藏核桃时应每隔 2m 竖一把扎紧的稻草作通气孔用，草把高度以露出屋脊为

宜。冬季寒冷地区屋脊的土要培得厚些。

②低温贮藏。需要长期保存的核桃就必须有低温的贮藏环境，对于贮藏量小的，可将坚果封入聚乙烯袋中，然后放在0~5℃的冰箱保存。有条件的地方，大量贮藏可用麻袋包装，贮存于低温气调冷库（温度-1℃、相对湿度50%~60%、氧气浓度在1%以下）中，效果更好。

③塑料薄膜帐贮藏。将适时采收并处理后的核桃装袋后堆成垛，贮放在低温场所，用塑料薄膜大帐罩起来（密封起来），把二氧化碳气体充入帐内（充氮也可），以降低氧气浓度。贮藏初期二氧化碳的含量可达到50%以上，以后保持20%左右，氧气在1.5%左右，使用塑料帐密封贮藏应在温度低、干燥季节进行，以便保持帐内低湿度。研究证实，在24℃充二氧化碳条件下贮藏4周后，其色泽、风味与在空气中贮藏有明显的不同，在25周后仍然有较好的质量，而在空气中贮藏就出现返油变质现象。

2. 核桃加工及利用

核桃仁营养丰富，含有丰富的蛋白质、脂肪、矿物质和维生素。核桃中所含脂肪的主要成分是亚油酸甘油酯，食后能减少肠道对胆固醇的吸收，因此，可作为高血压、动脉硬化患者的滋补品。此外，这些油脂还可供给大脑基质的需要。核桃中所含的微量元素锌和锰是脑垂体的重要成分，常食有益于脑的营养补充，有健脑益智作用。核桃不仅是最好的健脑食物，又是神经衰弱的治疗剂。核桃仁含有亚麻油酸及钙、磷、铁，是人体理想的肌肤美容剂，经常食用有润肌肤、乌须发，以及防治头发过早变白和脱落的功能。核桃仁还含有多种人体需要的微量元素，是中成药的重要辅料，有顺气补血、止咳化痰、润肺补肾等功能。当感到疲劳时，嚼些核桃仁，有缓解疲劳和压力的功效。

常见的加工产品包括核桃罐头、核桃酥糖、香酥核桃仁、核桃汁、核桃酸奶、果味核桃乳、核桃酒、核桃油及核桃粉等，除此以外，核桃在我国用于菜点也有很长的历史，大部分是核桃产区城乡人民的家庭简易制作的传统吃法。随着中国核桃种植面积的增大和产量的不断提高，核桃加工业越来越重要，但目前核桃加工产品大多处于初级加工阶段；因此，采用高新技术对核桃精深加工，开发高档次精品，可使核桃产业得到更大的利润，保持健康发展。

# 第八章　绿色无公害石榴生产关键技术

## 第一节　石榴产业现状

石榴是石榴科石榴属的落叶灌木或小乔木，别名安石榴、若榴、丹若、金罂、金庞、涂林等。石榴原产于伊朗及周边地区，自汉代张骞引入陕西省种植至今已有至少2 000年以上的栽培历史，在漫长的人类历史中成为一种文化植物，代表着美好与吉祥。石榴是集鲜食、制汁、观赏和药用为一身的果中珍品，是人类引种栽培最早的果树和花木之一，因其富含鞣质、粗纤维、粗脂肪等，同时也是印染工业、制油轻工业和医药化妆品制造业的重要原材料。加之石榴适应性广、栽培容易，深受人们喜爱，世人所称"天下之奇树，九州之名果也"。

### 一、国外石榴产业现状

据统计，石榴产业发展到现在，世界石榴种植总面积超过60余万$hm^2$，总产量超过600余万t，已发展成为包括石榴的种植、加工，石榴皮、籽、叶深加工，石榴盆景制作等多方面协同发展的格局。目前，世界有30多个国家实现了商业化种植，如印度、巴基斯坦、以色列、阿富汗、伊朗、埃及、中国、日本、美国、俄罗斯、澳大利亚、南非、沙特阿拉伯以及南美的热带和亚热带地区均有大面积石榴栽培。国际市场上，伊朗是世界上最大的石榴生产国，每年有大量的石榴出口，印度因其得天独厚的气候优势，几乎可以全年生产并在淡季供应给欧洲国家，也成为石榴出口大国之一。美国极为重视石榴种质资源的收集、引进和创新工作，先后收集了232个石榴品种，并保存在加利福尼亚大学戴维斯分校的国家石榴种质资源圃，极大地丰富了石榴种质资源。在国内外果品市场上，石榴一直是水果中的贵族，随着人们生活水平的提高和对石榴营养及药用价值认识的提高，石榴的销量会越来越大。

### 二、国内石榴产业现状

据资料统计，目前中国石榴栽植面积约12.33万$hm^2$，产量约160万t。产量较高的四川、云南、陕西、河南、山东、安徽、新疆等省（自治区）栽培面积占全国栽培总量的88%左右，产量占全国总产的90%以上。随着农村产业结构的调整和完善，石榴已成为各产区新农村建设的支柱产业和农民脱贫致富的主要经济来源。

尽管如此，国内市场上，与柑橘、苹果、梨等中国传统果品生产大项相比，石榴在我国水果总产量中所占的比重不足 1%，受重视的程度也远不及上述三大传统果品。面对我国十多亿人口的消费市场，也使得石榴成为紧缺的果品，价格居高不下，石榴供应缺口极大，因此石榴种植产业潜力巨大。我国对外开放的大门越开越大，石榴生产的发展，产量的增加，石榴对外出口和对内贸易是大势所趋。

目前，全世界有 1 000 多个品种及野生型，种质资源极为丰富；目前中国现有石榴品种资源 320 多个，新选育品种 50 多个，其中软籽品种只有 20 余个。在此，介绍一些新优软籽石榴品种以供参考。

1. 突尼斯软籽

目前，我国栽培面积较大、推广栽培范围较广的软籽石榴品种（图 8-1）。于 1986 年从突尼斯引入中国，历经 20 多年的栽培试验，各方面性状表现优异，尤以成熟早（8 月中旬籽粒开始着色变红）、籽粒大（百粒重 56.2g）、色泽鲜（籽粒红色）、果个大、果仁特软等特点，成为目前河南省荥阳石榴的主栽品种。长势较旺，萌芽力强，枝条比较柔软，难以形成比较明显的主干；抗旱性强；适生区产量比较稳定，5 年生平均株产 25kg 以上；对土壤要求不严；抗病性中等，但抗寒性差，采后耐贮性差。平均单果重 406g，最大 700g 左右。果实近球形，果皮光洁明亮，阳面有鲜红条纹。果实品质优，果皮较薄；可食率达 61.9%，肉汁占 91.4%；可溶性固形物 15.5%~17%；口感好，味甜，品质特优。成熟期适中，在河南中部地区，9 月中下旬成熟，适逢国庆、中秋两大节日期间，符合消费者中秋消费石榴的习惯，市场畅销，价位较高。综合品质特优，籽粒种核特软可直接咀嚼吞咽，基本无渣，被称为可以喝着吃的石榴，是目前国内软籽石榴品种中籽粒软核特性最突出的品种。

图 8-1　突尼斯软籽石榴成熟果实

### 2. 红如意软籽

红如意软籽石榴是从以'突尼斯软籽'石榴作母本、'粉红甜'石榴作父本的杂交后代中选育出来的,在 2007 年已授予植物新品种权保护。枝条较密,成枝率较强;幼枝红色、四棱,老枝多细长、枝梢多数卷曲,枝刺少。叶狭长椭圆、浓绿;花红色,果实外观鲜红,籽粒甜美可口。成熟期 9 月上旬,平均果个重 450g,最大 850g 以上,果实发育期果皮颜色逐渐加浓,至成熟期着色面积可达 95% 以上;该品种大小年不明显,病虫害少,大树高接后第二年开始结果,第三年即可大量产果。果大,外观漂亮,籽粒特大,核仁极软可食,抗裂果强,抗寒。

### 3. 中农红软籽

由中国农业科学院郑州果树研究所从'突尼斯软籽'石榴芽变中选育而来。中农红软籽石榴树势中庸,枝条柔软但较'突尼斯软籽'石榴枝条稍直立,花量大,完全花率约 35%,自然坐果率 70% 以上。平均单果重 475g,最大 1250g。果实近圆球形,果皮光洁明亮,阳面浓红色,红色着果率可达 95%,裂果不明显。籽粒紫红色,汁多味甘甜,出汁率 87.8%,含可溶性固形物 15.0% 以上,核特别软,尤其适合老人和儿童食用。在郑州地区 9 月上旬成熟,比'突尼斯软籽'石榴早熟 5~7 天。

### 4. 青皮软籽

四川省会理县的主栽品种。该品种树冠半开张,树势强健,枝条粗壮,茎刺和萌蘖少。多年生枝条灰褐色,叶片狭长椭圆形,叶片大,叶色浓绿,花粉红色。果实圆球形,较大。单果重 600~750g,最大果重可达 1 050g。果实阳面呈红色或鲜黄色彩霞,底色呈青黄色,外形美观。果皮薄,籽粒水红色,百粒重 52~55g,核仁软且小。当果实充分成熟时,果汁极多,内有"针芒"。口感细嫩,甜香,味浓。可溶性固形物含量 15%~16%。在四川省会理 2 月中旬萌芽,3 月中下旬始花,8 月中下旬成熟。

### 5. 河阴软籽

树形直立,呈纺锤形,一年可抽梢 2~3 次,树势较弱,萌芽率、成枝力较低。果形指数 1.02,皮青黄色,有斑点果锈,最大单果重 343g。豫西黄土丘陵区栽培,耐旱耐瘠薄。该品种最大优点是籽大核软,可食率高,是河南珍稀品种之一。

### 6. 胭脂红软籽

从'突尼斯软籽'品种芽变中选育而来。果实外观漂亮、品质好、商品价值高。果皮浓红色,果面光洁;果实圆形,最大果重 1 100g,平均 450g 左右;籽粒浓红色,籽核特软,百粒重平均 55~65g,可食率 51.5%,风味甘甜,适口,可溶性固形物含量 18.5% 左右,含糖量 13.68%,含酸量 0.20%,维生素 C 7.84mg/100g,每千克含铁 3.18mg、钙 54.3mg、磷 416mg。树形好、宜密植。果实成熟期比突尼斯软籽品种早 7~10 天,丰产性好。

### 7. 塔山软籽

2017 年 12 月通过安徽省林木品种审定委员会审定,命名为'塔山软籽'。该品种树冠开张,树势强健,干性较强。果实椭圆形,果皮青绿色,阳面带红晕,皮薄,约 0.3cm,籽粒马齿状,籽粒大,淡红色,核小而软。抗病虫害能力强,除桃蛀螟、蚜虫轻度为害外，其他虫害较少发生，较耐干腐病等病害，较抗裂果。该品种单果重平均370g左右，最大630g，百粒重85~90g，可食率64%，出汁率84.6%，含可溶性固形物15.1%，含糖量13.2%，总酸1.96g/kg，维生素C含量3.75mg/100g。9月下旬果实成熟。

8. 绿甜籽

该品种为云南省蒙自、个旧地区栽培的优良品种。其植株较小，树势中等，在云南休眠期较短。果实呈圆形，平均果重216g。果实表面黄绿色，向阳面有晕。萼片开张，果皮不太光滑，有较多锈斑。果皮较薄仅有1.9mm，籽粒红色，甜而且较大，百粒重52g。核软，种子小。口味甜香爽口，可溶性固形物13%，汁多，渣少。当地头茬花果6—7月成熟，二茬花果、三茬花果8—9月成熟，单株产量高，北方引种注意防寒。

9. 临选8号

陕西省西安市临潼区于1981年品种资源调查时发现的'三白石榴'的优良芽变类型。此变异植株树冠较大，树势中强。茎刺少，节间长，枝条呈浅灰褐色，叶片大而浓绿。果实圆形，较大，平均果重330g，最大果重620g。果实表面光滑洁净，籽粒白色，较大，百粒重41g，最大44g。汁多，味甜，口感清爽。其核软化可食，近核处"针芒"较多。果汁含可溶性固形物为15%~16%，较耐贮藏，品质上等。其连年结果性能强，表现较好的丰产稳产性。在原产地3月下旬萌芽，花期在5月上旬至6月下旬，果实成熟期在9月中旬。此品种成熟期如遇阴雨裂果较轻，是很有发展前途的品种。

### 三、绿色石榴生产现状

目前，我国石榴产业蓬勃发展，石榴种植广泛分布于全国20多个省（区、市）。随着社会的发展进步，新一轮供给侧结构改革，人民对美好生活的向往和追求，生态农业迅速发展壮大，以新型绿色管理和防控为核心的绿色石榴生产已是石榴产业发展新方向和新动力。

绿色栽培管理和绿色防控不仅省工、省力、成本低廉，还可减少化学农药残留，保证果品食用安全。首先，树立"科学植保、绿色植保"思想，坚持"技术配套、减量增效、提质降本、确保安全"的原则，贯彻以农业防治为基础，集成农业防治、生态调控、生物防治、物理诱杀等资源节约、环境友好型技术，保护利用自然天敌，恶化病虫的生存条件，提高果树抵抗能力，确保石榴优质、高效、安全生产。其次，通过标准化技术推广，石榴农药残留可以得到控制，疏花疏果技术、套袋技术、生草覆盖、节水灌溉、配方施肥、叶面施肥技术得到应用，商品果率明显提高。现有的石榴栽培生产的相关标准有国家林业局的《石榴栽培技术规程》（2007）、《石榴苗木培育技术规程》（2010）、《石榴质量等级》（2013）；河南的《以色列软籽石榴育苗技术规程》（2016）、《软籽石榴生产技术规程》（2017）等。

# 第二节 石榴绿色栽培生产管理技术

## 一、石榴建园

无公害绿色石榴产地要求生态条件好，远离发电厂、化工厂、农药厂、冶炼厂等，并具有可持续生产能力的农业区域，应符合国家标准《农产品安全质量 无公害水果产地环境要求》（GB/T 18407.2—2001）对空气环境、灌水质量和土壤环境的要求，石榴产品质量应符合《农产品安全质量 无公害水果安全要求》（GB/T 18406.2—2001）及行业标准《无公害食品 落叶浆果类果品》（NY 5086—2005）的感官、卫生、重金属和农药残留要求。

建园是石榴获得高效化生产的基础，生产中由于建园设计与实施不当，易导致效益较差的情况。选好园址后，对园地进行科学合理的规划，不但要保证果园在整体上美观，更要符合石榴生长发育所要求的基本条件，同时还要满足果园作业必要的道路、灌溉、采收等要求。为适应市场化、高效化的需要，以下介绍石榴的高效化生产建园技术，供种植者参考。

（1）园地选择与规划。选择园地时，平原地区以交通便利、有排灌条件的沙壤土、壤土地为宜；丘陵地区以土层深厚、坡势缓和、坡度不超过20°的背风向阳坡中部，且具有灌溉条件者为最好。小区面积山地 1.3~2hm²、丘陵区 2~3hm²，平原区 3~6hm² 为宜。园地以背风向阳、沙质壤土、pH 值 4.6~8.2 为宜。山区和丘陵最好选择北面有较高山岭的地方，冬季可遮挡北风御寒。山地建园应修筑外高内低的梯田，以利蓄水和加厚土层、土壤改良等；平原区建园则要设置防护林。

（2）土壤改良。通过深耕与施肥措施进行生土熟化，以加深改良耕作层，增加土壤持水量，促进根系发育。一亩地施 2 500~5 000kg 腐熟有机肥和绿肥，先集中施于定植穴附近，逐渐扩大熟化范围。

（3）品种选择和配置。选择 2~3 个品种为宜，其中一个主栽，注重高产、优质、抗病虫和耐贮运的软籽石榴品种的选择，同时早中晚熟品种合理搭配，以配合市场需求灵活延长果实供应。要配置授粉树，配置比例约 1∶（4~8）。根据园区规划目的有条件时可适当开展加工品种、观赏品种等，增加园区第三产业附加值。

（4）栽植密度。原则上采用大行距、小株距的设计，目的是便于机械化管理，利于园地通风透光，降低管理成本，提高劳动效率，建议采用 2.5m×4.5m；2m×4m；1.5m×4m 等几种种植密度。

（5）苗木选择。高效化石榴园建设，应采用 4 年生嫁接苗建园。在北方（黄河流域）建园，为减轻冻害的影响，砧木苗应选用抗寒能力较强的千层花石榴、三白甜或大红甜品种，以提高抗寒能力，并对原生植株进行高位嫁接。按照培育苗木的标准，进行采购，对品种进行核对，在定植时带容器起苗运输，将弱小苗、畸形苗、伤口过多苗、病虫苗、根系不好苗、质量太差苗剔除掉，要选择茎粗壮、芽饱满、皮色正常、根系完整且有一定高度的苗木分等级栽植。

（6）苗木栽植。植坑 50cm 见方，栽植时实行"三埋两踩一提苗"的方法，栽好后立即充分灌水，待水渗下后，苗木自然随土下沉，然后覆土保湿，要求苗木根颈与地面相齐，不宜埋土过深或过浅。同时在行内覆草、覆膜等，既可保湿又可增温。如果定植时树穴内没有施肥或施肥量较小，则于 7 月施少量速效氮磷肥，或施肥效较快的人畜粪肥。

（7）栽后管理。确保水分供应，生长期适时拉枝整形，促进树冠发育，若有开花，当即疏除。为来年初果蓄积营养。在进入盛果期后的维持修剪上，应特别注意利用背上枝更新下垂枝，采用中、小型结果枝组的整体更新技术，一般结果枝组的利用不超过 4年，保持树冠紧凑，谨防结果外移，维持稳定的立体结果。

### 二、整形修剪

按照生长周期（图 8-2），石榴树的整形修剪可分为休眠期修剪和生长季修剪。石榴树冬剪，幼树以整形为主，其他年龄时期的树修剪有不同的特点。石榴常见有单干式小冠疏散分层形、单干自然开心形、三主枝卅心形、扇形等树形，目前简约化栽培生产上推荐采用单干双层扁平树形。

图 8-2　石榴物候期变化（休眠期—萌芽期—新梢生长—
现蕾期—开花期—幼果期—成熟期—落叶期）

1. 休眠期修剪

冬季修剪一般采用疏枝、短截、长放、回缩等措施，石榴树成枝力强，修剪以疏枝为主，避免树冠郁闭。

（1）疏枝。指将一个枝条从基部全部去除。主要用于强旺枝条，尤其背上徒长枝条以及衰弱的下垂枝、病虫枝、交叉枝、并生枝、干枯枝，外围过密的枝条，以达到改善通风透光、促进开花结果、改善果实品质的作用。

（2）短截。将枝条剪去一部分。主要用于老树更新以及幼树整形时采用。石榴花芽一般分布在枝梢顶端，因此在成龄树上短截易出现新梢旺长，影响开花结果。

（3）长放。对枝条不加任何修剪。主要用于幼树和成龄树，促进短枝形成和花芽分化，具有促使幼树早结果和旺树、旺枝营养生长缓和的作用。

（4）回缩。将多年生枝条短截到分枝处。主要用于更新复壮树势，有促进生长势的明显作用。

2. 生长季修剪

从春季树体萌芽后一直到秋季落叶前的一段时间进行，多指夏季修剪，通过夏季修剪调节营养物质的运输和分配，促进提早进入结果期。还可调整大枝的方向、角度，对一些不当的枝条进行处置和疏除，从而改善内膛光照条件，有利于病虫害的防治和提高果实品质。此外，对于干性不强的软籽石榴，要通过扶干定干，以早成形早丰产。

夏季修剪的主要技术措施如下。

（1）抹芽。即抹去初萌动的嫩芽，抹除根部及根颈部萌生的距地面 30cm 以下的萌蘖。及时抹芽，可减少树体养分浪费，避免不需要的枝条的抽生，保持树形，还可改善通风透光，对衰老树可提高更新能力。

（2）摘心。对幼树的主侧枝的延长枝摘心可以增加分枝，增大树冠；对要想培养结果枝组的新梢摘心，则可促使分枝，早一步形成结果枝组。摘心时期以 5—6 月为好。

（3）扭枝。6—7 月对辅养枝进行扭伤，可抑制旺枝生长，促进花芽分化，利于早开花坐果。

（4）增大枝条开张角度。各级主、侧枝生长位置直立时可采用绳拉、枝撑、下压的方法使之角度开张，保护树体的通风透光。

（5）疏枝、拿枝。疏除生长位置不当的直立枝、徒长枝及其他扰乱树形的枝条，对尚可暂时利用、不致形成后患的枝条用拿枝、扭伤缓放处理，使其结果后再酌情疏除。拿枝、扭枝一般要伤到木质部。

（6）环剥。在辅养枝上或不影响主枝生长的旺盛枝条上进行环状剥皮。环剥宽度要求十分严格，过宽时有可能使树体在环剥以上位置枯死。一般要求宽度不得超过环剥枝条直径的 1/10，深至木质部，一般 7 月上旬环剥。切勿在主干上进行环剥，否则会严重削弱树势，影响树体的正常生长和结果。

（7）扶干。对于长势较弱的软籽石榴，干性弱，为了促进其快速成形，宜于生长季节进行扶干处理。可以插一竹竿绑缚最上部新梢使其直立生长，形成主干延长枝，并结合适时摘心。

### 三、花果管理

1. 保花保果措施

（1）抑制营养生长，调节生长和结果的矛盾。对于幼旺树或徒长枝，可通过断根、摘心、疏枝、扭枝、环割或环剥、肥水控制等措施，调整营养生长和生殖生长的关系，促进花芽分化和开花坐果。如对花量少的幼旺树可在大枝基部环割 2~3 道，间距 5cm 以上，可增加完全花比例，提高坐果率。

（2）重视花前追肥和幼果膨大期追肥。花前追肥在萌芽到花现蕾初期，以速效氮肥为主，可减少落花落果，提高头茬花结实率，但对旺长树可少追施或不追施，以免引起徒长，加重落花落果；幼果膨大期追肥在大多数花谢后，幼果开始膨大期，追施氮、磷速效肥可减少幼果脱落，促进果实膨大。

（3）果园放蜂和人工辅助授粉。石榴异花授粉可提高授粉受精的概率，显著提高坐果率；若花期气候条件不适宜，昆虫活动受限的情况下，可采用人工辅助授粉。

（4）花期喷硼，促进坐果。硼可促进花粉发芽和花粉管的伸长，有利于受精过程的完成，可在花期喷 0.2% 的硼砂或硼酸，配合 0.2% 的尿素以提高坐果率。

（5）及时杀灭蛀果害虫。桃蛀螟等蛀果害虫要及时预防杀灭，以防蛀果造成落果。

2. 疏花疏果方式

石榴的花量很大，且不完全花（钟状花）占很大比例，应在能区分完全花（筒状花）和不完全花时及早疏除不完全花，以免耗费营养。疏果一般在幼果基本坐稳后，根据树上坐果的多少、坐果的位置结合理论留果量进行疏果，疏果后的留果量要比理论留果量高出 15%~20%。

（1）疏花、疏果均要分次进行，切忌一次到位，以免因不良气候造成损失。对树冠从上到下、从内到外，逐个果枝疏除。

（2）疏果时首先疏掉病虫果、畸形果、丛生果的侧位果，重点保留中、短梢上所结的头茬、二茬果，不留或少留长果枝果。

（3）在保证负载量的前提下，壮枝多留果、弱枝少留果、临时性枝多留果、永久性骨干枝少留果。可根据石榴平均单果重，在果枝上按照一定的距离均匀留果，一般平均 20cm 可留 1 个果，大型果间距可略大一些，小型果间距可适当小些。也可根据径粗留果，一般径粗 2.5cm 左右的结果母枝可留果 3~4 个。

（4）以人工疏除为主，在劳动力急缺时，可考虑化学疏除，但必须在试验的前提下谨慎进行。

3. 落花落果发生及防治

（1）发生规律和症状。石榴落花落果除与石榴树本身的生物学特性有关外，也与树体营养物质不足、生理失调或花期外界环境不良有关。石榴树自花授粉结实率低（泰山红石榴除外），授粉树不足或者缺乏传粉媒介而造成石榴树授粉受精不良。树体激素水平失衡时，也会发生落花落果，当树体中的脱落酸含量高，而生长素和细胞分裂素含量低时，生理落果就严重，反之当树体中脱落酸含量低，而生长素和细胞分裂素含量高时，生理落果就轻。树体光照不良、营养失衡和病虫害发生时，易造成早期落叶，造成落果。

（2）防治措施。

①合理配置授粉树和花期放蜂。石榴树自花结实率低，配置授粉树可显著提高坐果率。一个主栽品种配置 1~2 个授粉品种，花期在石榴园放蜂可以提高坐果率，一般把蜂箱放在石榴园行间，间距以 500m 为宜。据调查，距蜂群 300m 以内的石榴树较 1 000 m 以外的石榴树坐果率提高 1 倍以上。另外，石榴园花期忌喷农药，以免杀伤传粉昆虫。

②加强综合管理，注重病虫害防治和整形修剪，提高树体营养水平。秋季石榴树落叶后结合深翻施入有机肥。疏花从 5 月下旬开始，每隔 5 天疏 1 次，疏 3~4 次；疏果在 6 月中旬以后，疏畸形果、病虫果、小果。有机肥种类以农家肥、堆肥、绿肥、饼肥为主。因树修剪，弱树加大冬剪量；对旺树，要加大夏剪量；大小枝分布做到"上稀下密，外稀内密，大枝稀小枝密"。加强病虫害防治，坚持预防为主、综合防治的方

针，重视越冬清园和果园管理。

③喷洒植物生长调节剂。植物生长调节剂可刺激花粉萌发，促进花粉管伸长，提高石榴坐果率。调节剂使用方法简单，投资少，见效快，是提高产量的重要技术措施之一。在盛花期喷吲哚乙酸 10~30mg/kg 或者萘乙酸 20~30mg/kg，间隔 15 天喷 1 次，连喷 2~3 次。

（3）裂果发生及防治。

①发生规律和症状。石榴裂果是一种生理性病害，由于果皮内、外生长速度不一致导致。从幼果期到成熟期都可发生，主要在于石榴品种、田间管理，以采收前 10~15 天，即 9 月上、中旬最为严重，直至采收裂果形成的伤口遇雨容易烂果，并易引起病虫害，不能保鲜储存，商品价值降低或丧失，给果农造成严重的经济损失。一般大、中型果比小型果易裂；果皮薄、成熟早、果形扁圆、果皮易衰老的品种裂果重；树冠的外围比内膛裂果重；朝阳面比背阴面裂果重。久旱遇雨，在幼果期施化肥（氮肥）过量、病虫为害致果皮受损伤、发生日灼等因素也是石榴果实裂果的主要原因。

②防治措施。

a. 选择抗裂果品种。选择抗裂果品种是减少或防止裂果的根本途径。一般选择成熟晚、果皮厚、果皮粗糙的品种不易裂果。如'豫石榴 1 号''豫石榴 2 号''豫石榴 3 号''大马牙甜''山东泰亮山红'等都是优良抗裂果品种。

b. 农业措施，保持土壤水分均衡。采收前应禁止灌大水或不灌溉，若遇连阴雨，应及时排水；果实施肥应以有机肥为主，化肥为辅，果实发育期控制施氮肥。加强冬季夏季修剪和病虫害防治、果园地面种植覆盖物、果实套袋是预防果实裂果的重要措施。采收应分期分批进行，这样既可保证果实品质，也可减少裂果发生。

c. 药剂防治。植物生长调节剂可减轻石榴裂果。在果实膨大期及着色期各喷一次 25mg/L 的萘乙酸，在果实发育后期用 25mg/L 赤霉素喷洒果面，都可减轻裂果。从 8 月上旬开始，在果实上喷洒 0.5% 的高能钙，一般 7~10 天 1 次，连喷 3 次，可减轻裂果。

## 四、土肥水管理

要使石榴优质高产，必须保证土壤中的水肥气热相互协调，创造一个有利于根系生长的优良环境，及时充分地提高石榴开花结果所需的养分和水分。

1. 土壤管理

（1）土壤深耕熟化。春季深翻在土壤解冻后进行，越早越好；夏季深翻在根系生长高峰以后、雨季来临之前进行，但由于夏季深翻容易伤根造成落花落果，只适宜幼树林中进行，结果树慎用；秋季在果实采摘后；冬季在土壤封冻前进行。深翻深度视土壤结构不同有所不同，以略深于根系分布层为宜，一般 80~100cm，深翻方式有深翻扩穴、隔行深翻、全园深翻。

（2）中耕除草。中耕除草在整个生长季节均可进行。春季解冻后及时耙地或浅翻；生长期间经常中耕除草，疏松土壤，促进微生物活动；秋季中耕可调节土壤温湿度，改善通风条件。

（3）合理间作。在建园初期，树冠较小、收益基本没有的，可以在园内间作一些不影响石榴生长的农作物，一方面获得一定的经济效益，以短养长，另一方面通过施肥耕作减少杂草滋生、改善土壤结构、增加土壤肥力。为方便机械化操作和减少病虫害交叉传染，应慎重选择间作。

（4）地膜覆盖。地膜覆盖能提高地温，促进根系提前活动，保肥保水，节肥节水，平衡稳定地向树体供应肥水，改良土壤，增加有机质，使土壤保持疏松状态，增加细根数量。实践证明：进行地膜覆盖的石榴树，生长健壮，抗性强，叶片肥大，光合能力强，坐果率高，果实膨大快。

（5）地面覆草。石榴园还可进行地面覆草，一方面可以起到防止水分蒸发、防寒、防旱、保墒、缩小土壤温度和水分的剧烈变化的作用；另一方面覆草腐熟以后，还可以增加土壤有机质的含量，提高土壤肥力，同时还可减少地面雨后径流，防止土壤水土流失等。因此在草源丰富的地方，树盘覆草是一项简便易行且行之有效的措施。

（6）种植绿肥。实践证明，种植绿肥可以增进土壤肥力，提高石榴的品质，保持原品种的特有风味，还可以延长贮藏时间，尤其行间宽敞的果园可采用。凡是利用绿色植物的茎、叶等，直接耕翻入土或经过沤制发酵作为肥料的都叫绿肥。常种植草木樨、紫花苜蓿、绿豆和沙打旺等做绿肥，当园内播种的绿肥作物长到花期或花荚期，需要进行耕翻和收割。1年生绿肥或野生杂草需要年年耕翻；也可以收割后集中堆沤，以基肥（或追肥）的形式用于石榴树；也可割倒后撒在果园树盘，3~5年后耕翻1次树盘和树行。

2. 合理施肥

（1）施肥方法。

环状沟施：幼树一般采用此法，可与深翻扩穴相结合。即在树冠外沿20~30cm处挖宽40~50cm、深50~60cm的环状沟，将有机肥与土壤按1：3的比例掺匀后填入。

条沟施肥：此法适合成龄树和密植园，即在树行间隔行开沟施肥。

全园施肥：此法适合密植园，即将肥料均匀撒入园内，再翻入土中。

（2）施肥量。施肥量需根据土壤的营养状况、树龄的大小、不同时期的需求等。一般有机肥用量：幼树7~10kg/株；中龄树20~25kg/株；大龄树40~50kg/株。

（3）施肥时间。

花前追肥：5月上中旬石榴开花需要大量的营养，此时要施入氮、磷、钾，满足其开花坐果的需要，提高坐果率。每株施碳酸氢铵1.5~2kg或尿素0.5~0.7kg。

花芽分化期和果实膨大期追肥：这时花芽开始分化，部分新梢停止生长，应施磷肥、钾肥，提高树体光合速率，促进营养积累，有利于花芽分化和果实膨大。

花后施肥：此时幼果开始膨大，新梢生长加速，追施氮、磷肥，追施含氮、磷、钾的石榴专用肥，每亩施入50~80kg；此次追肥减少幼果脱落，促进果实膨大，提高当年产量。

果实转色期追肥：果实采收前1个月左右，正值果皮开始着色时期，此期追肥可使果实膨大加快，提高果实的商品率，以速效磷钾肥为主，施肥方式以叶面喷肥为主。每隔10天喷布1次0.3%磷酸二氢钾+0.2%尿素水溶液，喷2~3次。

秋季施基肥：秋季果实采摘后，结合施肥深刨树盘 1 次，以施有机肥为主，可施少量的速效氮肥。秋季温度适宜，有充足的阳光，有利于营养物质的积累，促使树体充实健壮，保证树体安全越冬。初果期石榴树每亩施入基肥 3 000~5 000kg；盛果期石榴树每亩施入基肥 5 000~8 000kg。施入有机肥量占全年施肥量的 60%。叶面喷肥的肥料通常为磷酸二氢钾（0.2%~0.4%）、硫酸铵（0.3%~0.4%）、硫酸钾（0.3%~0.5%）、尿素（0.3%~0.5%）、硫酸锌（0.4%~0.5%）等。为了加强和补充树体的营养，可在叶面喷肥时要加入 0.2%~0.3% 的蔗糖。

3. 水分管理

（1）灌水时间。

萌芽前期：一般在 3 月灌水，可增加枝条发芽势，利于石榴发芽整齐、开花一致。最好采用果园覆盖的形式保水。

开花前：在花前 10 天左右进行，如果花期进行灌水，则容易使地温不平衡，根系吸水能力下降，花朵开放不整齐，花粉的成熟期不一致，不利于授粉受精。

花后及果实膨大期：此时浇足浇透水，以利于果实膨大和花芽分化，增加产量。果实采收前不要灌水。石榴进入采收期，如果遇水会导致果实大量裂果。

入冬封冻前灌水：一般在果实采摘后至土壤封冻前，结合秋季深翻灌一次防冻水，也可与施基肥同时进行，促使有机质分解转化，有利于树体的营养积累，提高树体的抗寒抗冻和抗春旱能力，促进来年萌芽和坐果。

（2）灌水方法。

沟灌：即在行间开 25~30cm 宽的沟，使水沿沟灌溉。

穴灌：即在树盘外挖 3~4 个深 30cm、直径 30~40cm 的穴，将每个穴灌满，此法较为节水。若石榴园建在山体的中下部，远离水源，采取穴灌的方法比较适宜。

盘灌：以树干为圆心，在树冠投影内以土埂围成圆盘，与灌溉沟相连，使水流入树盘内。

喷灌：可在园内设置固定管道，安设闸门和喷头自动喷灌。喷灌能节约用水，并可改变园内小气候，防止土壤板结。

滴灌：在果园设立地下管道，分主管道、支管和毛管，毛管上安装滴水头。将水压入高处水塔，开启闸门，水则顺着管道的毛管到滴水头，缓缓滴入土中。该法灌溉节水效果好，土壤不板结，推广价值较高。

（3）排水。石榴园要因地制宜地安排好排涝和防洪措施，尽量减少雨涝和积水造成的损失。

在平地和盐碱地建立排水沟，排水沟挖在果园的四周和果园内地势低的地方，使多余的积水可以及时排出果园。另外，也可采用高畦栽植石榴，畦高于路、畦间开深沟，两侧高中间低，天旱时便于灌溉，雨涝时两侧开沟便于排水。山地果园首先要做好水土保持工作，修整梯田，梯田内侧修排水沟。也可将雨季多余的积水引入蓄水池或中小型水库内。在下层土壤有黏板层存在时，可结合深翻改土，打破不透水层，避免水分积蓄的危害。

此外，果实成熟期是雨量最为集中的时期，要做好园内积水的排除工作，控制水分，从而避免发生烂果、裂果现象。

# 第三节 石榴常见病虫害绿色防控技术

目前，国家和地方上颁布了化学农药使用办法和相关的石榴无公害栽培和生产技术规程等，如《农药合理使用准则》《绿色食品 农药使用准则》及《淮北软籽石榴病虫害防治技术规程》《塔山石榴栽培技术规程》《无公害水果 石榴生产技术规范》等。日常石榴生产和石榴园管理中，人们常常同时采用不同的防治方法，采取综合治理的原则以达到预防和防治病虫害的目的。在此介绍一些石榴常见病虫害的绿色防控措施，为石榴绿色无公害生产提供一些基础。

## 一、主要病害防治

1. 石榴干腐病防治措施

（1）农业措施。休眠期结合修剪刮皮，将病枝、病皮和树上树下僵果、病果（图8-3）深埋或烧毁以降低病原来源。加强肥水管理和整形修剪，及时疏花疏果，以增强树势。整形修剪中，要充分处理层间、内膛与外围的关系。树高控制在2m左右，冠幅不大于树高，做到行间通畅，株间不交接。全树共留5~8个主枝，角度开张至60°~70°。及时疏除病虫枝，细弱枝，并生、重叠枝，使冠内果实全方位通风透光，并于生长季随时清理病果、落果和果面贴叶。结合喷药叶面施肥，前期以氮肥

**图8-3 石榴干腐病果实**

为主，花期及幼果期间隔20天连喷2次硝酸稀土1 000倍液，以提高抗逆性，后期以磷酸二氢钾为主。

（2）生物防治。有相关研究表明芽孢杆菌属一些菌株对石榴干腐病菌具有拮抗作用，体外试验验证抑制率可达43.27%；此外，一些植物的提取液（如大蒜、银杏提取液等）对该病菌也可起到抑制作用，这对于无公害绿色石榴生产具有重要意义。

（3）药剂防治。病部树皮刮后涂上0.15%梧宁霉素5倍液等，其余健部喷石硫合剂。休眠期喷3~5波美度石硫合剂；萌芽前对树体喷1次1%硫酸铜水剂。生长季、花前及花后各喷1次50%多菌灵可湿性粉剂800倍液+20%杀灭菌酯乳油3 000倍液，或70%甲基托布津可湿性粉剂800倍液+4.5%高效氯氰菊酯1 500倍液。以后每隔15~20天喷1次，至8月底，全年共喷5~6次，防治效果良好。一般于6月下旬以后果实直径达6cm以上时喷1次50%多菌灵+硝酸稀土1 000倍液后及时套上纸袋，扎紧袋口。

2. 石榴褐斑病防治措施

（1）因地制宜，选用抗病品种或抗病砧木。'白石榴''千瓣白石榴'和'黄石榴'一般比较抗此病；'千瓣红石榴''玛瑙石榴'等则易感染此病。

（2）农业措施。加强果园管理，冬季彻底清园，生长季节及时清除发病组织，减少病源；合理浇水，雨后及时排水，防治湿气滞留，增强抗病力；加强树体管理和花果管理，保证通风透光，保护树体免受机械损伤并对伤口及时用药保护。

对于已感染石榴黑斑病的果园，因树势衰弱所以要加强果园的肥水管理，每公顷成龄园由正常每年施入 45 000kg 优质农家肥增至 60 000~75 000kg，另外还要追 N、P、K 复合肥 1 125~1 500kg，在施足肥料的前提下，有灌溉条件的石榴园，还要浇好花前水（4 月中旬）、促果水（6 月下旬、7 月上旬）、越冬水（11 月下旬、12 月上旬）。除此之外，对已感病造成树势衰弱的石榴树，要进行适度更新和回缩，以尽快恢复长势，恢复产量。

（3）药剂防治。在黄河中下游地区，防治的关键时期是春季刚开始侵染的 4 月中下旬、开始发病的 5 月中下旬和发病高峰期的 7—8 月。

休眠期间隔两周，喷施 5 波美度石硫合剂两次。生长前期用 1∶0.5∶200 倍波尔多液。开花后发病前，用 80%大生 M45 可湿性粉剂 800 倍液，或 70%安泰生可湿性粉剂 800 倍液，或 10%世高水分散粉剂 1 500 倍液，或 4%的农抗 120 300~400 倍液等保护性杀菌剂，每 2 周左右喷药 1 次。刚坐果即行套袋，防效可达 80.5%，并可兼防治疮痂病、桃蛀螟、桃小食心虫和裂果等。生长中后期喷 1∶1∶160 倍波尔多液，或多抗霉素 3%可湿粉 300 倍液，或 25%代森锌对高脂膜 300 倍液，每半月 1 次，共喷 4~5 次。需注意的是，在施用农抗 120 时不可同波尔多液、松碱合剂、石硫合剂及其他碱性农药、化肥、微肥和激素混配混用。5 月下旬至 7 月中旬，降水日多，病害传播快，应抓晴朗日及时化学防治。注意雨后放晴及时喷药，做到轮换用药，提高药效。天达 2116 果树专用型叶面肥与代森锰锌 80%可湿性粉剂或多锰锌 50%可湿性粉剂混合使用时会导致石榴不同程度的药害发生。

3. 石榴枯萎病防治措施

（1）加强苗木检疫。扦插枝扩繁移栽前可用 25%多菌灵可湿性粉 250 倍液对扦插枝伤口进行浸泡。

（2）农业措施。及时清园，集中销毁，减少病原。对于确诊发病的石榴树，应及时彻底刨根挖除，所有病枝、病根集中烧毁，并施用生石灰对病树区所在土壤进行消毒。加强果园管理，合理密植。提倡免耕，在春秋可进行浅耕，尽量减少中耕，根部施肥时尽可能减少对根系的伤害。慎用氮磷钾肥，多施农家肥，提高土壤有机质含量。冬季间种绿肥，增强树势。三年以上的树体刮除地上部已枯死的老翘树皮 50cm 左右，使用前后器械均要消毒。

（3）生物防治。利用部分植物（大蒜、紫茎泽兰和苦参等）提取液、枯草芽孢杆菌、荧光假单胞杆菌等进行生物防控，也可以通过放线菌拮抗根结线虫而有效控制石榴枯萎病菌的蔓延。根据相关研究表明，套栽番茄、大葱和大蒜有望成为一种通过提高枯草芽孢杆菌数量来控制石榴枯萎病的有效措施。

（4）药剂防治。进行消毒和预防处理：喷施内吸性杀菌剂 30%戊唑·多菌灵、咪鲜胺、腈菌唑、丙环唑等药剂灌根。生长季可用 50%多菌灵 500 倍液+10%复硝酚钠 1 000 倍液喷雾，或刮除病斑后涂 70%甲基托布津 300 倍液进行预防，有一定防治效果，但目前没有很有效的防治方法。

喷药时间，从 3 月下旬或 4 月上旬开始，每 10~15 天一次，连续喷 3 次。

4. 石榴果腐病防治措施

（1）农业措施。摘除僵果，清除落果，并集中销毁；加强排水工作。

（2）药剂防治。开花期前后预防：各喷一次 1∶1.5∶160 波尔多液进行预防。果实着色前喷施甲基硫菌灵悬浮剂 500 倍液，也可以使用 23% 络氨铜水剂 500 倍液。发病初期用 40% 多菌灵可湿性粉剂 600 倍液或 50% 腐霉利可湿性粉剂 1 000 倍液，7 天 1 次，连喷 3 次，防效可达 95% 以上。发病期间，使用 70% 甲基托布津可湿性粉剂 1 000 倍液，或 45% 代森铵水剂 800 倍液，每隔 10 天喷 1 次，连续喷 4~5 次。防治果腐病的关键是杀灭榴绒粉蚧和其他介壳虫，于 5 月下旬和 6 月上旬两次使用 25% 优乐得可湿性粉剂 1 500 倍液，或 48% 乐斯本 2 000 倍液。防治生理裂果用 50mg/L 的赤霉素或石榴保果剂 300 倍液于幼果膨大期喷果面，10 天 1 次，连用 3 次，防裂果率 47% 和 71%。

5. 石榴麻皮病防治措施

（1）农业措施。消灭越冬病虫，是减轻石榴病虫害的关键措施。冬季落叶后，结合冬季修剪，清除病虫枝、病虫果、病叶，集中销毁，对树体喷洒 5 波美度石硫合剂。

（2）物理措施。果实套袋和遮光防治日灼病。在 5 月下旬至 6 月中旬，对树冠顶部和外围的石榴用牛皮纸袋套上，套袋前先喷杀虫杀菌混合药剂，或者用拷贝纸遮住石榴的向阳面，将直射的阳光挡住，可有效防治日灼病。于采果前 15~20 天取袋。拷贝纸是北方水果包装材料中的重要纸张，开始主要用于包装雪梨，因而得名雪梨纸。

（3）药剂防治。石榴萌芽展叶后、花后、幼果期、果实膨大期用 10% 苯醚甲环唑（世高）3 000 倍液预防。4 月下旬至 6 月中旬，谢花后幼果期是防治石榴麻皮的关键时期。此外，对石榴干腐病、蚜虫和蓟马的防控有助于防治石榴麻皮病，其具体的防治措施请参考本节相关内容。

## 二、主要虫害防治

1. 石榴桃蛀螟防治措施

（1）农业措施。重视果园清园，查找害虫越冬场所，消灭越冬幼虫；早春刮树皮，及时清除和处理其他寄主植物的残体，如向日葵盘、玉米、高粱等植物的秸秆；摘除被害果实和落果集中烧毁，或作为沤肥材料，或进行深埋等处理。于花谢后坐果期（6 月）进行果实套袋。

（2）物理措施。诱杀成虫，根据桃蛀螟成虫趋性，4 月中下旬开始，于成虫发生期在果园内置黑光灯、糖醋液、性诱剂进行诱杀成虫。于花谢后坐果期（6 月）进行果实套袋。

（3）生物防治。利用桃蛀螟产卵时，对向日葵花盘、玉米和高粱有较强的趋向性特点，可在石榴园内适当种一些向日葵，向日葵开花后引诱成虫产卵，定向喷药杀灭。此法同时可诱杀白星金龟和茶翅蝽象等。

（4）药剂防治。在成虫发生期和产卵盛期（5 月、7 月和 8 月）喷施 50% 杀螟松（遇碱失效，对十字花科蔬菜有药害）。也可用一些对人畜无毒的植物源杀虫剂，如

0.65%茴香素水剂 450~500 倍液，可兼治螨类和蚜虫类害虫；或喷 37%苦楝油乳剂 75 倍液，也可用苦楝树叶 1kg 加水 3L，浸泡 6 小时后去渣，加水 30kg 稀释喷雾，可兼治蚜虫类。

2. 桃小食心虫防治措施

（1）物理措施。及时清理病果；成虫羽化前，可在树冠下地面覆盖地膜，以阻止成虫羽化后飞出；果园设置黑光灯，可诱杀多种害虫，如桃小食心虫、桃蛀螟、棉铃虫等；在成虫产卵前套袋，果实成熟前 7~15 天去袋，可避免其为害；8 月在树干绑草环，诱集幼虫进入过冬，冬季烧毁。

（2）药剂防治。从越冬茧出土到地面结化蛹茧，可进行地面防治，施用 25%辛硫磷微胶囊剂每亩 0.5kg 加水 150kg 喷施于树冠下，然后浅锄入土。越冬幼虫出土前，可用 50%地亚农。每年 5 月上旬至 6 月中旬，幼虫始发期和盛发期，树上部分使用 Bt 乳剂 600 倍液或 20%灭扫利乳油 3 000 倍液或 35%桃小灵乳油 1 500~2 000 倍液等进行药剂防治以消灭出土幼虫。成虫羽化产卵和幼虫孵化期喷洒 50%杀螟松乳剂 1 000 倍液或 20%灭扫利 3 000 倍液或专杀药剂桃小灵乳油等。6 月下旬至 7 月上旬喷药防治建议用 20%杀灭菊酯 2 500 倍液或 25%灭幼脲 3 号 2 000 倍液或 2.5%高效氯氰菊酯 2 500 倍液或 30%桃小灵 2 000 倍液。喷药，以果实胴部或底部为主。

3. 黄刺蛾防治措施

（1）物理措施。冬季应清除越冬虫茧；于幼虫集中为害期，及时摘除幼虫群集叶片和枝条，集中烧掉；树干绑草诱集和清除沿树干下行的老熟幼虫。

（2）物理防治。灯光诱杀成虫具有一定的趋光性，可在其羽化盛期设置黑光灯诱杀成虫。

（3）生物防治。摘除冬茧时，识别寄生茧（冬茧上端有一被寄生蜂产卵时留下的小孔）选出保存，翌年放入果园自然繁殖寄杀虫茧；或者喷洒 1 亿个/g 的杀螟杆菌或青虫菌悬浮液。每公顷树冠覆盖面积喷 3 000 L 左右，效果很好，同时能兼治大蓑蛾。黑小蜂、姬蜂、寄蝇、赤眼蜂、步甲和螳螂等天敌对其发生量可起到一定的抑制作用。

（4）药剂防治。在黄刺蛾幼虫发生期叶面喷洒 0.3%苦参碱水剂 1 500 倍液，刺蛾幼龄幼虫对药剂敏感，一般触杀剂均可奏效。在卵孵化盛期和幼虫低龄期（3 龄前）喷洒 1 500 倍 25%灭幼脲 3 号液或 20%虫酰肼 2 000 倍液或 2.5%高效氯氟氰菊酯乳油 2 000 倍液或 50%杀螟松乳油等防治，每公顷树冠覆盖面积喷药 2 250L。

4. 龟蜡蚧防治措施

（1）综合预防。刮皮涂枝，越冬期喷洒 5%柴油乳剂，用 50kg 水、2.5kg 柴油，烧沸后加 1kg 洗衣粉，搅拌使之充分乳化，冷却后喷打树体，全树喷透，1 小时后用棍棒敲打树枝，震落蚧虫；早春石榴萌芽前人工刮树皮和剪除虫梢，喷施 3~5 波美度石硫合剂或 45%的多硫化钡 50~80 倍液，同时可防治桃蛀螟、刺蛾等害虫。

（2）农业措施。11 月至翌年 3 月刮刷越冬雌成虫，剪除虫枝。5 年以下的幼树采用"手抹法"，戴手套将越冬雌虫全部抹掉；大树可用"敲打法"，雪后树枝挂满积雪或薄冰，用棍棒敲打树枝，可将蚧虫与冰凌一起震落。

（3）生物防治。保护并引放天敌寄生蜂（长盾金小蜂、姬小蜂）、瓢虫、草蛉等。

（4）药剂防治。有利防治期是雌虫越冬期和夏季幼虫前期。新梢生长期喷20%氰戊菊酯乳油2 000倍液+50%的辛硫磷乳油1 500倍液+50%的多菌灵可湿性粉剂800倍液或80%代森锰锌可湿性粉剂600~800倍液等。6月中旬若虫孵化高峰期喷施石灰倍量式波尔多液或50%多菌灵可湿性粉剂800倍液+30%的桃小灵乳油2 000倍液或20%氰戊菊酯乳油2 000倍液或50%可湿性西维因0.17%药液。7月底喷施80%代森锰锌可湿性粉剂600~800倍液等或70%甲基硫菌灵可湿性粉剂800倍液+20%甲氰菊酯乳油2 000倍液或20%氰戊菊酯乳油2 000倍液。向石榴树冠大面积喷洒，叶面和叶背都要喷到；隔7天左右再喷一次，连续喷2次；若遇阴雨天气一定要抓住降雨间隙的晴天进行补喷。

5. 棉蚜防治措施

（1）农业措施。冬季清园，可喷95%的机油乳油或5波美度石硫合剂，能兼治蚜蚧。刮除老皮，涂上宽约10cm的粘虫胶，阻杀上树蚜虫成虫、若虫及蚂蚁。翻挖树周围的蚁穴，喷洒除虫剂杀死蚂蚁，阻断其对蚜虫的搬运途经。加强果园管理，清除杂草。夏季要控制枝量，保持树体结构分明，通风透光。

（2）物理防治。黄板诱杀有翅蚜，可购买成品黄板，也可自制黄色板刷机油。

（3）生物防治。棉蚜发生盛期，释放食蚜蝇、蚜茧蜂、瓢虫等天敌昆虫。果园周围插种高粱，招引天敌，可以很好地控制蚜虫。

（4）药剂防治。可根据不同作物选用定虫脒、吡虫啉、灭蚜灵、毒死蜱、高效氯氟氰菊酯等农药，按说明用量喷雾防治。为了防止产生抗药性，提高药效，以上几种药剂可选择其中一种或两种混用，每种药剂使用次数应控制在2~3次。

（5）其他。鲜辣椒或干红辣椒50g，鲜辣椒加水150~250g，干红辣椒加水250~500g，小火煮开30分钟左右（水蒸发应补足），用其滤液喷洒受害石榴蚜虫有特效。洗衣粉3~4g，加水100g，搅拌成溶液后，用喷雾器对害虫喷洒，连续喷2~3次，使虫体上沾上药水，防治效果达95%，而对石榴树不会产生药害。也可将洗衣粉、尿素、水按1：4：400的比例，搅拌成混合液后喷洒叶片。

6. 西花蓟马防治措施

（1）农业措施。及时清除园内杂草，蓟马为害严重的石榴园周围5m内不种植任何植物；铺设地膜，一方面提高温度，另一方面减少杂草和蓟马入土。果实膨大期前完成果实套袋工作，套袋前喷药杀虫。

（2）物理防治。选用蓝色粘虫板防治西花蓟马；如果要兼治蚜虫，可以配合使用部分黄色粘虫板。经相关研究表明，性诱剂芯对西花蓟马的诱杀效果不显著。

（3）生物防治。释放和保护天敌，西花蓟马的天敌较多，包括花蝽（如小花蝽）、捕食螨、寄生蜂、杀虫真菌和天敌线虫等，释放天敌应掌握在害虫发生初期，一旦发现害虫即开始释放。

（4）药剂防治。根据报道，60g/L乙基多杀霉素或0.5%藜芦碱SL或0.3%印楝素或0.8%阿维·印楝素EC或2%阿维菌素ME或70%吡虫啉WG对于石榴西花蓟马田间防治效果较为理想。在配制农药时加入适量的红糖、白砂糖或蜂蜜以提高杀虫效果。选择在晴天的早上9点开花时或傍晚幼虫开始活跃时喷杀。

### 三、气候灾害预防及补救

1. 低温冻害预防措施及补救

(1) 选择抗寒品种，如'红皮甜1号''黑籽甜''青皮甜1号''巨籽蜜''豫大籽''豫石榴1号'。选择抗寒砧木品种，实行高位嫁接，主要有千层花、酸石榴等。

(2) 农业措施。加强土肥水管理，对栽植后1~2年的幼树，于7—9月生长期应增施磷钾肥，控制氮肥，减少浇水次数，使新梢及时停止生长，使植株充分木质化；改冬施基肥为秋施基肥。在8月中旬，及时摘心及萌生的幼芽，合理控制负载量，保头茬果、留二茬果、去三四茬果；果实成熟后及时采收。加强病虫害管理，保证树体健壮，提高抗性。

(3) 物理措施。选择地势高燥、通风良好的地块。早春遇低温天气，用树叶、柴草与草皮，也可用谷壳糖糟堆放，75~90堆/hm²，于晴天无风、大霜的天气，午夜到日出前进行熏烟，可提高园内温度2℃左右。

(4) 生物防治。在园区周围建5~7行防护林，实行上乔（如杂交杨）、下灌（如紫穗槐、白蜡条等），可有效防止石榴冻害。

(5) 药剂防治。春季2月下旬至3月上旬用5%石灰乳喷布树冠。在冬季来临前，11月植株落叶后，喷波尔多液和涂白树干。树干涂白，涂白剂配比为：水10份、生石灰3份、石硫合剂原液0.5份、食盐0.3份，并加入少量动植物油；也可整个树体涂抹凡士林进行预防。

(6) 石榴受冻后的补救措施。易冻石榴品种不进行冬季修剪，第2年春天发芽后，根据受冻情况修剪，轻剪长放，少留花芽，减少负载量；及时早追施尿素，发芽后进行叶面喷施尿素；及时喷石硫合剂，消灭病菌，防治腐烂病等病害的发生。受冻后的果园要及时浅锄松土，防止土壤板结，增加土壤通透性，以利根系生长。

低温冻害过后，一旦植株恢复生机，应及时浇水、施肥，施用复合肥或有机肥，并及时中耕松土，提高地温，促进根系发育。受冻后的树体前期生长势变弱，经过加强管理，7月份后容易旺长，极易造成病虫侵害，及时喷布药物。对病虫枝或受冻枝及时剪除，同时对树体要拉枝开角，控制营养生长，让其自然恢复。对遭受冻害且不能恢复的枝条应及时剪除或回缩到已发芽部分，重新培养好的结果树冠。对冻害较严重树体，应大量疏剪花序，减少结果量或不让结果，以恢复树势、增加枝量，为来年丰产奠定基础。

2. 倒春寒的预防及补救

(1) 品种选择。品种上宜选择抗寒品种或多批次花的品种，从本质上或者时间上错开倒春寒频繁发生的时期。'青皮软籽'石榴品种若第一、第二批花遭受倒春寒而坐果不佳，则第三、第四批花花量少甚至无花，坐果率大大下降，产量损失大；而'突尼斯软籽'石榴在遭遇倒春寒，在第一、第二批花掉落后，却能在5—6月再次开花结果，这部分果子生长非常迅速，在国庆节前能正常成熟。因此，建议在品种选择时要尽量选择一些抗性强、受倒春寒影响较小的品种。

(2) 合理应用栽培技术措施。加强采果后田间管理，保证良好的水肥条件和营养。采果后，整形修剪，控制秋冬梢抽发，及时剪除徒长枝；及时进行适当追肥，全园进行一次病虫防治，延缓石榴进入落叶期，让树体养分充分积累，枝干充实。落叶后保持合理的树形结构、枝梢数量和方位，合理利用生长空间，疏除交叉枝、重叠枝，去除病虫枝、枯老枝、残弱枝及果柄等。冬季配合田间管理施足基肥，以腐熟厩肥、绿肥等有机肥为主，配合果树专用复合肥施用，施肥量占全年的 60% 左右。少施氮肥，增施钾肥，以提高树体抵抗力。石榴冬季清园对于病虫害的防控至关重要。在石榴萌芽前，使用 3~5 波美度的石硫合剂全园喷施，能有效杀灭病虫害传染源，减少翌年病虫害的发生，提高树体抵抗力。

将春灌时间向后延迟 10~15 天，石榴萌芽开花时间也会相应推迟，借此可避开花期倒春寒，提高第一、第二批花的坐果率，以实现丰产。当年采摘时间延后，石榴生育期也相应延后，翌年萌芽及开花的时间也相应推迟，开花时间多在 4 月上旬至中旬，可有效避开寒潮。

（3）物理预防措施。温度降到接近 0℃ 前，在上风处点燃草堆，可有效抵御寒流的侵害。当强降温来袭，对果园进行一次饱和灌溉，能有效预防冻害的发生。

（4）使用药剂预防。在石榴树萌芽前，利用树干涂白剂对树干进行涂白，可延迟石榴萌芽期及开花期，既能有效避开寒潮，又可以起到杀虫、杀菌及防日灼的效果。石榴花芽萌动期，可喷施浓度为 500~2 000mL/L 的青鲜素或浓度为 200~800mL/L 的琥珀酸等暂时性植物生长抑制剂，能暂时抑制石榴芽萌发，可推迟花期 10~15 天，避过寒潮。面对倒春寒，可通过喷施寒克、天达-2116 和芸苔素 481 等植物冻害保护剂，能显著提高石榴树细胞液浓度及细胞膜韧性，促使花芽饱满，增加水分含量，增强树体和花芽的抗冻能力。

倒春寒发生后，可通过叶面喷施磷酸二氢钾及硼肥等叶面肥，提高石榴树开花坐果率。可进行激素促花，以减少损失，如赤霉素、多效唑和促花王 3 号等，抑制主梢疯长，促进花芽分化，提高花粉受精质量。

# 第九章　绿色无公害李生产关键技术

## 第一节　李树的生物学特性及主栽品种

李是世界上重要的落叶果树之一，其果实美丽，营养丰富，可用于鲜食、制干，深受消费者喜爱。李含有丰富的糖类、维生素和无机盐等营养物质，总糖含量在 7.9%~9.0%。李果在药用上味甘、性寒，具有补中益气、养阴生津、润肠通便的功效，尤其适用于气血两亏、面黄肌瘦、心悸气短、便秘、闭经、淤血肿痛等症状。同时，还具有润肠、活血祛痰、清热利尿等作用，是深受人们喜爱的夏令水果。

我国李年产量占世界总产量的 50% 以上，是世界李生产第一大国，产量远远超过其他国家。据 FAO 统计，我国李树种植面积为 198.7hm$^2$，产量为 680.4 万 t。李生长较快，结果早、丰产早。如果是嫁接苗，栽后第二年就可以挂果，第三年就可以有产量，亩产可以达到 1 600kg。第四年后进入盛果期，一般亩产可以达到 4 000~5 000kg。如果管理合适，李树盛果期可维持 20 年以上。这表明李树栽培在我国农村脱贫中能发挥重要作用。

在我国 20 世纪 80 年代以前，李树的栽培及育种尚未引起足够的重视，发展较迟缓，经济效益也较差。近年来李树的发展受到国家重视，我国开展了全国性李树资源的普查、收集、保存等工作，并在辽宁熊岳建立了国家李树种质资源圃，成为我国李树的科研中心。据不完全统计，截至 2017 年，我国自主育成、通过品种审定并正式发表的李品种有 64 个，东北三省科研单位育成品种 37 个，占总数的 57.81%，是我国李育种的主要单位，其次是新疆、山西、陕西、广东等省区的科研院所。我国最早育成的李品种为 1956 年由吉林省农业科学院果树科学研究所从地方品种'窑门李'（亦称'东北美丽'）和'红干核'杂交种子后代中筛选出的单株'六号李'（亦称'跃进李'），该品种在随后的'长李'系品种选育中发挥了重要作用。20 世纪 60—70 年代，处于高寒地区的黑龙江、吉林等省果树科研单位及大学针对寒冷气候环境开展了寒地李新品种遗传育种研究，相继培育出'绥棱红'（亦称'北方一号'）、'绥李三号'、'长李 7号'和'长李 17 号'等品种。同一时期，我国新疆生产建设兵团农七师果树研究所以来自我国东北地区的'窑门李'为母本，通过自然实生方式先后选育出'奎丰''奎丽'和'奎冠'3 个优质品种。该时期的育种方式主要以实生选种为主。随后的 20 年，我国李育种研究工作发展到一个新的阶段，以黑龙江、吉林两省为主的果树科研单位及大学采用人工杂交培育和实生选种选育出一批李新品种，为我国开展现代李遗传育种研究奠定了基础，其中众多品种，如适宜寒地栽培的品种'长李 15 号'和'龙园秋李'

等在我国李产业发展中发挥了积极作用。自 2000 年，我国各地农业科研单位及大学纷纷开展李品种育种工作，包括黑龙江、吉林、辽宁、河南、陕西、山东、山西、重庆、浙江、福建和广东等省区的十几家科研单位，培育了‘秋香李’‘牡丰’‘红晶李’‘巴山脆李’和‘国美’等优良新品种。李作为一种可赏花观叶看果的植物，逐渐在园林绿化中受到重视，2000 年左右出现了用于观赏的新品种，代表品种有辽宁果树科学研究所培育的‘岳寒红叶李’、吉林省农业科学院培育的‘长春彩叶李’。果树科技工作者除对我国的名优品种进行利用外，还从国外引进一些优良品种，如日本的大石早生李、澳大利亚 14 号李、黑琥珀李等。

## 一、生长结果习性

李子为小乔木、多年生落叶果树，树冠较小、一般树高 3~4m，树皮灰褐色，起伏不平。幼树生长迅速，自然生长时中心干容易消失，形成开张树冠。2~3 年开始结果，5~8 年进入盛果期。一般寿命为 15~30 年或更长。

1. 根系

（1）根系的分布。李树为浅根性树种，吸收根主要分布在 5~40cm 深的土层中，其分布的深度和广度因砧木种类、土壤条件和地下水位等而不同。嫁接李树的砧木不同，其根系分布深浅也存在很大的差异，如以毛樱桃为砧木的李树根系分布较浅，分布在 0~20cm 土层内的根系占总根量的 60% 以上，而毛桃和山杏砧木的分别为 49.3% 和 28.1%，山杏砧李树深层根系分布多，毛桃砧介于二者之间；李树不同品种其根系分布范围也不同，一般高大、直立的品种，根系分布深且广；树势开张的品种根系分布较浅。因此在施肥时，要根据根系的分布情况来确定合理的施肥位置。

（2）根系的活动。李树根系的活动通常会受到温度、湿度、土壤通气状况、土壤营养状况以及树体营养状况的制约。其根系一般没有明显的自然休眠期，只在土壤温度过低下才被迫休眠，如果温度、湿度适宜，一年四季均可生长。当土壤温度达到 5~7℃ 时，即可发生新根；15~22℃ 为根系生长活跃期；高于 22℃ 根系则生长速度减缓；当土壤温度达到 35℃ 以上时，根系停止生长。土壤水分与温度、透气性、养分状况有密切的关系，所以土壤湿度也是制约根系活动的重要因素。土壤中水分达到田间持水量的 60%~80% 是根系最适宜的土壤湿度，土壤水分过多，会影响土温和降低通透性，会影响到根系的正常生长；过少，根系生长缓慢或者会停止。根系的生长节奏与地上部各器官的活动密切相关。一般幼树一年中根系有 3 次生长高峰，春季随着地温逐渐升高根系开始活动，当温度适宜时进入第一个生长高峰期，之后随着新梢旺长，营养物质集中供应地上部，而根系生长逐渐减缓；当新梢缓慢生长而果实尚未迅速膨大时，根系出现第 2 次生长高峰，以后由于果实迅速膨大及雨季秋梢旺长又进入缓长期；当采果后，秋梢近停长，土壤温度下降时，进入第三次生长高峰。成年的李树一年中根系只有两次明显生长高峰。了解李树根系生长规律及其适宜的条件，对李树施肥、灌水等重要的农业技术措施具有重要的指导意义。

李树有发生根蘖的习性，多发生在距离主干 1m 处的 10~20cm 深的土层中。根蘖的发生与土壤质地、温度、透气性有关，当树体地上部受到刺激或树势过于衰弱时，根蘖容易发生；生长旺盛的树，根蘖较少。此外，品种不同，根蘖发生量也不一。根蘖苗是李树的无性繁殖苗，其根系主要来源于栽培品种树体上的不定根，入土较浅，须根较多。用根蘖苗繁殖的李树基本上能保持母树的特征特性，个体差异较小。但对于不用作繁育苗木的根蘖要及时刨除，否则会与母树争夺肥水，从而影响到母树体的正常生长和发育。

2. 芽

李树的芽可分为花芽和叶芽两种，花芽为纯花芽，大而饱满，萌发后只开花不生枝叶。每个花芽中包孕有 1~4 朵花的花序。叶芽小而尖，三角形。李树新梢上的芽当年可以萌发，连续形成 2 次梢和 3 次梢。李树芽的早熟性导致李树树体较大。

3. 枝

翌年春季，除枝条基部少数潜伏芽外，其他节位的叶芽都可以萌发，但顶部的芽抽枝较长，中下部节位芽抽枝依次渐短。枝叶的生长与环境条件及栽培技术密切相关。在北方，李树一年之中的生长有一定规律，如早春萌芽后，新梢生长较慢，有 7~10 天的叶簇期，叶片小，节间短，芽体较小，主要消耗树体前一年的贮藏营养。以后随着气温逐渐升高，根系的生长和叶片增多，新梢进入旺盛生长期，此期枝条节间长，叶片大，叶腋间的芽充实、饱满，芽体较大。此时是需水临界期，对水分反应比较敏感，要加强水分的管理，此期过后，新梢生长减缓，中、短梢停止生长开始积累养分，花芽进入旺盛分化期。雨季后新梢又进入一次旺长期——秋梢生长期。秋梢生长要适当控制，注意排水和旺枝的控制，以防幼树越冬抽条及冻害的发生。

4. 结果习性

中国李以短果枝和花束状果枝结果为主，而欧洲李和美洲李主要以中果枝和短果枝结果为主。幼龄的李树营养生长旺盛，以长果枝结果为主；随着树龄的增加，花束状结果枝的比例明显上升，其着生部位多在结果母枝的中、下部，每年顶芽延长一小段，又形成花芽，如此可以连续结果 4~5 年。不同枝龄上的花束状结果枝，虽然着生大量花芽，但以 3~4 年生枝结果率较高，5 年以上的枝条着果率较低。老龄的花束状结果枝，可以发生短的分枝，构成密集的短枝。花束状果枝结果 4~5 年后，如果营养条件好，进行更新修剪，刺激基部潜伏芽萌发，发生更新枝形成多年生花束状果枝群，大量结果。这也是李树丰产性状之一，若营养不良时，生长势进一步下降时，一部分花束状果枝不能形成花芽则转变为叶丛枝。

发枝力强的品种，如跃进李，中、长果枝结果后，仍能抽生新梢，形成新的中、短果枝和花束状果枝，发展成为一个小型枝组。但其结实力不如由发育枝形成的枝组高。生长旺盛的树，也可以发生副梢，其中发生早而又充实的可以形成花芽。李树有些品种能自花结实，但多数品种需要异花授粉才能丰产，所以建园时，应配置好授粉树。

李树进入结果期早，一般定植 2~3 年开始结果，5~6 年进入盛果期，一般株产可达 75~100kg。由于李树树体比较矮小，适合密植，所以单位面积产量高，每公顷产量可达 15 000~20 000kg。

## 二、物候期

李树每年都有与外界条件相适应的形态和生理机能的变化，并且呈现出一定的生长发育的规律性，这就是李树的年生长周期。这种与季节性气候变化相对应的李树器官的动态变化，又称为生物气候学时期，人们习惯与简称为物候期。

与其他落叶果树一样，李树随着季节的变化，从春季开始萌芽生长后进入生命活动的活跃时期，有规律地进行抽梢、开花、结实以及根、茎、叶、果实等一系列的生长发育。而到了冬季，为了适应低温条件，树体便进入休眠状态。因此，李树的年周期可大体上分为两个时期，即营养生长期和相对休眠期。李树的物候期因地区和品种不同而有差异。现介绍北方李树的几个主要物候时期。

（1）萌芽期。北方李树的花芽萌动期在4月中、下旬，叶芽萌动期约晚于花芽期15天左右。

（2）开花期。北方李树开花期在4月末到5月初这一段时期，花期为7天左右。

（3）新梢生长期。据观察，北方李树新梢生长期从5月上旬开始，落花后生长较快。短果枝和花束状果枝停止生长较早，中、长果枝停止生长较晚。

（4）果实发育期。李树的果实发育分为3个时期。第一个时期从落花到硬核开始；第二个时期为硬核期，此期果实生长缓慢；第三个时期为果实成熟期。

（5）花芽分化期。李树的花芽分化较早，在吉林省从6月下旬至7月初开始。

（6）落叶期。在东北地区，李树一般于10月中、下旬便开始落叶，进入休眠期。

## 三、李树对环境条件的要求

由于不同种类的李树处于不同的生态环境下，便形成了不同生态型。在引种和栽培上要区别对待，可增加引种栽培的成功率。

1. 温度

李树对温度的要求因种类和品种不同而异。如欧洲李喜温暖湿润的环境，而美洲李比较耐寒。同是中国李，生长在我国北部寒冷地区的'绥棱红''绥李3号'等品种，可耐-35℃的低温；而生长在南方的'木隽李''芙蓉李'等则不耐寒，李树在生长季节的适温为20~30℃。中原地区冬季一般最低气温在-10℃左右，生长期的月均温度都在19℃以上，高温的7月平均温度在28℃左右，所以中原地区省很适合李树的生长。

李树花期最适宜的温度为12~16℃。花蕾较抗寒，从开花始期以后抗寒性逐渐减弱。不同发育阶段对低温的抵抗力不同：花蕾期致害低温为-5℃；花期为-2.7℃；幼果期为-1.1℃。一般品种冬季低于-20℃就不能正常结果。因此北方李树要注意花期防冻。

2. 水分

李树为浅根性果树，对水分要求较高，因种类、砧木不同对水分要求有所不同。欧洲李喜湿润环境，中国李则比较耐旱；在河南省每年降水量600~1 000ml的情况下不会发生严重的旱象。但如果在幼果膨大期缺水，则会造成大量的落果。毛桃砧一般抗旱性差，耐涝性较强，山桃耐涝性差抗旱性强，毛樱桃根系浅，不太抗旱。因此在较干旱地区栽培李树应有灌溉条件，若土壤水分过多，根系供氧不足，轻者影响根系吸收功能，重者根系死亡，因此在低洼黏重的土壤上种植李树要注意雨季排涝。

### 3. 土壤

李树对土壤要求不十分严格。中国李对土壤的适应性最强，几乎在各种类型土壤上中国李均有较强的适应能力，而欧洲李、美洲李适应性不如中国李。黏壤土的保水、保肥、通气条件较好，最适合李树的生长。黏性土壤和沙性过强的土壤应加以改良。李树对盐碱土的适应性也较强，根据辽宁省果树研究所张加延研究员的调查研究，发现以榆叶梅为砧木的李树，在盐碱土壤上栽培表现良好，而以小黄李为砧木的李树，则适应在含水量较高的黏重土壤上栽培。

### 4. 光照

李树为喜光树种，通风透光良好的果园和树体，果实着色好、糖分高，且枝条粗壮、花芽饱满。一般阳坡和树冠外围向阳面的果实着色早，品质好；阴坡和树膛内光照差的位置果实着色晚，品质差。且在光照不足的情况下会有大量的花束状果枝枯死和引起大量的落果。因此，为了充分利用光能，提高果实产量和品质，在对梨树进行建园时注意选择园地，合理安排栽植密度，并适时进行修剪。

## 四、李的主栽品种

目前中国李和欧洲李在我国栽培最为广泛，此外还有'杏李''乌苏里李''樱桃李''美洲李''加拿大李'和'黑刺李'。我国李树的品种资源极为丰富，除了从国外引进的品种外，各地也选育出了各具特色的地方品种群。简介如下。

### 1. 晚黑

树势较强，萌芽力强，抗病力强，抗寒、丰产，适宜密植栽培。果实卵圆形，平均单果重93.8g，果实酸甜适口，蓝黑色，果肉金黄色，果实硬度为13.2kg/cm²。果实可溶性固形物含量16%，可滴定酸含量0.62%，维生素C含量为26.5μg/g，品质极佳。高接园亩产可达2 319 kg。

### 2. 大红玫瑰

原产美国，是美国多个州经济栽培的重要的李品种之一。树势强健，树姿半开张，枝条细软。果实大型，长圆，平均单果重91.9g，最大单果重138g，果顶平，缝合线浅、明显，两半部对称；果皮中厚，底色金黄，果面光亮，着色全面鲜红；果点小而密，不明显，果粉少；果肉橙黄色，不溶质、致密、细嫩、清脆爽口，汁液丰富，风味酸甜适中，有香味，品质上等。果肉厚，可食率97%；可溶性固形物含量12.9%，总糖0.8%，可滴定酸1.4%，糖酸比为7.7：1，果核小，卵圆形，离核。具有早实丰产性强、高产稳产的特点。

### 3. 长李15号

长春市农业科学院园艺研究所育成。树势强，萌芽力强，抗病力强，抗寒、丰产、树姿半开张，适宜密植栽培，株行距2m×3m或3m×4m，结果早，栽后2年见果，3~4年即可有一定产量，是最具有竞争能力的早熟抗寒李子优良品种。果实扁圆形，平均单果重52g，最大果重98g，酸甜适口，质量好，耐贮运。不要栽在低洼地，因为核果类砧木怕涝。采用自然开心形整形，幼树修剪，以整形为主，多疏枝、少短截，大枝亮堂堂，小枝闹洋洋。达到早果、高产的目的。

4. 黑宝石

果实扁圆形，果顶平或圆凸；缝合线中深，两半部对称。平均果重 76.9g，最大果重 121g；果粉厚，果皮黄绿，果面紫黑色，全面着色；果肉淡黄色，汁液中多，肉质硬韧，味甜爽口，香气较浓，无涩味；果实含可溶性固形物 15.3%，品质上等；离核，核极小，果实可食率 98.8%。耐贮，在 0~5 ℃ 条件下可贮藏 3 个月以上。

5. 红美丽李

为美国加利福尼亚州十大李主栽品种之一。该品种果实中大，心脏形；平均单果重 56.9g，最大单果重 72g；果皮底色黄，果面光亮、鲜红色，艳美亮丽；果皮中厚，完全成熟时易剥离。果实没有完全成熟时果肉淡黄色，果点小而密，不明显，果粉少，完全成熟后鲜红色，可食率 96%。肉质细嫩，可溶，汁液较丰富，风味酸甜适中，香味较浓，可溶性固形物含量 12%，品质上等。

6. 绥棱红李（北方 1 号）

黑龙江省农业科学院绥棱浆果研究所育成。树势强健，直立。果实圆形，平均单果重 40g，最大单果重 50g；果皮底色黄绿，阳面微红；果肉淡黄色，皮薄，汁多，风味稍淡，黏核。果实于 7 月末成熟。不耐贮运，自花结果少，需配授粉树，最适宜的授粉品种为绥李 3 号和跃进李。

7. 芙蓉李

是福建省永泰县李树最主要栽培品种，栽植面积 8 000 hm²（12 万亩），果实圆形，平均单果重 62g，最大单果重 87g，硬熟期果皮绿黄色，软熟期果皮红色，果顶平，缝合线浅，两半部对称，果粉厚，果肉红色，肉质松脆，汁液多，纤维多，酸甜可口，品质上等，适宜鲜食和加工。可食率 96.6%，可溶性固形物含量 12%，总糖含量 58%，总酸含量 0.90%，维生素 C 含量 44.0μg/g，常温下鲜果存放 7~14 天，加工李制干率 76%。该品种是加工蜜饯类最佳品种，加工品质地细腻、嫩滑。耐贮运，可作为鲜食、加工兼用品种。

8. 康石晚李

吉林省通化园艺所于 1982 年发现的地方良种，1993 年通过吉林省农作物品种审定委员会审定。果实近圆形，果顶平，微偏突。最大单果重 45.7g，果个大小整齐，片肉对称。果皮底色绿黄，成熟时大部分着彩红霞，片红，果粉中厚，白色，果皮中厚，充分成熟后果皮较易剥离。果肉淡黄色，汁液中多，肉质细、致密、纤维少，离核，可食率为 96.68%，无裂果，较耐贮，一般采收后在常温下可存放 10 天左右。树势中庸，树姿半开张。在北方地区 4 月初萌芽，4 月末至 5 月初开花，8 月末至 9 月初采收，果实发育期 115 天左右。

9. 安哥理诺

果实扁圆形，平均单果重 100g，最大 150g。果实成熟后为紫黑色，果面光滑有光泽。果肉淡黄色，近核处微红，纤维少，清脆爽口，汁多味甜，香味浓，含可溶性固形物 15.5%，品质优。离核，核小。果实极耐贮藏，常温下可贮 2 个月，机械制冷库可贮 4~5 个月。

10. 黑琥珀李

树势中庸，分枝直立，坐果率较低。花序坐果率为 19.7%。'黑琥珀李'早实丰产性较好，一般幼树 2 年开花，3 年结果，4 年丰产。平均株产 14.1kg，最高株产 16.7kg。果实大型，扁圆或圆形，平均单果重 101.6g，最大单果重 138g。果皮厚，完全成熟时呈紫黑色。

11. 奥德罗达

'奥德罗达'李子果实扁圆形，果面鲜红色，完全成熟时呈紫黑色，外观艳丽；果肉金黄色，酸甜适口，肉质柔软，口感好，富有香气，风味甜；核小，可溶性固形物含量高达 15.6%；其成熟期为 7 月中旬，果实耐贮性强，在室温条件下可贮藏 10 天。

12. 黄干核

吉林省永吉县地方良种。树势强健。果实圆形；果面黄绿色；果肉淡黄色，味甜，多汁，有香味，品质上等。抗寒，丰产。8 月上中旬果实成熟。

# 第二节  李树育苗及李树栽培技术

## 一、砧木种类

李树是否能早结果、早丰产在一定程度上与苗木质量有很紧密的关系。李树可用分株、扦插、嫁接和实生播种等方法繁殖。但在生产上普遍应用的则是嫁接繁殖法，其他方法在生产中应用较少。

因地域环境、生态变化、气候因素的不同导致各品种的砧木不尽相同。以各地的实践经验看，毛桃、山桃、山杏、毛樱桃、李等均可作为李树的砧木。

（1）毛桃。毛桃适应性较广。毛桃根系发达，生长旺盛，与李树嫁接亲和力强，接后生长迅速。在我国大部分地区，如长江以南，河南、河北，都较适合栽培。特别适合在沙质土壤中栽培。缺点是耐旱能力较差。

（2）山桃。山桃生长势强，与李树嫁接亲和力好，嫁接苗分枝较多，树体成形快，抗病性强，耐旱性强，在碱性土壤中也较好生长。缺点是不耐涝、寿命短。

（3）榆叶梅。榆叶梅种核较小，每千克种子粒数在 3 600 个左右。砧木苗生长势中庸，同李树嫁接后亲和力强。抗旱、抗寒、耐盐碱，但耐涝性差。也是我国东三省常用的李树砧木。

（4）毛樱桃。毛樱桃种核小而整齐，每千克种子有 10 000~12 000 粒。砧木种子播种后出苗率高，与栽培李树嫁接亲和力好，矮化效果明显，树形紧凑，利于密植。嫁接后结果早、抗寒。但抗旱性、抗涝性差。是近年来我国东三省常用的李树砧木。另外，选择砧木时还要根据当地的气候、土壤条件而定。

（5）小黄李。小黄李树冠较大，树体寿命长，与栽培品种嫁接亲和力强、极为抗寒，砧木苗冬季可耐-40℃低温。耐涝性强。小黄李是我国东三省最理想的李树砧木，其种子小而整齐，每千克种子有 1 400~1 600 粒，播种当年，砧木苗便可达到嫁接粗度。缺点是种子对层积处理要求较为严格，若冬季种子贮藏不当，或低温不够，种子不易萌发。所以用小黄李作砧木时，必须将采集的种子通过后熟立即沙藏在冷凉处。

## 二、砧木苗的培育

李树砧木苗多为实生苗，因此获得健壮且整齐一致的砧木苗是桃树育苗中较为重要的一步。

1. 砧木种子的采集和沙藏

为保证栽培品种性状稳定，砧木种子要求品种纯正，类型一致。采种母树为生长健壮、无病虫害的植株。砧木种子要适时采收，采收时要注意不同种类的砧木种子不能混收，要保证种子的纯度。另外，采种时应选择果形端正、肥大、发育正常的果实，这样的果实，其种子也充实饱满，播种后长出的苗木整齐健壮，适应性强，发育好。

果实采回后应尽快取种。采回的果实可直接人工剥种；也可将果实堆积软化，5~7天之后手捏或用其他方法取出种子，流水冲洗干净，剔除碎果肉和杂质。堆积过程中要注意经常翻动，防止温度过高使种子失去发芽能力，且时间不宜过长，以免霉菌感染。

取出后的种子要放在背阴通风处，将种子铺成薄层充分阴干，或用尼龙纱网做成晾晒架，将种子铺展在上面阴干。为保证种子播后出苗整齐，阴干后的种子应进行分级，去除混杂物和破粒。

李树砧木种子和其他落叶果树种子一样，只有在低温、通气及湿润的条件下经过一定时间的处理，使种子的吸水能力加强、原生质的渗透性及酶的活性提高，种子内复杂的有机物水解为简单的物质，种胚才能通过后熟过程，开始萌动。这种将种子在低温、通气及湿润条件下经过一定时间处理，使种子解除休眠的过程就是层积处理（沙藏处理），其层积方法与苹果等果树相同，但层积时间长短，则因砧木种类不同而异。

2. 育苗地的选择与整地

（1）育苗地的选择。育苗地的选择应注意以下几个方面：①地点和地势。苗圃地应选地势平坦、排灌良好、交通便利和管理方便的地方。地下水位应在 1.5m 以下，水位过高的涝洼地，出苗虽然容易，但保苗难，也不宜作苗圃。②土壤条件。苗圃地应选土层深厚、土质疏松、通气良好，有机质含量高的沙质壤土为最好，苗圃地的土壤肥力要求中等，这样培育出来的苗木生长健壮、抗逆性强、苗木质量高。③灌排水条件。李树耐旱能力弱，随时可能需要灌水；同时，幼苗的耐涝能力也较差，应具有良好的排水条件。④禁忌连作。重茬往往会引起某种营养元素的缺乏甚至积累一些有毒物质，致使苗木发育不良。

（2）播种前整地。育苗地要进行深翻，深翻一般在秋季进行，深度在 20cm 以上。深翻的作用是提高土壤的蓄水能力，改善土壤结构，促进苗木根系发育。春季播种前，施足基肥，平整地面，起垄作畦，浇足底水，待墒情适宜时播种。

3. 播种

栽植时间应选在春季苗木发芽前至发芽初期。栽植时设计好株行距，株行距可为 3m×4m 或 4m×5m，每公顷栽植 675~840 株。也可进行高密度栽培，株行距 1.5m×2.5m。

播种的具体方法是在整好的垄上开沟，沟深 5~7cm，播种深度为种子大小的 3~4 倍为宜，进行点播或条播，播后覆土镇压，地面喷除草剂，再覆盖地膜。

4. 砧木苗的管理

（1）肥水管理。春播的种子，一般 10 天左右即可出土。此时要及时协助幼苗破膜出土，并在幼苗四周将地膜破口用土压封好，同时要注意检查墒情，防止土壤干旱。幼苗出土后，为促进苗木生长，应适时追肥和灌水，在幼苗旺盛生长期，追施一次速效性氮肥，如硝酸铵或尿素均可，每公顷施用量 150~225kg，施肥后要及时灌水，最好是一次灌透，以利苗木对肥料的吸收和利用。灌水后要及时中耕除草，以防土壤水分蒸发，增强土壤的蓄水力和通气性。

（2）间苗。当幼苗长到 3~4 片真叶时，要进行间苗，每 10cm 留一壮苗。间下的苗可移栽到事先准备好的苗床上或缺苗的地方。

（3）摘心。在砧木苗生长后期为促进砧木苗的加粗生长，以满足嫁接的粗度。当砧木苗长到 50cm 左右高时，可进行摘心处理，通过控制加长生长的手段，达到砧木苗加粗的目的。

（4）除萌。用作砧木的实生苗，嫁接部位（颈部 5~10cm）以下的副梢和苗木萌蘖应及时抹去，以节省养分，并保证嫁接部位的光滑，既便于嫁接，同时提高嫁接成活率。

（5）中耕除草及病虫害防治。为促进砧木苗的生长，在苗木生长期间，要及时除草、松土，保持苗圃地土壤疏松无杂草；同时，还要防治蝼蛄、蛴螬等为害根系的害虫和苗木的白粉病、立枯病、霜霉病的发生，要及时打药。

5. 接穗的采集与保存

接穗状态是关系到嫁接苗成活率的重要因素之一。采集接穗的母株，应选择树势强、无病、生长和结果良好的成龄树。采集接穗时，应采集树冠外围且生长充实、腋芽饱满、无病虫害的当年生发育枝。

### 三、嫁接技术

李树的嫁接有芽接和枝接，芽接一般在 7—8 月进行，嫁接技术与桃树相似。

1. 芽接

芽接就是将一个饱满的芽接到砧木上，待其成活后剪砧发芽。芽接常用的方法有"T"字形芽接、带木质部芽接等。

（1）"T"字形芽接法。在果树皮层能够剥离时进行，以 7 月下旬至 8 月中旬进行最为适宜。"T"字形芽接法是指砧木切口的形状而言；而接芽的芽片形状则呈"盾"形，故又称盾形芽接法，是当前果树育苗时应用最广的一种芽接方法。

削芽片：削取芽片选充实健壮的发育枝（当年生新梢）上的饱满芽作为接芽。削取时左手拿接穗，右手拿芽接刀，先在芽的上方 0.5cm 处横切一刀，深达木质部，然后再在芽的下方距芽 1~2cm 处下刀，略倾斜向上推削至横切口为止，削成上宽下窄的盾形芽片，也可用三刀取芽法，即在（盾形）芽片上、左、右各切一刀，取下芽片。芽片要随用、随切、随取，切不可放置，以免失水萎蔫影响成活。芽片的大小要适当，一般芽片长度为 1.5~2.5cm，宽 0.6~0.8cm，并要左右对称。芽片过大，插入砧木皮层困难或根本插不进去；若芽片过小，则贮存的营养物质少，而且与砧木接触面也小，故不易愈合。芽片以不带木质部为宜，当然，在不易离皮时也可以带木质部，但一般以不带木质部成活率高。

"T"字形切口：在砧木离地面 3~5cm 处选择光滑的部位，用刀尖切一"T"字形切口，深达木质部，但以不伤木质部为宜，横切口应略宽于芽片顶端宽度，纵接口应短于芽片的长度。

插芽片：插芽片与绑缚用芽接刀的刀舌或刀尖轻轻撬开纵切口然后取下芽片迅速将芽片顺"T"字形切口插入，使芽片上端对齐密接砧木横切口，并轻轻按几下接口处的边缘，使芽片和砧木结合良好，利于成活。然后用塑料薄膜条或马蔺由上向下绑缚，要松紧适度，但必须把芽眼和叶柄留在外边，以便检查成活率。7 天左右，以叶柄是否脱落判断成活率。用手碰叶柄即落者就是成活的表现。若叶柄死在芽片上不脱落，则表明没有成活。

（2）带木质部芽接。李树枝条的皮层较薄，接芽不易剥离，影响嫁接成活，所以生产上常用带木质部芽接。

具体方法是首先在砧木上距地表 3~5cm 处横切一刀，下斜 45° 深达木质部，再在该刀口上方 1.5~2cm 处下刀纵切至第一刀口，去屑漏出葵花子形的切面。然后削取芽片，先在芽的下方 0.5cm 处腹切一刀，然后按照砧木上葵花子切面大小切下稍带木质部的芽片，随即嵌贴在砧木的切面上并使形成层对齐，注意下端要贴合密接，若砧木切面过大，可将形成层一面对齐，然后绑扎。绑扎要严密，只露叶芽。

2. 枝接

枝接就是把带有一个或几个芽的枝段嫁接到砧木上。枝接与芽接相比，操作技术不如芽接简单，但在芽接未成活的砧木上进行春季补接时多采用此法。生产上常用的枝接法是切接和劈接。

（1）劈接法。剪断砧木，削平断面，在其中间用刀直下劈开，深 3cm 左右。剪取接穗 6~8cm 长，接穗下端削成楔形，若接穗与砧木粗细相近，接穗楔形两削面应对称；若砧木粗于接穗，则接穗切时要一侧厚、一侧薄，插入砧木劈口时厚面朝外，使外缘形成层对齐，削面上端应高出砧木切口 0.1cm，然后用塑料薄膜条绑好。

（2）切接法。剪取接穗长 6~8cm，带 1~2 个或 2~3 个充实饱满的芽，接穗过长萌芽的生长势较弱。将接穗基部两侧削成一长一短的切面，长面在顶芽的同侧，长 2~3cm；在长面的对侧削一短面，长 0.5~1cm。砧木选平滑处在近地表剪断砧木，削平断面，于木质部的边缘向下直切，切口长与宽和接穗长面相对应。然后将接穗长面向内插入切口，使形成层对齐，将砧木切口的皮层包于接穗外面，用塑料薄膜条包严绑紧。

### 四、苗木出圃

育苗工作最后一环和重要环节就是苗木出圃。苗木的质量、定植成活率及幼树的生长与出圃前充足的准备工作，好的出圃技术有着非常重要的关系。因此，必须保证出圃质量，制定并遵守苗木出圃技术规程。

1. 起苗

李苗的起苗时间分秋季和春季两种。秋季起苗可在 10 月下旬进行，即新梢停止生长并已木质化，开始落叶时起苗，秋季起苗的好处是可以避免苗木在冬季受冻以及动物为害，但是必须假植。相比之下，春季起苗就简单一些，可以随起随运随植，栽植成活率也高。

起苗前苗圃地要充分灌水，使土壤完全湿透，待土壤疏松时，即可起苗。起苗时应尽量减少对根系的损失，对已有的伤口应进行修剪，剪口要平滑。起苗时先用铁锹切断主根，保留 4 条以上主根，长度在 15cm 以上。并根据苗木的高矮及根系发育状况进行分级。如果起苗后不能及时运走，就需要暂时假植，以保护苗木。

2. 分级、包装

李树苗木质量标准对苗木商品化生产具有很大的作用，是保证出圃苗木质量的衡量准则。李苗的砧木、根、茎、芽以及接合部情况，是判断苗木质量的重要依据。

## 五、建园技术

李树是多年生果树作物，栽植后果园持续产量时期较长，因此，建立一个李园需对当地的自然条件、社会和环境条件进行细致调查，做好规划。

1. 李园园址的选择和规划

（1）园址选择。对于李树的种植第一步选择适栽地是很重要的。所选园址的地形、土壤和气候条件，要与李树的品种、适应性特征相适应，做到适地适栽，为高产稳产打基础。

李树适应性较强，对地形要求不高，平原、山坡、丘陵地均可生长，平地和缓坡是比较理想的建园地。若选择山地、坡地栽植，要注意加强肥水管理，注意园区规划，如果坡度较大可以修筑梯田或者鱼鳞坑，防止水肥过度流失。园址选向多以东南坡建园为宜，因其光照较充足，春季地温回升快，果实着色好，成熟早，品质也好。李园忌选择低洼处、排水不良处，易受晚霜为害；忌选在风口处。李树对土壤 pH 值的适应性强，在 pH 值为 4.7~7 的中性偏酸性土壤中均能生长良好。

虽然李树适应性强，具有耐寒、耐旱、耐瘠薄的优良特性，对土壤要求不严格，但要建立高标准李园还是要选择较为优质的土壤环境，以土层深厚、土质肥沃、保水性能好的土壤为宜。若选择土质不理想的环境做园，在栽植前需对园区土壤进行改良，提高土壤肥力。

（2）规划设计。在做果园规划时，应尽量减少非生产用地的使用比例。在进行园地规划建造时，果树栽植面积、防护林、道路、排灌系统、其他设施应进行合理配置。具体内容概述如下。

小区规划：为减少园地水土流失和大风的危害，便于栽培管理，应将大李园适当划分为若干大区，每个大区再分为若干个小区。小区的划分应考虑区内小气候，以道路或自然地形为边界，使区内土壤条件、地势、光照等大体一致并便于运输。

道路规划：李园道路的设置应在便于栽培管理、肥料输送、农药喷洒、果实采收和运送的前提下，尽量缩短距离，以减少用地。

大型果园要有主路、支路和小路。小区以主路、干路为界，小区内设支路，以便运输肥料、农药和果品。主路、干路相互连接，外边与公路接通。主路位置适中，是产品、物资运输的主要运输道路，宽5～7m，可作大区之间的分界线。主路要求贯穿全园，能通过大型货车，便于运输产品和肥料。丘陵山地果园主路要修盘山道，其坡度应在10°以下。干路为农作机耕用道，宽3～4m，常作小区之间的分界线。干路要求能通过小型汽车和机耕农具车，山地建园时，干路可作为小区上下的分界线，顺坡支路为小区左右分界线。小区内支路宽1～2m，主要作为人行、作业道，可通过小型喷雾器、架子车。在山地，支路可以按等高线通过果树行间，顺坡支路应修建在分水线上，避免被雨水冲塌。

此外，还应对防护林、灌溉系统进行合理规划。

2. 品种选择

优良的品种是果树生产取得高产、高效的基础。栽植李树，必须充分了解市场，掌握动向，合理安排品种，扬长避短，发挥优势。李树的品种选择，既要考虑高质优产株型，同时也要切合市场需求、大众消费等因素。切不可不进行条件分析，别人种什么自己种什么，盲目跟从，造成不必要的经济损失。一般应注意以下几点。

（1）区域适应性。品种间的适应性是不同的，必须因地制宜，按品种的生长结果习性、环境条件选择适宜的品种，做到适地适栽，才能发挥优良品种的特性，产生最大的经济效益。

（2）市场需求。考虑市场的需求应根据各地市场的需求情况选择品种，尤其要注意发展市场上缺少的高档品种。应针对市场需求，合理选择不同成熟期的品种进行栽植。

（3）品种之间授粉亲和性好。李树多数品种不能自花授粉，一般需配置授粉树。因此，选择品种时应考虑品种间的授粉亲和性。

3. 授粉树的配置

因为李树大多数自花不结实，配置授粉树，可以通过异花授粉，提高坐果率，进而提高李园的产量。选择授粉树时，应考虑以下几个方面的条件。

（1）授粉树适应性强，抗逆性强。

（2）授粉树的花期与主栽品种的花期相遇，花粉量大，亲和性好。

（3）授粉树与主栽品种同年开花，寿命相当，具有较高的经济价值。

（4）授粉树的果实与主栽品种的果实成熟期相近，便于管理和采收。

生产中具体选择哪个品种作授粉树，应根据以上4个方面综合考虑。

授粉树的配置方式有隔行式栽植和中心式栽植。隔行式栽植就是每3～5行主栽品种配植1行授粉树。中心式栽植，就是栽植1株授粉树，周围栽8株主栽品种。

4. 栽植技术

果树的行向应取南北向，保证充足受光时间，树与树之间遮光最少。李树的定植一般程序是开沟、施肥、浇水、封土、盖膜。

（1）开沟。定植穴要求：直径80～100cm，深50～80cm。

（2）施肥。基肥以腐熟的有机肥为主。

（3）浇水定植。栽一株优质苗，可以提高成活率。定植前应将果苗按根系大小、侧根多少、苗木粗度、芽子饱满程度进行分级，同一级的苗木应栽在同一块或同一行内，以便于统一管理。如远途运输的苗木，注意保持水分，苗木如有失水现象，应在定植前浸水 12~24 小时，并注意对根系进行消毒，对伤根、劈根及过长根进行修剪。栽前根系蘸 1%的磷酸二氢钾，利于发根。填好沟后灌一次透水，使定植沟沉实。

（4）覆膜。定植后可用地膜覆盖，这样对提高成活率有一定效果，但必须注意地膜不要紧靠小苗，以防地膜热气从根颈散出灼伤根颈。从栽苗后到次年春天应及时检查成活率，发现死亡及时补栽，以保证园内苗情整齐不缺株。

（5）栽植密度。栽植密度要根据光照条件，土壤肥力状况、肥水条件、品种特性、砧木种类，以及气候特征等因素来考虑。一般土壤肥沃、肥水条件好、长势旺的李园应定植稀些，山坡瘠薄地、肥水条件较差长势弱的李园密度应大些。现在生产上采用较多的株距为 3~4m，行距为 4~6m。为了增加早期产量可搞计划密植，如先株行距栽成 2m×3m，再变成 4m×3m，最后变成 4m×6m。以此合理利用土地，增加产量。

## 六、土肥水管理技术

多项研究显示，地下部分土、肥、水管理技术是否得当直接决定了李树树势的强弱、产量的高低、果实品质的优劣以及树体寿命的长短。整个生长发育过程中，根系为满足生长与结果的需要，必须不断从土壤中吸收养分和水分。因此只有加强土、肥、水管理，才能为根系的生长、吸收以及早期丰产创造良好的环境条件。

1. 土壤管理

土壤管理的目标是土层深厚，土质疏松，通气良好。这对于提高土壤肥力，促进根系的延伸，提高果实品质和产量有重要意义。由此需要注意的有以下几点。

（1）深翻熟化。在李园一年四季均可进行，但考虑到当地的气候条件等，普遍在春、夏、秋季深翻。深翻最好与有机肥结合，通过深翻并同时施入有机肥可使土壤孔隙度增加，增加土壤通透性和蓄水保肥能力。春季深翻最好解冻后及早进行，此时深翻伤根后容易愈合和再生。夏季深翻应在新梢停止生长或根系前期生长高峰过后，雨季来临前，此时不容易出现吊根和失水情况。秋季深翻一般在果实采收前后结合秋施基肥尽早进行。深翻深度一般要达到 60~100cm，在土质疏松的地区，可稍浅些。深翻的方式有扩穴、隔行深翻、全园深翻等，要结合园区的立地条件与机械化程度进行。

（2）李园耕作有清耕法、生草法、覆盖法等。劳动力较为充足、不间作的果园可用清耕法，这是我国李园传统的方法，但此法使土壤中有机质流失严重，必须施入足量的有机肥，为果树生长发育提供足够的营养。生草法是值得大力提倡的管理制度，不仅可以提高土壤有机质含量，还能改善土壤水分条件，增加果园生态系统多样性。覆盖法能防止水土流失，抑制杂草生长，覆草法更能提高土壤中的有机质含量，减少土壤对N、P、K 的固定。各地要根据园区的立地条件因地制宜组合使用。由于李树对除草剂反应敏感，在使用时一定要谨慎。

（3）李树在幼龄期可适当间作一些矮秆作物，如花生、豆类、薯类等。不宜间作与李树竞争营养的作物。间作时要与李树保持一定间距，以免影响幼树生长。并且在树冠扩大后逐步降低间作数量，避免影响树体生长发育。

2. 合理施肥

合理施肥是李树高产、果品优质的基础，只有合理增施有机肥，适时追施化学肥料，并配合叶面肥，才能提高李树的产量和获得优质的果品。

（1）基肥的施用时间。应在每年秋季的9月至10月上旬，结合深翻施入基肥。在此时期，李树根系进入全年的第二次生长高峰期，根系生理活动活跃，地上部还能继续进行光合作用和花芽分化，此时期施肥，还可以结合磷肥、有机肥、少量氮肥等。根系将吸收的营养贮藏在树体中，为来年李树的萌芽、开花等提供充足的营养。在施肥时还应根据果园的土壤条件、树龄、树势等李树需肥状况进行合理施肥，给根系生长创造良好的条件。

（2）追肥又称为补肥，目前我国北方李树生产上一般每年追肥2~5次。追肥的次数与时期、气候、土质、树龄等密切相关。在生长前期以氮肥为主，后期则补充N、P、K平衡施肥。一般追肥时期分为花前、花后、果实膨大和花芽分化期、果实生长后期等。花前肥是根据当年的产量树势于花前追施的速效肥，但若树势较强，追肥也可在花后进行；果实膨大和花芽分化期追肥既能保证当年李树的产量，又能为第二年结果打下基础，有利于克服大小年现象；果实生长后期追肥有利于提高树体贮藏营养水平。

（3）叶面喷肥在生产上应用广泛，具有迅速、高效、微量、不被土壤化学或生物固定等特点。气孔是养分溶液最初进入叶内的最重要途径。叶片吸收营养的强度和速率与叶龄、肥料种类、浓度及气候条件等密切相关。在生产上，7月前以尿素为主，8—9月以P、K肥为主，均配制成浓度0.2%~0.3%水溶液对叶片喷施。需要注意的是喷布前一般作小型试验，确定不会发生肥害后，再进行大面积的喷施。

3. 合理排灌

我国北方地区在7—8月降水量较多，而春、秋和冬季降水量相对较少。因此，在干旱季节必须有灌水条件，才能保证李树的正常生长和结果。若想要达到高产优质，合理的灌水方法与时间是至关重要的，但7—8月雨水集中，往往又造成涝害，此时还应该注意排涝。

## 七、整形修剪技术

良好的树冠是产量形成的基础。因此在李树栽植后，为促进李树形成高产稳产的树形，提早结果，改善通风透光条件，增强抗逆能力，保证果树的正常生长，应进行合理的整形修剪。

1. 修剪时期

李树的修剪分为休眠期修剪和生长期修剪，以休眠期修剪为主。休眠期修剪一般在落叶以后至春季树液流动前进行。冬剪时李树正处于休眠状态，植株内贮藏养分充足，修剪后枝芽减少，有利于春季树体集中利用贮藏养分。

2. 整形修剪的依据

（1）依据树种和品种特性，对不同果树和品种采取不同的整形修剪方法。

（2）依据树势、树龄，幼树轻剪多留枝，促进迅速增大树冠，增加枝量；衰老期的果树，要采取局部更新的修剪措施，适当增加剪截，改善内膛光照促其恢复产量。

（3）合理修剪是根据不同树种、品种和不同枝条的修剪反应决定。修剪后的反应主要表现在两个方面，第一是局部反应，如某枝条修剪后对其下部的萌芽抽枝和花芽形成的情况等。第二是整体反应，如新梢生长总量等。

（4）依土地贫瘠、地势等具体自然条件，培养和改造树形。土壤条件好的李园，要以轻剪为主，控制树势，不好的则可适当重剪，复壮树势，以充分利用土地和空间。

（5）栽培管理水平、园地条件与修剪的程度确定有很大的关系，还与果实品质有关，可根据管理水平、肥水条件的好坏确定具体的修剪方案。如在肥水条件及栽培条件都能跟上的情况下，李树体贮藏的养分多，就可选择轻剪甩放多留枝条，增加产量，提高果实品质。

3. 李树的主要树形

（1）自然开心形。70cm 左右定干，在主干上选择 3 大主枝向外斜生，内膛不留大枝及大型枝组，每枝相距 10～15cm，以 120°平面夹角分布，主枝与主干的夹角 50°～60°。每个主枝上配置 2～3 个侧枝，侧枝留的距离及数量根据栽植株行距的大小而定。在主侧枝上配置大、中、小型结果枝组。目前应用于栽培的还有二主枝自然开心形、多主枝自然开心形。

（2）双层疏散开心形。也称延迟开心形。树干高 45～55cm，有中心主干，第一层主枝有 3 个，层内距 15～20cm，第二层主枝 2 个，与第一层主枝错落配置，距第一层主枝 60～80cm。此树形适于密植果园及干性强的品种。

（3）篱壁形。适合在经济发达的地区建园，园区李树平均高 2m 左右，选取 6 个作为主枝，前后各 3 个主枝，每个主枝分别固定在 3 条水平的篱架铁线上。此树形适宜在光照不足、温度低的地区应用。

## 八、花果管理技术

中国李的栽培品种多自交不亲和，并且还有异交不亲和现象，因此李树常常开花很多，但是伴随着的是落花落果也相当严重。一般有 3 个高峰：第一次自开花完成后开始，主要是花器官发育不全，受精能力不足或花粉未受精造成的。第二次从花后 2～4 周开始，果实似大米粒大小时幼果和果梗变黄脱落，其中主要是授粉受精不良造成。如授粉树不足，缺乏传粉昆虫，花期遇低温，花粉管伸长不足等。第三次是在第二次落果后 3 周左右开始，主要原因有由于营养供应不足、胚发育停止死亡造成落果。因此要获得高产和稳定产量就需要进行保花保果，坐果后如果结果太多还需要进行疏果。花果管理主要措施如下。

（1）李采收后需要及时的管理和施肥、修剪及保证叶片的完整，这对接下来的花芽分化有重要促进作用，同时也可降低来年落花落果的发生。

（2）增加人工授粉是提高坐果率最有效的措施之一，注意要从亲和能力较强的授粉树上采集花粉。在授粉树缺乏时应当及时进行人工授粉，就算授粉树充足时，如果遇上阴雨或低温等恶劣天气时，参与授粉的昆虫活动就较少，也应该及时进行人工辅助授粉。人工授粉最有效的办法是人工点授，但耗时耗力。也可采用人工抖粉的方式，即将滑石粉等以五倍体积掺入花粉中，将其装入纱布口袋中，在花的上部轻轻抖动。同时还可使用掸授。将鸡毛掸子在授粉树的花上拂过，然后再在被授粉树的花上滚动。

（3）花期想要促进花粉管的伸长，可喷 0.1%～0.2%的硼酸+0.1%的尿素，同时也可促进坐果，要提高坐果率可用 0.2%的硼砂+0.2%酸二氢钾+30mg/kg 防落素。

（4）想要明显提高坐果率，也可以在花前 1 周左右在李园每 1hm² 放一箱蜂。

（5）对树势较弱树可采取花前回缩及疏枝，将较长的果枝拖拉进行回缩、过密的细弱枝疏去，一可将营养集中，增强树体的通风性和透光性，二将多余的花疏去，降低不必要的营养消耗，而且将有利于提高坐果率且增大果实重量。

（6）疏果能适当增大果个，提高果品的商品价值，还可保证连年丰产稳产。因此李树在坐果较多时须进行疏果。疏果量的确定应根据品种特性，果个大小，肥水条件等综合因素加以考虑。对坐果率高的品种，应早疏果。

# 第三节　李树病虫害及防治

## 一、李树病害及防治

1. 穿孔病

穿孔病是桃、杏、李等核果类果树的常见病害，主要分为细菌性和真菌性穿孔病两大类。其中，细菌性穿孔病的发生最为普遍，严重影响李树的产量。真菌性穿孔病又可分为褐斑、霉斑及斑点穿孔病 3 种。

（1）症状。穿孔病主要为害李树的叶片、新梢、枝干和果实，在叶片受害的初期，会产生水浸状小斑点，后逐渐扩大为圆形或不规则形的紫褐色至黑褐色病斑，病斑周围呈水渍状黄绿晕环。枝梢上的病斑分为春季和夏季溃疡斑两种。春季溃疡斑多发生在上一年夏季生长的新梢上，产生暗褐色水浸状小疱疹。夏季溃疡斑则发病于当年生新梢上，以皮孔为中心形成边缘呈水浸状的暗紫色稍凹陷的圆形或椭圆形病斑。与细菌性穿孔病的不同主要在于真菌性穿孔病的病斑上不会产生菌脓，只会产生霉状物或黑色小斑点。

（2）发病规律。病菌在病斑中越冬，春天气温回升后，李树抽梢展叶及开花前后，细菌开始活动，从溃疡病斑内溢出，通过雨水或昆虫媒介进行传播，并从叶片的气孔、枝条的皮孔侵入。北方地区于每年的 5—6 月开始发病，干旱天气时发病较缓慢，潮湿温暖的雨季为发病盛期。

（3）防治方法。首先，提高李树自身的抗病能力，合理地进行水肥管理和整形修剪，增强树势。其次，清除病枝、病叶、病果等，除去病原，同时，全园喷施有机硅+溃腐灵 200 倍液，或 65%代森锌 500 倍液，或 50%新灵可湿粉剂 700 倍液，以彻底杀灭越冬病菌。

2. 褐腐病

褐腐病又称果腐病，是李树生长重要病害之一，主要的病害反应是树体的各部位，如花、叶、果等变褐，直至枯死。

（1）症状。李树褐腐病果实常受害最重，如果感染的是花，感染后变褐，枯萎至死，并且常残留树枝上。幼嫩叶感染时，叶缘首先开始变褐，随后很快扩展整个叶片。病菌也可通过花梗和叶柄逐渐蔓延至嫩枝，随之而来的是引发流胶。果实自幼果至成熟期都能受浸染，而近成熟果受害较重。

（2）发病规律。病菌主要以菌丝体在死果或老枝梢发病部位的组织内越冬。于来年春季产生分生孢子，然后随着空气、雨水、昆虫等介质传播病菌，并通过机械伤口侵入树体。在环境适宜时，病部表面随即长出大量的分生孢子，引起二次浸染。即使果实在储藏期间，发病果与健康果接触后，仍可以继续传病。如果在花期遇到低温或多雨，最容易引起褐腐病。果实成熟期间遇高温、多雨或空气湿度大，易果腐，伤口和裂果会加重果腐病的发生。

（3）防治方法。发芽前喷施 4~5 波美度石硫合剂，落花后 10 天开始，每隔 2 周喷施 50%退菌特 1 000 倍液，共喷施 3 次。

3. 细菌性根癌病

细菌性根癌病又名根头癌肿病，是一种常见的根部病害，多发生于土壤偏碱的地区。此病异常顽固，即使清除癌瘤后，也容易再次发病。李树受细菌性根癌病为害后，生长速度变得缓慢，树势严重减弱，李树的结果年限也会严重缩短。

（1）症状。细菌性根癌病主要发生在李树的根颈部位、嫁接口附近，侧根及须根上也会发生。发病初期，会形成球形或扁球形的黄色癌瘤，后逐渐变大，老熟病瘤表面破裂或从表面向中心腐烂变为褐色至深褐色。发病后，李树须根数量大大减少，生长速度缓慢，花期严重变短，叶片变黄早衰，甚至死亡。

（2）发病规律。细菌性根癌病病菌主要在病瘤的皮层内越冬，或在病瘤破裂、脱落时进入土土壤中进行越冬。主要通过雨水、灌溉水、苗木带菌、地下害虫和线虫等进行传染。细菌主要通过嫁接口、机械伤口侵入，也可通过气孔侵入。细菌侵入后，会刺激周围细胞分裂加速从而导致形成癌瘤。此病的潜伏期为几周到 1 年以上，每年的 5—8 月发病率最高。在疏松的沙土地发病较少，而偏碱黏重的连作地则容易发病，且湿度越高发病率越重。

（3）防治方法。

繁育无病毒苗木：选无根癌病的苗圃地进行苗木的繁育，接穗严禁从带病果园采取，刚定植时若发现病苗，应立即拔除并及时清理残根，集中烧毁，并用 1%的硫酸铜液对周围地块的土壤进行严格消毒。

苗木严格消毒：将苗木根部用 3%次氯酸钠溶液浸泡 3 分钟，或将苗木用 1%的硫酸铜液浸泡 1 分钟，将附着在根部的病菌彻底杀死。

刮治病瘤组织：对于早期发现的病瘤，要及时进行切除，并用 30% DT 胶悬剂（琥珀酸铜）300 倍液对刮治病瘤造成的伤口进行彻底的消毒。集中将刮下的带病组织烧毁。

4. 流胶病

流胶病（疣皮病）是一种由侵染性或非侵染性病原（机械、昆虫等造成的伤口）

引起的常见病害，发病时间较长，5—9月发病率最高，危害最大。流胶病的发生与李树自身的树势和树龄、相应的栽培管理水平、温湿度等生长条件关系密切。

（1）为害症状。多出现于李树的树干、根颈、枝杈或当年生枝条的表面，发病初期李树枝干部位肿胀出现红褐色斑点，后扩大形成椭圆形病斑，开裂后的病斑会流出淡黄色柔软透明的树胶，而后逐渐变成淡褐色的黏附于枝干的硬质晶状胶块，温度适宜的雨后流胶会加重。感染流胶病后，被害李树轻者叶片变小变黄、树势衰弱，重者会导致枝干枯死、腐烂。果实若出现流胶，不仅影响果实正常发育，也会失去相应的食用价值。

（2）防治措施。加强病原清除工作：冬季进行冬剪时，要做好园区清理工作。彻底将带病菌的枯枝败叶剪除，并集中烧毁。另外，用3波美度石硫合剂或其他杀菌剂进行喷施。

加强综合管理：首先要施足基肥，一般在10月中旬进行，基肥多施用经过腐熟的人畜粪便，同时对果园土壤进行一次深翻。合理追肥，追肥一般分两次进行，首次在李树发芽前的4月上旬；第二次在果实硬核期，大多在每年的5月下旬至6月上旬进行，每次施肥后要及时进行中耕除草。减少伤口，防止机械损伤。雨季注意排水，尤其连降大雨后应加强排水。

适时进行喷药保护：在李树抽出春梢后，要及时用40%多菌灵500倍液或早春萌芽前喷5波美度石硫合剂，每隔1天喷施一次，连续喷施5~6次，可达到较好地防治效果。流胶期喷施843康复剂。

另外，常见的李树病害还有李红点病、桃树腐烂病、疮痂病等，其具体防治措施可参考穿孔病、褐腐病等李树病害。

## 二、主要虫害及其防治

1. 桑白蚧（又称桑盾蚧、桃白蚧）

桑白蚧是李树的常见害虫之一，被桑白蚧为害后，会造成李树枝芽发育不良，从而导致树势减弱，严重时会引起枝条或全株死亡。防治不到位，3~5年即可对整个果园造成毁灭性的危害。

（1）为害症状。桑白蚧主要以若虫或雌成虫群集固定为害树体，以口针吸食树体枝干的汁液。虫体蚧壳密布于枝干上，枝条表面呈灰白或灰褐色，枝条长势严重减弱甚至枯干至死。

（2）防治方法。

冬季防治：结合冬剪和刮树皮，将受害枝条全部剪除，用硬毛刷或钢丝刷将在枝干上越冬的雌成虫全部刷除干净，然后用喷施5%的蚧螨灵或10%氯氰菊酯200倍液与柴油乳剂10倍液涂刷枝干，并做好果园清理工作，彻底消灭越冬虫源。

春季防治：在李树萌芽前，用60倍的机油乳剂+25%灭幼脲3号1 000倍液进行喷施，可快速杀死害虫。

药剂防治：重点要抓住第一代若虫盛发期，在蜡壳未形成时，用40%毒死蜱或48%乐斯本乳油1 000倍液或渗透力强的速扑杀，采用淋洗式喷雾对树体进行喷雾防治，可达到较好的防治效果。

保护天敌昆虫：红点唇瓢虫是桑白蚧的天敌昆虫，在其高发期，禁用高毒杀虫剂，以保护桑白蚧的天敌昆虫，同时要创造利于红点唇瓢虫等天敌生长繁殖的条件，从而抑制桑白蚧的大量发生和为害。

2. 蚜虫

蚜虫又称烟蚜，为害李树的蚜虫主要分为桃蚜、桃粉蚜和桃瘤蚜3类，李树被蚜虫为害后，叶片会出现不规则卷缩，甚至脱落，树势严重减弱，严重影响花芽的形成及果实的产量和品质。

（1）发生规律。蚜虫主要以卵在李树的枝梢芽腋、树皮裂缝等部位中越冬，第二年春天芽萌动时孵化，群集在幼芽上为害李树。展叶后在李树叶背面进行为害，4月、5月繁殖速度最快，为蚜虫发生盛期。6月变成有翅蚜，为害其他果树或杂草。10月又回到李树上产卵，进行越冬。蚜虫的发生与周围环境的温、湿度及树体自身营养状况密切相关。一般温暖、潮湿、植株生长不良均有利于其大量发生，高温、高湿环境不利于蚜虫发生。

（2）防治方法。

加强果园综合管理：春剪时将被害枝梢剪除；冬剪时将老皮刮除，并集中烧毁，消灭越冬的虫卵；萌芽前喷施含油量为55%的柴油乳剂，以防治蚜虫。

保护天敌昆虫：瓢虫、食蚜蝇等是蚜虫的天敌昆虫，在天敌多时尽量少喷药，以保护蚜虫的天敌，达到防治蚜虫的效果。

药剂防治：40%氧化乐果乳油与水按体积比1：（3~5）进行混匀，在树干上涂抹5~6cm宽的药环，用塑料薄膜进行覆盖。春季虫卵孵化后，李树开花前，喷施40%氧化乐果乳油1 500倍液，花后喷布1~2次5%的吡虫啉3 000倍液进行蚜虫的防治。

3. 山楂红蜘蛛（也称山楂叶螨）

（1）为害症状。山楂红蜘蛛主要以其成虫、若虫及幼螨刺吸李树的嫩芽、叶片及果实的汁液，最初受害时，李叶片会出现很多灰白色失绿小斑点，后逐渐扩大连片，造成整个叶片变成灰褐色甚至焦枯脱落。山楂红蜘蛛常造成李树的二次开花，削弱李树的树势，严重影响果品的产量和质量，并影响花芽的形成和第二年的果实产量。

（2）发生规律。山楂红蜘蛛每年能发生5~9代，以受精雌螨在李树的干裂老翘树皮缝隙内、枯枝落叶下、杂草根际或树干基部附近3~4cm深的土壤缝隙等处群集越冬。随着春天日均温逐渐上升，雌螨开始为害嫩芽、叶片等，盛花期为产卵盛发期。即麦收前后，随气温的增高红蜘蛛发育加快，开始出现世代重叠现象，7月、8月为害加重，此时螨量达到高峰，严重的会引起早期落叶。但雨季时，其天敌数量的不断增加则会对红蜘蛛有一定的抑制作用。9—10月，逐渐开始出现潜伏越冬的雌螨。

（3）防治方法。

消灭越冬雌螨：结合其他虫害的防治方法，在李树休眠期进行冬剪时，将枝干老皮、翘皮刮除，清理干净并集中烧毁，在红蜘蛛发生严重李园，可在树干上束草把，诱集雌螨潜伏越冬，早春取下草把集中烧毁，以消灭越冬的红蜘蛛雌螨。

保护天敌昆虫：红蜘蛛的天敌较多，有食螨瓢虫、草蛉、蓟马等数十种。要减少杀虫剂的使用次数，且在其天敌发生的时期，尽量不使用杀害天敌的药剂以保护天敌。

喷药防治：发芽前可喷洒45%晶体石硫合剂20倍液或含油量3%~5%的柴油乳剂进行防治；花前为红蜘蛛出蛰盛期，此时是花前进行喷药防治的关键时期。可喷施0.5波美度的石硫合剂或杀螨利果、霸螨灵等进行防治；花后1~2周为第一代幼、若螨发生盛期，喷施5%尼索朗可湿性粉剂2 000倍液可达到较好的防治效果。

4. 卷叶虫类

卷叶虫主要分为顶卷、黄斑卷和黑星麦蛾等。

（1）为害症状。常发生在春夏季，幼虫为害叶片，或钻进果实进行为害。顶梢卷叶蛾主要为害李树的梢顶新芽、嫩叶和花蕾，使生长点停长，严重影响树势。黑星麦蛾和黄斑卷叶蛾则主要为害叶片，造成卷叶，严重影响植株生长发育。

（2）发生规律。顶卷以小幼虫在顶梢卷叶内越冬，一年多发生3代，成虫对光和糖醋有较强的趋避性，成虫白天在叶背或草丛中，多在夜间进行为害；黑星麦蛾则在化蛹后潜伏于杂草等处进行越冬；黄斑卷一年发生3~4代，成虫主要潜伏在枯枝败叶、杂草或向阳的土壤缝隙中越冬。

（3）防治方法。对卷叶虫类进行药剂防治，很难达到理想的防治效果。虫害不太严重时，可采取人工剪除带虫枝梢的方法来防治顶卷；黄斑卷和黑星麦蛾则可通过彻底清理果园，消灭越冬成虫和蛹；人工捏虫；糖醋液诱杀；在幼虫未卷叶时喷灭幼脲三号或触杀性药剂等方法进行防治。

5. 李实蜂

李实蜂是一种分布范围广，严重为害李果的常见害虫。在我国华北、华中及西北等李果主产区均有发生，对李果危害极大，严重时会造成李树大量落果甚至绝收，影响李产业的经济发展。

（1）为害症状。李实蜂主要以幼虫蛀食李的花托和幼果，常将李果核和果肉全部食空，且大量堆积虫粪，导致果实弱小时便停止生长。李果长到玉米粒大小时即停止生长，然后蛀果会全部脱落。

（2）发生规律。李实蜂每年发生1代，主要以老熟幼虫在地下土壤中产卵结茧进行越夏和越冬。在春天回暖，李开始萌芽时，越冬的幼虫会化蛹。到花期成虫便羽化出土，成虫习惯在白天群集飞往树冠或花间取食花蕾，完成交配并产卵于花托或花萼表皮下的组织内。幼虫孵化后则会钻入花内蛀食花托、花萼及幼果，常将果核食空，虫粪堆积于果内。每个幼虫只为害一个果实，无转果习性，约一个月左右成虫老熟脱离果实，坠落地面后钻入土集中在距地表3~7cm处结茧越夏和越冬。

（3）防治方法。

加强综合管理：合理进行水肥管理，增强树势，提高树体的抵抗力。科学进行整形修剪，调节通风透光，雨季及时疏通排水系统，保持适当的温湿度，冬剪时，将被害果及落地虫果清除，集中烧毁或在成虫羽化出土前，及时清理果园，并对树盘及园土进行深翻，将虫茧深埋，使成虫不能出土，从而减少虫源。

化学药剂防治：喷施的药剂要以杀灭成虫和幼虫为主，在幼虫脱离果实入土前或成虫羽化出土前，在树冠下撒2.5%敌百虫粉剂；在成虫开始羽化出土时，喷杀灭菊酯

2 000 倍液或 80%敌敌畏乳油 1 000 倍液；在初花期成虫羽化盛期的树冠及树冠周围的地面喷洒 2.5%溴氰菊酯乳油 2 000 倍液，可有效杀死羽化后的成虫。花后是喷药杀灭李实蜂幼虫及防治幼虫蛀果的最佳时期；要抓住这两个关键时期进行李实蜂的防治，喷药时要做到均匀周到，才能达到较好的防治效果。

# 第四节　果实采收

## 一、采收时期

采收期对果实的产量、品质及贮运性能都会有很大的影响。既不能过早，也不能过晚。应在保证果实品质和产量的前提下，适时采收。

远距离销售和需要贮藏一段时间再销售的果实可在七成熟时采收。红色品种，当果实着色占全果一半时为长途运输和加工用果的采收适期；当果面有 4/5 以上着色时，为鲜食用果的采收适期。黄色品种，一般当果皮由绿色转为黄绿色时为加工及长途运输采收适期；由黄绿转为黄色或绿黄色时，为鲜食用果的采收适期。

同一株树上果实成熟期不一致，为了提高产量和品质，所以要分期分批采收，一个品种可分 2~3 批采收，每批间隔 3 天左右，这既可保证果实的产量和品质，又能使市场供应时间延长。

## 二、采收方法

对于果实较软的李果来说，采收过程应注意防止一切机械损伤，有了伤口的李果实，便失去商品价值。指甲剪平，用圆头剪采果，一果两剪，果梗齐果肩处剪平，防止果梗扎伤果实。所以，采收时一定要轻拿轻放，按照先采下部后采上部，先采树冠外围的后采树冠内侧的顺序，以减少碰伤或碰落果实。

采果时注意保护果粉。采下的果及时装入装果箱，不可在阳光下暴晒。同时，采收过程中要注意保护枝、芽和叶片，禁止使用木棍打枝的野蛮采收方法，以确保连年稳产和高产。此外还要保证在有露水、雨水时不采果。

# 第十章 绿色无公害杏生产关键技术

## 第一节 杏的经济价值和优良品种

### 一、杏的经济价值

中国是杏的原产地和起源中心之一。我国最早的医书《黄帝内经·素问》就把杏列为五果（杏、枣、李、栗、桃）之一。杏是我国北方的主要栽培果树品种之一，以色泽鲜艳、果肉多汁、酸甜适口、营养丰富为特色，能够满足春夏之交的果品市场需求，深受人们的喜爱，市场前景良好。

杏树适应性强，对生长环境的要求并不苛刻，在平原和山地均可种植。且具有结果早、投入小、经济效益好、经济寿命长等优点。定植后 2~3 年即可见果。丰产性好，高产品种盛果期单株产量可达 100~200kg。

杏果实富含多种营养成分，每 100g 果实中含蛋白质 0.9g，胡萝卜素 1.79mg，维生素 $B_1$ 0.02mg，维生素 C 3.37~22.65mg，钙 2.6mg 等。同时，杏仁中含有 40%~60% 脂肪，20%~25% 蛋白质，还含有丰富的维生素 $B_{17}$（苦杏仁苷）。苦杏仁苷具有药用价值，研究表明杏仁含有的苦杏仁苷具有预防癌症的作用。

杏不仅可以鲜食，而且能够加工多种产品，如果肉可加工制作糖水罐头、蜜饯、杏干、杏脯、杏汁、杏浆、杏酒、杏果醋、杏复合饮料等。杏仁可加工成杏仁罐头、杏仁露、杏仁茶、杏仁霜、杏仁油、杏仁酪以及各种杏仁点心等产品。

综上所述，发展杏树种植产业，能够充分利用干旱山区和沙荒地区资源，对繁荣果品市场、增加人们消费选择具有重要作用。同时，发展杏树种植产业对助力贫困地区脱贫致富，打赢扶贫攻坚战，繁荣农村市场经济具有重要意义。

### 二、杏的优良品种

我国是杏的原产地之一，野生种和栽培种资源都非常丰富。全世界共有 8 种杏属植物，而我国就拥有其中的 5 种。如普通杏、西伯利亚杏、东北杏、藏杏和梅。杏的栽培品种接近 3 000 个都属于普通杏种。我国杏资源分布广泛，据统计我国共有杏属资源 2 000 余个品种或类型。现在介绍一些我国栽培的主要鲜食加工和仁用品种。

#### （一）鲜食和加工品种

全国各地栽植的优良鲜食及加工品种有：骆驼黄、麦黄杏、红玉杏（红峪杏）、泰安水杏、沙金红杏、仰韶黄杏（鸡蛋杏、响铃杏）、阿克西米西（小白杏）、山黄杏（大黄杏、金玉杏）、大红杏（关爷脸）、崂山红杏、香白杏（六香白、大白杏）、串枝红杏、兰州大接杏（南川大杏子、朱砂杏、麦杏）、兰州金妈妈杏、曹杏、西大红杏（银麻核子）、李光杏（包仁杏，包核杏）、华夏大接杏、张公圆杏、唐汪川大接杏（桃杏）、延边大白杏、木瓜杏、天鹅蛋杏、软核杏等。

近年新引进和培育的主要品种如下。

### 1. 金太阳

原产于美国。果实近球形，平均单果重 66.9g，最大 87.5g，果面光洁，底色金黄色，阳面着红晕。果肉黄色，可溶性固形物含量高达 14.7%，总糖 13.1%，总酸 1.1%，口感极佳，品质优良。较耐贮运，常温下可存放 5~7 天。该品种自花结实力高，丰产性能好，而且表现出较强的抗霜和抗病能力。果实发育期 59 天，是目前杏树中成熟期最早的品种之一。不仅适合于露地栽培，而且非常适合于保护地栽培。

### 2. 凯特杏

为美国 1978 年选育的特大型优良杏品种，在美国已广泛栽培。山东省果树研究所 1991 年引入我国，在山东、河北等地栽培表现良好。果实发育期 70 天，6 月 15—20 日果实成熟。果实近圆形，平均单果重 105.5g，最大 120g。果肉橙黄色，不溶质，风味酸甜爽口，香味浓，品质优良。该品种自花结实，丰产性能好，抗性强，抗旱、抗寒、抗盐碱、抗病，耐贮运，早熟，是露地和保护地栽培的优良品种。

### 3. 红丰

山东农业大学选育出的极早熟杏新品系。平均单果重 56g，最大 78g，果面着浓红色，果实具浓香味，品质优良。该品种自花结实，丰产性能好。开花较晚，可避开晚霜危害。果实发育期 65 天左右，6 月上旬果实成熟，是露地和保护地栽培的优良品种。

### 4. 新世纪

山东农业大学选育出的极早熟杏新品系。果个较大，平均单果重 73g，最大 110.5g，果面着鲜红色，品质优良。该品种自花结实，丰产性能好。开花晚，可躲避晚霜危害。果实发育期 65 天左右，果实 6 月上旬成熟，是露地和保护地栽培的优良品种。

### 5. 骆驼黄

原产于与北京市门头沟区龙泉务村，为北京地区最早成熟的杏树品种。树冠自然圆头形，树姿半开张，枝条直立，密度中等。在辽宁熊岳地区，4 月中旬开花，果实 6 月上中旬成熟，果实发育期约 55 天。果实圆形，平均单果重 49.5g，最大单果重 78.0g，果皮底色橙黄，阳面着红色，色泽鲜艳。果肉橙黄色，肉质细软，甜酸适口，品质优良。甜仁，可食用。

### 6. 麦黄杏

主要分布在山东省及山西省。平均单果重 40g 左右。果实长圆形，果皮薄，不易剥离，茸毛较多，果面淡黄色，阳面微红。可溶性固形物含量 12.0%，总糖含量 7.7%，可滴定酸含量 1.2%，果肉黄色，具有芳香气味，汁液较多，酸甜适中，品质中等。5 月下旬成熟，果实发育期 55 天左右，属极早熟品种，较耐贮运。

### （二）仁及干兼用品种

全国各地栽植的优良的仁及干兼用老品种有：优一、双仁杏蜂（刺扇、小龙王帽）、龙王帽（大王帽）、白玉扁（大白扁）。

近年来新培育的主要品种如下。

1. 超仁

辽宁省果树研究所从河北涿鹿县'龙王帽'中选出，1998年6月定名。平均单果重16.7g，出核率18.8%，出仁率41.1%，单仁重0.96g，含蛋白质26.0%，脂肪57.7%。仁甜，个大，适应性强，丰产性好，综合性状优于龙王帽，是有推广价值的仁用杏新品种。

2. 油仁

辽宁省果树研究所从河北涿鹿县南山区一窝蜂中选出，1998年6月定名。平均单果重15.7g，出核率16.3%，出仁率38.7%，单仁重0.9g，含蛋白质23.3%，脂肪61.5%。仁甜，个大，适应性强，丰产性好，综合性状优于一窝蜂，是有推广价值的用杏新品种。

3. 丰仁

辽宁省果树研究所从河北涿鹿县南山区一窝蜂中选出，1998年6月定名。平均单果重13.2g，出核率16.4%，出仁率39.1%，单仁重0.89g，含蛋白质28.2%，脂肪56.2%。仁甜，个大，适应性强，丰产性好，是有推广价值的仁用杏新品种。

4. 国仁

辽宁省果树研究所从河北涿鹿县南山区一窝蜂中选出，1998年6月定名。平均单果重14.1g，出核率21.3%，出仁率37.2%，单仁重0.88g，含蛋白质27.5%，脂肪56.2%。仁甜，个大，适应性强，丰产性好，是有推广价值的仁用杏新品种。

# 第二节　优质生产技术

## 一、育苗与建园

### （一）育苗特点

1. 砧木

目前，我国还没有选育出专用的无性系杏砧木，生产上仍以一些杏属或近缘植物的实生苗作砧木供嫁接苗木。常用的砧木有：普通杏、辽杏、藏杏、新疆桃、西伯利亚杏、圆桃、李、梅等。

2. 嫁接方法

杏树的嫁接方法主要有枝接和芽接。嫁接前需要提前准备好接穗。枝接主要在春季开展，在叶芽萌动期前后最为适宜，分为插皮接、插皮舌接、劈接、切接和腹接等。芽接在7月上旬至8月下旬进行。由于杏当年生枝条皮部薄而软，且芽窝较深，一般的盾状芽接成活率较低，故多用带木质芽接。

## （二）建园特点

### 1. 园地选择

杏树适应性极强，对园地选择要求不严格，山地、丘陵、平原、沙地均可种植，但最适于杏树生长的为中性或微碱性（pH 值为 7~7.5）土质疏松的沙壤土，在轻度的盐碱土上也能正常开花结果。尽管杏树适应性极强，但要获得优质高产，在选择园址时需要注意以下几点。

避免在晚霜发生频繁的地方建园。杏树春季开花较早，晚霜危害十分严重，花期一旦遇到霜冻危害，轻者减产，重者绝收，损失非常严重。

因此，在建园时应调查了解当地杏花期晚霜发生的规律，如果有一半以上的年份发生严重霜冻，则不宜建园。在山区宜选择背风、向阳的山坡中部建园，充分利用逆温层带避开霜害。凡冷空气易进难出的东、西、南三面环山的北向坡地，或冷空气难进难出的四面环山盆地、槽地，平流和辐射霜冻都较严重，均不可建园。就坡向而言，东坡和西坡地面增温快，温度变化剧烈，一旦发生霜冻不易恢复，危害严重；南坡虽易遭辐射霜冻，但很少平流霜冻，而且日照充足，应尽量利用南坡建园。

避免在涝洼地上建园。杏树不耐涝。因此，不能在容易积水和排水不畅的涝洼地以及土壤潮湿黏重、通气不良的位置建园。平原地区建园，若地势较低或土壤黏重、轻微盐碱，需设置排水沟或修筑台田。

避免在种植过核果类果树的土地上建园。种植过核果类果树的地方，土壤中残留大量的有毒物质和微生物，在此类土地上建园容易发生病害，造成树体发育不良，产量减少，果实品质降低，甚至杏树枯死。

根据产品用途选择园址。鲜食杏由于不耐贮运，应在大中城市周围或交通便利的地方建园，加工杏和仁用杏可以选择地租成本较低的远郊或山区建园。

### 2. 园地规划

园地规划是建园前的重要工作。建园前，应根据海拔、地形、地势、水利、植被等自然条件以及交通、劳力、市场等情况，为新园进行规划设计。内容主要包括小区、道路和建设物、防护林、排灌系统等。需要指出的是，我国为典型的内陆型气候，春季杏树开花期风较大且频繁，常吹干柱头，影响昆虫传粉活动。通过营造防护林，可以创造良好的生态环境，有利于杏树花期的生长发育。

### 3. 品种的选择和授粉树的配置

（1）品种的选择。正确地选择品种是提高杏园经济效益的首要措施。品种选择的原则如下。

与经营规模相适应：面积较小的杏园有精细管理的条件，可以选用优质鲜食品种，且以早熟品种为主。面积较大的杏园不宜全部选用鲜食品种，而应当以加工品种或仁用品种为主。

与交通条件相适应：位于大中城市附近或交通便利的地区应该以鲜食品种为主；远离城市、山区或交通不便的地区应以加工品种或仁用品种为主。

与生态条件相适应：应选择对本地风土条件有良好适应性的品种。在选择外地品种时，应比较原产地与本地生态条件的差异程度，尽量不选用生态条件差别很大地方的品种，以减少风险。

（2）授粉树的配置。除欧洲品种群之外，大多数杏品种自花结实率都很低，不能满足生产要求，而异花授粉坐果率高，因此，建园时必须配置授粉树。授粉品种与主栽品种的比例为1∶（3~4），授粉树的配置方式平地多采用行列式配置，山坡地则多采用等高式配置。

4. 栽植密度

杏树栽植密度要综合考虑品种和砧木特性、地势、土壤、气候条件、管理水平等几个方面。合理确定栽植密度可有效利用土地和光能，实现早期丰产和延长盛果期年限。一般栽植密度为：平原地区株行距3m×（4~5）m，丘陵山地2m×（3~4）m。

## 二、土肥水管理

1. 土壤管理

良好的土壤管理能够确保杏树根系生长环境适宜，而强大的根系是杏树高效吸收和利用养分的基础，也是地上部生长发育良好的重要保障。因此，提高杏园的土壤管理水平是获得高产、稳产和高效益的前提条件。杏园的土壤管理有以下几个方面内容。

（1）刨树盘。刨树盘是丘陵山区果园重要的土壤管理措施。一般在春、秋及伏雨季节进行。秋季刨树盘可以松土保墒、有利于冬季降雨融雪下渗，能减少宿根性杂草，从而减少养分的消耗，此外还能消灭地下害虫。刨树盘可结合施基肥进行。坡地刨树盘应沿等高线进行。刨土深度以15~20cm为宜。春季刨树盘宜在萌芽前进行，可提高地温、保持土壤水分。伏雨季节土壤水分较多，杂草丛生，刨树盘后可增加土壤有机质、提高土壤肥力、加深耕作层，使根系向纵深发展。

（2）深翻土壤。杏园深翻一般在春、夏、秋三季均可进行。但以秋季深翻效果最好。深度一般要达60~100cm。方式有深翻扩穴和条沟深翻两种。通过深翻不仅可疏松土壤，蓄水增肥，同时秋冬季节还可以消灭一些重要的病虫害。但土壤管理的核心是增加土壤有机质含量，所以深翻必须结合施有机肥，这样才能增加土壤有机质，达到深翻改土的目的。

（3）中耕除草。目的在于清除杂草，保持土壤疏松，减少水分和养分的消耗和散失。中耕次数和时间可根据杂草量和气候条件确定，一般每年4~6次。春季深度以15~20cm为宜，夏季15cm左右，秋季20~25cm。

（4）树下压土。坡地或沙地杏园，常因水土流失致使果树根系外露，因而影响生长发育。对于这种果园进行树下压土，加厚土层，可提高土壤保肥蓄水能力。在寒冷地区或寒冷季节压土，还可以提高土温，减少根系冻害。该项措施是成龄果园土壤管理的一项有效措施。压土时间以晚秋初冬进行为宜，压土厚度为5~10cm，压土种类根据果园的土质而定。

（5）合理间作。杏园幼树期合理间作可充分利用土地、提高光能利用率和杏园经济效益。适宜的间作物种类有花生、大豆、绿豆等作物，不宜选择高秆作物和与杏树争肥争水。间作时应注意留足树盘，定植当年可留出1m宽的树盘，以后随树冠逐年扩大，保证树盘的面积不小于树冠的投影面积。

（6）果园生草。杏园生草，也叫种植绿肥，可以减少地表径流，防止山坡地果园的土壤冲刷和侵蚀。同时将青草收获后压入土壤还可提高土壤有机质含量。杏园生草常用的绿肥作物有三叶草、苜蓿、沙打旺等，以花期翻压效果最好。

（7）地面覆盖。一般果用覆草和覆膜两种方式，可以改善表层土壤结构，减少土壤水分蒸发量，缩小土温度变化幅度，增加土壤分离，从而促进根系生长，提高花芽形成量，减少落花落果，这对于土层较浅的杏园尤为重要。覆草的效果要好于覆膜。覆草即把农作物秸秆、杂草、树叶等盖在地面上，厚度为 15~20cm。覆草一般在 5 月中旬至 6 月中旬进行。在草源缺乏时可采取覆膜的方法。在早春解冻后浇一遍水，将地面整平，使近树干处略高，然后覆盖透明地膜。

2. 施肥

（1）基肥。杏树开花早，果实生育期短，应特别注意基肥的施用。在 10 月结合土壤深翻施入充分腐熟的有机肥，每亩可施入 2 000~3 000kg，施入基肥后浇足水。

（2）追肥。

土壤追肥。杏树从萌芽、抽枝、展叶、开花、坐果至果实成熟持续时间短，器官发育多，需肥量最大，因此，追肥应主要集中在春季。进入盛果期的树一般全年保证 5 次追肥：①花前肥。在春季土壤解冻后将速效性氮肥为主的肥料施入树下，保证开花整齐一致，授粉受精良好，提高坐果率，促进根系生长和增加新梢的前期生长量。②花后肥。开花后施肥，以速效氮肥为主，配合磷钾肥，提高坐果和促进新梢生长。③花芽分化肥。在花芽分化前，或者硬核期开始施入，以磷钾肥为主，并加施少量氮肥。其作用是补充幼果和新梢生长养分的消耗，促进花芽分化和果实膨大。④催果肥。果实采收前 15~20 天施入，主要用速效钾肥，目的在于促进中晚熟品种果实第二次迅速膨大，提高果实产量和品质。⑤采果肥。果实采收后施入，以氮肥为主，配合磷钾肥，目的是恢复树势，增加树体养分积累，提高越冬抗寒能力。

根外施肥。常用肥料和浓度：磷酸二氢钾 0.3%~0.5%；尿素 0.2%~0.4%。如有缺素症状可喷：硫酸亚铁 0.2%~0.3%；硼酸和硼砂 0.1%~0.3%；硫酸锌 0.3%~0.5%等。

3. 灌溉及排涝

杏树虽然抗干旱，但生产上适时合理灌溉，可以保证增产增收，丰产优质。一般杏树年周期内灌水 3 次为好：①春季花芽萌动前。此次灌水可促使杏花期一致，枝芽生长旺盛，提高坐果率。同时通过灌水降低了地温，可推迟花期 2~3 天，有利于避开晚霜危害。②果实硬核期。此时果实内种子发育需大量水分，花芽分化旺盛进行，是树体需水临界期。北方此期多干旱少雨，常引起当年大量落果，影响花芽分化和来年产量。③杏树落叶后。上冻之前灌冻水可以提高树体的抗寒性。

杏树根系活动旺盛，需氧量大，雨季应及时排涝。短时积水虽然外观看不出受害症状，但叶片光合功能已下降，长期积涝或地面积水 1 天即可表现受害症状。另外，杏园遭受涝害还会加重流胶病发生。

### 三、花果管理

1. 保花保果

由于杏树败育率高，开花物候期早，容易受春季寒潮及晚霜危害，同时早春大风降温天气多，限制了传粉昆虫的活动，恶化了授粉受精条件。为此，要提高杏树的坐果率，在配置适宜授粉品种的基础上，应该采取以下措施。

（1）加强树体综合管理。在合理土肥水管理基础上，加强病虫害的防治，保护好叶片，增强树势。

（2）人工授粉。人工授粉方法很多，但较实用的主要有点授、喷粉和液体授粉3种方法。

（3）果园放蜂。这是提高坐果率的有效措施。以角额壁蜂的授粉效果最好。每公顷杏园2箱蜂，可以增产65%。

（4）花期树喷水补肥。花期树体喷水可增加空气湿度，降低花粉及柱头因干燥而失水失活的比率，因此可以提高坐果率。花期树体喷0.1%~0.2%的硼肥，可促进花粉管的伸长。喷施0.3%~0.5%的尿素或磷酸二氢钾均可促进坐果，减少落果的发生。

（5）施用生长调节剂。头年秋施多效唑，新梢生长期喷施多效唑可湿性粉剂和矮壮素等生长抑制剂均可促进坐果。

2. 促花

（1）加强夏季修剪。夏季修剪可以促生分枝，抑制旺长，减少营养消耗。摘心可以促生分枝，缓和枝条生长势。拉枝可以缓和树势，促生中短枝。萌芽期及早抹除剪锯口处的无用芽，可以减少养分消耗，保证树体通风透光。夏剪对促进花芽形成具有良好的作用，如果再结合环剥、环割促花效果会更显著。

（2）利用生长调节剂。早春单株土施5~8g 15%的多效唑可湿性粉剂；新梢旺长前喷施0.06%~1%矮壮素均可促进成花。

3. 疏花疏果

杏坐果率过高时会加重生理落果现象，造成树体营养的损失，导致果实变小，风味变劣，商品价值降低，因此必须严格疏花疏果。疏果时间通常在谢花后20~25天，即在坐果后开始至硬核前结束。一般中等管理水平的杏园，每公顷产量控制在3万~4万kg为宜。留果间距以5~8cm为宜。

### 四、修剪整形

1. 常见树形及特点

我国北方杏树常用的树形有4种。

（1）自然圆头形。整形容易，修剪量小，成形快，结果早，丰产性强，管理容易，宜于密植和小冠栽培。但因主枝分布在一层，后期容易郁闭，树冠内膛枝条容易枯死光秃，结果部位易外移。此树形常用于干性较强的品种。

（2）自然开心形。树体较矮小，通风透光良好，果实品质高，成形快，结果早，适宜于土壤贫瘠、肥水条件较差的丘陵山地。缺点是主枝容易下垂，树体管理不方便，寿命较短。

（3）疏散分层形。树干高大，主枝多，层次分明，内膛不易光秃，产量高，寿命长。最适宜于树势强健、干性强的品种在土壤肥沃的地方采用。缺点是树形成形慢，进入结果期晚，需 3~4 年。

（4）小冠自由疏层形。该树形修剪量小，成形快，结果早，产量高，通风透光，适宜密植。

2. 不同树龄期杏树的修剪

（1）幼树期修剪。杏树幼树修剪的原则是宜轻不宜重，尽量少疏枝以利于早期丰产。可多用拉枝、摘心等夏季修剪方法。幼树期修剪的主要任务是培养牢固的树体骨架，完成整形，迅速扩大树冠。为增加枝叶量，幼树期修剪宜轻短截为主，除影响整形的枝条外其余枝条尽量保留，多保留辅养枝、利用辅养枝促其早结果，稳定树势。待整形基本完成、影响光照时再逐步清理。杏以短果枝和花束状果枝结果为主。因此，结果枝组的培养多采用"先放后缩"法。

（2）初果期的修剪。初果期树的生长特点是树体生长旺盛，发育枝多，长果枝、副梢果枝增多，枝条缓放易于成花。此期修剪要继续培养好树形，扩大树冠，促使尽早进入盛果期。骨干枝延长枝的修剪应选择饱满芽处下剪，剪截后促使萌生 3 个长枝，主枝延长枝应剪去 1/3，侧枝可剪去 1/4，促使分枝成结果枝组。此期一般不疏枝，但对直立强旺、扰乱树形的枝条可以疏除，其余各类枝条多放缓，使之形成串花枝组，增加结果部位。

（3）盛果期的修剪。此期修剪的任务是调整营养生长和开花结果的关系，维持树势，延长盛果期年限。修剪应掌握"适当重剪，强枝少剪，弱枝多剪，不过密不疏枝"的原则，调节生长与结果的关系。各级骨干枝的延长枝经数年的延伸后，由于结果量的增加，抽生长枝的能力减弱，可以缓放不剪使之转变成结果枝组。为了保持和增加一定的结果部位，对部分发育枝应及时短截，剪留 20~30cm，对偏弱的发育枝剪留 15cm，促生分枝，形成新的结果枝组。对衰弱的主侧枝及多年生结果枝组应在强壮的分枝部位回缩更新，抬高角度，恢复树势。对连续多年结果的花束状果枝可在基部潜伏芽处回缩，促生分枝，重新培养花束状果枝。树冠内膛发出的徒长枝应尽量保留利用，可进行生长季摘心，也可冬季重回缩，改造培养新枝组。

（4）衰老期树的修剪。这一时期的修剪任务是更新复壮骨干枝和各类结果枝组，恢复和维持树势，推迟骨干枝的衰老和死亡。对衰老树的修剪做到"两更新一培养"。其一是更新复壮骨干枝，依树体衰弱的程度及树体结构的从属关系，在主枝、侧枝的中下部位进行重剪回缩，选择角度较小生长健旺的背上枝作为主、侧枝的延长枝，或在大枝的直立向上处回缩，促使隐芽萌发，培养侧枝的枝头。二是更新结果枝组，在更新骨干枝的同时，对各类枝组进行重回缩，选择壮枝、壮芽带头，逐步培养成新的枝组。对位置合适的徒长枝，按树空间大小采用先截后放或先放后缩的办法培养成大中小各类果枝。三是培养树冠内部方位适宜的徒长枝，使其代替骨干枝占领空间，恢复和形成良好的树冠。

（5）放任树的修剪。放任树的特点是骨干枝多，树形紊乱，内膛光秃，小枝枯死，通风透光不良，结果部位严重外移，上强下弱，层次不清。对这类树的改造，要针对具体情况具体分析，因树修剪，不能千篇一律。

对树高超过 5m 以上的树体先打开天窗，逐级落头，注意剪锯口下要有根枝。对大枝过多，后部光秃的树体，应选 5～7 个方位好、距离适中、生长健壮的大枝作主枝，其余的大枝则重回缩或疏除，但注意不可操之过急，应分年度分批处理，以免造成大伤口过多，削弱树势。对主枝上保留的枝条要适当轻剪，促使后部发枝。对过长的枝组在多年生部位回缩，保留壮芽壮枝，以更新枝组，充实树冠。内膛发出的徒长枝要尽可能地利用，以培养大中小型的结果枝组。

### 五、花期霜冻的预防

杏树花期经常遇到晚霜危害，轻者造成减产，重者出现绝收，严重影响了杏树生产的发展。杏树花期霜冻的预防主要有以下几种方法。

1. 选择抗寒品种

我国黑龙江省培育的'龙垦 1 号'和'龙垦 2 号'杏品种，花期能够抵抗 -6.9℃ 的低温。张家口市从仁用杏中选出的优良品种，花期能够抵抗 -4℃ 的低温。这些抗霜力强的杏品种的选育成功，从某种程度上可以避免晚霜对杏树的危害。

2. 延迟花期

（1）春季灌水或喷水。杏树发芽后至开花前灌水或喷水 1～2 次，可明显地延缓地温上升的速度，延迟发芽，可推迟花期 2～3 天。

（2）涂白或喷白。早春对树干、骨干枝进行涂白，树冠喷 8%～10% 的石灰水，以反射光照、减少树体对热能的吸收，降低冠层与枝芽的温度，可推迟开花 3～5 天。

（3）应用植物生长调节剂。秋季树冠喷施 50～100mg/L $GA_3$ 可延迟杏树落叶，增加树体贮存营养，从而提高花芽的抗力。喷施 100～200mg/L 乙烯利溶液可推迟杏树花期 2～5 天。杏芽膨大期喷施 500～2 000mg/L 的青鲜素（MH）水溶液，可推迟花期 4～6 天。

（4）利用腋花芽结果。腋花芽较顶花芽萌发和开花晚，有利于避开晚霜。

（5）利用二次枝结果。由于二次枝上的花芽分化晚，花期也晚，可采取冬季重剪、夏季摘心的方法将大量二次枝培养成结果枝，使盛花期延迟数日，以避免霜害。

3. 改善果园的小气候

（1）加热法。加热防霜是现代防霜较先进而有效的方法。在果园内每隔一定距离放置一加热器，在将发生霜冻前点火加温，使下层空气变暖而上升，在杏树周围形成一暖气层，一般可提高 1～2℃。

（2）吹风法。辐射霜冻是在空气静止情况下发生的，利用大型吹风机增强空气流通，将冷气吹散，可以起到防霜效果。日本试验表明，吹风后的升温值为 1.5～2℃。

（3）熏烟法。根据天气预报，在晚霜将要来临、园内气温接近 0℃ 时，在迎风面每667m² 堆放 10 个烟堆熏烟，可提高气温 1～2℃。近些年来，采用硝铵、锯末、柴油混合制成的烟雾剂代替烟堆熏烟，使用方便，烟量大，防霜效果好。

（4）树盘覆草。早春用杂草或积雪覆盖树盘，厚度为 20～30cm，可使树盘升温缓慢，限制根系的早期活动，从而延迟开花。如果能结合灌水，效果更好。

# 第三节　杏病虫害防治技术

## 一、常见病害

1. 杏疔病

杏疔病是一种真菌性病害，又叫黄病、杏黄病、红肿病、娃娃病等，仅为害杏树，主要为害新梢、叶片，严重时为害杏花和果实，影响杏树的正常生长和果实品质，给广大果农朋友带来严重的经济损失。

（1）发病症状。杏疔病主要为害新梢、叶片，也能为害花和果实。新梢染病后，生长缓慢，节间变短、变粗，叶片呈簇生状。叶片染病后，先从叶柄开始变黄，以后全叶变黄、变厚，质硬如皮革，病叶比健叶厚 4～5 倍，叶的正反面都布满褐色小粒点（即病原的分生孢子器），病叶颜色变化沿叶脉扩展，最后变为黑褐色，逐渐干枯，质脆易碎，畸形。空气潮湿时，从分生孢子器中涌出大量橘黄色黏液，内含大量性孢子。

6—7 月病叶变成赤黄色，向下卷曲。10 月以后病叶变黑，质脆易碎，叶片背面散生小黑点，这就是子囊壳。病叶挂在树上越冬，不易脱落。花和果实受害时，花萼肥厚，开花受阻，花苞肥大。果实染病后生长停滞，病果上生淡黄色病斑，斑内生红褐色小点粒，后期病果干缩脱落或挂在树上。

（2）防治措施。采用预防为主、综合防治的植保原则，以农业防治和物理防治为基础、联合防治为核心。选用生产无公害农产品所使用的农药，并严格根据规定浓度和次数施药。农药需要交替使用，以降低病虫害的耐药性；在农药安全期内用药，一般采收前 30 天不再用药。

选好园址：在地势低洼、通风不良地发病较重，因此建园地址宜选择在地势高燥、背风向阳地块，避免在地势低洼的地块建园，并选择合理密度。

加强栽培管理：增强树势，提高抗病力是防病关键。采用穴贮肥水技术蓄水保墒，实施生草覆草减少土壤水分蒸发，稳定土层温度，增加土壤有机质和养分含量，改善土壤理化性状，能够增加杏树营养，提高果品产量和品质，是雨养旱作农业区杏园土壤管理的有效措施。

在日常管理中，尽量减少树体伤口，对修剪造成的剪口、锯口应及时用精油铅油合剂涂抹保护；加强田间管理，科学施肥，避免偏施氮肥，适当增加磷、钾肥的施用量，协调氮、磷、钾肥施用比例，增强树势，提高树体抗病能力。

增加有机肥施用量，优化土壤理化性状，提高土壤透气性，对低洼易涝果园，注意及时排出园内积水，并适度中耕。进行疏花疏果，使树体负载量合理，谨防负载过大。彻底刮除病斑，刮后用 5%菌毒清水剂 5 倍液等涂抹，处理后 20 天再涂 1 次。

清除病源：根据杏疔病的发病规律，从发芽前至发病初期彻底剪除病梢、病芽、病叶，清除地面病叶、病果，集中深埋或烧毁；在秋冬季结合修剪，剪除病枝、病叶，清除地面上的枯枝、落叶，并予烧毁。对修剪、采果等造成的伤口，要及时涂抹杀菌剂进行伤口保护。每年冬季进行树干涂白。保持杏园良好的通风透光性；翌春症状出现时，应进行第 2 次清除病枝、病叶的工作。

化学防治：杏树发芽前用 3~5 波美度石硫合剂进行全树喷洒，每隔 10~15 天喷 1 次，连喷 3 次，消灭病原菌。春梢期叶面喷洒 70%甲基硫菌灵可湿性粉剂 800 倍液或 50%多菌灵可湿性粉剂 800 倍液。杏树展叶期，每隔 10 天喷 1 次 70%甲基托布津可湿性粉剂 700 倍液，或用 1∶1.5∶200 波尔多液、70%代森锰锌可湿性粉剂 700 倍液喷防，连喷 3 次，用药时注意轮换交替用药。

2. 杏瘤病

（1）发病症状。该病常见于新梢、叶片、花和果实上。受害植株生长缓慢，发病初期呈深红色，逐渐变为黄褐色，生有黄褐色微突起的小点，发病树梢容易干枯死亡，果实停止发育直至干枯，最后脱落死亡。

（2）防治措施。当植株的枝梢、叶片初显病症时，要及时剪除，并集中烧毁。生产中要选育抗性好的品种，减少病害的发生。

3. 杏白粉病

（1）发病症状。此病害为害幼果和叶片居多，果实感染表面有白色长长的病斑，叶片感染有白色粉状的圆斑。此病流行受湿度影响较大，相对湿度 50%以下，温度 25℃以上，此病可大量发生。

（2）防治措施。此病流行期间，用以下药物有不错效果：25% 粉锈宁，每次 3 000 倍液；70%甲基硫菌灵可湿性粉剂，每次 1 500 倍液；50%保倍福美双，每次 3 000~4 000 倍液。上述任选其一，每天喷施 1 次，连续用 2~3 次，能起到不错的防控效果。

4. 杏干枯病

（1）发病症状。病菌在树干和枝条内的树皮上越冬，翌年春天子囊孢子由冻伤、虫伤或日灼伤口侵入。初在树干或枝条的皮上生稍突起的软组织，逐渐变褐腐状，后病部凹陷，遇雨或湿度过大时出现红褐色丝状物，秋季病皮枯死，受害枝条干枯。

（2）防治措施。清理病枝，用刀刮除有病斑树干。患病部位，用石硫合剂涂抹，或者用晶体石硫合剂，每次 20 倍液涂抹，能起到不错的效果。

5. 杏细菌性穿孔病

（1）发病症状。杏细菌性穿孔病是一种侵染性病虫害，其病原菌是野油菜黄单胞菌桃李变种短杆状细菌，一端有鞭毛，无芽孢，革兰氏染色阴性反应。该病主要侵染核果类果树，而且空气湿度越高的平原地区发病程度会越严重，如果没有及时防治，最严重的后果可能导致叶落枝枯，影响果实的品质和产量。

这种病菌主要侵蚀叶片，其次是果实和树枝。在病菌侵染前期，叶片出现小斑点，慢慢扩散成圆形或不规则形病斑，周围像被水浸染，呈黄绿色的晕环。当周围空气湿润的情况下，病斑背面会出现黄色的菌脓。最后病健组织的交界处会出现一圈裂纹，病死组织掉落后变成穿孔。杏树的果实一旦发病，会出现黑褐色的病斑，边缘似水浸状。遇到潮湿空气时，病斑上会有黄色的黏质物出现，之后病疤会变干，病斑边缘和健组织的交界处会开裂或翘起。病菌通常情况下从叶片的气孔或者树枝和果实的皮孔进入。通常潜伏一到两周，然后在同年 6 月中旬左右发生病变，温度越低、树势越强，潜育期就会越长；相反，潜育期会短，发病快。一旦发生一次感染，之后的每年都会发生同样的病害，而且树势、天气及管理的方式也会影响到第二年发病的程度。

（2）防治措施。杏细菌性穿孔病同样可以采取人工防治的方法，及时修剪病枝、将落地的叶片及病果清扫到一起，集中处理，深埋进土地或者焚烧干净。果园的湿度要保持适宜，尽量让其透风、加强光照。另外还要对果园按时施肥，增施有机肥，合理施用氮磷钾肥，避免偏施氮肥。同时也要合理进行排灌，让每棵果树的枝条都能健硕的生长，对病菌的抵抗能力逐步提升。除此之外，还可采取药剂防治。当果树未发芽时，采用 4~5 波美度石硫合剂将全树喷布均匀，也可使用 1∶1∶100 的波尔多液，通过此方法来将枝条上溃烂部分的越冬菌源彻底铲除。在果树生长的季节，即当小杏开始脱萼，可采用硫酸锌石灰液，每隔 10 天喷施一次，也可使用 65% 的代森锌可湿性粉剂 500 倍液喷雾、70% 的代森锰锌可湿性粉剂 700 倍液进行处理。

6. 杏腐烂病

（1）发病症状。杏腐烂病与前两种病害有所不同，它主要侵染杏树的枝干部位。这种病菌属于子囊菌亚门真菌，通常以菌丝、分生孢子座的形态存于枝干整个冬季；第二年春天到来之际会生出分生的孢子角，经过雨水的冲射将分生孢子传播出去，加上风力和昆虫的辅助作用，病菌更容易从枝干的伤口侵入，危及整棵杏树。杏腐烂病的症状分为枝枯型与溃疡型两种，大部分生长于树干的枝杈、剪锯口及果台的部位，同时也会对果实进行侵染。在病菌侵染的初期，枝干会出现红褐色的圆形或者椭圆形的病斑，周围似水渍状，略微肿胀，边缘较为模糊，后期会变松软，如果用手将病部向下按压，会流出黄褐色的汁液；在此之后皮层会呈湿腐状，闻起来有类似酒糟的气味出现。发病部位的表皮用手轻轻一剥便可分离，撕开后可看到内部有红褐色的组织结构，再之后发病的部位会因缺水而凹陷、变硬，最后成为灰褐色至黑褐色的病斑，且与健部断开。

（2）防治措施。针对杏腐烂病，我们需要做的就是不断加强种植管理，合理增施粪肥，提升树木的抗病菌能力。及时处理果园内出现的枯枝、死枝，将其集中烧毁。与此同时要寻找树木出现的病皮病屑，全面收集后带出果园，再将其烧毁，从根源上断绝病原菌的传播。如果发现枝干上小块的病斑，可使用割条法把溃烂的部分切除，在伤口处涂上愈合剂；如果病斑的面积较大，应当采用刮治法，同样再使用愈合剂进行处理。

## 二、常见虫害

1. 杏仁蜂

（1）为害特性。辽宁、河北、河南、山西、陕西、新疆等省（区）的杏产区均有发生。雌蜂产卵于初形成的幼果内，幼虫啮食杏仁，被害的杏脱落或在树干上干缩。

（2）防治方法。

①秋冬季收集园中落杏、杏核，并震落树上的干杏，集中烧毁，可基本消灭杏仁蜂。

②早春发芽前越冬幼虫出土期，可用 40% 敌马粉剂或 5% 辛硫磷粉剂 5~8kg/亩直接在树冠下施于土中。成虫羽化期，树体喷洒下列药剂之一：50% 辛硫磷乳油 1 000~1 500 倍液；50% 敌敌畏乳油 500~800 倍液；40% 氧化乐果乳油 1 000~1 500 倍液；

20%甲氰菊酯乳油 2 000~3 000 倍液；2.5%溴氰菊酯乳油 2 000~2 500 倍液；2.5%氯氟氰菊酯乳油 1 500~2 000 倍液，每 7~10 天喷 1 次，共喷 2 次。

2. 杏球坚蚧

（1）为害特性。杏球坚蚧，主要吸食树体汁液，当受害严重时，树干枯死。

（2）防治方法。

①北方在早春发芽前，及时对树体喷 5 波美度的石硫合剂或含喷施油量为 10%的柴油乳剂进行预防。

②当虫体尚软时，用硬的刷子把幼虫从树上刷掉，人工搜集烧毁，孵化期及时喷蚧死净、蚧螨灵等化学药剂。

③育苗时选择抗性好、无病虫害的种苗，并加强栽培管理，充分施肥，及时修剪增强通风透光，并注意保护利用其天敌进行防治。

3. 红颈天牛

（1）为害特性。红颈天牛幼虫以蛀食树干和大枝为主。

（2）防治方法。

①成虫出现期在 4—6 月，可以人工利用黑光灯等方法捕获成虫，捕获后集中烧毁。到幼虫发生期，要及时检查植株，发现幼虫为害部位，及时人工扑杀幼虫。在成虫羽化前进行树干和主要枝干基部涂白，防止成虫产卵。

②当成虫出现时，可用糖：酒：醋为 12：1：2 比例的混合液，进行诱杀成虫，或喷洒西维因可湿性粉剂 170 倍液，或用 30%溴氰菊酯乳剂 3 500 倍液，在虫孔注药，及时杀死成虫。在 6 月下旬成虫羽化高峰期，可喷洒 45%氧化乐果乳油或 75%敌敌畏乳油 900 倍液，进行成虫灭杀。

4. 杏果象虫

（1）为害特性。5—6 月成虫对植株嫩芽和花蕾进行啃食为害，在植株落花后进行产卵，之后为害果实。

（2）防治方法。

①在植株开花期，利用其趋光性进行人工捕捉成虫，捕获后集中烧毁。

②对产生虫害的落果及时拣出，集中毁灭。

③成虫盛发期及时喷 2.5%敌杀死乳油 2 000 倍液，继续杀灭成虫。

5. 桃蚜

（1）为害特性。桃蚜刺吸植株幼叶、嫩芽、枝梢液汁，致使植株生长缓慢，最终死亡。

（2）防治方法。

①田间管理时，结合修剪去除染虫的枝条，并集中烧毁。

②果园建设要远离烟草、白菜等农作物的大田，以减少蚜虫夏季繁殖场所。

③充分利用蚜虫的天敌，如瓢虫、食蚜蝇、草蛉、寄生蜂等。并要加强保护天敌，尽量少喷洒广谱性农药，同时避免在天敌多的时期喷药。

④在杏树萌芽后，及时喷布 80%机油乳剂 200 倍液，进行预防。

⑤在蚜虫大发生期要及时喷 15%扑虱灵 4 000 倍液，隔 7 天喷 1 次，连续喷 3 次。

6. 桑白蚧

（1）为害特性。桑白蚧，以若虫和成虫固定枝干刺吸汁液，受害枝条以 2~3 年生最为严重。

（2）防治方法。

①加强苗木选育，尽量用抗性好的苗木。对外来苗木要加强检疫，防止桑白蚧蔓延为害。

②结合田间管理，及时剪除被害枝梢，并集中烧毁。

③春季植株发芽前，及时喷洒 5 波美度石硫合剂进行预防。

④若虫分散期要及时喷洒扑虱灵 30%可湿性粉剂 1 200 倍液，进行毒杀。

⑤利用其天敌，如寄生性软蚧蚜小蜂等，进行防治和控制害虫。

7. 天幕毛虫

（1）为害特性。天幕毛虫分布较为广泛，属杂食性，大发生时能将叶片吃光，使植株死亡。以幼虫为害嫩芽和叶片为主，并吐丝结网张幕，幼龄幼虫群居天幕上。

（2）防治方法。

①加强田间管理，结合修剪，把受害的具有卵块的枝条及时剪除，并集中烧毁。

②利用成虫趋光性，可在田间放置黑光灯诱杀成虫。

③保护和引放天敌进行防治。如天幕毛虫抱寄蝇、舞毒蛾黑卵蜂、稻苞虫黑瘤姬蜂等。

④在虫害大发生时，及时用 2 100 倍速灭杀丁或 1 600 倍绿百事等喷施杀虫。

# 第十一章 绿色无公害柿生产关键技术

## 第一节 柿产业概况

### 一、柿的栽培历史、生产现状和经济价值

1. 柿树的起源和栽培历史

柿属于柿科柿属植物，原产于中国，在我国已有 3 000 多年的栽培历史。我国是世界上栽培柿树最早的国家，在《礼记内则》中，柿果是当时的统治者用来供祭祀、享宾客的珍贵果品之一；在西汉司马相如的《上林赋》中，柿树作为皇帝御花园中的"异卉奇葩"而被记述；公元前 1 世纪王褒的《僮约》中有明确记载，在今四川夹江一带，柿与橘、桃、梨和李一起被作为果树来种植。

柿最初处于野生状态，实生繁殖，自生自灭。汉晋时期，人们见到柿果成熟时色泽鲜艳，于是作为奇花异木向帝王进贡或向达官贵人送礼，栽种于庭园之中，但数量极少，仅以其颜色或来源而称为山柿、朱柿，甚至在种类之间也混淆不清。

到南北朝时期，随着脱涩技术的发明，柿便作为果树来栽培，栽培面积扩大，遗传性状不断分离；又随着嫁接技术的发明，人们对变异性状进行筛选，选出来的大果和色泽性状陆续被固定下来，形成了许多性状不同的群体，根据其特征特性或产地命名为大柿、小柿、黄柿和红柿，这便是柿品种的雏形。唐宋以来，分化出来的群体已经很多，人们按其最突出的特征加以命名，于是出现了品种。元明清时代，由于柿果的代粮救荒作用，在各地地方志上作为土特产被记载的品种已有数百个。二十世纪六七十年代，全国柿品种资源普查结果表明有 900 多个品种（含同物异名和同名异物品种）。

2. 柿树的生产现状

据 FAO（2018）统计，2016 年全世界柿树栽培面积 101 万 $hm^2$（中国 94 万 $hm^2$，占世界的 93%）、柿果年产量 543 万 t（中国近 400 万 t，占世界的 74%）。中、韩、日和巴西是柿的传统产区。最近，西班牙的柿产业规模增长较快，自 2014 年起已超过日本，位居世界主产国第 3 位。其他有商品生产的国家还有阿塞拜疆、乌兹别克斯坦、意大利、以色列、伊朗以及新西兰等。中国柿的主产区由传统的黄河流域开始向长江流域及其以南发展。据 2018 年农业部统计数据，我国年产量排名前 10 的省份为广西、河北、河南、陕西、福建、广东、山东、安徽、江苏和山西，以长江为界，南北各占 50%。目前，在农业农村部统计的果品中柿的年产量排名第 8 位。

国外柿的生产国以小到中等经济体居多，发达国家如日、韩、西班牙等的产业规模较小，美、俄、印和东南亚等国家和地区由于气候和饮食传统等原因尚未形成规模，因此柿产业是我国的特色和优势产业，有广阔的国内和国际市场，但其单位面积产量在年产量排名前 6 位的生产国中是最低的，说明还有较大的增长空间。此外，从 FAO 统计数据看，许多发展柿产业的国家位于"一带一路"地理范围，这将为未来开展相关国际合作和果品贸易提供了便利。

柿树喜温暖气候，温度对柿树分布和经济栽培起决定性作用。一般认为年平均温度9℃为柿树生存的临界温度，10℃为柿树生产的临界温度，13℃为柿树经济栽培的临界温度。在年平均温度为 13~19℃的地区，柿树春季萌芽早，秋季落叶晚，生长期长，如果日照充足，肥水条件能满足柿树生长发育需要，则产量高，果实品质好，为柿树的经济栽培区域。在年平均温度 19℃以上的地区，柿树呼吸旺盛，影响糖分积累，果面粗糙，果实品质不佳。

### 3. 柿的经济价值

柿果实色泽艳丽，味甜多汁，营养丰富。据分析，每 100g 鲜果中含蛋白质 1.2g，脂肪 0.2g，碳水化合物 10.8~18.6g，粗纤维 0.4~3.1g，而且含有人体必需的多种维生素和矿物质。果实除供鲜食外，还可加工成柿饼、柿脯、柿汁、果醋等。未成熟的果实中含有大量的单宁，可提取柿漆。柿果实及其加工品，还有医疗功能，可以治疗肠胃病、止血润便，对降低血压也有作用；柿蒂可治呃逆及夜尿症；柿霜可治喉痛、咽干、口疮等；柿叶还可以制茶。

柿树抗旱、耐湿，适应性强，结果早、寿命长、易管理、产量高、收益大。柿的木材纹理致密，是制作各种家具的良好原料。柿树叶大，可以遮阳，果实色泽美丽，可供观赏，是良好的行道树种之一。在山坡丘陵地区栽植，具有涵养水源、保持水土的作用。

## 二、柿树生产中存在的问题和解决途径

### 1. 柿树生产中存在的问题

随着柿树生产的发展和市场变化以及国内、国际市场不同消费层次对柿果产品多样化的需求，影响我国柿树生产的一些问题也逐渐暴露出来，主要表现为以下方面。

（1）品种结构不合理，良种化程度较低。由于受自然生态和传统栽培习惯的影响，片面追求发展规模和产量，果农选择品种盲目性、趋同性大，忽视了科学规划和早、中、晚熟品种的搭配，形成了品种结构比较单一、晚熟品种比较集中的现状和"有果无市、有市无果"的局面。从柿树各主产区的生产现状就可以看出，栽培品种主要是涩柿，甜柿虽有引进，但量很小，目前还没形成大的规模和产量。从涩柿来看，以晚熟品种占大多数，缺乏早、中熟品种。此外，目前各地的主栽品种基本上还都是传统地方品种，良莠不齐和品种退化现象严重，而在新发展幼树时仍然是很少考虑引进优良品种或对当地品种进行选优更新，结果是一般品种甚至比较差的品种在生产上占有相当的比例，而许多优良品种和类型则规模很小。另外，一些既可鲜食，又适于加工的品种发展也较少。

（2）栽培技术落后，生产管理粗放。在我国陕西、河南等一些柿树生产老产区，主要栽培在山地、丘陵地带，大都零星散落在地边、沟旁、房前屋后，呈零星分布，且每户种植的数量不多，规模小，经济收入少。人们对柿树的生产观念陈旧，商品意识差，认为柿树效益差，积极性不高，导致不愿管理，掠夺式采收，只收益不投入，发展受到严重制约。多数树处于自生自灭的状态，管理粗放，放任生长，树形紊乱，导致树体衰弱，病虫害严重，且树体老龄化比较严重。目前推广的砧木绝大多数仍是君迁子（软枣、黑枣），嫁接良种树形高大、结果晚、管理不便。

（3）种植分散，未形成特色产业。我国柿树多分布在远离工业区的乡镇，以部分农户为中心，分散栽植，缺乏统一的科学指导，没有形成集约化种植，规模化经营，企业化运作，无法形成当地的特色产业。新近形成的柿树规模化种植经济林或生产基地，由于受近年柿产品价格攀升的影响，在市场利益的驱动下，存在许多弊端：品种栽培不合理，良种资源保护和引进力度不够，栽培技术落后，品种混杂，建园结构不合理，质量不高，产量低、品质差，缺乏专门的栽培管理实用人才；在柿品加工方面的科研人员技术薄弱，支持力度小，缺乏相应的技术推广人员，先进实用技术成果的转化和应用率较低。这些往往使柿产业经受不住市场的冲击和考验。

（4）贮藏保鲜脱涩保脆技术严重滞后。适宜鲜食的柿果以其味甜多汁、脆甜可口、风味独特而深受广大消费者的欢迎，市场前景广阔，经济效益看好。但柿果的贮藏保鲜脱涩保脆技术比较落后，在这一环节上严重制约着柿果的市场销售，很难形成规模的市场经济效益。由于缺乏先进的贮藏设备和技术，目前小批量柿果的贮藏保鲜是采用气调库、低温冷库保鲜等方法，大批量柿果的贮藏保鲜也只是停留在自然低温冻藏低水平的方法上，由于受自然条件变化的影响较大，贮藏效果不太稳定。

（5）加工产品科技含量、附加值低。目前，我国涩柿的果实大都以鲜销或粗加工为主。随着市场的变化，水果已由卖方市场转为买方市场，一些生产者的思想意识仍停滞不前，不能随市场做出相应的变化，加工严重滞后，由于科技、资金投入严重不足，导致后备技术、先进设备及工艺、储备产品严重缺乏，柿果的加工产品仍停留在柿饼、柿桃等传统的科技含量较低的初级产品生产上。大多数加工经营者由于加工设备陈旧，技术、工艺落后，只能是家庭式作坊生产，加工的产品在质量和花色上与国内、国际标准相差甚远，致使国内、国际市场萎缩，产品的附加值进一步下降。

2. 解决柿树生产中存在问题的途径

为了更好地发展我国的柿树生产，适应新的形势，提高其国际市场竞争力，针对生产中存在的问题，应从以下几个方面进行开发研究。

（1）合理布局，优化品种结构，规模生产。为了适应市场的变化和满足消费者的需求，柿树生产应以消费市场为导向，优化品种结构，做到合理布局，实现规模化生产。根据我国各主产区的气候条件及历史栽培习惯等，突出地方特色，分别选用适于鲜食或加工的优良品种。鲜食用的应注意早、中、晚熟品种的比例；加工用的应注意品种的成熟期与当地的气候特点。条件适宜地区可适当引种发展甜柿优良品种。在此基础上，开展规模经营，形成满足不同市场和消费群体需求的柿果商品化生产基地。

（2）加大科技投入，提高单产和品质。我国柿树单产较低，原因是一些投产果园基础设施差，管理粗放。针对上述情况，一要增加资金投入，加强果园基础设施建设，增强供水、供肥和病虫害防治能力。二要加大科技投入，提高果品的科技含量。对果农进行技术培训，提高果农的文化科技素质；加大新技术的推广力度，在生产中推广高接换种、合理灌溉、配方施肥、疏花疏果、果园覆盖、病虫害综合防治、适期采收等先进技术。三要加强土壤改良工作，对于投产果园，能够种植绿肥的尽量种植绿肥；对于幼年果园和低产园，有计划地进行土壤深翻并结合埋压绿肥。除此之外，提高品质还应结合选育或引入优良品种。

（3）加强采后商品化处理。随着社会主义市场经济的不断发展和完善以及人们生活水平的不断提高，消费也随之发生了根本性的变化，消费者对果品需求的标准也越来越高，不仅要求口感好，还要求包装精致美观、包装材料无毒环保、易保存与搬运等。因此，应根据市场和消费者的需求情况，适期采收，进行柿果的分级和商品化处理，向无公害化、标准化方向发展，及时与国际接轨，以增强我国柿果在市场上，尤其是国际市场上的竞争力，提高其附加值。

（4）加大加工、贮运等薄弱环节的投入，推动产业化经营进程。由于我国柿果加工业的落后，造成了柿果市场的狭小。因为随着鲜食品种栽培面积的不断扩大和幼树的不断投产、产量不断增加，存在着销售难的隐忧；而市场对柿果加工产品的需求量大，价格高。因此，必须通过加大科技、资金的投入，引进国内外先进的加工技术和设备，充分利用和扶持现有的加工企业，使之成为龙头企业，并且建立与之相适应的优质加工原料基地，及时掌握市场信息，进行产业化经营，培育利益均沾、风险共担的经济共同体。随着加工工业的发展，将会扩大柿果的国内与国际市场，经济效益也会大大提高。

（5）引种和选优相结合，建立良种繁育体系。针对柿树杂交困难、现有优良品种退化分化严重的问题，采取优良品种大规模的内部选优等育种方法，尽快培育新的优良品种，同时，可根据需要，从国内外有目的地选择引进优良品种，以丰富品种资源，调整品种结构。新选育或引进的优良品种应通过区试后再大面积推广，同时应配套建立优质良种苗木繁育基地，强化质量监测和病虫检疫，实现苗木管理规范化、法制化，不断向生产提供品种纯正、质量高的接穗和优良苗木，保证我国柿树的持续健康发展。

# 第二节　柿种类及品种

## 一、柿种类

柿隶属于柿树科柿属植物，本属植物全世界约有 250 种，大多数为热带或亚热带植物，少数产于暖温带。原产于我国的柿属植物有 49 种。其中供栽培和用作砧木的主要有以下 3 种。

1. 柿

柿为主要栽培品种。落叶乔木，原产于我国长江流域，高达 15m。树冠为自然半圆形或圆头形；小枝被褐色柔毛。叶片厚，呈深绿色，有光泽，光滑，倒卵形、广椭圆形或椭圆形，全缘，先端尖，基部圆形或楔形，叶背密被柔毛和腺毛；树皮暗灰色，老皮呈方块状开裂，片状脱落。

花冠黄白色，钟状，肉质；萼片大，4裂，宿存；栽培种大多数仅有雌花，少数为雌雄同株，雌花中有退化的8个雄蕊，子房8室，花柱呈不同程度的联合。果为扁圆、圆、卵圆或方形，常有4~8道沟纹或缢痕。成熟时果皮呈橙红色到黄色；种子1~8粒或无；主要栽培品种果实多在9—11月成熟。

2. 君迁子

俗称黑枣、软枣（河北、山东、河南），古时有牛奶柿、丁香柿、羊枣、红蓝枣、豆柿等名称。原产于我国黄河流域，阿富汗和土耳其也是原产地之一。在我国分布很广，其中以山东、河南、河北、陕西、山西、湖北、四川、云南分布较多，野生或栽培。

落叶乔木，高达10余米。树皮暗灰色，呈方块状开裂。树冠圆头形，枝条灰褐色，嫩枝被有灰色短柔毛，后逐步脱落。叶片圆形或椭圆形，先端渐尖，基部圆形或阔楔形，较柿小而无光泽，幼嫩时具柔毛，后脱落。植株常分雌雄异株或同株。多单性花，雄花2~3个簇生，雄蕊16枚，花冠淡黄色或淡红色，具短梗；雌花单生，花冠绿色带白。果实形小，长圆形或稍扁，初为黄色，后变为黑色或黑紫色，故称黑枣。大多数品种有种子，少数无种子。果可供食用。本种常作北方柿树的砧木。

3. 油柿

又称油绿柿、漆柿或稗柿，原产我国中部和西南部。分布于长江以南各省，其中以江苏、浙江等地栽培较多。落叶乔木，高达6~7m，树冠圆形。老树皮呈灰白色，片状剥落。新生枝梢密生黄褐色柔毛，后逐步脱落。叶片长圆形或长卵形，先端渐尖，基部圆形，表面和背面均密生灰白色茸毛，叶柄长9cm左右。花单性，雌雄同株或异株，雌花单生或与雄花长在同一花序上，位于花序中部，雄花序上有花1~4朵。为大型浆果，卵圆形或圆形，果面有黏液，具短柔毛，果橙黄色或草绿色，常具黑斑，种子多。

油柿果实可生食，主要用于提取柿漆。本种可作柿的砧木。

## 二、主要栽培品种

我国柿树品种较多，据统计，品种可达800个左右。生产上，根据柿果实成熟时是否有涩味，一般将果实分为甜柿和涩柿两大类。我国主栽品种多为涩柿。现将主要栽培品种介绍如下。

### （一）涩柿类

1. 大磨盘柿（图11-1）

又称盖柿（河南、山西）、盒柿（山东）、腰带柿（湖南）。是华北地区的主栽品种，主要分布在太行山北段和燕山的南部，如河北、山西、山东、陕西、北京等，以北京市昌平区和天津市蓟州区、河北满城县易县以及山东省历城县栽培较多。该品种世界驰名，取名'北京蜜柿'出口国外。美国、俄罗斯等国有引种栽培。

树冠高大而开张，中心干直立，层次明显，幼树冠呈圆锥形，结实后渐开张。枝条稀疏而粗壮，叶大而肥厚，表面呈深绿色，具光泽，阔椭圆形，先端钝尖，基部楔形，叶柄粗短。

果实极大，为柿中之冠，平均单果重250g，最大可达500g，形如磨盘，故称磨盘柿。果扁圆形，上部有缢痕，果基部圆，柿蒂深凹，萼片大，果顶平或凹，果皮橙黄到橙红色，果心闭合，有8个子室，果肉松而纤维少，味甜而汁多，无核，含可溶性固形物16.6%～18.2%，品质中上，一般生食，亦可制饼。山东、河北、北京等地一般10月中下旬成熟，耐贮运。

**图11-1　大磨盘柿**

适应性强，抗寒抗旱，最喜肥沃土壤，在山区一般种植在土层深厚的沟坝地、坡麓以及水平梯田边上。单性结实力强，生理落果少，产量中等，大小年结实现象明显。

磨盘柿一般栽植后3~4年开始挂果，20年左右达盛果期，结果年限长，百年以上的大树仍能结果，寿命长达100~200年，唯独抗风力差。

2. 镜面柿（图11-2）

又名小二糙，产于山东省菏泽市。树势中等，树冠圆头形，高大，树姿开张，生长势旺盛。果实中等大，镜面柿单果重120~130g，果顶平，呈扁圆形，果皮薄，光滑，有光泽，橙红色，果肉金黄色，肉质松脆，味甜、汁多、无核、含糖量高，品质极上。生食加工均可。制成的柿饼，质地细腻、柔软、透明、霜厚、味甜，尤以'曹州耿饼'驰名中外。在山东10月中下旬成熟。

**图11-2　镜面柿**

镜面柿喜深厚肥沃土壤，既耐涝又抗旱，丰产稳产，但不耐寒，抗虫能力较差。

3. 牛心柿（图11-3）

又叫小萼子柿，产于山东省益都县，为当地主栽品种。树冠圆头形，树势强健，树姿开张，枝条稠密，多弯曲。中等大，平均单果重100g，心脏形，橙红色，无纵沟。果顶尖圆起，肩部圆形。蒂较小，蒂洼浅。萼片直角卷起，故称'小萼子'。果肉细腻、纤维少、汁多味甜、含糖量高达19%，多数无核、品质上。在山东10月中下旬成熟。最宜制饼，也可软食。适应性强、耐瘠薄、丰产，果枝连续结果能力强，大小年不明显。

4. 富平尖柿（图11-4）

主要分布在陕西省富平县。树冠圆头形，树势健壮。按果形可分为升底尖柿和辣椒尖柿两种。果个中

**图11-3　牛心柿**

等，平均单果重 155g，长椭圆形，大小较一致。皮橙黄色，果粉中多，无缢痕，无纵沟，果顶尖，果基凹，有皱褶。蒂大，圆形，萼片大，呈宽三角形，向上反卷。果梗粗长。果肉橙黄色，肉质致密，纤维少，汁液多，味极甜，无核或少核，品质上等。果实于 10 月下旬成熟。该品种最宜制饼。

图 11-4　富平尖柿

5. 安溪油柿

产于福建安溪。果实呈稍高的扁圆形，纵沟不明显，果顶广平，脐微凹。平均单果重 280g。果皮橙红色。肉质柔软、细腻、多汁味甜、纤维少，品质上等，鲜食加工兼优。10 月中旬成熟。该品种树冠高大，树姿较开张，枝条稀疏。叶广椭圆形，先端新尖或钝尖，基部宽楔形或圆形。适宜我国南方、华南地区栽培。

6. 恭城水柿

又称月柿、饼柿。产于广西恭城、平乐、荔浦、容县、富川一带。

果实扁圆形，无纵沟，果顶广平，脐部凹陷，十字沟微显。单果重 150~250g。果皮橙红色。肉质细腻、味甜，一般无核，品质上等，最宜制饼。10 月下旬成熟。该品种树势中庸，树冠圆头形或半圆形，枝条稀疏粗壮，叶长心脏形，先端突尖，基部圆形。适应性强，丰产，但生理落果较严重。适宜我国南方各省份栽培。

7. 莲花柿

又叫萼子、托柿。分布于河北、山东等省份。

果实中等大，平均单果重 150g。橙黄色或橘红色，短圆柱形、略方，果顶平，果面有十字形沟纹，缢痕较浅，果基部平滑，梗注广而中深。萼片平展，果心闭合，无种子，果肉橙红色，皮薄，纤维较多，味甜，品质上。10 月中旬成熟，不耐贮存，宜脆食，也可制饼。

该品种树冠高大，结果后树姿开张、圆头形，枝条粗壮、稠密。叶片小而厚，浓绿、有光泽，阔椭圆形，先端钝尖，基部近圆形。适应性强，管理条件要求不高，成花容易，丰产稳产，抗风力强。

8. 绵柿

又叫绵瓢柿、绵羊头。产于太行山区，主要在河北省的涉县、武安、邢台、沙河、内丘等县（市）。果实中等大，平均单果重 140g，果实短圆锥形，橘红色。果顶狭平或圆形，具 4 条纵沟，基部缢痕浅，肉座状。蒂小，萼片微翘。果肉金黄色，质地绵，纤维少，含糖量 20%~25%，品质上。心室 8 个，闭合，无核，10 月下旬成熟，可生食，但最适宜制饼，出饼率高，制成的柿饼个大，柔软，霜厚洁白，果肉金黄透明，富有弹性。该品种树势强健，结果后树姿逐渐开张，树冠自然半圆形。新梢红褐色，较柔软。叶片大，纺锤形，先端急尖，基部楔形，叶背及叶柄具茸毛。适应性强，抗旱，萌芽力和成枝力高，成花容易，但落果多，抗柿疯病能力差。

9. 博爱八月黄

产于河南省博爱县。果实中等大，平均单果重130g，果顶广平或微凹，十字沟浅，基部方形。蒂大，果肉脆，纤维粗，味甜，含糖量17%～20%，无核，品质上。10月中旬成熟，最宜制饼，也可软食。该品种树冠圆头形，树姿开张，枝条粗壮，棕褐色，叶片椭圆形，先端渐尖，基部楔形。高产稳产，但易遭柿蒂虫为害。

10. 七月糙

又叫七月早。产于河南洛阳、山西垣曲。果实大。平均单果重180g，扁心脏形，橙红色，果顶凸尖，皮薄，果肉汁多、味甜、纤维少，品质中上。特别早熟，在洛阳8月下旬成熟。供鲜食，不耐贮藏，树冠圆锥形，树势中庸，叶色浓绿。

11. 橘蜜柿

又叫旱柿、八月红、梨儿柿、小柿和水沙柿。产于山西西南部及陕西关中东部。果实小，单果重70～80g，形状似橘，扁圆形，橘红色。果肩常有断续缢痕，呈花瓣状，无纵沟，果顶广平，微凹，十字纹较浅。肉质松脆，味甜爽口，含糖量20%，无核，品质上。10月上旬成熟，鲜食、制饼均可。制饼时所需时间极短。该品种树冠圆头形，树势中庸，枝细。叶小，椭圆形，先端钝，边缘向里卷曲，叶背具茸毛。寿命长，适应范围广，高产稳产，抗旱，抗寒。

12. 孝义牛心柿

产于山西省孝义、汾阳、平遥、交城、文水、清徐等地，以孝义栽培最集中。果实中等大，平均单果重105g，心脏形，橙红色。柿蒂下偶有缢痕，呈花瓣状。具纵沟，果顶渐狭尖，十字纹明显。萼片大，重叠翘起。果皮较厚，果肉汁多，味甜，无核，品质中上。在山西10月中旬成熟，宜生食。该品种树势强，树冠半开张，新梢粗壮，暗红色。叶中等大，椭圆形，先端锐尖，基部楔形，叶柄浅绿色。适应性强，抗寒，病虫害少，丰产，但大小年明显。

13. 火晶

产于陕西关中地区，以临潼区最为集中。果实小，平均单果重70g，扁圆形，橙红色，软化后朱红色，无纵沟，果顶十字沟浅。蒂小，方形，有十字纹。皮细而光滑、果肉致密，纤维少，汁中等，味甜，含糖量19%～21%，无核，品质上。在陕西10月上旬成熟，极易软化。最宜以软柿供应市场。耐贮藏，可贮至翌年3月。该品种树冠自然半圆形，树势强健，萌芽力强，枝条细而密。叶狭小，椭圆形，先端渐尖，基部楔形。对土壤要求不严，黏土或沙土均能栽培。较耐旱，丰产稳产。

14. 鸡心黄

又叫菊心黄。产于陕西关中地区，以三原县最集中。果实中等大，平均单果重100g，心脏形，橙黄色。长期栽培形成平顶和尖顶两种类型。果皮常有网状花纹。果肉细，汁液多，味甜，含糖量19%，无核，品质上。在陕西11月上旬成熟，但9月中、下旬果顶变黄之后就可陆续供应市场，极易脱涩，最宜以硬柿供食，也可软食或制饼。该品种树冠圆头形，枝条中粗，叶椭圆形，叶面呈波状皱缩，抗寒，抗旱，对肥水要求敏感，及时施肥浇水时，增产效果显著。

15. 馍馍柿

又叫大柿子。产于甘肃文县、武都、舟曲。果实大,平均单果重170g,心脏形,横断面略方,橙红色。纵沟浅,无缝痕。皮细,光滑,蒂圆,微凸,有皱纹和环形纹。果肉细嫩,稀具褐斑,柔软,汁液特多、味浓甜,含糖量21%,核少,品质上。在甘肃10月上旬成熟,最宜制饼。

该品种树冠高大,呈圆锥形,树姿半开张。枝叶茂密,叶大椭圆形,微呈波状皱缩。产量高,但大小年明显。

**(二) 甜柿类**

1. 罗田甜柿

产于我国湖北省、河南省和安徽省交界的大别山区,以湖北罗田及麻城部分地区栽培最多。树势强健,树姿较直立,树冠呈圆头形。果个中等,平均单果重100g,扁圆形。果皮粗糙,橙红色。果顶广平微凹,无纵沟,无缝痕。肉质细密,初无褐斑,熟后果顶有紫红色小点。味甜,含糖量为19%~21%,核多,品质中上等。在罗田果实于10月上中旬成熟。

该品种着色后便可直接食用。较稳产、高产,且寿命长,耐湿热,耐干旱。果实最宜鲜食,也可制柿饼和柿片等。

2. 富有

原产于日本岐阜。现在我国青岛、大连和杭州等地有少量栽培。果大,单果重250~350g,扁圆形。里面具有4个不明显棱条,皮坚硬且光滑,橙红色,果粉厚。肉质致密,柔软多汁,香味浓,味甘甜,有极少核,品质优良。其果实一般在10月下旬采收,到11月上旬才能完全成熟。

该品种结果早,丰产性好,大小年不很明显,采收期也较长。果实最宜鲜食,耐贮藏,商品价值高。因无雄花,其单性结实力弱,需配置授粉树,或进行人工授粉。

甜柿品种还有太秋、早秋、甘秋、松本早生、上西早生、伊豆等品种。

# 第三节 柿栽培技术

## 一、土肥水管理

1. 土壤管理

土壤管理是柿树优质丰产的基础,可改善土壤结构,减少水土流失,增厚土层,改良土壤理化性状,提高土壤肥力,为柿树根系生长创造良好的条件。柿园土壤改良的目标是力求使土壤形成团粒结构,含有较大的空隙度,并使土壤肥力和水分状态达到柿树的正常生长发育所要求的程度。为此,生产上通常采取深翻改土、增施有机肥、间作绿肥、挑培客土、中耕除草、覆盖等一系列措施。

(1) 深翻改土。深翻能熟化土壤,改善土壤的通透性,加速土壤有机质的分解,从而促进根系的生长发育。

除建园时宜挖掘定植穴(沟)外,随着树冠的扩大,从定植后第二年开始,每年冬季落叶后至萌芽前进行 1 次深翻扩穴改土。在树的一侧沿定植穴向外挖宽 60cm、长 120cm 长方形沟，深翻的深度根据土质情况而定。对土壤瘠薄、质地坚硬的山地柿园，深度应在 80cm 以上。丘陵山地柿园，土壤砾石较多，必须换土改良，增加土壤有机质。深翻扩穴应与施用有机肥相结合，以达到改土和促根的双重目的。

（2）土壤管理。春季松土能明显提高土壤温度，有利于根系提前活动。夏、秋季于干旱时松土，切断了土壤毛细管，可有效减少土壤水分蒸发。除草既可减轻杂草与柿树争夺养分和水分，又可清除病虫的潜伏场所。此外，夏秋高温干旱季节除草覆盖，还可保持土壤湿润，降低土壤温度。

柿园通常在早春土壤化冻后，及时松土，增温保墒。在 5—6 月和 7—8 月，分两次进行中耕除草，深度 3~5cm。甜柿园亦可采用化学除草，一般选用 10% 草甘膦，每公顷 15~22.5kg 加水 750~1 500kg（0.2% 洗衣粉作表面活性剂），对杂草叶面进行喷雾。

通常对于未生草的柿园，可以结合生长季进行中耕除草，在树盘内扣压草皮土或压草。成龄柿园全园或树盘内可覆压切碎的秸秆、杂草，上面覆少许土。

（3）合理间作。幼龄柿树的株行间均有较大的空地。为了提高土地使用效益，在不影响柿树正常生长发育的前提下，可以进行柿园间作。但间作一般应该注意：间作物仅限于幼年柿树行间或空缺的隙地，且应留出树盘，间作物至少距树干 80cm 以上，在柿树树冠基本封行以后不再间作；无灌溉条件的柿园，应选择生长期不在干旱季节的间作物；在柿树株间和树盘范围内，应保持清耕或除草免耕状态；按照柿树和间作物本身的要求，分别加强各自的管理，防止或减少间作物与柿树争夺肥水。此外，间作物植株应矮小，应不影响柿园的光照条件。生长期应短，且需肥、需水高峰期应与果树错开，与柿树无共同的病虫害，最好有培肥土壤的作用。一般间作矮秆需肥水少的农作物，如花生、豆类、甘薯、药材等，也可间作绿肥，山地丘陵柿园梯田外沿种绿肥，切忌种植秋季需水量较大的农作物。

（4）挑培客土。实行清耕的柿园，地表径流会导致一定程度的水土流失。因此，每年冬季需用客土加厚土层。挑培客土通常在冬季进行，用肥沃的河泥、塘泥或田泥，每株 100kg，待土壤风化后再敲碎铲平。但切忌使客土埋没嫁接口。

（5）合理施肥。柿树定植之后，特别是进入开花结果期以后，每年要消耗大量的营养物质，而这些物质主要来自土壤。施肥就是向园地土壤补充树体生长发育所必需的营养元素，以保证柿树正常的生长发育。合理施肥既能提高土壤肥力，改善土壤结构，又能促进树体营养生长和生殖生长，提高柿果的产量与品质，并延长柿树结果年限，增强柿树对不良环境的抵抗力。

2. 柿树的养分吸收特点

营养生理特点：柿树吸收养分开始的时间较迟，从芽萌发、新梢伸长生长到结果，所需的养分主要靠上一年贮存在枝、干和根中的养分。因此，上年结实过多，养分消耗多，贮藏养分就少。翌年，芽萌发不整齐，嫩叶转绿推迟，新梢数和坐果数减少，就会出现小年现象。一旦发生这种现象，即使施肥通常也很难显示出良好的效果。储存养分的植物，更多的花朵，较大的坐果，大量的养分被水果消耗，从而导致根系发育受到抑制。7 月之后，氮的吸收减少，这也导致花蕾分化减少、花蕾缺乏和营养物质的储存下降。因此，为避免贮藏养分的消耗和提高养分贮藏量，必须通过早期疏蕾疏果以避免结实过多。

柿树为深根性树种，树体对施肥的反应很迟钝，葡萄、桃和梨等果树，施肥 10 天后，便在叶色、叶的大小、枝条生长量等方面有明显的反应，而柿树甚至 2 个月以后还无明显反应。柿根的细胞渗透压低，所以施肥浓度要低，如果土壤中无机盐和氮浓度急剧增加，会导致新根枯死，必须防止因施肥而引起的无机盐和氮浓度的急剧升高，施肥宜薄肥勤施，每次施肥浓度控制在 10mg/kg 以下。

营养吸收：柿树在休眠期可以吸收少量的养分，但是从 5 月底开始新芽停止生长，开始大量吸收养分，而 6 月和 8 月吸收的养分最多，在此期间吸收的氮占年度氮吸收量的 60%~70%。

柿树枝干、新梢重量的增加，比氮吸收的高峰期晚 1 个月，所吸收的氮被用于树体的充实、果实的生长发育和新根的生长。资料表明，坐果柿树吸收氮、磷、钾、钙、镁等各成分的比例分别是 10∶2∶14∶4∶1，而未坐果或挂果很少的树吸收以上营养的比例为 10∶2∶10∶5∶1。从养分吸收比来看，氮和钾的吸收量最大。而在成年的结果柿树中需钾肥量因结果而有所增加，而且钾的吸收高峰较氮的吸收高峰期提前 1 个月，此时正值果实第二次生长高峰期。沙培试验证明，需钾浓度比氮高，无钾区减产严重，后期尤应增加钾的供应。

3. 施肥

（1）肥料的种类。柿园使用的肥料应以农家粪肥为基础，并应尽量减少化学肥料的用量。肥料可用作追肥。无污染种植禁止使用有害的城市垃圾和污泥，尤其是医院垃圾和工业垃圾。

（2）农家肥。其中有人粪尿、饼肥、厩肥、绿肥及各种畜禽水产品下脚料等。农家肥料富含氮、磷和钾，肥料利用率高。

（3）化肥。这些肥料是化学合成的速效肥料，通常在生长季节用作追肥。但是，养分中所含的大多数养分相对简单，例如尿素、氯化钾、硫酸铵等。有几种包含各种养分的复合肥料和特殊的复合肥料，例如磷酸二氢钾、磷酸钙镁和各种商品复合肥。化肥施用不当，容易流失并造成肥害，长期使用会导致土壤压实。因此，肥料不能过量或单独使用。

（4）施肥量。施肥量主要根据柿树的年养分吸收量来决定。施肥量是以年吸收量为基础，依据天然养分供给量、肥料的吸收率、土壤中的吸附与淋溶及改良目的来决定的。

一般可以按照每公顷产量 12t 需氮 150kg、磷 72kg、钾 123kg。考虑到土壤养分天然供给量和肥料利用率，如果每公顷产量 20~25t，则每公顷需施氮 150~220kg、磷 60~70kg、钾 150~200kg。在实际生产中，施肥量常比推算量多 20%~30%。

（5）施肥的时期。

①柿树最需养分的时期一般分为 3 个，分别为：

第一期，从萌动、发芽、枝条生长、展叶以及开花结果（3 月中旬至 6 月中旬），在这一阶段生长发育过程所需的营养均来自上年贮藏的养分。这些养分必须在休眠之前吸收完毕。

第二期，生理落果以后，主要是促进果实膨大，追肥以钾肥为主。

第三期，果实采收以后（10月下旬至11月上旬），主要是恢复树体营养，积累贮藏养分。

②应在需要最多营养素之前施用，提前时间应包括肥料分解的时间。即使施用速效肥料，也要考虑肥料效应的有效时间，但是它可能更接近肥料所需的时间；如果施用长效有机肥，则需要较长时间；如果将其用于未施肥的农家肥，应早一些。

③一般基肥以农家肥为主，在采收前后（10—12月）施入。追肥以化肥为主，第一次在生理落果以后施入，第二次在果实膨大期施入。在土壤肥沃、树势强健的情况下，第二次追肥可以省略；相反，若土壤瘠薄、树势衰弱的，在3—4月发芽时再追施1次。

基础肥料中的氮肥应占60%~70%，其余氮肥可在生长期施用。基肥应施用磷肥。钾肥不易流失，是果实膨大过程中必不可少的肥料，可均匀施用在基肥和追肥上。

（6）基肥施肥方法。常用的基肥施肥法有环状施、放射状沟施、穴状施及条状沟施等。

环状施肥：在冠幅边缘，挖深宽各为30~40cm的环形沟，将肥料和表土混合后均匀施入埋好，此法多用于柿树幼树期。

放射状沟施：以树干为中心，向四周挖深20~40cm，宽30cm，长1~2m（依树冠大小而定），外深内浅的辐射状沟4~8条，施入肥料后填平。该种方法多用于成龄树。

条状沟施：在行中，挖沟深30~50cm，沟宽30~40cm。梯田树木或水平台阶上的树木，挖出树木间的沟渠，然后施用基肥，覆盖土壤，并以半凹形覆盖表面，以利于蓄水。此方法适用于幼树和大树。

全园撒施：把肥料均匀地撒在树冠内外的地面上，翻入土中，使肥料深浅结合，效果更好。这种方法宜于密植园和大树稀植园，一般肥料应较充足。

（7）土壤追肥。土壤追肥应遵循以下原则。

其一，根据根系的分布情况，决定施肥位置和深度。平地栽植的，根系分布深，追肥可稍深；山地栽植的，根系分布浅，宜浅施。

其二，施肥深度取决于肥料的类型和性质。例如，氮肥在土壤中的流动性很强，施肥时应浅施。钾肥和磷肥的流动性较差。根系分布层应施磷钾肥，并均匀分布。特别是，磷肥容易被土壤固定，施肥时必须均匀施用，并与农家肥混合施用较好。

其三，追施氨态氮肥，随施随埋，避免挥发散失，降低肥效。

（8）根外追肥。根外追肥亦叫叶面喷肥，是把速效性肥料配成一定浓度的溶液，喷洒于叶面的一种施肥方法。

根外追肥常用的肥料种类和浓度如下。

氮肥：尿素0.3%~0.5%。

磷肥：过磷酸钙及磷酸二氢钾浸出浓度0.3%~3%，磷酸铵为0.1%~0.5%。

钾肥：以3%~10%的草木灰浸出液为主，其他氯化钾、硫酸钾和磷酸钾肥的适宜浓度为0.5%~1%。

微量元素，一般以 500mg/kg 为宜。

根外追肥方法：根外追肥一般在花期（5 月中旬）及生理落果期（5 月下旬至 6 月中旬）每隔半个月喷 1 次尿素，后期可喷一些磷、钾肥。

根外追肥时应注意以下几个问题。

第一，追肥应在上午 10 点之前和下午 4 点之后进行。中午天气炎热，肥料在进入叶片之前水分蒸发后变稠，很容易烧灼叶片。另外，夏季中午温度很高，叶片的气孔关闭，肥料的吸收速率变慢。

第二，阴雨天、刮风天不宜喷施。阴雨天喷肥，雨水会把肥液洗掉，并且肥料吸收减慢；刮风时肥液不易附着在叶面上。

第三，肥液要尽量喷到叶背，肥液主要从叶背的气孔进入。

第四，注意喷施肥料的时间。当叶幕基本形成时，可以开始喷涂。早期浓度应略低。叶片完全生长后，可以适当增加浓度。

4. 灌溉与排水

柿树在生长季节需要有足够的水分，但是根系避免了长期的水分积累。通常，当土壤中相对含水量在 60%～80% 时，枝条生长最佳，而当土壤的相对含水量小于 50% 时，其影响柿子的光合作用等生理过程。因此，在建立柿园时，必须建立灌溉和排水系统。

柿树较抗旱。据研究，柿树在生长期内，遇连续 30 天的晴朗天气并不影响枝梢生长和果实膨大。但遇 35 天以上的持续高温干旱天气时，果实变小，叶卷缩、脱落，枝条枯死甚至整株死亡。因此干旱季节必须灌水。此外，当柿产区年降水量不足 500mm，或降水量虽超过 500mm 但分布不均匀时，就应根据土壤干湿和气候情况进行灌水。柿树灌水可在萌芽前、新梢生长期、果实膨大期和结冻前分 4 次进行，华北地区春季干旱、少雨多风，故应在萌芽前和开花前各灌一次透水。同时，每次施肥后均应灌水。常用的灌水方法有树盘灌溉、渗灌、穴贮肥水、沟灌、滴灌等。

灌溉量应根据树木的大小和土壤的湿度确定，以便能够浸透根系的主要分布层（40～50cm）。柿树比其他树种更耐旱。根据试验，将土壤水分保持在田间持水量的 50%～70% 可以保证柿树的正常生理活动，生长效果良好。如果灌溉后覆盖薄膜或覆草，则更有利于保持土壤水分并防止水分过早蒸发。

柿树耐涝性很强，流水中超过 20 天不会死树。但是，在缺氧的静水中超过 10 天，枝叶会枯萎。因此，在水位高或地下水位高的柿子园中，在雨季或台风，应加强排水，以防止根系缺氧而导致死亡。

## 二、整形修剪

柿树的整形修剪就是根据柿树的生长特征、生态条件和栽培管理技术，把树体整成具有一定形状的牢固骨架，使主、侧枝合理布局和定向伸展，能充分利用立体空间和光能，调节生长和结果关系，调整最合理的群体与个体的关系，保证柿园达到优质、丰产、高效、稳产的管理目标。

### （一）常用的丰产树形及整形方法

树形的选择：柿树顶端优势强，要求有充足的阳光，又易产生枯枝，因此，栽培树形的构成，既不能违背柿树的生长特性，同时还必须考虑产量、品质和便于管理。从目前国内柿树成园的树形来看，主要以自然开心形、变则主干形为主，另外也有疏散分层形、双主干形、倒人字形等。树形的选择，须以品种特征、栽培密度、地形、管理技术和措施而定。一般来说，树姿开张形品种宜用自然开心形，较直立的品种宜用变则主干形，否则树体过高，给管理带来诸多不便。

1. 自然开心形整形技术

（1）主枝的构成。树形整理后主枝数为 3 个。生长势强的品种，栽培立地条件好时，3 个主枝的树势宜定早。主枝发生位置：主枝发生位置高低对枝条伸长和树势影响非常大，位置低的生长势强，位置高则生长势弱。一般平地栽培的柿树，主干距地面 40~60cm 为宜，主枝间距不宜太近，过近会造成"卡脖"现象，不仅主干容易发生劈裂，而且树液流动不畅，冠内枝条也过分紊乱。主枝的间距应保持在 20~30cm。一般第一主枝与第二主枝之间相距 30cm 左右，第二主枝与第三主枝相距 20cm 左右。坡地栽植的柿树，主干距地面以 30~40cm 为佳。

（2）主枝的夹角。主枝的夹角也叫主枝的成枝角度，是主枝和主干所成的角度。主枝夹角大小非常重要。随着树木的生长，结果量的增加，主枝的负担日益加重。若夹角过小，主枝常因负担过重而发生劈裂。从实践经验来看，第一主枝夹角应大于 50°，第二主枝夹角也应大于 45°，第三主枝夹角以 40° 为宜。

（3）侧枝的构成。在成形过程中，应注意控制侧枝的数量，以避免出现重叠的分枝、平行的分枝和交叉的分枝，并确保产生的分枝群的发展空间。通常，在每个主分枝上形成两个横向分枝，整个分枝共有六个横向分枝。如果柿园种植稀疏，则每个主枝可以留出 3~4 个侧枝；侧枝的着生位置要求侧枝能生长粗壮，但又不能妨碍主枝的生长。一般第一侧枝应着生在距基部 50cm 左右的地方，不能过分靠近主枝的基部；第二侧枝的位置应距第一侧枝 30cm 以上；第三侧枝着生距第二侧枝 20cm 以上。侧枝应选择侧面或向侧下方斜生的壮枝来进行培养；分枝的延伸方向应从相邻的主分枝或侧分枝的位置中选择。因此，在整形中，每个主分枝的第一侧分枝留在同一侧，而第二侧分枝全部留在另一侧，从而它们可以彼此错开以避免竞争并实现立体结果。

对侧枝的处理同主枝一样，要合理处理好延长头。由于侧枝生长势弱，易下垂，侧枝的预备枝要多选多留，防止发生意外。对侧枝的培养一般需 5~6 年的时间才能完成。

（4）结果枝组的构成。干、主枝、侧枝是柿树的骨架，结果枝组的培养都关系着结果母枝的多少，配置得是否合理，关系着柿树产量的高低。结果枝组和结果母枝是否健壮，与其在主枝、侧枝上萌发的芽位有关。上位芽萌发而成的枝条，生长过旺，容易徒长，坐果率低，并且易与主枝或侧枝竞争，削弱骨干枝的生长势；下位芽萌发而成的枝条，一般较弱，光照不足，果实品质差，易发生枝条枯死。因此在培养结果枝组时，以两侧萌发的枝条为最好。结果枝组的培养以骨干枝的长势和空间位置而定，要相互错开，互不影响。

2. 主干形整形技术

（1）主枝的构成。

主枝数：树的分支总数为 4~5。

主枝发生位置与方向：干较自然开心形高，一般成形后控制在 1.5m 左右。开始选留主枝时，不必向自然开心形那样明确，可以多预留几个，逐年选留培养，经过 5~7 年可形成整体骨架。对主枝的处理要求不重叠，不平行。第一主枝与第二主枝、第三主枝和第四主枝均呈 180°角，合理树形呈十字排列。

主分枝的角度与自然开心形的角度相同。为了防止主枝劈裂，需要选择大角度的分枝作为主分枝。如果主分枝的角度较大，则应选择理想分枝作为主分枝。主分枝的扩展分枝每年应短暂削减 1/4，以确保主分枝的增长和扩展。

（2）侧枝的构成。枝上留侧枝 1~2 个，全树有 7~8 个侧枝即可。然后在侧枝上培养结果枝组和结果母枝。

3. 疏散分层形整形技术

又称主干疏层形，大多数品种在自然生长情况下常保持有明显的中央领导干，各主枝分层着生于中央领导干上。该树形多用作柿粮间作或零星栽植。定干高度一般为 1~1.5m。整形为 3~4 层，第一层 3~4 个主枝，第二层 2~3 个主枝，第三层 1~2 个主枝。主枝留够以后，顶端形成 2 个长势均等的结果枝组，层间距为 60·100cm，层内距离 40~50cm，每个主枝上配备 2~3 个侧枝，侧枝上培养结果枝组。大型结果枝组距离 60cm，中小型结果枝组距离 40~60cm，整个树高控制在 4~5m，一般需 6~7 年完成整形。

**（二）修剪的时期和方法**

1. 修剪的时期

（1）冬季修剪。冬季修剪树体正处于休眠状态，光合作用的产物已由枝梢转移贮存到枝干系中。冬剪可减少养分损失，贮藏的养分可相对集中利用，尤其能保障剪口芽长期占据优势地位，对树冠的形成、枝梢的生长结果枝的形成具有重要的作用，且不会影响树体的生长发育。在幼树期，应以整形为主，依据栽培目的和品种特性，培养主干、主枝、侧枝等骨干枝，促进树冠尽早成形；始果期，修剪的目的既要尽快扩大树冠，又要调节生殖生长，促进柿树提前进入盛果期；盛果期修剪以维持修剪为主，平衡营养生长和生殖生长的关系，均衡结果枝和生长枝，确保柿树高产、稳产，防止树势衰弱。

（2）夏季修剪。夏季修剪柿树的目的主要是促进花芽分化，防止落花落果，改善果实发育和提高品质。夏季修剪应及时适度。夏季修剪因为是在生长期进行，必须轻剪，防止修剪过重，否则会影响营养物质的合成和积累，削弱树势。夏季修剪通常使用摘心、剪梢、捻梢、环割、抹芽、诱枝、疏花、疏果等方法。

2. 修剪方法

（1）短截。剪去枝梢的一部分，称为短截，亦称短剪。由于分支的短截，顶端的主要部分发生变化，刺激切芽的萌发，增加分支的数量，促进分支的生长和复兴。枝条营养生长势的强弱取决于短截的轻重和剪口芽的饱满程度。短截越重，发生的部位越低，发枝数变少，枝条长势旺；反之，则枝条长势弱。

短截剪口芽的选定和处理是否恰当，关系着修剪效果。正确的短截方法，应在剪口芽背面剪成缓坡斜面，斜面上端与芽尖相齐，下端与芽基相平。若剪口截面太平直，芽上残桩过高，截面斜度太陡均属不正确的方法。在短截垂直主枝或中心延长枝时，剪口芽应取与上一年剪口芽相对方向侧面芽，造成隔年一左一右交叉定向，使整个枝干呈垂直方向延伸。斜生枝条的剪口芽，通常选侧芽，使其同方向延伸，内芽的延伸方向向上，外芽延伸方向往下弯曲。水平枝的第二个芽为上芽时，易形成徒长枝。

（2）疏剪。又称疏删，即将枝条从分歧处除去，以减少冠内枝数，改善通风透光条件，促进结果。疏剪应根据树体的营养状况和冠内外的环境条件，按树形骨干枝的分布、结果枝组的配置情况，进行全树调整。疏剪应从分支发散点的上部斜切。必须使切割部分的上部光滑，下部分歧点略微凸出。这样，伤口不会太大，会很快愈合，并且可以减少芽的萌发。疏剪时，切忌留桩，否则，易受病虫危害和造成隐芽大量萌发。对大枝的疏剪，由于伤口大，应进行处理，一般用白漆、石灰、接蜡等制成涂白剂处理。

（3）回缩。又称缩剪，即在多年枝上进行的短截。一般多使用于枝组和骨干枝的更新复壮。回缩时不宜截除量大，以免影响树体树势，引起营养失调。

（4）摘心。摘除新梢先端幼嫩部分为摘心，或新梢木质化时，剪去部分新梢。摘心可以改变营养转运方向，抑制养分大量流向新梢顶端，使中下部枝条获得充足营养，促进果实生长发育，亦有利于花芽分化。

（5）环剥。环剥是将枝干的韧皮部剥去一圈。环剥、倒贴皮等措施均属此类。其作用是切断光合作用产物向下输送，增加环剥以上部位的养分积累，抑制营养生长，促进生殖生长。对已结果的柿树，能减少生理落果，使果实成熟期提前。在树干上环剥宽度一般3~6cm，深达形成层而不伤及木质部。环剥要注意防止过度，要把握好时间，否则易造成树势衰弱或枝干枯死，环割不宜连续使用。

（6）扭梢。又称为捻梢，是将枝条先端或基部扭转的一种修剪方法。当新梢已生长很久，为削弱其生长势，在新梢先端弯曲而扭转向基部，伤其皮层和木质部，促使下部腋芽或下方新梢发育充实。扭梢可将隐芽萌发的徒长枝在有空间位置时培养成结果母枝。

（7）长放。又称甩放，就是对营养枝不做处理，以便缓和新梢的生长势及培养较弱的骨干枝。

**（三）不同年龄时期的修剪技术**

1. 幼树期修剪

幼树期修剪以整形为主，根据所选择的树形，逐年修剪。第一年定干后培养主枝，选留强壮枝，搭好骨架，并注意开张角度，扩张树冠，疏截结合，以短截为主，增加枝量。注意各主枝间势力的均衡和从属关系，控制上强下弱；并结合诱枝、摘心，促发二次枝，增加枝的级次，促发结果母枝，促进早结。

修剪方法是：定干后，经1年的发育，于休眠期选留直立向上的枝条，作为中央领导干，并在基部30~40cm处短截，不抑制其生长势，促进第一层主枝的旺盛生长。自然开心形不必留中央领导干，而直接留角度开张、枝条健壮、分布均匀、层枝间距合理的枝条作主枝；变则主干形或疏散分层形可分2年选出其余主枝。经过2~3年培养骨干枝形成，以后的修剪任务主要是少疏多截，增加枝量，并注意培养结果枝组和结果母枝。在空膛处，可短截或扭梢徒长枝，形成结果枝，弥补空膛。

2. 大树修剪

柿树树形形成后，逐渐进入盛果期。这时，枝条开张，大枝弯曲下垂，下部小枝因光照不足而枯死，结果部位外移、结果枝短，易形成大小年现象并呈现结果枝组天然更新。修剪的主要任务是：在保证树冠均匀的基础上，以疏为主，短截为辅，多疏少截为原则。其目的是使每一株树上保持足够数量的结果枝，又有相当数量的预备枝，使之年年结果，达到稳产高产，克服大小年现象。

（1）结果母枝的修剪，结果母枝修剪应根据树龄、枝龄、品种和栽培管理的集约化程度，以产量定结果母枝数量。若按每一结果母枝萌发 2 个结果枝，每个结果枝结 2 个果，按单果 100g 计算，预算不同树龄的产量和应留结果枝的数量如下。

9 年生以前，密度为 3m×3.5m，每 667m² 64 株，计划产果量 500~1 000kg，每株需留结果母枝 20~40 个。

10~15 年生，株行距 3m×7m，每 667m² 32 株，计划产量 1 500kg，每株需留结果母枝 118 个。

15 年生以上，株行距 6m×7m，每 667m² 16 株，计划产量 2 000kg，每株需选留结果母枝 313 个。

柿树结果以粗度 0.5cm 左右的壮枝结果为主，母枝健壮，萌生的结果枝数量多，坐果量大。在修剪时要对密集在一起的结果母枝予以疏除，其原则是去弱留强，并要高低、左右错落有序和保持一定的距离，亦可将过多的结果母枝自顶端 1/3 处短截，剪去混合芽，留作预备枝。若结果母枝抽生结果枝过多，可以抹去 1~2 个顶端芽，以减少挂果量。生长健壮的结果枝，当年仍可形成花芽，可连续结果，不必短截。

（2）发育枝的修剪，疏除内膛的细弱枝和下垂枝，可增加膛内的通风透光，对已抽出二三次梢的发育枝，疏除细弱枝；对超过 20~30cm 的发育枝要根据具体情况而定，一般长的在 1/4 处短截，短的可长放。对已经结过果的结果枝，生长较细弱的，可当作发育枝处理，自充实饱满芽上方截去；细弱无侧芽的，可从基部短截，促发副芽成枝。

3. 盛果期树的修剪

柿树树龄进入 10 年后，便进入盛果期。此时树体骨架已形成，树势稳定产量逐年上升，树冠扩展渐缓。随着树龄的增加，内膛的隐芽开始萌发抽生新枝，出现自然更新现象。这一阶段修剪主要是将光路打开，通风透光，注意在内膛培养小枝，防止结果部位外移，要疏、缩、截结合，注意培养预备枝，做到及时更新，以维持树势平衡，延长结果年限。

● 调整主侧枝角度，平衡树势，盛果期柿树枝条随年龄的增长而增多，内膛光照逐年变差，生长势外移，枝条下垂，内膛小枝逐渐衰弱，结果少，自枯现象严重。所以修剪应注意调整主侧枝的角度，均衡内外、上下树势，对过多的大枝逐年疏除，改善膛内通风透光条件，促内膛内着生结果枝组，实现立体结果。

● 延长枝更新，主侧枝延长头逐年缩回，后部更新的延伸枝被促进斜向上生长，以增加主侧枝角并恢复生长潜力。

培养内膛结果枝组，盛果期后，结果部位外移，内膛空虚，应及时回缩，促生新枝，并去弱留强，适时截头，促发新枝，形成内膛结果枝组。

● 培养健壮结果母枝，壮枝上结果多，且果个大，因此，要提高果品产量和品质，必须培养健壮的结果枝组。对内膛枝组应有缩有放，疏缩结合；对高大、过长的老枝组应及时回缩，促生更新枝；对短而细弱的枝组应先放后缩，缩放结合，增加枝量，促其复壮。

● 培养预备枝，结果后的果枝，一般生长势变弱，大多数不能连年结果，在其 1/3 处短截，可用作预备枝，促其隔年结果，可避免大小年现象的发生。

● 及时更新复壮，柿树在再生中相对较早，并且树枝的寿命短。通常，在 2～5 年后，它们会变弱或死亡。因此，有必要及时更新和恢复活力。

4. 衰老树的修剪

盛果期过后，柿树进入衰老期，树势极度衰弱，小枝、侧枝不断死亡，树冠内部光秃，枝条细弱，产量下降，严重出现大小年现象，更甚时无产量。

（1）回缩衰老大枝，对衰老大枝进行回缩，回缩到后部有分枝或徒长枝处，让新生枝代替大枝原头斜向前延伸生长，对弯曲下垂的大枝要回缩，抬高角度，生产中应采取上部落头要重缩，下部大枝轻回缩。

回缩大枝要灵活运用，衰老一枝，回缩一枝，整株衰老，整株回缩。回缩时要避免过重，防止发生徒长性大枝。对徒长枝要及时摘心或剪梢，避免内部光秃，培养结果枝组。

（2）培养新骨干枝，内膛发生的徒长枝是恢复树木的好材料。应该加以保护和利用。

（3）形成新的结果枝组，对内膛萌发的大小更新枝，应疏密留稀，疏弱留强，适时促壮，促发新枝形成新的结果枝组。

## 三、疏蕾疏果

1. 疏蕾

（1）疏蕾的时期。最佳的疏蕾时间是开花前 15～10 天。

（2）疏蕾的程度。由叶果比来确定疏蕾量，叶果比作为坐果程度的指标，它与果实生长有着密切的关系。富有的叶果比在 20 以内时，成熟时果重随叶果比的增加而增加，平均果重由叶果比为 10 时的 200g 左右，增加到叶果比为 20 时的 260g 左右。叶果比超过 20 时，叶果比即使增加，果重也增加很少。从经济效益考虑，叶果比在 20 左右最为适宜。

树势、树龄和品种对疏蕾程度有影响。对树势强、新梢旺长的树来说，以 1 个结果枝留 1 个蕾进行疏蕾是很危险的，会助长生理落果。这种枝上要保留 2 个蕾，个别情况下，可仅疏除迟花，待生理落果后进行疏果。

（3）花蕾的选择。

①花蕾的大小和形状，花蕾的大小与成熟时果实的大小之间呈正相关，因此，要得到大果，须选留大花蕾。

②花蕾在结果枝上着生的位置，在一个结果枝上，基部第一个花蕾所结的果实小，应当疏除，其他位置的花蕾与果实大小关系不明显，可根据需要任意选择。

③花蕾在结果母枝上的位置，果实的大小与所得芽的位置和方向密切相关。较粗的结果分枝可以留有 2 个芽，而较弱的结果分枝则不允许它们开花。

（4）疏蕾操作。疏蕾时，先将畸形花蕾和迟花疏掉。母枝下部发生的结果枝，每枝留 1 个花蕾，应选留大而横生、花梗粗、浓绿的花蕾；着生在结果母枝先端长 40cm 以上的结果枝可留 2 个花蕾。

2. 疏果

（1）疏果时间。疏果应在 7 月中旬完成。疏果太迟会影响花芽分化。

（2）疏果的程度。疏果时，应以成年柿园的标准产量来推算结果个数，并由此推算出结果枝数和留果数，并要保持每个果枝的叶果比达到 20 左右，以利达到高产、稳产和优质的目标。疏果后要使果实均匀地分布在树冠上。幼树须尽快扩大树冠，因此，其主枝和侧枝先端的果要全部疏除，以促进枝条生长发育。

（3）疏果操作。疏果时，要保留果形大而整齐的果实。疏除以下果实：7 月初的果周中小于 10cm 的小果；单性结实形成的扁平果实顶部凹陷中的无核果实；光照不佳的果实；畸形果、病虫果、果顶向上易被日灼的果实；聚在 起的果实。

# 第四节　柿树的病虫害防治

## 一、主要病害防治

1. 柿白粉病

（1）症状。该病在夏季为害幼叶，形成近圆形的黑斑，直径为 1~3mm，背面呈淡紫色。秋季，在老叶的背面出现白粉病斑，开始有直径 1~2cm 的圆斑，以后迅速蔓延，并融合成大片，有时甚至整个叶背都盖有白粉，这就是病菌的菌丝层、分生孢子梗及分生孢子。后期，在白粉层中出现许多黄色小颗粒，并逐渐变为褐色至黑色。此为病菌的闭囊壳。

（2）发生规律。病斑上的白粉层是病菌的菌丝及分生孢子，黑色小粒点为病菌的闭囊壳，闭囊壳扁球形，外围有球针状附属丝，内有多个卵形的子囊，每个子囊内有两个子囊孢子。病菌以闭囊壳在落叶上越冬。翌年 4 月柿叶展开后，落叶上的子囊孢子释放，经气孔侵入幼叶，以后产生的分生孢子可进行多次再侵染，秋季在叶背产生闭囊壳。

（3）防治方法。

①消灭初侵染源。秋冬季节清扫落叶，集中烧毁；冬季深翻土壤，将病源物深埋。

②喷药保护。4 月下旬到 5 月上旬，也就是子囊孢子大量飞散之前，喷 0.2 波美度石硫合剂，预防侵染。6 月中旬到 7 月上旬喷洒 1∶3∶500 波尔多液，预防秋季发病。

2. 柿黑星病

（1）症状。叶片上的病斑初期为近圆形，黑色，后扩大，中央褐色，边缘有明显的黑色界线，外侧有黄色晕圈，病斑背面有黑色霉状物。老病斑的中部常开裂，病组织脱落后形成穿孔。如病斑出现在中脉或侧脉上，可使叶片发生皱缩，病斑多时大量病叶提早脱落。

叶柄及当年新梢受害后形成椭圆形凹陷的黑色病斑，新梢上的病斑可达（5~10）mm×5mm，最后病斑中部发生龟裂，形成小型溃疡。

果实上的病斑与叶片上略同，但稍凹陷；病斑直径一般为2~3mm，大时可达7mm；萼片被害时产生椭圆形或不规则形的黑褐色斑。

（2）发生规律。病菌以菌丝在病梢上病斑内越冬。残留在树上病柿蒂中的病菌也能越冬。翌年4—5月，病部产生大量的分生孢子，经风雨传播，侵入幼叶、幼果和新梢，潜育期为10天。病菌在生长期中，可以不断产生分生孢子，进行多次再侵染，6月中旬以后，可以引起落叶，夏季高温时停止发展，至秋季又为害秋梢和新叶。君迁子最易感病。

（3）防治方法。结合修剪，剪去病枝和病柿蒂，集中烧毁，以清除越冬菌源。柿树发芽前喷1次5波美度石硫合剂，或在新梢有五六片新叶时，喷布0.3波美度石硫合剂。防治其他病害时，也可以兼治此病。

3. 柿疯病

（1）症状。此病的诊断主要观察树的发育状况。染柿病的树发芽晚且生长迟缓、一般比健树晚10天左右。树势衰弱，产量锐减。叶片大，但薄而脆，叶面凹凸不平，叶脉变黑，有时叶面也可见黑色叶脉。病株表皮粗糙，质脆易断，从断处清楚可见黑色纵横条纹。主侧枝背上枝徒长、直立，丛生徒长形成"鸭爪枝"。病果果面凹凸不平，成熟前易变红、变软、早落，病情严重时枯死。

（2）发生规律。柿疯病的病原是一种寄生于植物输导组织内的厌氧微生物，即类立克次氏体，该病原体呈不规则圆形、椭圆形和长椭圆形，大小不一。

患病柿树叶抽梢缓慢，新梢后期生长快但较早停止生长，落叶早，生长期较健树短半月以上，有的病株萌芽期与健株近似，但萌发后展叶抽梢缓慢，重病树的新枝长至4~5cm时萎蔫死亡。

当新叶包在芽苞鳞片中尚未展开时已有病变，在河北省涉县4月中旬柿芽萌发展叶时便开始呈现叶脉黑变症状，叶病变高峰期在5月下旬（花期），6月上旬以后发展缓慢，叶脉变黑一般伴随新梢木质部变黑。嫁接可以传病，无论以病株为砧木嫁接健枝、健芽，还是以健树为砧木嫁接病枝、病芽，都能传染此病。

（3）防治方法。

①除虫防病。结合防治斑衣蜡蝉和血斑叶蝉，能有效杜绝媒介昆虫传播病菌。

②严格检疫。引进的柿苗和接穗要严格检疫，病区育苗尽量从无病区和健树上采穗。

③药物防治。柿疯病对青霉素比较敏感，可以在树干上打孔，灌注青霉素，也可以灌注四环素溶液和柿疯五号。青霉素每克80万单位，四环素每克25万国际单位，每次加水500ml。试验证明：在同一地区注射青霉素的柿树发病率要比不注射青霉素的柿树低70%~75%，说明药物注射有相当好的效果。

④合理修剪，恢复树势。冬季修剪时对过多骨干枝进行疏除，主侧枝回缩复壮，去除干枯、弱枝下垂枝，保留健壮结果母枝，对当年萌发的徒长枝，在5月底到6月上旬

再进行 1 次复剪，以促进枝条转化，对无用的一律去除，如有空间，保留 20~30cm 进行短截，促进分枝，培养结果枝组。

⑤做好春耕施肥，浇水保墒以增强树势，提高抗病性。

4. 柿炭疽病

（1）症状。果实在发病初期，出现针头大深褐色至黑褐色的斑点，逐渐扩大到 5mm 以上时，病斑稍凹陷，近圆形，中部密生呈环纹排列的灰黑色小粒点，即分生孢子盘。当气候潮湿时，从上面分泌出粉红色黏液状的分生孢子团。病菌侵染到皮层下，果肉形成黑硬的块结，一个果实上一般发生 1~2 个病斑，也有多达十几个的。病果提早脱落。新梢染病后最初发生黑色小圆点，后扩大成褐色椭圆形病斑，中部稍凹陷，纵裂，并产生黑色小点粒。病斑长达 10~20mm。病斑下面木质腐朽，所以病枝或苗木易从病斑处折断。嫩枝基部的病斑往往绕茎一周，病部以上枯死。叶片上的病斑呈不规则形，先自叶脉、叶柄处变黄，后变为黑色。

（2）发生规律。该病是由柿盘长孢引发的，病菌以菌丝体在病梢、病果、叶痕及冬芽中越冬，翌年夏初产生分生孢子，就是我们在病果、病枝上看到的黑色小粒点，相当于我们通常看到的植物的"种子"，不过病菌短时间内可以多次繁殖，其数值会迅速增加，如遇风雨，病菌就会向四周传播，最容易从植物伤口处侵入，也能从幼嫩表皮直接侵入，造成重复侵染，通常一个季节可造成多次侵染。在北方果区，一般年份，新梢 6 月上旬开始发病、果实 6 月下旬开始发病，7 月中旬可以见到病果脱落，直至采收，果实可不断受害。疽病菌喜高温高湿天气，所以夏季多雨年份病害也就严重。

（3）防治方法。

①消灭初侵染源。结合冬季修剪，剪除带病枝梢，并清洁果园；在柿树生长期剪除病枝，摘除病果，收拾地下落果，一并烧毁或深埋。

②苗木处理。引进健康苗木，并用 1:3:80 波尔多液或 20%石灰乳浸苗 10 分钟，用清水冲净后定植。

③喷药保护。发芽前喷 5 波美度石硫合剂；6 月上中旬喷 1:5:400 波尔多液 1 次，以后每隔 15 天喷 1 次 1:3:300 波尔多液，共喷 2 次，也可喷 65%代森锌可湿性粉剂 500~600 倍液。

5. 柿角斑病

（1）症状。叶片受害后，初期正面出现不规则形黄绿色病斑，边缘较模糊，斑内叶脉变为黑色。以后病斑逐渐加深成浅黑色，十余日后病斑中部褪成浅褐色，病斑扩展由于受叶脉限制，最后呈不规则多角形，大小为 2~8mm，边缘黑色，上面密生黑色小点粒，为病菌的分生孢子丛。病斑背面由淡黄色渐变为褐色或黑褐色，有黑色边缘，但不如正面明显，上面也有黑色小点粒，但较正面的细小。病斑自出现至定型约需 1 个月，柿蒂上的病斑，发生在四个角上，为褐色，边缘为黑色或不明显，形态大小不定。病斑由蒂的尖端向内扩展。蒂两面均可产生黑色小点粒，但以背面较多。病情严重时，采收前 1 个月大量落叶，落叶后柿子变软，相继脱落，而病蒂大多残留在枝上。枝条发育不充实，冬季容易受冻枯死。

（2）发生规律。柿角斑病菌以菌丝体在病蒂及病叶中越冬，第二年环境条件适宜时，产生大量分生孢子，通过风雨传播，进行初次侵染。河北、山东等地一般6—7月在越冬病蒂上即可产生大量新的分生孢子，经风雨传播，从气孔侵入，潜育期25~38天，8月初开始发病，发病严重时9月即大量落叶、落果。

对结果大树来说，落叶、落蒂不是主要的侵染来源，而挂在树上的病蒂则是主要的侵染来源和传播中心。柿树角斑病的早晚和病情的轻重与雨季的早晚和雨量的大小有密切关系，5—8月雨季偏早，雨日多，雨量大，有利于分生孢子的产生和侵入，发病早而严重；反之则发病晚而轻，落叶期延迟。

（3）防治方法。

①清除病源。每年都要彻底摘除树上的病蒂，清除病源，可以使6—7月的第一次病害降到最低。杜绝柿与黑枣混栽园，也不要在柿附近栽黑枣。

②加强水肥管理。促进树势健壮，提高抗病能力；科学修剪，合理排灌，降低果园湿度。

③药物防治。每年6月下旬，大致在落花后15~20天喷1~2次1：（3~5）：（300~600）波尔多液，或65%代森锌可湿性粉剂500~600倍液，两次间隔10~15天，多雨年份可多喷1次。

6. 柿圆斑病

（1）症状。在叶片上，初期产生圆形小斑点，正面浅褐色，无明显边缘，稍后病斑转为深褐色，外围有黑色边缘，在病叶变红的过程中，病斑周围出现黄绿色晕环。发病后期在叶背可见到黑色小点粒，发病严重时，病叶在5~7天内即可变红脱落，接着柿果也逐渐变红、变软，相继大量脱落。柿蒂上病斑出现时间晚于叶片，病斑一般也较小。

（2）发生规律。柿圆斑病菌以子囊壳在病叶上越冬。在我国北方，子囊壳一般于翌年6月中旬至7月上旬成熟，子囊孢子大量飞散，借风力传播，由叶片气孔侵入。经过60~100天的潜育期，到8月下旬至9月上旬出现病害，9月底病害发展最快，10月中旬以后逐渐停止。此病害每年只侵染一次。在自然条件下，不产生分生孢子，所以没有再次侵染的现象。圆斑病发病的早晚和为害程度，与病害侵染期的雨量有很大关系。如6—8月雨量偏多，则发病严重。

（3）防治方法。由于圆斑病当年不会再侵染，因此，预防初染是防治的关键。

①搞好果园卫生。每年秋末、冬初直到翌年6月，彻底清除落叶，集中烧毁以降低初染病源。

②把握用药时间。待柿树落花后（6月初）开始喷药时机最好，因为此时子囊孢子还没有成熟飞散，此时喷药有利于药效发挥。如果能准确预报子囊孢子的散发时间，1~2次用药就可控制此病害。采用的药剂与角斑病相同。

## 二、主要虫害防治

1. 柿蒂虫

（1）形态特征。

①成虫。雌蛾体长约7mm，翅展15~17mm，雄蛾体小，体长55mm，翅展14~

15mm，体翅有金属光泽，头部黄褐色，触角丝状，胸腹紫褐色，前翅近顶端处有1条由前缘斜向外缘的黄色斑纹，足呈黄褐色，后足胫节上着生深褐色成排毛丛，静止时向身体两侧开张。

②卵。椭圆形，长0.5mm，宽0.35mm，乳白色，孵化时变成淡粉红色，表面有细小纵纹，有白色短毛。

③若虫。初孵化时体长约1mm，头部褐色，躯干部浅橙色。老熟时体长可达10mm，头部色泽变浅呈黄褐色，前胸背板及臀板暗褐色，背面暗紫色，前3节颜色较浅。

④蛹。长0.8mm，长椭圆形，污白色，并黏附有碎木屑。

（2）发生规律。柿蒂虫每年发生2代，以老熟幼虫在树皮裂缝下结茧过冬。在河南蒙阳柿产区，越冬幼虫于4月中下旬化蛹。越冬代成虫5月上旬至6月上旬出现，盛期在5月中旬至6月中旬出现。5月下旬第一代幼虫开始为害果实，6月下旬至7月上旬幼虫老熟。此代幼虫一部分在被害果内，一部分在树皮裂缝下结茧化蛹。第一代成虫7月下旬羽化，盛期在7月中旬。卵7月上旬至8月上旬出现，盛期在7月中下旬。幼虫7月下旬开始为害，8月下旬为盛期，直至柿果采收。8月下旬以后，幼虫陆续老熟，脱果越冬。

柿蒂虫白天静伏在叶片背面或其他部位阴暗处，夜间活动、交尾和产卵。卵多产在果梗与果蒂缝隙处、果梗上、果外及叶芽两侧，卵散产，每头雌虫能产卵40粒左右，卵期5~7天。第一代幼虫孵化后，多自果柄蛀入果内为害，并在果蒂与果实相接之处用丝缠缀，排粪便于蛀孔外。一头幼虫为害4~6个幼果，被害果由绿色变为灰褐色，而后干枯。由于被害果有丝缀连，故不易脱落，而挂在树上。第二代幼虫一般在柿蒂下为害果肉，被害果提前变红变软，并易掉落。在多雨高湿天气，幼虫转果较多，柿子受害严重。

（3）防治方法。防治柿蒂虫应重点放在"防"上，掌握虫害发生规律，采取可行的防虫措施。

①消灭越冬虫。在老熟幼虫进入树皮下越冬之前，最好从8月下旬就开始在树干和主枝基部绑草环，同时引诱老熟虫入住，到冬季解下烧毁，也可以在冬季农闲时，刮去枝干上的老粗皮，集中烧毁，如果刮得彻底，效果十分显著，通过这种办法可大大降低越冬幼虫，从而降低未来的虫口密度。

②消灭为害幼虫。可以在幼虫为害期，大约6月中下旬和8月中下旬，通过摘除病果（必须带蒂摘除）来减少幼虫数量，要根据当地害情确定最佳时机，第一次摘除效果在第二代时即可显现，当年摘除的效果翌年即可显现。

③药剂防治。在5月中旬和7月中旬两代成虫盛期，喷40%氧化乐果、30%桃小灵、50%杀虫螟、50%马拉硫磷等1 000倍液或菊酯类农药（按说明书），都能取得很好的效果。

2. 柿绵蚧

（1）形态特征。

①成虫。雄成虫体长1.5mm，宽1mm，椭圆形，体暗紫红色。腹部边缘有白色弯

曲的细毛状蜡质分泌物。虫体背面覆盖白色毛毡状蜡壳，长3mm，宽2mm。蚧壳前端椭圆形，背面隆起，尾部卵囊由白色絮状蜡质构成，表面有稀疏的白色蜡毛。雄成虫体长1.2mm左右，紫红色，有翅一对，无色半透明。介壳椭圆形，质地与雌蚧的壳相同。

②卵。长0.25~0.3mm，紫红色，椭圆形。表面附有白色蜡粉及蜡丝。

③若虫。越冬若虫体长0.5mm，紫红色，体扁平，椭圆形，体侧有成对长短不一的刺状突起。

（2）发生规律。柿绵蚧的若虫和成虫群集于柿树的幼叶、嫩枝和果实表面刺吸汁液，尤喜于果实表面及柿蒂与果实接合部缝隙处。受害幼叶出现细小的褪绿斑点，随着生长而引起各种畸形，这是柿绵蚧刺吸式口器为害的特征，嫩枝被害后，轻的形成黑斑，重的枯死。果实受害处初呈黄绿色小点，逐渐扩大成黑斑，使果实提前软化脱落，影响果实品质、降低产量。

（3）防治方法。防治应抓紧前期和保护天敌两个方面。

①越冬期防治。春季柿树发芽前，喷一次5波美度石硫合剂（加入0.3%洗衣粉可增加展着作用），或用5%柴油乳剂，或用95%蚧螨灵乳油100倍液，防治越冬若虫。

②出蛰期防治。在4月上旬至5月初，柿树展叶后至开花前，越冬虫已离开越冬部位，但还未形成蜡壳前，是防治的有利时机。使用40%氧化乐果，或50%马拉硫磷1 000倍液，或用40%速扑杀1 500倍液等，周密细致地喷雾，效果很好。如前期未控制住，可在各代若虫孵化期喷药防治。

③保护天敌。当天敌发生量大时，应尽量不用广谱性农药，以免杀害黑缘红瓢虫和红点唇瓢虫等天敌。

3. 柿斑叶蝉

（1）形态特征。

①成虫。体长3mm左右，全身淡黄白色，头部向前呈钝圆锥形突出，前胸背板前缘有淡橘黄色斑点两个，后缘有同色横纹，小盾片基部有橘黄色"V"字形斑一个。前翅黄白色，基部、中部和端部各有一条橘红色不规则斜斑纹，翅面散生若干褐色小点。

②卵。白色，长形稍弯曲。

③若虫。共5龄。初孵若虫为淡黄白色，复眼为红褐色，随着龄期的增长，体色渐变为黄色。末龄若虫体长2.2~2.4mm，身上有白色长刺毛。羽化前，翅芽黄色加深。

（2）发生规律。一年发生3代，以卵在当年生枝条皮层内越冬。4月中下旬，越冬卵开始孵化，第一代若虫期近1个月。5月上中旬，越冬代成虫羽化、交尾，次日即可产卵。卵散产在叶片背面靠近叶脉处。卵期约半天，6月上中旬孵化为第二代若虫。7月上旬，第二代成虫出现。以后世代交替，常造成严重的危害。柿斑叶蝉若虫孵化后，先集中在枝条基部、叶片背面中脉附近，不太活跃，长大后逐渐分散。若虫及成虫喜栖息在叶背中脉两侧吸食汁液，致使叶片呈现白色斑点。成虫和老龄若虫性情活泼，性喜横着爬行。成虫受惊动即起飞。

（3）防治方法。

①杀灭成虫和卵。在越冬代成虫产卵期，10月之前，喷布10%灭百可乳油2 000倍液等，杀灭成虫及卵。

②灯光诱杀。利用成虫强烈的趋光性，在果园内设置黑光灯诱集成虫，5—10月都可以进行。效果不错，尤其对发生严重的柿产区效果更佳。

③消灭若虫。防治若虫应在第一代、第二代若虫期进行施药，效果比较好，4月下旬至5月上旬1次，6月上中旬1次，药剂可选用50%马拉硫磷乳油1 500倍液或40%氧化乐果乳油1 200倍液。

4. 柿星尺蠖

（1）形态特征。柿星尺蠖属完全变态类昆虫，一生中要经历幼虫、蛹、成虫、卵四个形态不同的阶段。

①成虫。体长25mm左右，翅展70~75mm，雄蛾较雌蛾体型小，头部黄色，有4个小黑斑，前后翅均为白色，其上分布着许多黑褐色斑点，翅周边斑点分布较密集，腹部金黄色，腹背面每节两侧各有1个灰褐色斑纹。

②卵。椭圆形，直径0.8~1mm，刚产时翠绿色，孵化前变为黑褐色。

③幼虫。初孵化出来的幼虫体长2mm左右，深黑色，胸部稍膨大。老熟幼虫体长可达55mm，头部发亮，呈黄褐色。躯干部第三、第四节特别粗大，其上有椭圆形的黑色眼形纹1对，躯干部背面呈黑褐色，两侧为黄色并分布有黑色弯曲的线纹。

④蛹。长25mm左右，暗红褐色，胸背前方两侧各有1个耳状突起，其间为1条横隆起线相连；横隆起线与胸背中央纵降起线相交呈"十"字形，尾端有刺状突起。

（2）发生规律。1年发生2代，以蛹在土中或梯田缝中越冬。5月下旬开始羽化，成虫6月上旬产卵，7月上中旬为产卵盛期，7月中下旬幼虫进入为害盛期。7月中旬老熟幼虫化蛹。第二代成虫于7月下旬开始羽化，幼虫于8月上旬出现，8月中下旬是为害盛期，9月初开始老熟化蛹。幼虫取食叶背叶肉，留下叶脉，昼夜取食，并喜欢在树冠上部及外围为害，如受震动，则吐丝下垂，过后又攀丝上升。幼虫期28天左右。化蛹场所喜在堰根及树根等疏松阴暗潮湿的地方。成虫具趋光性，早晨多停留在树干、小枝或岩石上，不能远距离飞翔。成虫产卵于叶背块状，每块约50粒左右，雌虫可产卵200~600粒。

（3）防治方法。

①人工捕杀。结合冬季深耕挖除越冬蛹，或秋末捕杀吐丝下坠的老熟幼虫。

②药物防治。在幼虫发生初期3龄前（6月中旬以前），喷施20%速灭杀丁乳油2 000倍液，对幼虫大量发生的果园也可喷布40%氧化乐果1 000倍液或火幼脲3号悬浮液2 000倍液。

③生物防治。利用能引起害虫致病的真菌、细菌、病毒，来破坏虫体发育，导致其死亡的方法。最常用的是苏云金杆菌、杀螟杆菌、7216和青虫菌1 000倍液。选择这种方法防治，对天气要求较严，最好是在阴雨天，气温在18~20℃。

5. 木橑尺蠖

（1）形态特征。

①成虫。体长17~31mm，翅展50~98mm，虫体乳白色，头棕黄色。雌蛾触角丝状，雄蛾触角羽状。胸部背面有棕黄色毛，中央有一条浅灰色斑纹。前后翅白色，散生大小不等的灰色或橙色斑点。前翅基部有一块大圆形橙色斑，近外缘有一排橙色及深褐

色圆斑。

②卵。椭圆形，长 0.7mm，翠绿色，孵化前变黑。

③幼虫。老熟幼虫体长约 70mm，体灰褐色或绿色，随寄主枝干颜色而有变化，体上散有灰色斑点。头部密布乳白色及褐色泡沫状突起，头顶左右呈圆锥状突起，前胸背面有两个角状突起。

（2）发生规律。木橑尺蠖以幼虫为害柿叶，由于幼虫口器为咀嚼式，因此，如有木橑尺蠖的发生，经常引起柿叶残缺，当虫口密度增加后，会出现整个叶子被吃掉的现象。木橑尺蠖食性较杂，对周围的农作物、杂草也有为害，也可以通过观察周围其他植物受害情况诊断虫害发生量。

木橑尺蠖 1 年只发生 1 代，化蛹后在树下土中、石块下或草丛中过冬。6—8 月陆续羽化，7 月中下旬为羽化盛期，由于羽化期不一致，羽化持续时间长达 2 个月，从 7 月一直持续到 10 月都有虫害发生。

羽化出来的成虫白天静伏于树叶、树干、草地或石块上，夜间出来活动，进行交尾、产卵。每头雌虫可产卵 2 000 粒左右，卵产在树皮缝中，卵呈块状，雌蛾尾端被有鳞毛。卵经过 9~11 天就可孵化出幼虫，幼虫就近爬上树叶为害，刚孵出的幼虫聚集在一起，2 龄以后就分散取食，幼虫个体活动期只有 40 天，但害虫群体为害时间可长达 3 个月，危害性大，难以防治。

（3）防治方法。晚秋结冻前和早春解冻后，在树下土中、堰根等处，挖除越冬蛹。幼虫发生初期，3 龄以前喷下列药剂：50%杀螟松、90%敌百虫、50%敌敌畏、50%辛硫磷、40%氧化乐果 1 000 倍液，也可使用 2.5%溴氰菊酯 3 000 倍液或 25%灭幼脲 3 号悬浮剂 2 000 倍液或苏云金杆菌（Bt 乳剂）500 倍液。应首选灭幼脲和苏云金杆菌，因其对天敌安全。

6. 大蓑蛾

（1）形态特征。

①成虫。雌雄异体，雌虫无翅，蛆状，体长 23mm 左右，头很小，黄褐色，胸部和腹部米黄色，多绒毛。腹节很明显，腹部末节有 1 个褐色圈。雄虫有翅，体长 15~17mm，翅展 26~33mm，体黑褐色，羽状触角，前后翅均为褐色，前翅还有几个透明斑。

②卵。椭圆形，淡黄色，卵产于护囊内。

③幼虫。共 5 龄，幼虫成熟后，体长可达 25mm 以上。雌虫头部赤褐色，雄虫黄褐色，头顶两侧有几条明显的黑褐色纵条纹，胸背板中央有 2 条纵沟，3 对胸足比较发达，腹足已经退化。幼虫长到 4 龄时就吐丝做囊，老熟幼虫的护囊可长达 50mm 左右，下端有 1 个开口，囊外附有较大的碎叶片，有时会附有少数枝梗，这是大蓑蛾护囊的明显特征。

④蛹。长约 30mm，雄蛹暗褐色，雌蛹赤褐色。

（2）发生规律。大蓑蛾食性杂，它为害的果木比较多，当发现柿园内出现附有碎叶片的小护囊时，说明柿园已有该虫发生，为害柿树时以取食柿叶为主，初龄虫群集叶面，老龄虫藏于囊中，取食时将头探出囊外，极为灵敏。

一般 1 年发生 1 代，热带地区有时发生 2 代，以老熟幼虫在袋内过冬，翌年不再出来取食。在北方地区，5月上中旬老虫开始化蛹，5月下旬羽化，雄蛾羽化出来后就飞到雌虫囊上，将尾部从囊下端的开口处插入与雌蛾交配，雌蛾就在囊内产卵，每头产卵2 000多粒，6月中旬幼虫孵出，孵出的幼虫爬出囊外群集叶面取食，不久即吐丝做囊，藏于囊中，取食时将头探出囊外，也可以负囊转移另觅新食。虫害严重时，会把叶片吃光，老熟幼虫到时会停止取食，到9月以后开始寻找枝条吐丝下垂或将囊缠于枝上过冬。

（3）防治方法。

①清除虫源，保护天敌。秋季落叶后至翌年发芽前，彻底摘除挂在枝上的虫囊，予以烧毁。检查虫体内有寄生蜂等天敌时，将虫囊集中放于纱笼内，使寄生蜂飞至田间，继续消灭害虫。

②喷洒药剂。在幼虫孵化完毕后，于幼龄期喷25%灭幼脲3号悬浮剂2 000倍液或细菌性杀虫剂苏云金杆菌500倍液，也可使用90%晶体敌百虫、50%敌敌畏、50%马拉硫磷1 000倍液，如果幼虫龄期较大，可适当提高药液浓度。但药液浓度不能过高，以免产生药害。

### 三、柿树病害的综合防治

现将一年中各季节病虫害综合防治的重点，简要说明如下。

1. 休眠期的防治

从冬季至翌年2月，剪除病虫枯枝，摘净树上残存的柿蒂和干果，清扫落叶，予以烧毁或深埋。这可以防治多种病虫害，如角斑病、圆斑病、炭疽病及蝉卵与介壳虫等。

刮除树干粗皮，摘掉绑缚在树干上的草环，予以烧毁，消灭在其内越冬的柿蒂虫等。

在每年1—2月天气暖和时，草履蚧若虫开始孵化上树，这时，应注意检查，及时在树干上涂粘虫胶，阻止若虫上树为害。

2. 发芽前的防治

在初春（中部地区为3月上中旬），喷布5波美度石硫合剂，防治病害及多种介壳虫。对于以成虫越冬的龟蜡蚧和红蜡蚧等，因其蜡壳较厚，可喷布5%柴油乳剂。对于介壳虫的防治，发芽前是全年防治的重点，这次药打好了，生长期就可以不再防治（剩余的靠天敌控制）。喷药必须做到细致、周到，小枝、大枝和树干均应喷上药液。

3. 花后的防治

喷布波尔多液或代森锌、甲基托布津、多菌灵等杀菌剂1~2次，间隔20天左右，防治炭疽病、角斑病和圆斑病等多种病害。

4. 幼果期及采收前的防治

摘除第一、第二代柿蒂虫为害果，特别是第一代虫果。如果摘净烧毁，就可以减少第二代的发生。8月上中旬，在刮过粗皮的树干上绑草环，诱集柿蒂虫进入其中过冬。冬季时，将草环取下，予以烧毁。继续防治病害，对于多种食叶性害虫，要尽量使用生物农药进行防治。如苏云金杆菌或灭幼脲等。

5. 注意保护天敌

要认真识别天敌。在天敌发生量大时，尽量不使用广谱性杀虫药剂。

# 第十二章　果品的采收及采后保鲜技术

## 第一节　果品的贮藏特性

果品的采收及采后保鲜要根据其自身的特性进行。每种果品都有其特殊的贮藏特性，果实什么时候采收，采收后应该根据何种方式进行保鲜都与果实自身的贮藏特性息息相关。果实贮藏保鲜的原理就是根据果实自身的生理特性，在维持其正常生命活动的基础上，尽可能地降低其生命活动。

### 一、影响果实贮藏的因素

果品在贮运过程中的损失主要体现在三个方面：由于果实失水造成的失重和萎蔫现象；由于呼吸作用造成的品质劣变现象；由于病害发生造成的腐烂现象。果实耐藏与否可以从四个因素来进行分析。

（1）果实通过表皮、皮点、气孔、萼片留存结构、果梗等进行蒸腾作用，导致果实失水皱缩；果实的形态结构和表皮的组成成分与果实的蒸腾作用强弱有关。

（2）果实中含有的糖、酸等营养是呼吸作用的主要消耗组分；采后通过呼吸作用消耗营养，导致糖、酸、$V_c$ 等下降而使果实风味变差；内源成熟激素乙烯促进了呼吸的进程。

（3）果实采后还在不断进行个体生长发育的过程，营养会转移到种子或生长点，这将导致果实风味变差、质地软化或粉绵化。

（4）果实在栽培过程中由于缺乏元素如钙等或是在贮藏过程中由于温度、湿度、氧气、二氧化碳等处理不当还会导致出现生理病害；如果在栽培过程中感染了潜伏性病害或采收粗放、包装不当、贮运过程中环境不适宜还会导致侵染性病害的发生。因此，为了减少果品在贮运过程中的损失，可以从以下几个方面入手：采前要通过各种农技措施增加采收时果实贮藏的糖、酸等养分，促使其角质层等保护结构的完善；采收时保证果实适熟（合适的成熟度）、适时（低温、冷凉）、无擦碰等损伤；采后通过适宜温度贮藏、适宜的氧气和二氧化碳组合（气调贮藏）等降低呼吸、蒸腾、乙烯产生及生长发育等进程，提高果实自身抵抗能力，延缓病害的发生进程。

### 二、呼吸跃变型果实和非呼吸跃变型果实

根据果品在生长发育、成熟衰老过程中，其呼吸强度总的变化趋势将其分为两大类：一类为呼吸跃变型果实，另一类为非呼吸跃变型果实。呼吸跃变型果实在成熟开始时，呼吸强度急剧上升，同时，伴随着乙烯释放的增加，二者的高峰均出现在完熟期。果实进入呼吸跃变期，贮藏性急剧下降，如苹果、洋梨、桃、李、杏、枣、柿子等均属

于呼吸跃变型果实，如果要进行长期贮藏或长途运输，均应在跃变之前进行。同为跃变型果实，跃变期间呼吸强度变化幅度越大，呼吸强度增加越多，贮藏性能越差。对非呼吸跃变型果实，呼吸强度的加大也会导致贮藏期限的缩短。此外，两类果实产生乙烯及对乙烯的反应差别很大，这也决定了它们在采收及采后处理中也有很大的区别。呼吸跃变型果实在完熟期间会大量产生乙烯，在外源乙烯或与乙烯相似的催熟剂的作用下也会促使其产生大量内源乙烯，在乙烯的作用下果实呼吸强度急剧增加，即使撤除外源乙烯，果实的完熟作用也不能停止；而对非呼吸跃变型果实，在外源乙烯的作用下，果实有催熟的效应，但撤除外源乙烯，这种作用即可停止。

对跃变型果实进行贮运应该注意以下几个方面。

（1）长期贮藏或长途运输的果实要在八成熟时采收，以免自身产生乙烯导致完熟的启动。

（2）采收及采后处理要避免产生机械伤。

（3）不可与其他果实混贮，以免互相影响。

（4）采后处理场所不可有外源乙烯或有催熟作用的物质，如酒精、香味物质、汽车尾气等，也不可有损伤的果实或植物组织。

（5）采后采取贮藏适温、气调贮藏等手段降低呼吸、减少乙烯的产生等。

对非呼吸跃变型果实，远离乙烯或类似催熟物质、适温贮藏等措施对于其延长贮藏寿命和货架寿命也是必要的。有关呼吸跃变型或非跃变型果实的划分，对于指导采收及采后处理有一定的意义，但不能单纯依据果实的呼吸类型来判断果实耐藏与否，要根据其呼吸强度的高低或其变化的趋势结合果实自身的结构、内容物的多少来判断果实的耐藏性。

### 三、果实贮运适温

提高果品质量、增加其耐藏性要从采前的栽培管理及采收入手，采后只能通过降低果品的呼吸、减少其蒸腾，并对病害进行控制以实现对果品质量的维持。

因为果实系统发育完成条件不同及其自身品质、生理代谢强度的差异，造成果实的贮运适温各有不同（表12-1）。

表12-1　果实贮运适温推荐

| | 贮藏适温（℃） | 贮藏期限 | 备注 | 运输适温（℃） | 备注 |
|---|---|---|---|---|---|
| 苹果 | 0±0.5 | 3~7个月 | 因品种不同差别较大。如富士、国光等为5~7个月，元帅系列为3~5个月。 | 3~10 | 根据运输时间不同温度有所调整，5~6天的运输，温度可取上限区间，2~3天的运输温度取下限区间。 |
| 梨 | −1~1 | 3~8个月 | 鸭梨宜缓慢降温以免出现黑心现象，即12℃入库预冷12小时，开始逐步降温，每隔2天降温1℃，降至8℃，每隔1天降温1℃，降至3℃，每1天降1℃，降至0℃。皇冠梨可先在8~10℃预冷3~5天后再转入0℃。耐藏的库尔勒香梨、鸭梨、雪花梨、秋白梨等可贮藏5~8个月，较耐贮藏的酥梨等可贮藏3~5个月。 | 0~5 | |

（续表）

| | 贮藏适温（℃） | 贮藏期限 | 备注 | 运输适温（℃） | 备注 |
|---|---|---|---|---|---|
| 桃 | 0~1 | 10~20天 | 冷藏适宜短期贮藏；自发气调（MA）适宜中期贮藏，贮藏期限 20~30 天；气调贮藏（CA）或大帐气调贮藏适宜长期贮藏，贮藏期限 30~50 天。<br>入库期间可先在 8℃条件下预贮 3~5 天，预贮后及时转至 0~1℃冷库贮藏。 | 0~4 | 根据运输时间不同温度有所调整，5~6 天的运输，温度可取上限区间，2~3 天的运输温度取下限区间。 |
| 李 | 0~2 | 7~14天 | 冷藏适宜短期贮藏；自发气调（MA）适宜中期贮藏，贮藏期限 14~30 天；气调贮藏（CA）或大帐气调贮藏适宜长期贮藏，贮藏期限 30~50 天。<br>入库期间可先在 8℃条件下预贮 3~5 天，预贮后及时转至 0~1℃冷库贮藏。 | | |
| 杏 | 0~2 | 20~30天 | — | 0~5 | 冷链运输的果实要注意切不可出现断链的情况，温度的波动会造成大量结露现象和果皮的褐变以及果实品质的劣变。 |
| 葡萄 | −1~0 | 3~4个月 | 一般晚熟品种耐藏性优于早中熟品种，深色品种优于浅色品种。 | 0~8 | |
| 石榴 | 3~5 | 2~3个月 | 籽粒的品质劣变要比果实外观的劣变早，要注意入贮初期的充分预冷及贮藏期间果实品质的监控。 | 3~8 | |
| 枣 | −1~0（冬枣−2~−1） | 1~2个月（冬枣2~3个月） | 机械伤口引起的软腐是冷藏期间的主要病害。 | 0~5 | |
| 柿子 | −1~0 | 2个月 | 可忍耐较高浓度 $CO_2$，因此冷藏结合气调效果更好。 | 0~5 | |
| 核桃 | 0~1 | 2 年（干核桃） | 冷藏环境湿度不宜过高。核桃包装袋内充入 $CO_2$ 或 $N_2$，效果更佳。 | | |

# 第二节　果品采收

　　果品的采收是田间生产的最后一个环节，也是贮藏加工的初始环节。采收时果实的质量直接关系到其产量、贮藏保鲜性能、加工品质等。果品作为一种鲜活农产品，其采收要做到适熟、适时、无伤，即在果品合适的成熟度、适宜的时间进行无伤采收。为了做到这三个方面，要进行下列工作。

### 一、采收前的准备工作

采前准备工作要从三方面入手：①做好市场调查预测和产量估算，为果品找好出路；②合理组织劳动力，根据市场需求结合果品自身成熟度情况，分期分批采收；③做好采收和入贮准备（采收需要的采摘工具，如采果剪、周转筐等；遮阴的临时堆放场所；包装箱订做；贮藏库维修、消毒等）。

### 二、果实成熟度的判断

果实成熟度的判断要根据综合指标来进行。常见的指标有以下几种。

(1) 果实生长期。某一品种在某地栽培，其果实从生长到成熟大都有一定的天数，鉴于各地气候和栽培管理等条件不同，可采用从盛花期到采收期的天数来判断，如山东元帅系列苹果的生长期为 145 天，国光苹果为 160 天左右。

(2) 果皮的底色和面色。每个品种的果实在成熟时都有其固有的底色和面色。未熟果实底色多为绿色，随成熟度提高，渐渐呈现浅绿、白、黄等颜色；同时，有色品种其面色也逐渐加深，呈现片红或条红，着色好时，全面着色。

(3) 硬度。硬度反映果肉的质地是指果实的硬、脆、韧或绵及其多汁性。一般未熟的果实硬度偏大，随着果实发育到一定程度时才变得脆或柔软。

(4) 糖、酸、$V_c$ 等化学物质含量的变化。生产实践中，多以可溶性固形物、可溶性固形物与总酸的比值（固酸比）、总糖与总酸的比值（糖酸比）来衡量果实的成熟度和品质。对用于入冷库贮藏或加工的果实的成熟度都有相关的要求。

(5) 果梗脱落的难易程度。许多种类果树的果实在成熟时果柄与果枝间会产生离层，稍加震动或拖拉即可脱落，此时果实如不及时采收将会大量落果，将造成损失。

(6) 果实成熟特征。苹果、葡萄、李子等在成熟时表面产生一层白色的粉状蜡质，这也是成熟度的标志之一。

对某一种果品，可根据其某一个或主要的成熟特征判断其成熟度。如苹果可根据产地、品种的平均发育天数，结合果实外观色泽、糖酸、淀粉指数等进行判断。果实平均发育天数与品质和当年果实生长发育期的气候条件有关，如苹果藤牧一号从盛花到果实发育成熟的平均发育天数为 90~95 天，美国 8 号 95~110 天，嘎啦为 110~120 天，红星为 135~155 天，金冠 135~150 天，乔娜金 135~150 天，寒富 145~160 天，澳洲青苹 165~180 天，富士 170~185 天，粉红女上 180~195 天。适宜贮藏的果实已达该品种应有的大小，且呈现其特有的色、香、味等主要特征，果肉开始由硬变脆。如富士、寒富硬度 $\geq 8kg/cm^2$，可溶性固形物 $\geq$ 14%，总酸 $\leq 0.4\%$；粉红女士硬度 $\geq 8kg/cm^2$，可溶性固形物 $\geq 13\%$，总酸 $\leq 0.9\%$；元帅硬度 $\geq 6.5kg/cm^2$，可溶性固形物 $\geq 11\%$，总酸 $\leq 0.4\%$；国光硬度 $\geq 8kg/cm^2$，可溶性固形物 $\geq$ 13.5%，总酸 $\leq 0.8\%$；嘎啦硬度 $\geq 6.5kg/cm^2$，可溶性固形物 $\geq 12.5\%$，总酸 $\leq 0.35\%$。

红元帅、新红星、金冠、粉红女士等的成熟度也可以结合淀粉—碘染色法进行确定。苹果淀粉指数的具体测定方法如下。

步骤 1：配制碘—碘化钾溶液（染色液）。准确称取 8.8g 碘化钾，加入 30mm 温水搅拌溶解；准确称取 2.2g 碘晶体，加入已溶解的碘化钾溶液中，轻轻摇动，使之完全溶解；用蒸馏水定容至 1L。摇匀后封闭，在避光场所，有效期 3 个月。

步骤 2：取样。在预计采收期的前 5 周开始，每周至少取一次样，一个品种按对角线取样法至少取 5 株，在每株树冠中部四周位置取 4~5 个果实，采后立即进行染色测定。

步骤 3：染色试验。宜在室温下进行，果实和染色液的温度应高于 10℃。把染色液倒入一个宽口、浅玻璃容器内，溶液深度 5~8mm。果实沿中部横切，把横切面浸入染色液中，停留 1 分钟，后用小水流清洗切面，并根据切面染色程度判断果实成熟度。

步骤 4：计算淀粉指数。将染色程度分为 6 级，6 级表示果实横切面没有变色，1 级代表 100%着色，即 1~6 级果肉染色面积比率分别为 100%、80%、60%、40%、20%、0。依据这个原则将所取 20~25 个果实样品进行染色分级。

$$淀粉指数 = \frac{\sum（果实数量 \times 淀粉染色级数）}{果实总数}$$

步骤 5：判断采收成熟度。用于长期贮藏苹果，淀粉指数为 2~3 时适宜长期贮藏。

梨分绿色品种和褐色品种，绿色品种以果面底色减退、褐色品种由褐变黄为依据，可溶性固形物含量达到相应的标准，果肉硬或有淀粉味或稍有淀粉味。杏在转色期采收进行贮藏较为适宜，色泽深度依品种而异，已达完熟期的果实不适于冷藏。葡萄具有本品种应有的果型、硬度和色泽，果穗上果粒均匀，不宜太紧，果粒挤压变形的果穗不宜贮藏。酸甜适度，可溶性固形物含量根据品种不同差别较大，如巨峰≥14%，玫瑰香≥17%，红地球、京秀、藤稔、无核白鸡心≥16%。桃果实绿色明显减退，果面丰满，有色品种已经着色即可采收。李果实达到正常的基本大小，底色发生变化时可采收。石榴果皮由绿变黄，有色品种充分着色，果面出现光泽，果棱显现即为成熟，作为贮藏用的果实，在达到其固有色彩，籽粒饱满，固形物达到该品种固有的糖度标准即可。枣在果面颜色初红至 1/3 红时采收用于贮藏，注意保留果柄。核桃在青皮变为黄绿色或浅黄色，绒毛变少，少量成熟种子可自然脱落，中果皮已完全木质化时进行采收为宜。

套袋栽培的果实与裸果相比，适宜采收期的相关指标稍有不同。如苹果，硬度要求下降了 $1kg/cm^2$ 左右，可溶性固形物下降了 1.2%左右，总酸量下降了 0.13%左右；长期贮藏（超过 5~7 个月）的比短期贮藏的（2~3 个月））硬度要求要高些，宜适当早采（参考 NY/T 983—2015 苹果采收与贮藏技术规范）。

### 三、果实采收期判断的依据

何时采收要根据果实自身的成熟特性、采后的用途（销售、贮藏或加工）、产品的种类（跃变型果实、非跃变型果实）、贮藏时间长短、运输距离远近和销售期长短来决定。果实的成熟度是判断采收期的根本，根据果实的成熟特征可以分为七成熟、八成熟、九成熟和完熟。跃变型果实、用于贮藏的、贮藏时间长的、运输距离远的、销售期要求长的要适当早采，即可在果实八成熟时采收。

### 四、采收方法

用于鲜销和贮藏的果实，多采用人工采收的方法。用于加工的果实，可选择采用机械采收的方法。人工采收花费人力，因为人的技术和责任心的问题，还会造成果实采后差异较大。为了保证果实适时、适熟、无伤采收，要确保以下4个方面。

（1）确保采收人员掌握了采收的方法技巧、掌握了判断果实成熟度的方法，保证适熟采收。

（2）确保采收人员理解了无伤采收对延长果实贮藏寿命和货架寿命的重要性，保证无伤采收。

（3）确保采果篮无尖刺、有内衬，采果剪锋利、无尖头，为无伤采收做好准备。

（4）确保在一天中冷凉的时间段采收果实，以免果实携带大量田间热，造成果实呼吸强度过大而品质劣变；但要避开雨天或有露水的时间段。

# 第三节　采后保鲜技术

采后的果实脱离了树体，但还是有生命的个体，其不断进行着呼吸、蒸腾等生理过程，因此会产生热量、二氧化碳、乙烯和水分等，如果热量散不出去，就会造成果堆内热外凉的状态，果实呼吸作用在高温作用下不断增强，蒸腾的水分不断凝结，果实品质劣变就会加快，因此，果实采收后要及时进行预冷、愈伤、防腐保鲜处理、分级、包装、入库等环节，以保证果实品质维持在采收时的最佳状态。

## 一、预冷

将采收的果实尽快冷却到适宜贮运温度的措施。即使果实在一天中冷凉的时间段采收，果实降到适宜贮藏的温度还是要释放大量的田间热，因此，及时将果实置于一定的低温条件下，快速排除田间热，可以更好地保持果实的生鲜品质，改善贮后品质，减少贮运病害。预冷要注意及时和彻底，最好在产地进行预冷，预冷的程度以品温达到适宜的温度为宜。

预冷可采取多种方法，大体根据其冷源可将其分为以下4种。

（1）利用自然冷源散热。北方地区用窖窖或通风库进行贮藏时，可将果实置于库外遮阴处放置一夜，利用夜间低温使其降温，对于某些品种的苹果、梨等采收季节夜间低温已降到15℃以下的效果更为明显。

（2）利用机械制冷通风散热。可在机械冷库中将果实摊晾，待品温降至适宜贮藏的温度时按照"三离一隙"的原则（货垛与天花板、与地面、与墙壁要有一定的距离，垛与垛之间要有一定的间隙）进行码垛，利用循环冷风将热量带走。此外，还有压差通风预冷和隧道式空气循环冷却，后两者预冷的速度要快得多，压差通风预冷所需时间是普通机械制冷风冷的1/5~1/2，隧道式空气循环冷却时间是普通风冷的十几分之一。

（3）水冷。以冷水为介质的一种冷却方式。目前常使用的有流水系统和传送带系统。冷水降温速度快，但因为水的循环使用造成交叉感染，因此，应在冷却水中加入防腐药剂来防治微生物的传播；此外，水冷适宜处理那些结构简单、容易晾干的果实，如苹果、柑橘等；而结构复杂的果实水冷处理往往因为晾干不及时而造成更多的腐烂。

（4）加冰冷却。对于需要及时运输的果实，还可以采用防水包装后进行加冰冷却的方法。

## 二、分级

果实采收后大小不一，分级后才能实现优质优价。可根据其大小结合颜色进行人工分级，也可人工借助分级板进行分级。人工分级可最大限度减轻机械伤害，但工作效率低，分级标准掌控不够严格。不易受伤的果实或用发泡网袋包装后的易损果实也可借助机械分级设备进行分级。目前，生产多采用的是根据重量进行分级的分级机，可用于苹果、梨、桃、李、杏、石榴等果实的分级。

## 三、包装

果品包装不仅可以方便贮藏运输，也便于批发销售。对于果实自身来说，可以保护果品免受机械伤害，防止水分蒸发、利于贮藏运输过程中的通风降温，保护商品免受交叉感染。

果品包装分两种：贮运包装和销售包装。贮运包装以木质板条、塑料周转筐、竹、藤条为主，内衬柔软的蒲包、瓦楞纸板、碎纸条等防撞材料。果实层与层之间放置抗压托盘，为了保湿、调气，可于内衬里加一个大小相当的聚乙烯塑料薄膜袋。包装的高度与果品自身的耐压程度有关，如苹果和梨最大装箱高度为60cm，葡萄20cm。销售包装以纸箱包装为主，外层便于印刷精美的标识，方便品牌的识别；果实层与层之间放置隔板，起到防撞的作用。具体包装容器的种类、材料及适用范围见表12-2。

表12-2　新鲜水果包装容器的种类、材料及适用范围（参照 GB/T 33129—2016）

| 种类 | 材料 | 适用范围 |
| --- | --- | --- |
| 塑料箱 | 高密度聚乙烯 | 适用于任何水果 |
| 纸箱 | 瓦楞纸板 | 适用于任何水果 |
| 纸袋 | 具有一定强度的纸张 | 装果量通常不超过2kg |
| 纸盒 | 具有一定强度的纸张 | 适用于易受机械伤的水果 |
| 钙塑箱 | 聚乙烯、碳酸钙 | 适用于任何水果 |
| 板条箱 | 木板条 | 适用于任何水果 |
| 筐 | 竹子、荆条 | 适用于任何水果 |
| 加固竹筐 | 筐体竹皮、筐盖木板 | 适用于任何果蔬 |
| 网袋 | 天然纤维或合成纤维 | 适用于不易擦伤、含水量少的水果 |
| 塑料托盘与塑料膜组成的包装 | 聚乙烯 | 适用于蒸发失水率高的水果，装果量通常不超过1kg |
| 泡沫塑料箱 | 聚苯乙烯 | 适用于任何水果 |

包装要求：包装材料应新鲜、洁净、无异味，符合相关标准；包装容器应有足够的机械强度，避免在运输、装卸、堆码中造成机械损伤；应设置通风孔，便于贮运中散热

和气体交换；应防潮，防止受潮变形而造成机械强度降低。包装过程应在冷凉的条件下进行，避免风吹、日晒、雨淋；包装时轻拿轻放、装量要适度。包装中应注意：每个包装的内容物应该一致，仅盛放来自同一产地、同一品种、同一等级、同一规格和同一成熟度的水果。对于有色泽要求的果实，色泽也应一致（盛放混合品种的零售包装除外）。包装中内容物的可见部分和最上层水果应能代表整个包装。

如苹果特等果和一等果层装，实行单果包装；二等果层装或散装均可。梨贮运包装外包装材料可用硬瓦楞纸板箱，每箱梨 15~20kg，梨果放置 2 层，中间用纸板分隔。果实先用光面纸包裹，再套上塑料网袋。桃可用有孔隙的塑料箱、木箱或硬质纸箱，每箱 10~15kg，不超过 3 层；也可采用发泡网袋单果包装，浅果盘单层包装或分层分隔包装后再装箱。李子包装宜用塑料周转筐、木箱或硬质纸箱包装，每箱 5~10kg，硬质纸箱包装时，果层之间加一纸板。杏所用包装纸箱容量以 5~10kg 为宜，木箱、塑箱、条筐容量不宜超过 15kg，内包装可采用 0.03~0.05mm 厚高压聚乙烯或无毒聚氯乙烯膜，可内置高锰酸钾乙烯吸收剂或乙烯受体抑制剂 1-甲基环丙烯。葡萄外包装可采用厚瓦楞纸板箱、木条箱、塑料周转箱等，箱体设计为扁平形；内包装采用 0.02~0.03mm 高压低密度聚乙烯塑料袋，包装袋上下要内衬吸水纸。纸箱包装不宜超过 8kg，木条箱和塑料周转箱不宜超过 10kg；包装前要对果穗上的伤、病、虫、裂粒、日灼粒、夹叶及过长的穗尖进行修剪。装箱时穗梗朝上，穗尖朝下，单层斜放；装箱要紧实，以免摇晃造成脱粒。内可放置释放二氧化硫的各种剂型保鲜剂。石榴采用瓦楞纸板箱或塑料周转箱进行包装，纸箱装果量 10kg，塑料周转箱不超过 20kg，装箱不超过 3 层。内衬用 0.03mm 厚聚乙烯塑料薄膜，果实用发泡网袋进行单果包装。塑料袋内可用乙烯受体抑制剂 1-甲基环丙烯，可延缓果实品质的劣变。

此外，随着全球经济一体化的进展，包装标准化越来越受到人们的重视，尤其是用于出口的商品包装，除安全方面等的规定外，其包装产品定量及其表达应符合进口国的法规或消费者的生活习惯，计量单位应符合进口国的规定；包装设计应充分考虑进口国及其消费者的宗教信仰和民族文化［具体可参考《出口商品包装通则》（GB/T 19142—2016），其中推荐了一些国家包装设计适宜使用的颜色、图案等］；同时要考虑进口国的商业环境、市场运作或销售模式，可将不同流通渠道或销售场合的包装分为销售包装、配送包装和运输包装。

### 四、防腐保鲜处理

果实贮藏中腐烂造成的损失占到整个损失的 80% 以上，因此，做好防腐保鲜处理是很重要的一个环节。果实采后病害是指采后发病、传播、蔓延的病害，包括田间已被侵染，但尚无明显症状，在采后发病或继续为害的病害。包括两大类：一类为病原微生物侵染引起的侵染性病害，是造成腐烂的主要因素；另一类为由非生物因素如环境条件不适（如冷害或冻害、$CO_2$ 伤害等）或栽培过程中营养失调（如缺钙等）造成的，又称生理性病害。

侵染性病害的菌原来源于：①采收工具、分级包装间、贮藏库及用具的病原菌或腐生菌，如青霉菌等；②产品上携带的病原菌和带菌的土壤；③已被侵染且发病但未分拣除去的果实；④田间病虫害管理不到位感染了潜伏性病害，在贮藏期间由于果实自身抵抗能力下降而显症的病害，如苹果霉心病、苹果炭疽病、石榴干腐病等。

因此，加强潜伏性病害的田间防治、做好采后环境的消毒和果实分拣工作，可以很大程度减少菌群基数，减少病害的发生。此外，为了预防病害，可充分利用物理防治，如采用适宜低温贮藏或气调冷藏，不仅可提高果实自身的抗病能力，还可抑制病原的生长繁殖；合理利用化学防治，化学防治要注意以下几个方面：①采后所用药剂的种类和浓度要参照或参考国家相关标准执行，如食品中农药最大残留限量（GB 2763—2012）、农药合理使用准则（GB/T 8321.1～GB/T 8321.9）、二氧化氯消毒剂卫生标准（GB 26366—2010）、次氯酸钠发生器安全与卫生标准（GB 28233—2011）等。②用药时间要及时，处理时间越早，效果越好，一般要求采后 2 天之内要进行完毕。病原微生物在适宜的条件下，其生长繁殖非常迅速，如果处理不及时，菌群基数急剧增加，原有浓度的化学药剂就起不到应有的效果。③如果所用防腐剂为液体的话，一定要注意药液处理后要彻底晾干，以免游离水的存在导致果实腐烂增加。常见的化学消毒剂和防腐剂见表12-3。

表 12-3 部分果蔬产品防腐剂、消毒剂的使用方法

| 药名 | 剂型 | 剂量 | 使用方法 | 允许残留（mg/kg） | 附注 |
|------|------|------|----------|------------------|------|
| 次氯酸钠 | | 100～200mg/L 有效氯 | 先清洗后浸泡消毒 | — | 浸果 10 分钟 |
| 二氧化氯 | | 100～150mg/L | 浸泡 | — | 食品加工管道、器具设备、瓜果蔬菜等消毒，浸泡 10～20 分钟 |
| $SO_2$ | 液、气 | 1% | 20 分钟熏蒸，每周一次 | | 处理葡萄，1985 年美国宣布 6 种剂型停用 |
| 邻苯基苯酚（OPP）联苯酚钠盐（SOPP） | 盐 | 0.2%～2% | 浸、洗 | 10 | 洗果及包装材料消毒 |
| 氯硝胺 | 可湿性粉剂 | 900～1 200mg/L | 喷、浸 | 10～20 | 处理桃根霉、丛梗孢 |
| 克菌丹 | 可湿性粉剂 | 1 200～1 500mg/L | 洗、浸、喷 | 25～100 | 药效中等 |

（续表）

| 药名 | 剂型 | 剂量 | | 使用方法 | 允许残留（mg/kg） | 附注 |
|---|---|---|---|---|---|---|
| 噻菌灵（特克多） | 45%悬浮剂 | 柑橘 | 300～450倍液（1 000～1 500mg/L） | 浸 | 柑橘类全果≤10 果肉≤0.4，香蕉≤5 | 浸果1分钟后取出晾干贮藏，处理后距上市时间≥10天。药效较高，与苯并咪唑类交互抗性不明显 |
| | | 香蕉 | 600～900倍液（500～750mg/L） | | | |
| | 40%可湿性粉剂 | 香蕉 | 500～1000倍液（400～800mg/L） | 浸果 | ≤5 | 浸果1分钟，处理后距上市时间≥14天 |
| 多菌灵 | 可湿性粉剂 | 500～1 000mg/L | | 浸、喷 | 梨果类、葡萄≤3，其他水果、番茄、黄瓜≤0.5，芦笋、辣椒、甜菜≤0.1 | 连续多年应用，易使青绿霉产生抗药性 |
| 霉唑 | 唑霉 | 22.2%乳油 | 444～888倍液（250～500mg/L） | 浸 | 柑橘类全果≤5 果肉≤0.4 | 浸果1分钟后取出，处理后距上市时间≥60天。对抗苯并咪唑的青、绿霉有效 |
| | 利得 | 50%乳油 | 1 000～2 000倍液（250～500mg/L） | | | |
| 异菌脲（扑海因） | 25%悬浮剂 | 167倍液（1 500mg/L） | | 浸 | 柑橘全果≤10，番茄、梨果类水果≤5，黄瓜≤2，香蕉全果≤10 | 浸果2分钟后取出晾干贮藏，处理后距上市时间≥4天。在英联邦国家不仅用于水果，还用于叶菜采后处理；测定方法按SN 0708规定的方法进行 |
| 瑞毒霉（甲霜灵） | 可湿性粉剂 | 600～1 000倍液 | | 浸、喷 | 黄瓜≤0.5 葡萄≤1 | 对疫霉特效，测定方法按SN 0281规定的方法进行 |
| 乙膦铝 | 可湿性粉剂 | 0.1%～0.2% | | 浸、喷 | | 对疫霉有效 |

（续表）

| 药名 | 剂型 | 剂量 | | 使用方法 | 允许残留（mg/kg） | 附注 |
|---|---|---|---|---|---|---|
| 咪 鲜 胺（扑霉灵） | 45%乳油 | 450~900 倍液（500~1 000mg/L） | | 浸果 | 柑橘类水果≤5，食用菌类≤2，香蕉≤5；杧果≤2 | 浸果1分钟取出晾干贮藏，处理后距上市时间≥7天。残留量检测方法依据：NY/T 1456 水果中咪鲜胺残留量的测定 气相色谱法 |
| | 45%水乳剂 | 900~1 800 倍液（250~500mg/L） | | 浸果 | 香蕉<5 | 浸果1分钟，用于防治香蕉的冠腐病和炭疽病 |
| | 25%乳油 | 柑橘 | 500~1 000 倍液（250~500mg/L） | 浸果 | <5（柑橘）小于0.5（柑汁） | 防治柑橘炭疽病、蒂腐病、青霉病、绿霉病；处理后距上市时间≥14天 |
| | | 杧果 | 250~1 000 倍液（250~1 000mg/L） | 浸果或喷雾 | ≤2 | 防治杧果的炭疽病；处理后距上市时间≥20天 |
| 咪鲜胺锰盐 | 50%可湿性粉剂 | 柑橘 | 1 000~2 000 倍液（250~500mg/L） | 浸果 | ≤5 | 浸果1分钟；处理后距上市时间≥15天 |
| | | 杧果 | 200~2 000 倍液（250~1 000mg/L） | 浸果或喷雾 | ≤2 | 处理后距上市时间≥10天 |

## 五、果品物流

果实作为生鲜、易腐农产品，其从生产到消费的过程中，要保持高品质就必须采用冷链流通，即在果实生产、贮藏、运输、销售直至消费前的各个环节中始终处于适宜的低温环境中，以保证果实质量、减少损耗的系统工程。冷链流通操作流程见图12-1。

冷链流通包括生产阶段、流通阶段和消费阶段。生产阶段包括采收、采后的收集和贮藏。采收阶段要求在一天中冷凉的阶段进行，采后的收集应在遮阴通风处进行，避免果实携带大量的田间热。采后的果实应及时预冷以最大限度保证果实的新鲜品质，预冷后的果实进入适温冷库进行贮藏。流通阶段即流通过程中的运输阶段。运输阶段的冷藏设备包括冷藏车、冷藏船和冷藏集装箱。如果经过预冷或从冷库取出的果实运输中没有采用冷藏运输设备，外界气温又较高的情况下，果实或包装表面就会大量结露，前者造

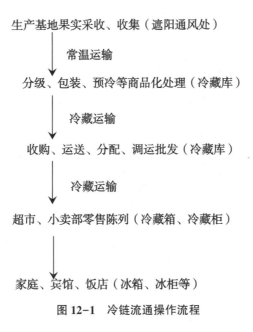

图 12-1 冷链流通操作流程

成果实部分表皮细胞的死亡而出现斑状褐变现象，后者造成包装强度下降；同时，果实的代谢强度成数倍增强，消耗增加，造成果实品质的劣变，因此，预冷后的果实或从冷库取出的果实在没有冷藏车的情况下，可用保温车进行运输。消费阶段包括零售批发环节到消费者手中这一阶段。目前我国各种用途和各种形式的商业零售环节的冷藏设施不断推向市场，这些设施已基本满足冷链消费阶段实际销售环节的需要。通常，以贮藏适温进行贮藏，可以贮藏最长的时间，但对于运输销售的产品来说可以适当放宽条件而不影响果品的销售质量和货架期。

为了确保物流过程中易腐易衰老的生鲜果品的品质，上述环节必须紧密衔接，相互协调。首先产品的质量应是新鲜的、优良的，包装是科学的；采后应及时置于适宜的温度条件，直到消费者手中产品均应保持在适宜的低温条件下。此外，要注意轻拿轻放，避免野蛮装卸；快装快运；防热防冻，尤其要注意运输的天气情况，做好降温（北果南运）和保温（南果北运）工作，并注意防日晒雨淋。

## 六、入贮

入贮过程的管理关键还是温度的管理，首先是让温度尽快降下来，其次是保证温度的恒定均匀。为了实现这两个条件，需要做到以下两个方面：①产品要经过预冷后入库，这样能保证在很短的时间内将果品温度降低到适宜贮藏的温度。②果品包装箱（筐）码垛要注意"三离一隙"以保证循环冷空气的无死角正常循环，确保冷库各部位温度均衡，不出现热点和冷点。入库过慢、库内码垛过满均会导致产品质量的下降。

## 七、贮藏方法

果实的贮藏要在适宜的温度条件下进行，根据贮藏场所冷源条件及气体条件的不同，将贮藏方式分为常温贮藏、机械冷藏和气调贮藏。

1. 常温贮藏

常温贮藏是在构造较为简单的保温结构内，利用自然温度随季节和昼夜不同而变化的特点，通过人为措施引入自然冷源（如冷空气、冰雪、地下水），使贮藏场所的温度达到或尽可能接近适宜的贮藏温度的贮藏方式。最典型的应用就是北方黄土高原的土窑洞和南充的地窖。

常温贮藏管理的关键技术如下。

（1）常温库一定要彻底消毒。常温库温度偏高，微生物菌群更多也更复杂，可以采用硫黄熏蒸的方法（100m³ 用 1.0~1.5kg 硫黄粉，燃烧后密封 2~3 天，入贮前彻底通风换气），2% 福尔马林或 4% 漂白粉溶液喷雾消毒的方法（喷雾后通风 1~2 天）。

（2）入贮产品的预冷。常温贮藏预冷可在果园选择阴凉高燥的地方，利用秋夜凉爽气温进行预冷，具体操作：将苹果堆高 30cm 左右，宽 1.5~2m，白天用草帘覆盖，夜间敞开，降温后入贮，一般第二天早晨入库即可。包装的产品可以将其置于室外敞口冷却一夜，待品温冷却下来后第二天入库。这样可以减少果实携带入库的田间热。

（3）贮藏前期尽快降低库温。贮藏前期库温高，入贮产品又携带大量田间热，能否让库温及时降下来是贮藏成功与否的关键。可利用夜间低温、寒流或早霜等冷源尽快降温。外界低温出现在夜晚和凌晨日出之前，可在这一时段加强通风，引入低温气流；白天气温高于库内温度时，要及时关闭门、通风孔等所有通道，减少外界高温对库温的影响。关注天气预报，出现寒流或早霜要及时加以利用。

（4）贮藏前期要加强品质管理，勤检查，及时将受损或腐烂的果实挑选出来。贮藏前期库温偏高，果实又经历从母体脱离、分级挑选等一系列过程（其中的机械损伤不可避免），其生理过程经历了很大的变化，因此会出现第一次腐烂高峰，及时将这些果实挑选出来可以避免侵染其他的果实。

（5）贮藏中期（冬季）为稳定期，此时外界气温较低，库温相对稳定，果实生理过程也稳定下来，管理的重点在于在不冻坏果实的前提下尽可能通风换气，一方面可以增加常温库库体的蓄冷量，另一方面可以排除果实呼吸释放的 $CO_2$、乙醇等气体。

（6）贮藏后期（春、夏季）外界气温回升，可参照贮藏初期温度管理进行，即要利用夜间低温或寒流进行降温，同时排除果实呼吸释放的有害气体；一旦外界气温高于库温，要及时关闭库门和通风孔。此期间要加强品质检查，及时出库，避免出现第二次腐烂高峰造成损失。

（7）湿度管理。冬季可在库内贮雪、贮冰，也可地面洒水；产品出库后可在库内适量灌水。

2. 机械冷库贮藏

机械冷库贮藏是在用良好保温材料建造的仓库中，通过机械制冷系统的作用，将库内的热量传送到库外，使库内温度降低并保持果实贮藏适温的贮藏方法。该方法不受外界环境的影响，可以常年使用，贮藏效果较为理想。为了保证机械冷库的良好运转及产品的优良品质，要注意下面几个关键环节。

（1）设置预冷间。采用冷库贮藏，在建库时最好设置预冷间，保证进入贮藏库的产品都是贮藏适温的产品，也避免后入库的产品的温度过高而影响之前入库已经冷却下来的产品。

（2）入库前要进行预冷，码垛要注意"三离一隙"。入库产品的温度一定要在入库贮藏前将其降低到适宜贮藏的温度。冷库的设计是按照稳定贮藏条件下总负荷来设计的，主要是为了排除果实在适温条件下呼吸释放的热量、外界环境温度传导进来的热量及灯、人产生的热量等，因此，系统的制冷能力是有限的，如果入贮产品温度过高或一次性入库量过大，会使产品的温度下降缓慢而品质劣变，因此建冷库时建议要建一间专门用于预冷的冷间，保证品温能尽快降下来。如果没有预冷间，而采用冷库预冷的话，第一次入贮量低于该冷库总贮藏量的 20%，此后每天入贮量以 10% 为宜。产品进库后敞口摊放，待产品品温降下来后再码垛。一般要求 3~5 天要使温度降到适宜贮藏的温度。应该注意的是，降温速度要快，而且一定是产品自身的温度要降到适宜贮藏的温度，而不是空气的温度。冷库码垛要注意"三离一隙"，"三离"即：货垛离墙 20~30cm，离地 10cm，离天花板 50~80cm 或低于冷风管道送风口 30~40cm；"一隙"指垛与垛之间及垛内要留出一定的空隙。这样码垛会保证库内贮藏期间温度的均衡。

（3）冷藏期间温度管理要注意均衡、稳定。低温条件下，温度上下波动不仅会导致呼吸强度的成倍增加，在温度浮动超过 2℃ 时还会出现结露现象，而结露不仅会导致果实局部缺氧坏死褐化，还会导致病菌孢子的萌发。目前，冷库对于温度的监控和调节已经基本实现自动化，但还要注意定时校正显示器显示的温度，看实际温度是否和显示的温度一致，及时进行调整。

（4）湿度管理。绝大多数果实所要求的相对湿度为 85%~90%，最低不得低于80%，最高不可超过 95%。库房管理过程中常出现湿度过高或过低的情况。造成湿度过低的原因主要是冷却管温度过低（通常比库温低 10~15℃）导致库内水汽在其上不断结霜，在管理上则需不断将霜融化冲掉（即冲霜）以保持其制冷能力，结果导致库内湿度过低。因此建库时，增大冷却管的散热面积，减小冷却管与库体的温差，减少结霜是一个办法；此外，可以安装加湿装置或定期在库内喷雾增加湿度。湿度过高多是由于热空气大量进入库内导致的，因此，要避免频繁出入冷库。

（5）出库要注意升温和保温。产品出库时要注意避免温差过大，通常果蔬的温度比库外温度低 3~5℃ 为出库温度，如果温差过大，要进行升温处理。一般室外温度比品温高 5℃ 时，就会有大量水汽凝结在果实或包装表面，这就是所谓的"出汗"现象。如果是前者，即水汽凝结在果实表面，将会造成果实表面凝结大量水珠，不仅造成果实局部缺氧呼吸而坏死褐变，还会造成微生物的繁衍而腐烂；如果是后者，即水汽凝结在包装上，包装表面会产生大量水珠，会造成包装材料（纸质包装）强度下降，因此出库的产品要进行升温处理。通常在专门的升温间进行，也可在保鲜库或穿堂进行。升温时要逐步加温，通常 1~2 小时升温 1℃。如果有运输环节的，在这个过程中要进行保温处理。具体到某一果品会有不同的要求，如苹果出库前 7~10 天宜逐步升温，升温速度以每小时 2~4℃ 为宜，当果温升到低于外界环境温度 4~5℃ 即可出库。桃、李、枣等均有相关要求，即出库时外界气温超过 20℃ 时，出库后应在 10℃ 左右环境温度下回温 12 小时后再进行分选和包装处理。根据相关标准推荐杏要求出库后逐渐升温，使其与环境温差不超过10℃。此外，出库时对产品的好果率质量等有一定的要求，如苹果出库要求好果率≥95%，硬度与入库时稍有降低，但都要高于一定的指标；鲜枣出库时不应有明显的皱缩、发酵和褐变现象等。

3. 气调冷藏

气调冷藏就是在调控温度的基础上，适当提高贮藏环境中$CO_2$的浓度，降低$O_2$的浓度，抑制果实代谢强度，以保持其最佳品质的贮藏方法。早在1821年，法国人Berard发表了将果实贮藏在无氧气的器皿中，当时曾获得法国科学院的奖状；1920年前，英国的Kidd和West等人开始系统研究$CO_2$和$O_2$对果实的贮藏作用，并在1927年发表试验结果，引起当时科学界极大关注。实际上我国南北各省份所采取的埋藏法、瓮藏法、井窖贮藏法等均无意识地利用了气调贮藏。20世纪40—50年代气调冷藏开始在美国、英国等发达国家开始商业化运营，在我国，气调冷藏始于20世纪60—70年代，并获得迅速发展。

气调冷藏具有一般冷藏不可比拟的优越性：①贮藏寿命长，出库后货架寿命长；②贮藏损失少，气调冷藏可以抑制霉菌等病菌滋生，杀灭食心虫等害虫；③气调冷藏温度可适当提高，以减少果实的低温伤害，尤其对于低温敏感的果实更为有利，同时也可实现经济冷藏。

气调冷藏应该注意的事项：①气调库的气密性要按照国家相关规定进行检查，合格的方可投入使用；②入库产品质量要保证优质；③果实整进整出，库房一经封闭，不宜经常检查；④根据果实自身的贮藏特性，对入贮产品低氧和高二氧化碳的敏感程度充分了解，严格控制气体指标，加强气体成分管理，避免出现低氧伤害或高浓度二氧化碳伤害，部分果实气调冷藏相应指标见表12-4。

不同种类和品种适宜最佳温度参数、气调贮藏参数等差别较大，就苹果而言，推荐的贮藏温度多在0℃左右，可在-1~4℃根据品种不同进行调整；推荐的$CO_2$指标多在2%~3%，根据品种不同会有所差别，可在0.5%~6%调整；推荐的$O_2$指标多在2%左右，根据品种可在1%~4%进行调整。预期的贮藏寿命品种之间差别极大，多数品种贮藏寿命可达7个月左右，耐藏的富士、澳洲青苹等可达9~12个月。

气调库的建造除了要有制冷系统外，还要有气密系统、调气系统、安全系统等。建造和运营成本相对较高。20世纪60年代以来，国内外还研究开发了一些经济实用的贮藏方式——塑料薄膜封闭气调贮藏和硅橡胶窗气调贮藏，可设置在普通冷库中，成本较低。

表12-4  部分果实气调冷藏相关指标推荐

| 种类 | | $O_2$浓度（%） | $CO_2$浓度（%） | 温度（℃） | 备注 |
|---|---|---|---|---|---|
| 苹果 | 苹果 | 2~3 | 2~3（富士苹果<1） | 0±0.5 | 中国 |
| | 元帅苹果 | 5.0 | 2.5 | 0 | 澳大利亚 |
| | 金冠苹果 | 2~3 | 1~2 | -1~0 | 美国 |
| | 金冠苹果 | 2~3 | 3~5 | 3 | 法国 |

（续表）

| 种类 | | $O_2$浓度（%） | $CO_2$浓度（%） | 温度（℃） | 备注 |
|---|---|---|---|---|---|
| 梨 | 巴梨 | 0.5~1 | 5 | 0 | 美国 |
| | | 4~5 | 7~8 | 0 | 日本 |
| | | 0.5 | 1.5 | −0.5~0 | 4个月 |
| | 安久梨 | 0.3 | 1.5 | −0.5~0 | 9个月 |
| | 鸭梨 | 10~12 | <0.7 | 10~12→0 | 8个月。鸭梨对低氧（<10%）、高二氧化碳（>1%）敏感 |
| | 考密斯梨 | 1.5 | 1.5 | −0.5 | 6个月 |
| | 库尔勒香梨 | 5~8 | <1 | −1~0 | 8~10个月。库尔勒香梨采后可短期用高浓度二氧化碳（10%~12%）处理 |
| | 茌梨 | 2~4 | ≤2 | 0 | 5~6个月。茌梨对二氧化碳比较敏感 |
| 桃 | | 1~2 | 3~5 | 0 | 目前商业推荐 |
| | | 3~8 | 15~20 | 0~1 | 减少桃褐变、木质化 |
| | | 5~10 | 5~10 | 0 | |
| | | 1 | 5 | 0 | 油桃，45天 |
| | | 15 | 10 | 0 | 油桃，8周 |
| | | 3~5 | 7~9 | 0~2 | 日本 |
| 李 | | 1~3 | 5 | 0±0.5 | 10周 |
| 杏 | | 3~5 | 1~2，不得超过3 | 0~2 | 4~5周 |
| 葡萄 | | 2~5 | 1~3 | −1~0 | |
| 石榴 | | 6~8 | 3~5 | 3~5 | 3~4个月 |
| 枣 | | 3~8 | <2 | −1~0 | |
| | | 8%~12% | <0.5 | −1~0（冬枣−2~−1） | 冷藏加打孔塑料袋包装适用于短期贮藏（10~20天），微孔膜包装冷藏适用于中期贮藏（20~30天），气调贮藏或塑料大帐贮藏适用于长期贮藏（30~50天）。对冬枣来说，短期、中期、长期贮藏分别为20~30天、30~60天、60~90天 |
| 柿子 | | 2 | 8 | 0 | 日本 |
| 核桃 | | | | 0~1 | 可在密封大帐内充入$CO_2$或氮气防止油脂氧化 |

# 第十三章  家庭农庄葡萄酒庄规划与设计

## 第一节  家庭农庄葡萄酒庄概况

葡萄作为优质的水果，无论是直接鲜食还是其加工产品如葡萄干、葡萄汁、葡萄酒，一直以来备受人们的喜爱。截至2017年年底，我国葡萄栽培面积为1 300多万亩，鲜食葡萄种植面积和产量多年来一直处于世界第一。我国的葡萄酒行业经过多年的发展，在我国北纬30°~45°广阔的地域里，形成了各具特色的葡萄、葡萄酒产地，即银川产地、武威产地、吐鲁番产地、渭北地区、黄河故道产地、东北产地、渤海湾产地、沙城产地、清徐产地、云南高原产地等。随着葡萄酒市场的纵深发展，中国葡萄与葡萄酒也取得了快速的发展，葡萄栽培面积迅速扩大，葡萄总产量快速提升。

据统计，目前我国酿酒葡萄栽培面积达150多万公顷。国内种植的葡萄以鲜食为主（占83%），是酿酒葡萄的7.5倍。目前，我国鲜食葡萄主栽品种中仅"巨峰"（44%）和"红地球"（17.6%）两个品种栽培面积占比就高达61.6%，市场主要供给品种仍是"巨峰""红地球""玫瑰香"等品种。近年来，随着消费者对多元化品种需求，"夏黑""阳光玫瑰""金手指""克瑞森无核"等新品种大面积发展，尤其是近两年"阳光玫瑰"成为热门品种。葡萄种植园建设小微酒庄，利用现有的葡萄品种酿酒，不仅可以引入葡萄酒文化、营造观光旅游氛围、丰富园区产品结构，还能增加产品附加值，提高种植园收入。

（1）带动葡萄与葡萄酒产业旅游。在改革开放后农业观光大范围兴起的背景下，以鲜食葡萄采摘、葡萄酒旅游为题材的观光园，如北京葡萄观光园、天津的葡萄高科技园、宁夏玉泉营万亩葡萄园、上海马路葡萄观光园、吐鲁番葡萄沟、怀来双龙上万亩观光园、中法葡萄庄园、昌黎葡萄沟、重庆小平葡萄观光园等。早在2006—2010年第十一个五年计划时，就已经提出建设葡萄酒旅游业的设想，但当时酿酒葡萄的栽植与酿造及投资条件还不够成熟，酿酒葡萄及葡萄酒旅游业仅仅停留在概念分析阶段。如今葡萄种植园、葡萄酒消费都有大幅度的提高。据统计，目前我国葡萄酒产量为86万t，资源条件已经趋于成熟，不少酿酒葡萄产区已经初具规模。例如：北京密云的爱斐堡酒庄，种植葡萄面积为6 000亩；河北昌黎的朗格斯酒庄，2 800亩；烟台的南山庄园，2万亩；新疆的西域酒庄，4万亩。随着葡萄酒的产业日益扩大，国人对葡萄酒的需求量增加，酿酒葡萄园的栽培面积也在稳步增长。以葡萄种植为资源，融入葡萄酒文化，必将大有作为。目前山东烟台率先发展酿酒葡萄园农业观光项目，并取得了不俗的成绩。

（2）促进农业观光产业发展。葡萄种植园观光园小微酒庄建设，应以葡萄生产为核心，在生产的基础上发展观光旅游。葡萄观光农业是以葡萄园种植为依托，不能为了农业观光而忽略其农业生产的本质。在20世纪美国农学家提出了生态农业的概念，并将其定义为生态上能够自我维持的低产出并与周围环境能取得平衡，同时在经济上具有生命力的为人们所接受的农业。如果认为葡萄园种植仅仅为了营造出农业氛围，为观光、休闲服务将葡萄生产摆在次要的位置，就是舍本逐末的做法，同时也与建设生态农园说倡导的"自我维持"的目标相背离。在葡萄栽培的基础上积极发展葡萄酒酿造产业，将葡萄酒的地域品牌与葡萄园结合起来，积极发展葡萄酒产业集群，推动葡萄酒产业向生态化集群化发展。其次，葡萄种植园的另一个主要功能就是在葡萄农业生产的基础上发展农业观光。葡萄种植观光园小微酒庄的规划设计，主要从空间引导和游览项目两个方面入手为游人提供引人入胜的游览项目和观光体验。合理安排游览路线，引导游人在园中分区进行游览，为其创造不同的游览体验。分析游人主要观赏点，并确定景观节点的位置，同时注重植物配置突出季相变化，营造出形式多样的空间。

（3）丰富产品多样性，提高农户收入。葡萄种植园建设小微酒庄，并利用现有的葡萄品种进行酿酒，能够丰富自身产品结构，同时有利于消化水果的积压。鲜食品种酿酒利于填补葡萄酒发展过程中品种和酒种的空白，有利于促进本土特色葡萄与葡萄酒的发展，有利于进一步开发、提升其市场价值，延长其货架期。鲜食葡萄可为消费者提供不同风格、不同品质的葡萄酒，也可作为冰葡萄酒的最佳选择之一，不仅能丰富葡萄酒种多样性，还能进一步满足消费者喜好和葡萄酒市场需求。此外，每年葡萄成熟季节来临之际，葡萄产量高涨，而价格急剧下降，同时，由于大量的葡萄来不及采摘，被浪费在田地里。如果将市场上过剩的巨峰、夏黑用于酿酒，不仅可以减少浪费，增加附加值，稳定和提高农户收入，还能增加葡萄酒的多样性，有利于葡萄和葡萄酒行业有序、健康的发展。

（4）满足顾客不同的体验需求。葡萄种植观光园的旅游者的心理需求如下：第一，回归田园，久居城市的人们，渴望在葡萄园中体验田园风光，远离都市的嘈杂，在葡萄园中放飞心情；第二，满足游人渴望了解乡村文化、葡萄酒文化的需求和猎奇心理；第三，学习新知，在设计中以实物与展板相结合的形式，为消费者提供了解葡萄种质资源、酿酒过程等的学习机会。以葡萄种植资源为基础，附加上形式多样的并且参与性强的观光游览内容，满足观光旅游者休闲、吃住、陶冶情操等需求的旅游形式。每年有数百万的游客来到远离城市喧嚣的葡萄园进行参观游览，游览风景如画的田园景观，住进田间农舍，与农民一起参与农业劳动，了解农业生产生活用具与设施，品尝地道的农家饭食并配以当地特色的葡萄酒作为佐餐饮品；体验如何采摘葡萄，学习如何自酿葡萄酒；了解葡萄酒的窖藏、品尝及鉴别优质葡萄酒的知识；体验葡萄酒美容项目；专门设有的教学农长，方便了游人在轻松愉快的氛围中了解有关葡萄种植、葡萄酒酿造及葡萄酒养生的知识。

# 第二节 葡萄酒酿造设备和原料

相比商业化、大众化、工业化生产的市售葡萄酒，小微酒庄可以采用简易的自酿设备节约建设成本，葡萄酒在风味、工艺等方面可以更为随性。原料方面，自酿葡萄酒以种植园生产的成熟度葡萄为原料，对葡萄的生长、采摘、成熟情况可以严格把握，可以通过控制原料的成熟度提升品质；风味方面，自酿葡萄酒以满足个人或家庭的小众化口味嗜好为目的，对成品风味要求相对宽松和自由；工艺方面，自酿葡萄酒以相对原始的手工操作方式为主，而非机械化的工业生产，可以对生产设备和原料的选择更加灵活自主。但是无论怎么选择，自酿葡萄酒承载着劳动者对健康与生活品质的期望，要求保证质量与安全并尽量保持酒体中的营养物质。小微酒庄可以简化葡萄酒的生产工艺，在设备、流程、工作量、条件控制等方面具有种植园的可行性，在保障酿酒成功率以及葡萄酒成品的一致性与稳定性的同时，尽量降低成本，节约开支。

## 一、葡萄酒酿造设备

### 1. 除梗破碎机

作为葡萄酒生产的主要原料葡萄，输送通常采用筐装、车装、带式输送机或螺旋输送机送入车间。葡萄输送到车间后，需经预处理破碎除梗。破碎技术要求是每粒葡萄都要破碎，籽实不能压破，果梗不能压碎；破碎时葡萄及汁不得与铁、铜等金属接触。葡萄除梗破碎机也叫葡萄破碎机，可以将整串葡萄果穗的果梗去除并破碎果粒，每小时可以处理 0.5~30t 的葡萄，有手动和电动两种驱动选择。如果调整破碎机的间距后，葡萄破碎的效果仍不理想，可以将破碎过的葡萄进行再次破碎，以保证破碎后的葡萄能更好地进行下一步的发酵。

葡萄除梗破碎机设备特点：螺旋定量进料，先除梗后破碎；适合多种葡萄品种（酿酒和鲜食品种）的脱粒，除梗口排出的果梗中带果较少；破碎装置下部可以安装输浆泵，葡萄破碎以后直接传送到发酵罐中。按照材料不同市场价格在几百元到上万元不等，人力驱动的较为便宜，处理速度很慢，建议购买电力驱动的除梗破碎机。

### 2. 发酵罐

发酵设备类型较多，酒庄酿造葡萄酒时会用到橡木桶、专业的不锈钢发酵罐，在家自酿葡萄酒的话，选择日常生活中容易得到的容器，如优质的玻璃罐、陶瓷缸或者不锈钢罐，也可以定制 1~5t 的专业发酵罐（图 13-1）。避免采用含铁铝的金属容器，发酵过程中的酒精和酸性物质可以将这些金属离子溶解到酒液中。

掌握发酵罐的清洗工序，清洗工作是消毒是否彻底的关键。耗时较长，用水量大。必须提前 1 天进行发酵罐的清洗和消毒：先用自来水冲洗 10~15 分钟，再用氢氧化钠（食用碱）溶液循环冲洗 20 分钟，然后用自来水冲洗 15~20 分钟，再用双氧水循环冲洗 20 分钟，待双氧水流尽，再用自来水冲洗 15~20 分钟。

配制 3% 的氢氧化钠溶液 50L：称取 1 500g 氢氧化钠放入水槽（注意：材质不能与 NaOH 反应或被 NaOH 腐蚀）中，用温水溶解至 50L，搅拌均匀。

配制 1% 的双氧水 45L：将 30% 的双氧水 1.5L
倒入水槽中，加水至 45L，搅拌均匀。

发酵温度是决定葡萄酒风格的重要因素之一。
因此，尽量选择带有温控冷凝装置的发酵罐，对发
酵罐的桶温进行记录，了解整个发酵阶段温度变
化。葡萄汁装入发酵罐后，将发酵罐的温度调到
26℃ 左右，每天早、中、晚 3 次记录温度的变化情
况，并保持这个温度。

3. 过滤装置

葡萄酒在发酵结束皮渣分离以后要进行过滤，
作用是去除酒体的沉淀和杂质，使酒液澄清，增加
稳定性。葡萄酒过滤机是葡萄酒以一定的压力通过

**图 13-1　不锈钢葡萄酒发酵罐（1t）**

某种密度的介质，达到澄清或灭菌效果的设备。设
备主要使用硅藻土过滤机、真空转鼓过滤机、超滤膜过滤机等。

如果不使用过滤机，也可采用蛋清粉，5～10g/100L 剂量加入酒罐中，充分搅动
10～20 分钟，混合均匀，静置。装满罐密封，蛋清粉会与酒液中的杂质结合沉降到底
部，1～2 个月以后，抽提上层清液即可。如果采用机器过滤，建议使用圆盘式硅藻土
过滤机，在全封闭的不锈钢抛光容器和卫生管路中进行，有利于达到液体的安全过滤和
清洗的卫生性要求，采用流量可调的隔膜式添加泵，卫生性好，而且过滤介质的添加量
更理想，过滤盘旋转采用电机+液力偶合器+皮带减速的传动。可用作啤酒、葡萄酒、
黄酒、白酒等方面液态制品的澄清过滤，过滤介质可选硅藻土、珍珠岩粉和活性炭。

4. 储酒罐

葡萄酒贮存器有四大类，即橡木桶、玻璃罐、金属罐（碳钢或不锈钢）和玻璃钢
罐。无论选择以上何种容器储存，都需要注意清洗消毒，清洗方式与发酵罐相同。此
外，葡萄酒保存过程中要将酒液装满容器，密封，隔绝氧气，低温储藏。

橡木桶：通常有圆形、椭圆形两种，容量较多，有 50～1 000L 等多种规格。由于
木质属多孔物质，可以发生气体交换和蒸发现象，可以给葡萄酒增加橡木、烟草、香
草、烘烤的香气。酒在桶中轻度氧化的环境中成熟，赋予柔细醇厚滋味。尤其新酒成熟
快，酒质好，是酿造高档红葡萄酒和某些特产名酒的传统、典型容器。缺点是造价高，
维修费用大，对贮酒室要求高，应在酒窖存放。

玻璃钢罐：玻璃钢属新型材料，具有较多优点，国外使用较多，国内现也有厂家使
用，容量有多种型号。重量轻强度高，并且运输、安装和维修方便。耐腐蚀性好、抗老
化、阻燃性好。

5. 灌装器具

现代化的葡萄酒生产厂需要购买一条完整的灌装线，由冲瓶机、灌装机、封口机、
贴标机、装箱机、封箱机、传送装置等设备组成。目前国内设备制造水平较低，国内新
建的葡萄酒厂大都从国外进口灌装设备。其核心设备为冲瓶机、灌装机和压塞机。国外
较先进的设备是将这三台机器组合成一体机，并将其封闭在配有空气消毒器的有机玻璃

罩中，整个过程实现了机电一体化自动控制。但是这条生产线价格昂贵，小微酒庄不建议购买。

## 二、葡萄原料以及酿造添加剂

### 1. 二氧化硫

二氧化硫在整个葡萄酒酿造过程中起着举足轻重的作用。二氧化硫具有杀菌作用，细菌最为敏感，在加入二氧化硫后，它们最先被杀死，其次是一些非酿酒酵母，酿酒酵母抗二氧化硫能力则较强；二氧化硫具有澄清作用，二氧化硫抑制发酵微生物的活动，推迟发酵开始的时间，从而有利于发酵基质中悬浮物的沉淀；二氧化硫具有氧化和抗氧作用；二氧化硫具有增酸作用，可以提供发酵基质的酸度；二氧化硫具有溶解作用，可促进浸渍作用，提高色素和酚类物质的溶解量。前处理阶段二氧化硫用量应综合考虑葡萄成熟度、质量状况以及发酵启动速度快慢等因素后，确定二氧化硫的合理使用量。

目前可以用到的产品有食品级的亚硫酸溶液、调硫片、偏重亚硫酸钾。不用太担心二氧化硫，只有过量时会对人体造成伤害。而二氧化硫含量一直属于葡萄酒检测中要严格监控的项目。每个国家对酿酒过程中能加入的二氧化硫最大限度都有专门的法律规定。根据我国的标准，无论是进口还是国产，葡萄酒含硫量标准都不能超过 250mg/L，甜酒为 400mg/L，比欧盟标准还要严格。在这个范围内，对 99% 的人都是安全的。

### 2. 果胶酶

果胶酶对葡萄本身所含果胶具有分解作用，果胶酶中含有的纤维素酶，对葡萄酒中的植物纤维具有分解作用。酒精发酵前或酒精发酵过程中添加浸提果胶酶能够促进果汁中的果胶和纤维素分解，使葡萄本身含有的色素、单宁及芳香物质容易被提取，增加出汁率。

果胶酶能够对葡萄汁中的果胶、葡聚糖及高聚合脂类进行分解，从而降低了葡萄汁的黏稠度，使葡萄汁中的固体不溶物的沉淀速度加快，有利于葡萄汁的澄清。用于葡萄酒的陈酿。一方面，由于果胶酶对压榨汁中的果胶及葡聚糖的分解作用，可以破坏并分解这些胶体，从而加速陈酿过程中葡萄酒的自然澄清速度；另一方面，这种特殊的酶制剂能够对酵母细胞进行破坏，从而加速酵母在酒中的自溶，加速葡萄酒与酵母一起陈酿的速度。

添加时间：除梗破碎完当天加入。

添加方法：固体果胶酶用约 10 倍的常温水充分溶解，投料入罐口均匀加入，用泵打入罐内，确保果胶酶与葡萄醪液混合均匀。

注意事项：果胶酶切勿与二氧化硫同时添加，必须分开添加以充分发挥果胶酶的效用；果胶酶切勿与单宁同时添加。

### 3. 酿酒酵母

葡萄酒的质量很大程度上取决于所选的酵母，应该选择使葡萄酒能展露出种植土壤、品种特性、品种香和发酵芳香的酵母。酿酒能够快速启动发酵，中性芳香，发酵温度范围广，挥发酸含量少。保持葡萄品种原有芳香特性，口感清爽和谐。

适宜的酵母菌种对果酒品质影响非常重要。自然发酵果酒因其使用的野生酵母对酒精、二氧化硫耐受度较低，生产出来的果酒品质往往不佳，而人工筛选酵母酿造出来的果酒具有较好品质。因此，大多数企业已由自然发酵方向转向人工筛选酵母方向，多使用酿酒活性干酵母或葡萄酒活性干酵母进行生产。国内酵母具有广谱性，因此适用于多种果酒的酿造。但单一酵母的使用会导致酒体风味平淡无感，而产香酵母、产酯酵母等的使用可缓解这种状况。

添加时间：入料结束循环均匀，葡萄破碎后静置12小时后加入。

活化方法：准备所需量的酵母重量，用10倍左右的1%白糖水或葡萄汁加水，调整温度到35~40℃，将酵母打开包装后缓慢加入培养液中，轻轻搅拌均匀，静置20分钟；然后缓慢添加葡萄汁将酵母活化混合液的温度降至发酵要求温度，在母液活力旺盛时自发酵罐顶部加入；最后用泵循环，使发酵母液与罐里的基质充分混匀。

4. 澄清剂

葡萄酒的澄清度是一个重要的质量指标，如果成品的葡萄酒浑浊或者具有沉淀物，那么消费者尤其是国内的消费者则不管产品的味感如何，会认为这款酒已经变质。所以，一款被认同的葡萄酒不仅要有良好的口感和风味，澄清度也是一个必要条件。虽然有些沉淀并不影响葡萄酒的内在品质和口感，但从葡萄酒企业生产和经营葡萄酒品牌角度来说，必须将之除去。

葡萄酒的澄清方法有自然澄清和人工澄清。自然澄清法是通过重力作用自然沉淀，然后经过转罐过程达到澄清效果，但耗时较长且无法保证不良胶体颗粒的完全沉淀。人工澄清又分为机械澄清法和下胶澄清法。机械澄清法通过机械过滤达到澄清的目的，但过大的胶体分子会使过滤困难，增大过滤成本。下胶澄清法是使用专业澄清剂，通过絮凝反应作用，将不需要的胶体去除。三种方法贯穿在葡萄酒的后处理过程中，其中下胶澄清法因其澄清效率高，操作性强，是目前最普遍采用的澄清工艺。

日常葡萄酒生产中常用3种下胶材料也就是澄清剂有皂土、明胶及蛋清粉。原理就是通过添加这些亲水胶体，使之与酒中的一些大分子蛋白质、胶体以及单宁、果胶、色素、金属复合物等形成絮状沉淀，与酒体分开将其除去，以达到澄清、稳定的目的。

# 第三节　葡萄酒酿造流程

自酿葡萄酒风格随性，产品的性质依操作者的口味及习惯而定，更易满足不同人群对葡萄酒的风格要求；采用纯手工操作，对工艺过程的细节处理更为细腻，如原料的逐粒筛选、自流酒与压榨酒的分离等，更有利于将葡萄酒的品质发挥到极致。然而，葡萄酒的自酿是一种民间自发的个体行为，生产者未经统一培训，酿酒水平参差不齐，是造成自酿葡萄酒成品质不稳定性的重要因素；自酿葡萄酒的纯手工操作工艺，而非机械化的自动控制，更增加了酿造过程中出现失误的风险。更为重要的是，对于自酿成品，多数酿造者一般选择直接饮用，而缺乏检验成品质量安全的条件和意识，为自酿葡萄酒的安全埋下隐患。因此，提升自酿葡萄酒品质与安全性的重点在于制定一套详细、清晰的安全操作规范（图13-2），以弥补自酿葡萄酒酿造水平、工艺缺陷及检测环节的缺失等带来的危害，使人们在享受自酿葡萄酒营养价值和饮用价值的同时，对自身的健康和安全负责。

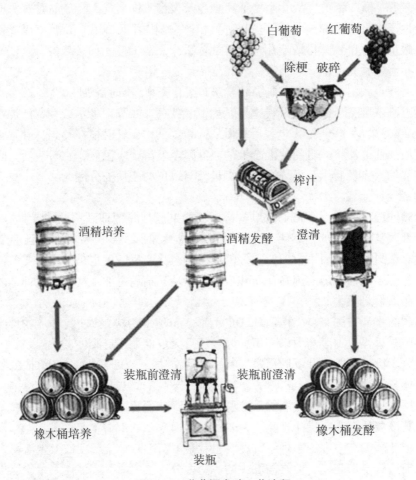

白葡萄　红葡萄

除梗　破碎

榨汁

酒精培养　　酒精发酵　　澄清

装瓶前澄清　　装瓶前澄清

橡木桶培养　　　　　　　　橡木桶发酵

装瓶

**图 13-2　葡萄酒发酵工艺流程**

### 一、红葡萄酒酿造流程

**1. 发酵前准备**

鲜食葡萄采摘前半个月不能打农药，防止酿酒时的农药残留。选择适合酿造葡萄酒的葡萄品种。对葡萄进行分选，破碎。挑出霉变、腐烂等不合格的葡萄。操作时尽量不要让葡萄脱落下来，避免多余的水分进入葡萄内。可以用低浓度食盐水冲洗，尽量滤尽水分。一般采用高压水枪进行冲洗。将冲洗的水配制为低浓度的食盐水，以达到对葡萄消毒的目的。优点是：冲洗效果好，用水量少，效率高，还可以兼顾到对葡萄消毒的功能。

准备发酵容器并清洗干净，可用玻璃罐、塑料桶，最好是小的不锈钢桶。消毒方式可参考本章第二节。

**2. 葡萄破碎**

去掉烂的葡萄，把葡萄从梗上去掉，轻微捏碎，装到发酵桶里，或者分批将葡萄倒入除梗破碎机，再将酒醪传送到发酵桶中，高度有桶的 2/3 即可，发酵时葡萄会上浮，防止溢出。葡萄采摘后要尽快破碎，破碎过程尽量要快，不要将果梗和种子弄碎，防止破碎葡萄与空气过多氧化。

3. 杀菌

上个步骤完成以后立即添加偏重亚硫酸钾杀菌，加入量为 50mg/kg，即 10g/100kg 葡萄的偏重亚硫酸钾。将偏重亚硫酸钾溶于凉开水（每 1g 溶于 8ml 凉开水），偏重亚硫酸钾与水化合生成亚硫酸，稀释后加入桶里。要充分与葡萄浆果混合。发酵前 $SO_2$ 浓度为 $30 \sim 50mg/kg$，陈酿时浓度为 $60 \sim 80mg/kg$，发酵中二氧化硫有损失，后期储存过程中需要继续添加偏重亚硫酸钾。

4. 添加果胶酶与酿酒酵母

在加入偏重亚硫酸钾后的 2 小时加入果胶酶，可以浸渍提取色素，促进口感，提高出汁率，使之快速澄清。1kg 用 45mg 果胶酶，将每克果胶酶溶解到 10ml 的凉开水中，搅拌 3 分钟制成果胶酶溶剂，加入桶中。

在加入偏重亚硫酸钾后 12~24 小时（防止偏重业硫酸钾杀死酵母）添加酵母，可以选择果香型浓郁的 D254.RC212D 等酵母型号。酵母需要提前活化，加入量为 20g/50kg 葡萄。40℃凉开水搅拌一下，加入少量葡萄汁，搅拌活化，经过 20~30 分钟酵母复活，直接加到葡萄汁中。注意这时容器口不能密封太严。

5. 加糖

最好在发酵刚刚开始的时候一次将糖加完（即测量完比重加入酵母以后），因为这时酵母菌正处于繁殖阶段，能很快地将糖转化为酒精，如果加糖太晚，酵母所需的其他营养物质已部分消耗，发酵能力降低常使发酵不彻底。添加方法：测量葡萄的含糖量，一般 17g/L 产生 1 度酒精，产生 12 度的酒精需要 210g/L 的含糖量。添加糖量 =（210-葡萄汁含糖量）×葡萄汁千克数。当容器内开始有气泡涌出的时候，说明发酵已经开始，保持瓶口不能太严，留有一部分空隙便于空气流通，可用纱布包扎瓶口。当皮渣漂浮在上层时，要每天定时搅拌两次，将皮渣下压，与酒体混合。

6. 发酵结束分离

一般情况下，发酵 5~10 天为酒精发酵，温度接近室温，酒体有明显的酒香或瓶内气泡已明显减弱，说明发酵结束，需进行皮渣分离。没有皮渣分离装置的发酵罐，可用纱布将酒体上部的皮渣和下部的酒泥、葡萄籽过滤出。只保留液体部分，然后自然澄清。自带有皮渣分离装置的不锈钢发酵罐，将酒液自流进储酒罐中。后续可以采用蛋清法澄清，蛋清粉 5~10g/100L，然后加入酒罐中，充分搅动 10~20 分钟，混合均匀，静置。装满罐密封储存 20 天以后，抽提上层清液即可。

7. 储存和灌装

储存前再加入 10g/100L 的偏重亚硫酸钾，酒液需要装满罐，密封容器（这时的葡萄酒怕接触空气氧化），避光，低温储存，一个月后倒罐，将底部沉淀物剔除再储存。

## 二、其他果酒的发酵工艺流程

果酒是以一种或多种水果为主原料，经酒精发酵、陈酿、澄清等工艺酿造而成的低度饮料酒。研究表明，果酒富含糖、酸、酯和多种维生素，以及增强免疫功能的多酚类化合物。日常饮用有助于预防贫血、动脉硬化及心脑血管等疾病。葡萄酒是我国主要的果酒产品，而其他果酒的生产则起步较晚，但发展迅速。果酒的品类已由过去的单一型向多样型发生转变，如樱桃酒、青枣酒、橘子酒、西瓜酒、山竹酒、枇杷酒、蓝莓酒、脐橙酒、苹果酒等。苹果、桃、梨等水果果酒酿造基本工艺流程如图 13-3 所示。

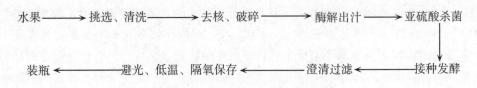

**图 13-3　其他果酒发酵工艺流程**

1. 原料处理

称取适量无腐烂无破损的同一成熟程度的水果洗净后去核，适当破碎，也可以匀浆处理。

2. 酶解出汁

加 0.1% 的果胶酶量后充分搅拌，经过室温酶解 12 小时左右。加偏重亚硫酸钾 10g/100L 以起到抑制杂菌和抗氧化作用，用糖度计测果汁含糖量，通过加食用蔗糖调整果汁浓度。

方法原理：一般含糖量 17~18g/kg 产生 1 度酒精，产生 12 度的葡萄酒需要含糖量为 210g/kg 左右的葡萄汁。测量葡萄的含糖量，根据含糖量差值添加食用蔗糖。

添加糖量按下式计算：

添加糖量（kg）=（210g/kg-葡萄汁含糖量）×葡萄汁质量（kg）/1 000

其中，葡萄汁含糖量单位为克每 kg（g/kg）。

3. 亚硫酸杀菌

添加食品级偏重亚硫酸钾杀菌，加入量为 50mg/kg，即 10g/100kg 葡萄的偏重亚硫酸钾，充分搅拌。

4. 接种发酵

可以选择果酒通用型酵母 D254. 果酒专用酵母 RW，加入量 20g/100L。40℃温开水搅拌一下，加入少量果汁，搅拌活化，经过 20~30 分钟酵母复活，产生大量气泡，直接加到发酵罐中。发酵罐预留 1/3 的空间，半密封扎口，当容器内开始有气泡涌出的时候，说明发酵已经开始，保持瓶口不能太严，留有一部分空隙便于空气流通，可用纱布包扎瓶口。每天定时搅拌两次，将皮渣下压，与酒体混合。

5. 澄清过滤

发酵 5~10 天为酒精发酵，酒体有明显的酒香或瓶内气泡已明显减弱，说明发酵结束，需进行皮渣分离。没有皮渣分离装置的发酵罐，可用纱布将酒体上部的皮渣和下部的酒泥、葡萄籽过滤出。只保留液体部分，然后自然澄清。自带有皮渣分离装置的不锈钢发酵罐，将酒液自流进储酒罐中。

6. 避光、低温、隔氧保存

采用蛋清法澄清，蛋清粉用量为 5~10g/100L，然后加入酒罐中，充分搅动 10~20 分钟，混合均匀，静置。装满罐密封储存 20 天以后，抽提上层清液即可。尽量在隔氧环境下，成酒存储于干净的不锈钢罐中，低温避光保存。

### 三、葡萄酒品质监控

理化指标包括：酒精度、总糖和还原糖、干浸出物、总酸和挥发酸、甲醇五项，检测方法按《葡萄酒、果酒通用分析方法》（GB/T 15038—2006）执行，每项指标需要重复 3 次取平均值。卫生检测指标为金黄色葡萄球菌、沙门氏菌，检测方法按《食品安全国家标准发酵酒及其配制酒》（GB 2758—2012）执行。

1. 葡萄酒以及果酒工艺注意事项

（1）原料。表皮易滋生杂菌、携带灰尘污垢等；种植过程中喷洒的农药残留可能超标；霉烂果粒及夹杂物；存放过程中受到污染。

（2）分选清洗。清洗不彻底，造成灰尘污垢、杂菌及农药残留污染；清洁用水不达标会引入污染物。

（3）破碎除梗。设备或工器具不清洁造成交叉污染；汁液溢出造成营养物质损失。

（4）装瓶。容器内壁清洗不彻底引起微生物交叉污染；容器选材不当与酒液发生反应引入有害物质；装罐量过多，造成氧气不足。

（5）加糖。用糖不合格引入杂质；加糖量不合适，影响成酒风味、酒精度。

（6）添加剂的加入。添加剂存放不当导致失效；添加剂不合格引入杂质；添加剂用量不当构成食品安全问题。

（7）发酵过程。温度控制不当造成杂菌与不良成分，如挥发酸的产生；设备或工具不清洁造成交叉污染；因原料品质问题降低成酒品质；操作不当产生有害产物。

（8）压帽、分离。设备或工器具不清洁造成交叉污染；操作不规范影响成酒品质。

（9）换气。换气不及时，二氧化碳不能顺利排放，造成爆罐；澄清不彻底酒体浑浊；过滤介质不清洁造成交叉污染。

（10）贮存。容器不洁净引入污染物以及虫蝇飞入；容器破损引入杂质；操作不当导致葡萄酒氧化。

2. 葡萄酒、果酒酿造操作规范的建立

在上述工艺基础上，为保证自酿葡萄酒和果酒的品质与卫生，针对葡萄酒和果酒在风味、工艺流程、成本要求等方面的特点，特意建立操作规范。

（1）场地要求。自酿葡萄酒生产所涉及的全部区域应无毒害、无污染，不得危害葡萄酒生产的卫生安全。生产操作区域应具有一定的操作面积，保证生产活动的顺利进行。生产开始前应对操作区域进行清洁整理，去除浮沉及污垢。自酿葡萄酒贮存区域应无阳光直射，通风透气。环境温度应保持稳定，最佳温度为 10~15℃，可接受温度为 5~20℃。

（2）人员要求。参与自酿葡萄酒生产操作的人员应熟练掌握自酿葡萄酒的酿造原理及操作技术，具有一定的劳动能力，无传染性疾病。保持良好的个人卫生、衣着整洁。生产过程中应保持双手洁净，不得有妨碍生产操作的行为。

（3）设施管理。凡与葡萄酒接触的容器、用具均应无毒、不吸水、易清洗、无异味且不与酒液发生反应，不得选用金属及塑料材质的容器盛装酒液，建议使用具有磨砂口及瓶塞的玻璃罐作为发酵容器，如贮存期超过 6 个月，可选用葡萄酒专用橡木桶作为陈酿容器。盛酒容器及用具使用前后应彻底清洗并热烫消毒，有条件的可使用高度白酒或医用酒精冲洗或浸泡。容器及用具清洗后，置清洁干燥处彻底风干，不得存留水分。

（4）物料管理。

原料：选作酿酒原料的葡萄应新鲜、成熟，无霉变腐烂及夹杂物。采购的原料，应独立存放，避免与污染物接触。

加工助剂及添加剂：自酿葡萄酒生产过程中允许使用的加工助剂及添加剂包括亚硫酸及盐类、明胶、单宁、硅藻土、酒石酸、山梨酸钾、二氧化碳、柠檬酸、白砂糖、果胶酶、皂土、纤维素、焦糖色素等，根据实际需要选择使用。加工助剂及添加剂种类与用量应在《食品安全国家标准食品添加剂使用标准》（GB 2760—2014）范围内，不得使用工业级产品；加工助剂及添加剂应选择具有质量保证的正规产品，并按规定计量使用。加工助剂及添加剂应按规定贮存，避免污染、变质及失效。

（5）生产过程控制。

原料处理：原料葡萄从采收或采购到破碎加工，不得超过 24 小时。葡萄清洗用水为普通自来水，要求水质澄清透明、无色无味，清洗应采用冲洗方式，不得过度搓洗，以保留表皮自带的发酵菌种。葡萄颗粒的分离过程应使用剪刀，不得撕扯，避免果实破碎造成汁液损失，分离过程中去除生青、霉变颗粒，避免引入杂菌及不良风味物质。白葡萄酒酿造，浆果的压榨分离应在破碎后马上进行，以减少葡萄汁的氧化、污染，压榨过程中不得使果梗及籽粒破碎。破碎后装罐量不超过容器容积的 75%。

葡萄汁的处理：为提升葡萄酒品质，可添加二氧化硫或其代用品，如亚硫酸、偏重亚硫酸钾等，参考用量为每千克葡萄添加 35mg 二氧化硫。葡萄酒澄清剂可选择市场采购的果胶酶、皂土、硅藻土、明胶等，按产品规定剂量及方法添加，若选择鸡蛋清作为澄清剂，参考用量为约 30kg 葡萄添加一个鸡蛋清。葡萄酒加糖可选用白砂糖、蔗糖，红葡萄酒也可添加红糖进行提色，所加糖应符合相关质量要求，加糖方式采用二次加糖法，先以适量葡萄汁常温完全溶解糖分，再与酒体充分混匀，加糖量依个人口味决定，参考添加量可按以下公式计算：加糖量（g）= 17.0×葡萄汁体积（L）×（成酒酒精度-葡萄汁潜在酒精度）。酸度调整过程中允许使用乳酸、苹果酸、酒石酸、柠檬酸，用量依个人喜好而定。

发酵过程控制：发酵过程中使用的酵母菌可为葡萄自身携带的天然酵母，为了避免杂菌感染，保持成酒健康与稳定，可使用葡萄酒专用活性干酵母，使用时应先以适量葡萄汁常温完全溶解酵母，再与酒体充分混匀。为促进发酵，防止发酵意外终止，可加入酵母营养液、酵母菌皮等，用法与用量均应符合产品规定。定期测量酒体温度，温度过高时可采用冷水喷淋降温，温度过低可采用泡沫包裹或吹热风方式保温，有条件的可利用空调或酒窖，尽量保持酿造过程中温度的恒定。原则上，前发酵时间不少于 5 天，后发酵时间不少于 30 天，操作者可根据发酵情况进行调整，可适当延长陈酿时间以提升葡萄酒品质。前发酵过程中，每天至少进行两次压帽，将上浮皮渣压入酒液中，以使营养物质浸提充分。后发酵的前 6 天应进行两次放气，可保证发酵所需的溶氧量，且能防二氧化碳过多发生爆罐。至少应在酵母加入后及前发酵结束时分别进行一次倒罐，有条件的可每两天一次，有利于促进散热及酒体均匀，倒罐采用虹吸方式，将酒液转移至另一洁净容器，装罐量不超过容器容积的 75%。残渣过滤可使用经蒸煮消毒的多层纱布，建议将过滤所得的压榨酒与虹吸后的自流酒分开存放，避免压榨酒对自流酒品质造成影响。

# 第四节　葡萄种植园小微酒庄的建设与规划

## 一、葡萄种植园小微酒庄特点

葡萄种植园小微酒庄具有葡萄酒生产和文化观光旅游功能，是一种集工业、农业和观光旅游于一体的产业综合体。如何建立标准的葡萄园，选择合适的品种、酿造技术流程和酿造设备，打造葡萄酒独特口感，以及提升整体环境。而非建设大型酒厂，批量化生产葡萄酒，而是保留和吸收葡萄酒所在地复杂多变的自然环境，因地制宜，打造具有独特气质的小微酒庄。景观建设中，要体现个性和思想，对种植园的旅游创意进行宣传，吸引葡萄酒爱好者和普通民众参观有着积极的推动作用。

葡萄种植园小微酒庄除了以种植葡萄、酿造葡萄酒为目标，其另一功能就是观光旅游。葡萄酒生产不仅能对葡萄园起到宣传作用，为周边居民提供农业休闲旅游的场所，更多是为葡萄酒爱好者和普通民众提供了解葡萄文化、游览葡萄园风光、时尚与个性的参与式消费体验的机会，同时带动了周边村镇的经济和文化发展。

## 二、葡萄种植园小微酒庄特色项目

1. 体验葡萄种植园风光

葡萄种植区与林木种植相结合，勾勒出交通的田园画卷。绿树丛林掩映下的当地特色建筑，与田园风光交相辉映，相得益彰，让人心旷神怡、流连忘返。游客在此可以亲身参与葡萄的耕作，特别是在葡萄结果期和酿酒期，会吸引大批游客前来体验葡萄采摘。

2. 参与酿酒、体验酒文化

可以边参观小型发酵、装瓶车间，亲眼看到葡萄从榨汁、发酵、存到装瓶的整个流程。也可以亲手采摘葡萄进行酿酒，并购买回家品尝自酿。

3. 餐饮与购物

游客能品尝到自己所生产的特色葡萄酒，并结合当地特色餐饮和烧烤，将美酒与美食巧妙地搭配在一起，增加种植园营业收入。

## 三、葡萄种植园小微酒庄建设和规划

人们对葡萄酒质量与酿酒葡萄的关系有过这样的描述："优质葡萄酒是种出来的。"

酿酒葡萄种植园的首要功能是为酿造优质葡萄酒提供大量新鲜、无污染、无病害的酿酒葡萄。优质的葡萄酒酿造生产区应保证葡萄农业生产的这个大前提，而后发展观光农业营造相关园林景观。葡萄园从最初的选址建园到生产出优质的酿酒葡萄需要几年甚至是十几年的时间。这就要求葡萄园与设计精诚合作，做好葡萄园的短期与长期规划。园区应按照预先制定的规划选择酿酒葡萄品种和栽植面积，确定最佳的葡萄栽培模式，逐渐达到生产葡萄酒目标。可以在园区建立 2 年左右的时候筹建酒庄，先期采收少量的酿酒葡萄酿造佐餐酒，在葡萄生长 5 年左右的时候，开始酿造品牌葡萄酒。以美国加州索诺玛葡萄园为例，在长达 10 年的葡萄园建设过程中，景观设计师参与了包括场地分析、规划布局到酿酒葡萄栽植与相关建筑设计在内的葡萄园建设策划与施工，保障了葡萄园从理念到实践整个过程的顺利实施。

景观设计加入到葡萄园的规划设计中，主要目的是基于以下两个方面的考虑：第一，合理的葡萄园布局，将适宜的葡萄品种与地块联系起来，增加其观赏特性；第二，为了吸引更多的游客观光，葡萄园管理者采纳风景园林设计的建议，在增加旅游项目的同时强化葡萄园的观赏性。例如，举行葡萄酒节、旅游周、音乐节等促进葡萄酒旅游的项目。

葡萄种植园小微酒庄可以从三个方面展示葡萄栽植、葡萄酒酿造的相关知识。第一，葡萄种质资源丰富，其中优质的酿酒葡萄种类如赤霞珠、梅露辄、霞多丽等，鲜食葡萄巨玫瑰、阳光玫瑰、摩尔多瓦等，还可以种植造型奇特的葡萄品种如美人指、金手指、甜蜜蓝宝石等。第二，从事葡萄的生产是葡萄文化的又一物质载体，葡萄种植园中可以开发地块专门邀请游人参与到除草、施肥、摘心、绑蔓等葡萄田间管理的工作中，满足游人从事农田劳作的内心需求，亦可是认领一块葡萄田地，体会耕读的乐趣。第三，向游客开放酿酒生产间，展示葡萄酒的酿造流程和工艺，开阔游客的视野，满足其对酿酒知识的渴求。

### 四、葡萄种植园小微酒庄功能分区

功能分区是葡萄园区用地依据性质和游客的行为进行空间区划。合理的功能区划对组织酿酒葡萄园内的农业生产和满足游客的吃住、游憩、娱乐、购物需求有着重要意义。功能分区并没有确定的模式，功能区划可依据项目的具体情况进行调整。葡萄种植观光园和小微酒庄的功能区划如下。

（1）葡萄种植区。规划区域面积 50%～70%，主要用于优质葡萄采摘和种植。保障园区的葡萄种植生产，为观光园提供田园景观大背景。

（2）葡萄观赏区。规划区域面积 10%～20%，主要用于葡萄品种多样性展示，葡萄不同设施栽培，不同架势栽培展示。让游客欣赏到多样的葡萄园风光，增长葡萄种植知识。

（3）小微酒庄区。规划区域面积 5%左右，主要用于葡萄酒酿造车间、酒窖和灌装车间及配套设施。让游客参观或动手参与葡萄酒酿造工序，了解葡萄深加工的过程。

（4）产品销售和餐饮区。规划面积 10%左右，主要用于鲜食葡萄采摘与销售、葡萄酒销售以及农家乐餐饮、野炊烧烤等活动。在此游客可体验农业生产，购买相关葡萄与葡萄酒等产品。

（5）服务保障区。规划面积 5%左右，主要用于停车场、住宿或者卫生间等建设，是园区的后勤保障区。

# 第十四章　果品营销策略

## 第一节　果品市场调查

### 一、市场调查的概念

广义的市场调查是指以科学的方法和手段，收集、分析产品从生产到消费之间一切与产品销售有关的资料，如产品的生产、定价、包装、运输、批发、零售以及产品宣传情况、销售策略、渠道和市场开发情况，乃至社会政治经济形势等。狭义的市场调查是指以科学的方法和手段收集消费者对产品（或服务）的意见，以及购买情况、使用情况和产品（或服务）销售情况等信息的工作。市场营销的关键是发现和满足消费者的要求。为了判断消费者的要求，实施满足消费者需求的营销策略计划，生产经营者就需要对消费者、竞争者和市场上的其他力量有深入的了解。

在市场经济条件下，为了适应市场的变化，企业越来越重视市场调查工作。通过市场调查，可以科学地、系统地、客观地收集、整理和分析市场营销的资料、数据、信息，使企业能够制定有效的市场营销决策；通过市场调研可以发现新的需求和机会，及时地开发出新的产品去满足这些需求；通过市场调查可以掌握企业竞争者的态势，使企业在竞争中知己知彼，保持清醒的头脑，才能永远立于不败之地；通过市场调查，还可以了解到宏观上的国家政策法律法规的变化对企业发展的影响，预测未来经济走向，抓住发展机会。随着经济全球化，市场竞争加剧及消费者消费意识的提高，生产经营者需要掌握更广泛的各种信息，需要对消费者的消费习惯和趋向有更准确和更深入的了解，并以此为基础对营销策略和工具有更深层次更快速的了解和反应。因此，搞好市场调查，对生产经营者的成败具有重要意义。

市场调查的结果是经过科学方法处理分析后的基础性数据和资料。调查中发现的问题、受到的启示以及有关的建议都应在报告中提示，以帮助管理决策部门利用这些信息并做出相应的反应或行动。

### 二、市场调查的程序

市场调查是一个科学性很强、工作流程系统化很高的工作。它是由调研人员收集目标材料，并对所收集的材料加以整理统计，然后对统计结果进行分析以便为生产经营者的决策提供正确的预测的方法。市场调研必须围绕一个主题进行，它的工作组成必须依照严格合理的工作程序，具体来说，它包括提出问题、调查收集材料、分析预测问题三个部分。

第一步：发现和提出问题

市场千变万化，同时又具有一定的时间与空间上的稳定性。因此一个企业要做到了解市场内外因素的变化，只有对市场情况进行必要的了解，才能制定出恰当的企业经营战略决策。

对于水果生产经营者来说，一般准备市场调查时，多数是其准备进行重大的投资决策，或者市场营销的调整，或者遇到重大的问题并想知道其问题的最后来源。所以，在分析问题时，可以从以下几个方面来进行：①分析水果生产经营者的现状。弄清其目前面临的市场问题是什么，以及发现此类问题应采用的相应措施。②水果生产经营者可能存在的潜在的问题，这种问题难以发觉，需要细致的观察与分析。③策划新市场，预测可能遇到的问题。④在众多影响市场的问题中，哪些问题值得分析。生产经营者希望的未来市场。

在市场问题明确后，将可以协助拟定市场调查框架，并明确市场调查所达成的目标，以及所采用的相应的营销策略。

第二步：确定调查的课题

首先，根据上述分析的市场问题确定收集资料的范围，包括：市场状况、行业的内外环境资料、市场的总体趋势，从而对市场宏观走向进行分析；企业内部环境分析。包括企业市场营销的架构，企业对于市场变化的应对情况，产品、价格、渠道、促销、服务体系等；产品变化情况，了解产品与竞争品之间的优劣势，并了解企业内部人员（如生产部门和营销部门）的意见，与外部人员（如经销商）和与企业有一定合作关系的企业（如原料供应商）对企业经营的观点等；消费者对于企业经营与产品的看法。

然后，确定调查课题。经过材料的收集，对于所调查的问题更加明朗，由此可以初步确定调研的课题，确定调研课题有以下几个要求。

（1）明确市场营销的关键。

（2）搞清问题的所在。

（3）明确通过调查而获得的数据，是管理层依据数据得出结论的依据。

（4）明确调查的技术和准确度要求。

（5）所得调查结论应该含义清晰。

第三步：市场调查设计

市场调研设计包括以下几个方面的内容。

（1）确定市场调研的目的。在确定调研课题开始，就必须根据营销人员与企业管理的反映，发现问题，从而在调研设计阶段明确调研的目的。

（2）确定数据来源。是一线调查资料数据还是二手资料，抑或两者的结合。对于第一手资料，应该初步确定调查人员的范围，如果需要第二手资料，则需要确定收集的方向和收集方法。

（3）确定调研方法。调研的方法包括：观察法、访谈法、问卷法、网上调查法等。

（4）选择调研人员。调研人员应善于在市场调查过程中，根据情况的变化而随时修正自己的访问内容，但同时掌握调研的根本目标不变，这就要求调研人员具有一定的专业知识和丰富的市场实践能力与问题整合能力。

（5）选择调查样本。明确调查的范围、样本的数量和特征以及抽样方法。

（6）预算经费并作出时间安排。调研工作总是需要花费一定的时间和资金，因此必须做出预算，进行成本效益分析，以决定调研工作是否有必要进行。

（7）制订调研计划。制订调研进度计划，并按照进度计划时间表进行调研实施。

### 三、市场调查方法

市场调查是企业取得良好经济效益的保证。但只有恰当地掌握好市场调查的方法，才能更好地获得准确的信息资料，使市场调查真正成为企业制定生产经营决策的重要依据。水果市场调查的方法有多种，主要有如下方法。

1. 观察法

由调查人员亲临现场，对调查对象直接进行观察、点数、检验、测量，以取得所需要的资料的一种调查方法。此法可以获得大量真实的第一手资料，能够保证所搜集的资料的准确性。如在调查水果的收获量时，调查人员亲自到达田间地块，进行实地采摘并实测。观察法的局限性在于，一是应用范围有限；二是花费较多的人力、物力和时间，工作效率不高。

2. 访谈法

由调查人员向被调查者提出所要了解的问题，然后根据被调查者答复来取得所需信息的一种调查方法。采访是一种口头交流式的、面对面的调查方法，访问者可以通过问、听、看及时分辨真假，并当面追问，以提高信息的可靠性，因此，这种方法应用较为普遍。访谈法可根据被采访人数的不同分为个别访问和开调查会两种方法。其中，开调查会是召集了解情况的有关人员，以座谈会的形式对被调查者提问并开展讨论和分析，以取得有关信息的方法。由于参加人员较多，会议时间有限，因此，会前一定要认真做好准备，要明确会议的主题，否则就不能取得好的效果。

3. 问卷法

指调查者运用事先统一设计的问卷向被调查者了解情况，利用书面回答问题的方式搜集资料。问卷法是一种间接的、书面的访问，调查者一般不与被调查者见面，而由被调查者自己填答问卷。其优点是省时、省力、匿名性强，可减少调查者的主观因素的影响，因此，具有广泛的适应性。问卷法的缺点在于回复率低，质量难以保证，而且它要求被调查者有一定的文化水平。

4. 网上调查法

网上调查是利用现代信息网络来收集有关信息的方法。它通过网络向被调查单位和个人的网站发出调查提纲、表格或问卷，被调查者将在他们方便时亦通过网络向调查者发送信息，回答问题。网上调查在20世纪90年代开始流行起来，并迅速发展。与传统的调查方式相比，网上调查法有其独特的优点，如需要经费较少；能在较大范围内进行调查；传播快速；调查结果客观性较高；信息质量易检验和控制等。因此，这种方法符合市场经济追求经济效益的原则。但此法也有其缺点，如被调查者往往事不关己高高挂起；有些被调查者不负责任胡乱填写等。

### 四、市场调查报告

在市场调查结束之后，调查人员要在对调查问卷进行汇总、分析的基础上写出调查报告，以便于领导决策。市场调查报告是经济调查报告的一个重要种类，它是以科学的方法对市场的供求关系、购销状况以及消费情况等进行深入细致地调查研究后所写成的书面报告。其作用在于帮助企业了解掌握市场的现状和趋势，增强企业在市场经济大潮中的应变能力和竞争能力，从而有效地促进经营管理水平的提高。

市场调查报告可以从不同角度进行分类。按其所涉及内容含量的多少，可以分为综合性市场调查报告和专题性市场调查报告；按调查对象的不同，有关于市场供求情况的市场调查报告、关于产品情况的市场调查报告、关于消费者情况的市场调查报告、关于销售情况的市场调查报告以及有关市场竞争情况的市场调查报告；按表述手法的不同，可分为陈述型市场调查报告和分析型市场调查报告。

与普通调查报告相比，市场调查报告无论从材料的形成还是结构布局方面都存在着明显的共性特征，但它比普通调查报告在内容上更为集中，也更具专门性。

调查报告首先必须要有针对性，须从生产经营活动中急需解决的各种问题出发，有针对性地进行调查研究之后所做的书面回答。其次，调查报告必须有真实性。客观事实是调查报告赖以存在的基础。写调查报告，从调查对象的确定，到开展调查活动，从对问题的分析研究，到提出解决问题的途径，都要以大量的充分确凿的事实作为依据。真实是调查报告的生命线。再次，调查报告必须有典型性。调查报告的典型性表现在两个方面：一是调查对象典型；二是报告中所运用的材料典型。最后，要注意调查报告的时效性。调查报告回答的是当前工作中迫切需要解决的问题，它的时间性很强。因此，写调查报告，从调查研究到定稿的各个环节都要抓紧时间，否则，"时过境迁"，就失去了指导意义。

# 第二节　水果市场预测

### 一、水果市场预测的重要性

关于水果市场的预测，历来有可预测和不可预测两种争论，而且看来各有其道理。可预测者立足的是水果市场的规律性，不可预测者强调的是气候灾害的不可预知性和生产者的非理性。

1. 市场行情与生产收益息息相关

由于水果的商品价值最终要在市场交易中实现，所以水果生产的收益大小还是要看市场行情的"脸色"。相信果农朋友对这一点都有较多的体会，如行情不佳有时丰产也不丰收，而行情好时即使减产也能有相对好的收益。因此我们就要努力争取生产"市场短缺而行情好"的品种，避免生产可能过剩的品种。那么什么品类行情可能好，什么可能过剩呢？这就需要通过市场预测进行判断。

2. 水果市场行情的波动性

水果价格受到季节性波动因素影响较大，波动频繁、波动幅度较大是水果市场行情的基本特点，这说明了水果市场供求的多变性，也进一步体现了对水果市场行情预测的重要性。

3. 水果生产存在较高风险

水果生产存在着明显的不可逆性和供应反应滞后性，一方面水果价格上升弹性远大于价格下降弹性，因为中国水果确实受固定要素投入的影响，果农面对价格下跌而不能及时调整产量，从而导致供应过剩，水果价格暴跌；另一方面由于水果生产周期较其他农作物长，从扩大果园面积到形成产量，平均要 4 年以上，因此，水果生产存在着较高的风险和不确定性。做好水果市场预测，指导果农进行有的放矢的生产很有必要。

## 二、水果市场预测的途径

市场预测对水果经营效益有着决定性的影响，那么如何才能做出相对正确的预测呢？我们认为，丰富的信息和对信息的科学分析是正确预测市场的基本前提。具体对水果经营来说，由于所处环境的不同，生产者、经销者和市场管理者等获取信息的条件、方式和占有的信息量有很大的差别，所以市场预测的途径也不同。但正如"条条大路通罗马"一样，无论是权威的宏观信息还是直接的微观信息，无论是信息的综合分析还是经验判断，只要信息客观，思维正确，都有可能得出对市场预测的正确结论。

1. 宏观信息分析

宏观信息是指在一个较大范围的市场上和较长时间内有关水果生产、经营、消费的相关信息，如全国水果的生产面积及年增减情况、国际市场水果产品的年贸易总量及其变化、我国家庭水果消费支出的演变趋势等。对这些宏观信息的分析可以帮助我们对未来大市场水果供求的演变做出基本性预测。

权威性的宏观信息一般可以通过以下途径获得：①查阅政府的相关文件。目前政府的许多文件已通过网络公开化，上网通过相应的搜索程序就可以获得。②咨询相关的专业机构。如当地政府的水果产业管理部门、大中专农业院校的水果营销研究教师及专业的水果研究所等。③通过相关媒体获得。如电视新闻、报刊、网络，像农业农村部主办的"中国农业信息网"这方面信息就较为丰富和全面，其中有关水果市场的信息主要集中于"批发市场"和"分析预测"等栏目。

宏观信息分析需要注意的问题：一是获取的信息必须是权威性的。权威性的信息通常要通过权威性的平台获得，小道消息和非正式出版物的信息不要轻信。二是分析的结论要运用自己的经验给予比较。由于公开化的宏观信息都有一定的滞后性，所以依此得出的结论要结合自己的感知给予确认。三是要找到水果市场总体趋势与自己经营品种之间的联系。一个具体品种的市场形势与大的水果市场形势并不一定同步，所以经营者一定要找到自己经营品种与水果大市场之间的同质性和差异性。

2. 微观市场调查

微观市场是指具体范围内的水果市场或一个具体水果品种的供求市场。由于身临其境和直接的生产经营，这方面的市场信息我们可以通过相应的市场调查获取。微观市场调查可以帮助我们对当地水果市场和与自己直接生产经营的水果品种的今后一段时期内的供求走势做出判断。

微观市场调查可采用访问、观察和发放调查表等多种方式进行。这方面需要注意的问题：①对自己调查的主题要心中有数。如最好能围绕调查目的梳理出几个固定的问题，通过向不同的调查者反复提问，从而获得一些共同性的信息。②尽量保证调查信息的客观性。如不要对调查者进行诱导性提问，不要反驳调查者的观点，访问的对象尽量广泛并要有代表性。③对微观市场调查可能的偏差要进行必要纠正。由于直接调查的信息局限于一定的范围和一定的人群，仅仅依此对市场进行判断可能会有一定的片面性，为了克服这一弊端，可以通过与相关权威性的宏观信息比较，权衡后得出稳妥的结论。

3. 媒体预测鉴别

媒体预测是指相关的专业性报纸、杂志、电视、网络等所发布的有关水果市场未来一定时期发展走势的信息，或者是有关专业人士发表的相关水果市场的分析文章。应该说，这类就综合信息分析加工后形成的市场认识是帮助我们对未来水果市场进行判断的有效而简捷的途径。但是，由于现实媒体平台的良莠不齐和分析者主观偏差等方面的原因，对这些媒体的预测信息还有必要进行一定的鉴别。主要应注意以下几个方面：①发布预测媒体的权威性。一般来说，国家级媒体的权威性高于地方级媒体，专业性媒体的权威性高于大众性媒体，正式出版物的权威性高于非正式出版物。②预测信息的时效性。信息的采集、整理、分析需要一个过程，经过媒体刊发也需要一个过程，所以一些预测信息往往可能滞后于市场现实。因此对这些信息要通过与现实市场情况的比较给予鉴别。③分析预测者的主观偏差。中立性、利用材料的新鲜性和思维的正确性是保证市场分析类文章观点正确的前提。以此判断，就主观偏差性而言，专家学者的客观性高于政府管理者，政府管理者的客观性高于水果（种子）经销商。

4. 同行言行观察

语言和行为是人们内在思想的外在表现，通过对水果从业同行言行有目的地观察，我们也可以获取有关水果市场未来走势的相关信息。由于有一定的竞争关系，一些水果生产经营者对未来市场的一些真实认识并不一定会完全通过语言给予流露，但其行为的特点肯定会表露出真实的思想。观察可以重点从以下方面进行：①对某类水果生产效益的认识。如果更多的同行觉得生产该种水果的比较效益还可以，说明下一轮生产的规模会进一步扩大，未来市场出现供不应求的机会很少。反之，则可能会有良好机会出现。②投资积极性、趋同性观察。如果一个同行对生产某类水果投资的力度一下大大高于上一年度，说明他对该类水果未来市场的认识是明显偏好的。如果更多的同行都有类似行为，说明下一轮市场该种水果的供给量有明显增大的可能，这时就需要冷静思考，避免自己生产行为的趋同。③生产过程观察。即使同一水果品类的生产，采用大棚技术、利用不同的茬口安排也会对产出效益构成影响，可以通过对同行育苗、栽培等过程的观察，确定对自己更为有利的茬口安排。另外，在水果生产的过程中，受市场行情、灾害性天气等意外因素的影响，部分同行对于水果的管理行为会产生产前产中的一些微妙变化，通过对这些的仔细观察，也能发现一些可以利用的市场机会。一般地，越是在大部分生产者信心下降的情况下，只要不懈地坚持，也可能会有特别的回报。

5. 果苗销量跟踪

果苗销售量决定水果的生产量，因此学会对果苗销量及销售方向的调查和跟踪，也会帮助我们对未来市场某类水果的生产量情况做出相应的判断，如某一品类果苗的销售量在当地突然增大或不正常地减少，说明该类水果下一轮的生产可能出现规模急剧扩大或大幅减少的情况。但是，由于某一类果苗销量的真实情况只有果苗经销商掌握，考虑到相应隐私性的存在，一些真实的情况并不一定能直接询问获得。这方面一些间接的信息可以帮助我们进行判断：①果苗价格。在果苗繁育地没有特别受灾的情况下，如果一个品类的果苗销售价格比上一年度有明显上涨，说明销量是明显增加的。②果苗销售流向。如果有更多的非传统种植户购买了该类果苗，说明本轮的果苗销量是特别增加的。③观察果苗商的行为。如果在购买该果苗时，经销商多言果苗紧缺，服务的态度也比往年有所下降，说明该果苗本年的销量一定是增加的。

6. 行情曲线利用

水果的行情曲线是该类水果市场供求形势的基本反映，一般常用的为年行情曲线。通过水果的年行情曲线不仅可以看到某一类水果一个年度的行情变化，而且通过连续叠加的几年行情曲线，还可以看到近年该类水果年际间行情演变的趋势，并利用"年际行情差异化"特点推理出来年该类水果可能的供求走势。有关水果年行情曲线的信息可以通过相关农业网站搜索获取。

# 第三节　水果品牌建设

水果牌子并不等于水果品牌。牌子只是这个产品的一种称呼，而品牌则包含与牌子相关的商标、图样、包装及产品质量规格和相关的服务。奇异果是从国外进口的猕猴桃，这种水果最先是国外从中国引进种植改良后又卖到中国的，其口感、质量和国产优质猕猴桃相差不大。但其价格却高出国产猕猴桃很多，这就是对水果进行品牌管理的问题。

## 一、水果品牌建设

建设品牌，首先要做品牌战略规划。战略决策指引品牌建设的方向。它主要包括如下决策环节：品牌定位、品牌名称选择、品牌持有者、品牌发展。

1. 品牌定位

给水果品牌一个正确合理、独具个性的品牌定位，更容易获得免费传播机会，在一定程度上对降低品牌塑造成本是大有裨益的。进行水果品牌定位，需要结合水果企业现状和战略远景、行业现状以及社会发展的总体趋势来进行综合分析。要认真分析水果的历史文化、口味特征、规模产量、种植条件、生长规律等，然后仔细研究相对应的竞争对手，找出自己与他们竞争的优势和劣势，以及所处环境的机会和威胁，系统地加以分析，确定水果正确合理的品牌定位。

任何水果在任何地域的存在都有其适合生长的特点，水果的相关企业决策者和地方政府要善于挖掘地域文化与水果之间的联系，结合自己地方水果的特性为水果进行正确定位。常用的定位策略如下。

（1）消费者利益定位。品牌可以通过将其名称与消费者期望的利益相连来更好地定位。如将水果的某些药用价值或美容保健价值定位，赢得消费者关注。

（2）消费群体定位。水果消费大致有四种趋势：一是居家日常消费型；二是节日礼仪消费型，如节日馈赠水果佳品；三是休闲消费型，如外出携带便捷型；四是水果美容保健型。区别不同的消费者来细分市场，为水果进行品牌定位。

（3）情景定位。情景定位是将品牌与一定环境、场合下产品的使用情况联系起来，以唤起消费者在特定的情景下对该品牌的联想，从而产生购买欲望和购买行动。雀巢咖啡的广告不断提示在工作场合喝咖啡，会让上班族口渴、疲倦时想到雀巢；喜之郎果冻在广告中推荐"工作休闲来一个，游山玩水来一个，朋友聚会来一个，健身娱乐来一个"，会让人在这些快乐和喜悦的场合想起喜之郎。

（4）比附定位。即傍名牌。一些不知名的水果在市场初期，可以借名牌之势来定位自己。承认同类中某一领导性品牌，本品牌虽自愧弗如，但在某地区或在某一方面还可与它并驾齐驱，平分秋色，并和该品牌一起宣传。如内蒙古的宁城老窖，宣称是"宁城老窖——塞外茅台"。也可以借其他产品的品牌来组合定位。如借某一品牌苹果醋，来宣传自己的苹果。

（5）历史文化定位。挖潜地域文化或者水果本身的文化优点。可以是和水果有关的各种神话故事、传说。如四川的荔枝可以从杨贵妃"一骑红尘妃子笑，无人知是荔枝来"的典故来挖潜，给出自己荔枝的独特定位；国外的奇异果品牌不错，我们则可以探讨猕猴桃名称的由来，从猕猴与人类的关系来探讨定位自己的产品名称；因为乾隆下江南爱吃狮子头，因此狮子头借此故事扬其名。核桃、荔枝则可以借武则天、杨贵妃来扬名。同样，我们可以在蟠桃、哈密瓜上查找历史故事，"哈密瓜"身上有很多的品牌资源可以挖掘和利用，给出水果渊源，吸引顾客眼球。

（6）地域定位。水果的品质、口感与水果生长地区的气候、水土、日照等息息相关。地域品牌定位能够反映出一个地区水果的共有特征。并且可以带动一个地区的经济发展。定位地域品牌，要加强地域品牌管理。避免"一人有罪，株连九族"的状况，在发生危机时，及时向媒体提供精确的信息。避免给地域品牌脸上抹黑。

（7）类别定位。世界品牌实验室认为该定位就是与某些知名而又属司空见惯类型的产品做出明显的区别，或给自己的产品定为与之不同的另类，这种定位也可称为与竞争者划定界线的定位。如美国的七喜汽水，宣称自己是"非可乐"型饮料，是代替可口可乐和百事可乐的消凉解渴饮料，突出其与两"乐"的区别，因而吸引了相当部分的"两乐"转移者。又如娃哈哈出品的"有机绿茶"与一般的绿茶构成显著差异。

（8）品质定位。以产品优良的或独特的品质作为诉求内容，如"好品质""天然出品"等，以面向那些主要注重产品品质的消费者。适合这种定位的产品往往实用性很强，必须经得起市场考验，能赢得消费者的信赖。如蒙牛高钙奶宣扬"好钙源自好奶"。企业诉求制造产品的高水准技术和工艺也是品质定位的主要内容，体现出"工欲善其事，必先利其器"的思想，如乐百氏纯净水的"27层净化"让消费者记忆深刻。

2. 品牌名称——给水果起个好名字

我国水果商品名称大致来自四种方式：地名与品名相结合的形式。如烟台苹果、福建蜜橘等。有一部分采用科研代码与品名相结合的形式，如8842、8829西瓜及烟富1号苹果等。有一些从国外引进的水果，多采用洋名译音与品名相结合的形式，如伊丽莎白、古拉巴甜瓜等。还有一些采用学名与品名相结合的形式，如红星苹果、黄香蕉苹果等。这四种形式商品名称与现代市场营销的商标品牌概念相差甚远。

给孩子起名字，大家觉得是一件特重大的事情。这个名字要叫起来好听、别人还能过耳不忘，同时还饱含了对孩子一生的希冀。我们在水果培育中投入了抚育孩子般的辛苦，但是在给水果起名字的时候却太大意了。从消费者的希望、企业的期望或者水果本身的特性出发，给水果起一个响亮的名字，让消费者悦耳、难忘，能够激发消费者的兴趣。

（1）水果的名称反映水果的特征，而商标品牌要反映企业对水果在市场中的定位、要体现企业经营商品的质量及服务企业形象等。

（2）名称应该易读、易认和易记，还要与所属的水果类别的形象相匹配。在苹果品牌的图像上印制葡萄或梨，会让消费者不知该如何选择。

（3）品牌名称应该是独特的。因为与众不同，才会吸引消费者眼球，消费者对第一次进入心灵的东西大多会情有独钟，总是容易记住"第一"，很难记住"第二"。

（4）名称应该是可以扩展延伸的。随着水果加工技术的提高和水果种植技术的提升，水果的加工品、水果的新产品也会提高品质，名称可以进行细分。如苹果类的：红富士苹果、国光苹果、黄香蕉苹果等，可以在一个品牌之下进行扩展；苹果酱、苹果醋等加工品也可以使用扩展名称。这样有利于品牌发展壮大。

（5）水果的名称应该容易翻译成其他语言，且该语言较顺口，不会与其他国家的审美、文化有冲突，这样便于将来水果走出国门，便于在其他国家销售。

（6）品牌名称应该有视觉吸引力。应该选用幸运名称、颜色和号码。读起来朗朗上口，又给人美的享受。水果名称及图标颜色搭配应该色彩鲜明、清新、有活力，能够刺激消费者的食欲。

（7）品牌名称能够获得商标注册。商标名称、图标要符合商标法的要求。尤其适用地域品牌时要注意协调。

3. 品牌持有者选择——为品牌找个好管家

如何选择品牌的管理者对品牌建设是至关重要的一步。关键看哪个组织能够帮助推动品牌建设，整合各种资源来扩大品牌影响力。可以组建农业企业集团，推动农业品牌的发展。农业企业规模的大小直接影响农业名牌的创造速度及市场竞争力。目前，被广泛认同的"龙头企业+基地+农户"的农业产业化经营模式在很大程度上促进了水果品牌的产生。大企业具有的资金、技术、人才、信息、管理及市场营销等方面的优势，更有利于一大批水果品牌的打造。因此，组建农业企业集团将为农业创品牌提供巨大的原动力，推动农业品牌迅速发展。也可以选择政府或水果协会等。

4. 品牌建设需要政府的支持帮助——为品牌找个好娘家

企业要塑造水果品牌，应该努力与地方政府密切合作，充分整合政府资源，借助地方政府相关部门的力量，各尽所长，共同来塑造品牌。可以快速产生规模效应，也容易增强水果品牌的可信度，而且能够持续有效地提高农民收入，带动地方经济的高速发展，切实为地方政府解决"三农"问题做贡献。例如，地方政府和水果企业可以联合建立一套公正、自由、品质高、信誉好并且具备强大资金保障体系的水果交易与流通基地系统，推行实施与国际接轨的中国水果标准，逐步提高中国水果在国际水果市场的竞争能力，从而在国际市场提升中国水果品牌，大幅度提高地方经济水平。当然，水果企业在发展初期可以以占领国内市场为目标，然后，随着企业综合实力的上升，再进军"高手云集"的国际市场。

5. 品牌建设以产品建设为依托

品牌建设上盲目地以为树立品牌就是提高品牌的知名度，忽视品牌的物质基础——产品质量。没有好的产品质量和服务，品牌就失去了生命力。把品牌知名度的提高寄托在重磅媒体的广告轰炸上，对品牌维护偏重短期效益，缺乏长远打算。结果必然是品牌美誉度下降，品牌信誉受损。做品牌，首先是做企业、做产品。企业产品内在价值的升华，才是品牌建设的目的与归宿。

6. 品牌建设要领先一步

水果有时效性，但品牌传播没有时效性。可以提前两个月或者是提前三个月做相关的传播。传播给相关的经销商或者是大的卖场等一系列的渠道元素，等到水果上市时，借前期的品牌传播水到渠成地销售出去了。

## 二、水果品牌塑造与推广

品牌建设有了初步规划后，如何将品牌深入消费者身心，引起消费者关注和认知是非常重要的。通俗认为的精美包装、高投入的广告宣传等于水果的品牌塑造有些牵强。如何低成本创品牌是目前农产品激烈竞争之下获得竞争优势的关键之一。塑造品牌要有战略，战略是一个大的指引。同时，作为农产品品牌，政府要做好协调工作；另外也可以借助一些公关活动扬名。

1. 品牌塑造要有战略意识

对一个品牌来说，首先要有战略，然后在战略的指引下，选择合适的时机、合适的地方，最后做合适的公关活动。

2. 品牌塑造要包装创新

加大水果包装的创新力度，在"保鲜"的基础上，充分体现品牌的个性形象和价值品位。同时水果企业或地方政府要根据水果的现实状况，进行合理的消费者细分。针对不同目标群体，分别规划设计包装形象。

3. 政府协调不可少

农产品的发展离不开政府的支持和帮助。政府要引导企业和农民，让他们有品牌塑造意识。政府要牵头，要逐层把关。如泉州政府借北京奥运会开展龙眼公关活动，在北京举办"泉州龙眼"推荐会，把泉州龙眼的品牌通过北京首都的辐射作用，然后带动整个北方市场。从生产原汁原味的带绿叶的新鲜龙眼到做龙眼干的企业，再到做龙眼酒、龙眼罐头深加工的企业，把它们集中起来，共同推向王府井大街，这是一个声势浩大的工程。政府牵头的一条龙的运作可以大而广地提高产品品牌。

4. 塑造品牌要善于利用时机

善于利用可以利用的外界环境或产品自身的时机来塑造产品品牌。如可以通过政府出面组织水果节，通过视频等方式向消费者展示水果的生长包装全过程。或者借本地旅游季节，免费组织游客参观果园、体验摘果乐趣。

可以与消费者联手：让消费者来园林签名认领水果树、共同种植水果、共同采摘，通过这种消费者、厂家共同抚育的方式让消费者体验绿色种植、绿色消费。

5. 推广品牌要因势利导

品牌塑造要符合社会和谐发展方向；也要符合水果这个行业的发展方向；符合企业所在地区的发展之势；更要符合消费者的兴趣发展之势。逐层地，从宏观到微观的，这样逐层逐层地往下延伸。

6. 品牌塑造要实施全面质量管理

在"公司+农户、合作经济组织+农户、专业技术协会+农户、农场+农户"的形式下，龙头企业要将品牌水果的生产过程、检验过程及包装过程标准化，在销售之前进行品牌检验。产品的品牌效应和影响力都必须建立在过硬的质量上面。要想树立自己的农产品品牌，就必须先让自己产品的质量过关，争取让自己的农业企业达到国家规定的质量体系和食品安全体系的要求。所以要对从生产到加工、销售整个过程进行监督指导，以此来维护所创建的品牌。

即由整个果农到企业再到政府这一系列的跟水果品牌相关的人与企业都应该有品牌管理的意识，而且都要为之付出相应行动。这样，整体的质量才能达到一个实质性的提升。它需要企业全体员工的全程参与，要求全体员工都必须有品牌管理意识，有意识地维护品牌形象。

### 三、品牌维护与管理

创品牌难，保品牌更难。维持农产品品牌长盛不衰，必须建立品牌管理体系。

1. 加强品牌宣传

"酒香也怕巷子深"，有效地宣传农业品牌，张扬其美名，是保护和发展品牌不可或缺的一环。

2. 完善品牌法律保护体系

对创建的水果品牌进行及时注册，获得商标权的保护，是维护水果品牌形象的有效措施。可以建立水果品牌防伪的营销渠道，如实行统一进货、统一标志、统一品质、统一经营模式的"专市、专店、专柜"的办法销售，坚决打击各种违法活动对农业创名牌的冲击。

3. 注重品牌的"名副其实"

水果产品是品牌生存的根本。要注重品牌内在品质的连续性和稳定性，对农业产品生产经营实行规范化、标准化的全程管理，稳定农产品内在品质，增加农产品的科技含量。要有一套产业化体系来维护。一要坚持品种改良，避免品种退化。二要进行标准化、规范化管理，对产品进行严格分选，维护品牌形象。

4. 积极应对危机，维护品牌形象

水果产品容易产生质量危机，如果不及时处理，日积月累，就会酿成大危机。因此，品牌持有者面对危机，要有如下对策。

首先，水果品牌对待危机的态度要明确，而且要在第一时间表明应负的责任，不能采用任何手段来逃避危机事实。欲盖弥彰只会让事件更难控制。

其次，要及时对外准确发布信息，不能朝令夕改，让人去猜疑或猜想。若是连锁超市或果园，则必须表明是哪一家分店或产区，以降低危机对品牌的整体伤害，否则，遭遇"株连九族"就十分冤枉了。

最后，要及时给出解决危机的办法，对危机事件给予及时处理，最大限度地做好"善后"工作，以保护和安慰"受害者"，一对一地化解"危机"，同时也要针对产品现状和危机根由采取有效的处理措施，尽力避免危机的再次发生。

# 第四节　水果销售

## 一、水果销售方式

水果销售方式是指水果从生产经营者手中到达消费者手中或转卖给其他经营者的转换手段或转换形式。水果销售方式的划分方法比较多。水果销售方式越直接，越灵活，越多样，越符合实际，就越受消费者欢迎，越能吸引购买者。

### （一）按销售环节划分

从销售渠道环节和销售的组织形式来看，水果销售方式大致可分两种。

1. 水果直接销售

水果生产者将水果直接出售给消费者和用户，无须通过任何中间商的销售方式，称为"水果直接销售"，简称水果直销。这种销售方式的优点是：销售渠道短，产品能迅速进入市场；流通费用较低，消费者与生产者双方都受益；直接与消费者见面，信息反馈及时、准确，有利于生产者决策；有利于生产者为消费者提供更好的服务；便于控制价格。其缺点在于，由于直接销售使生产者肩负中间商的职能，增加了销售人员和销售费用；由于销售网点受到一定限制，导致商品流通范围受限；生产者要承担市场风险和市场促销功能。

水果直接销售有以下几种方式：①开设门市部或专柜销售；②走访用户销售；③通过邮购形式推销；④通过展销会，会场设点销售；⑤通过自动销售机销售等。无论哪种销售方式，要求首次销售的产品的使用效果都达到用户满意。

2. 水果间接销售

水果生产者通过中间商或中间代理商把水果销售给消费者或用户的销售方式，称为"水果间接销售"。中间商的作用是购买和销售商品、转移这些产品的所有权。中间代理商不拥有产品所有权，只帮助购销双方转移产品所有权。间接销售是社会分工高度发展的产物，也是商品交换中应用最广的销售方式，在现代商品流通中居主导地位。间接销售的优点在于：有利于生产者集中人力、物力于生产活动；有利于扩大流通，便于消费者购买；沟通产销信息，可以起到集散商品和"蓄水池"作用；中间商具有较丰富的市场营销经验，能在流通中开拓市场，促进销售。其缺点是信息反馈差，商品流通速度较慢，生产者不易控制销售价格等。

水果间接销售有以下几种表现方式。

（1）批发销售。水果批发有两种含义：一是指批发商向水果生产者批量购进水果的活动；二是指批发销售，即批发商向零售企业和消费单位等批量销售水果的活动。水果的批发销售活动一般是在水果批发市场上进行的。以水果批发市场为主体的批发销售方式，有利于减少水果流通的中间环节，加快水果的流通速度，加强横向经济联系。

（2）零售。水果零售是生产经营者直接向最终消费者出售水果的经营活动。零售的特点是零售网点与消费者之间的空间距离较近，可以适应消费者经常购买，但每一次的购买量又较少的要求，为消费者提供方便。

（3）代理销售。水果代销是水果生产者将自己的经营商品委托其他中间商代理销售的方式。代销商不承担资金投入和销售风险，只按协议领取代销佣金。代销是可以开展的，尤其是对一些有一定经营难度的新产品，是可以经工、商双方协商而开展代销方式的。但是代销应以商业信誉为本，在互利互助下求得共同发展。在代销方式下，商业企业的获利也必然小于经销方式的获利。

（4）经纪销售。经纪销售则是供货商与销售商利用经纪人或经纪行沟通信息，达成交易的方式。经纪方不直接管理水果商品，更不承担风险，只是通过为供、销双方牵线搭桥，以收取"佣金"。

（5）联营销售。联营销售是由两个以上不同经营单位按自愿互利的原则，通过一定的协议或合同，共同投资建立联营机构，联合经营水果销售业务，按投资比例或协议规定的比例分配销售效益。联销各方共同拥有商品的所有权。

## （二）按成交方式划分

按照成交方式的不同，水果销售可分为现销、预销、赊销和期货交易四种方式。

### 1. 现销

现销是产品生产者或经营者向购买者发货和购买者支付货款同时进行的一种销售方式。这是水果销售的一种最基本的形式。

### 2. 预销

预销是产品生产者或经营者预先向购买者收取部分或全部货款，并在约定的时间向购买者交货的一种销售方式。对生产者来说，采用预销的方式，有利于尽快推销产品，加速生产资金的周转。大宗水果一般可采用预销的方式。

### 3. 赊销

赊销是产品生产者或经营者先向购买者发货，并在一定的时间之后再向购买者收取货款的一种销售方式。分期付款也是赊销的一种。采用赊销的方式，有利于尽快推销产品，减少库存量，降低储存费用。

### 4. 期货交易

期货交易是一种在远期合同交易的基础上发展起来的一种比较特殊的交易方式。水果期货交易是指交易人通过支付一定的保证金，在期货交易所买进或卖出标准化的水果期货和约的交易活动。

### （三）按销售手段划分

按销售手段的不同，水果销售方式可分为固定门市销售、流动销售、函购邮寄销售、配套组合销售、网络销售五种方式。

1. 固定门市销售

固定门市销售是在固定的地点设立销售门市的一种销售方式。这种销售方式的具体做法有以下几种：①柜台陈列销售，其特点是销售人员与顾客之间有柜台相隔，商品陈列在柜台内或货架上，顾客挑选商品时必须由销售人员传递。这种销售方式的优点是可以确保商品的安全，避免商品的丢失和污损；其缺点是影响顾客的自由选取。②敞开陈列销售，其特点是商品摆在敞开的柜台和货架上，顾客可以入内直接选购商品，同销售人员在同一场地内进行交易。这种销售方式的优点是方便顾客挑选商品，有利于促进销售；其缺点是容易造成商品的污损和丢失。③展览式销售，这是敞开陈列销售的一种特殊形式。其特点是商品以展览的形式陈列，具有一定的艺术性和可观赏性，并一般配有现场解说员或解说词。这种销售方式的优点是容易引起消费者的兴趣，并通过向他们介绍有关商品的知识，激发他们的购买冲动。这种方式尤其适合于推销消费者尚不十分了解的新产品。

2. 流动销售

流动销售是随机选择销售地点的一种销售方式。其特点是通过深入居民区和集中消费点，最大限度地接近消费者，为顾客购买商品提供方便。这种销售方式比较适合于销售水果、蔬菜等生产季节性较强的鲜活农产品。

3. 函购邮寄销售

函购邮寄销售是根据消费者的购买信函，通过邮政部门传输商品的一种销售方式。其特点是买卖双方不直接见面。这种销售方式一般是在买卖双方距离较远而买卖的产品数量又很少的情况下采用。

4. 配套组合销售

配套组合销售是按照消费者的要求，将某些具有消费连带性的农产品配套组合在一起的一种销售方式。这种销售方式的优点是：对顾客来说，它能使顾客一次购买多种商品，免除他们逐项选购之劳，节省他们的时间；对经营者来说，它有利于推销商品，提高销售工作的效率。这种方式在一些发达国家使用得较为普遍。它特别适合于在销量大、顾客多的节假日销售繁忙期间，用于销售一些时令商品。

5. 网络线上销售

即通过计算机互联网络进行销售。这种销售渠道具有宣传范围广、信息传递量大、信息交互性强、节约交易费用等优点。随着互联网络的普及，可以预见这种销售渠道会显得越发重要。

随着社会经济的发展和科学技术的不断进步，可以预见，未来的水果销售方式必然会朝着为消费者提供更多的购物方便，并有利于经营者宣传商品、推销商品和提高销售效率的方向发展。方便性、服务性和高效率是未来水果销售方式所必须具备的基本特征。

## 二、水果直销

生产者不经过中间环节，直接将水果出售给消费者或用户的营销方式为水果直销。

### 1. 观光采摘直销

观光采摘直销就是通过游客观光、采摘等方式，直接推销自己产品和服务的一种直销形式。瓜果类农产品，如甜瓜、樱桃、葡萄、草莓等产品适合游客亲自采摘，是观光采摘直销的主要产品。观光的人们在参观现代化的农业生产方式的同时，又能够亲自采摘产品，作为礼物带给加家人或亲朋好友品尝，实为一件非常愉快的事情。所以这是一种具有特色的吸引买者上门式的销售方式。

水果观光采摘直销方式和观光果业这一新兴产业紧密相连。随着城市化的迅速发展和都市居民消费水准的不断提高以及现代农业产业化的进展，一种全新的农业形态——观光农业正以强劲的姿态展现在人们面前。作为观光农业重要组成部分的观光果业更是一枝独秀、大放异彩。观光果业是观光农业的重要组成部分，是运用浏览、休闲等形式将果业资源拓展为旅游资源的一种新型产业。它与传统果业的不同之处就在于它是一种文化性强、自然意趣浓，能同时满足人们精神与物质双重享受的现代果业与旅游休闲相结合的绿色产业。我国观光果业的发展以北京和台湾地区起步较早，广东、上海、浙江、湖南、海南、江西、广西等省份也有初步尝试。

### 2. 水果订单直销

订单直销是由产品加工企业或最终用户与生产者在安排生产之前，直接签订购销合同的直销形式。许多鲜活农产品如水果等由于市场变化大，行情不稳定，加上产销衔接不好，影响了生产效益和农民收入的提高，如果先进行市场调查，根据市场需求的订单安排生产，把水果的销售逐步推上"订单"果业的轨道，不仅有利于果业结构的调整，加快果业产业化进程，而且解决了水果的销售问题，为发展产销对接奠定良好的基础。订单果业是一种与国际接轨的先进农业生产销售模式。订单果业使分散经营变成了统一经营，避免了果农之间相互压价所造成的恶性竞争，使产品销售形成合力一致对外，有效地保护了果农的利益。改变了传统果品市场生产与销售相互脱节、销售渠道不畅、经营市场混乱的局面，解决了果农销售难的后顾之忧。除水果等鲜活农产品走订单直销形式外，其他农产品也有采用这种销售方式的，比如粮食加工企业向农户直接下订单订购粮食，养殖大户订购饲料等，从初级农产品到加工制成品，都可以采用订单直销。"订单"果业不一定都是直销形式。如果果农与水果加工企业签订了购销订单，这是直销形式。但是，如果是果农与水果批发商或其他中介商签订订单，就不是订单直销的形式。本节主要是针对订单直销形式来说明操作运行中的有关问题。

### 3. 零售直销

一些鲜活的农产品如蔬菜、水果、水产品等，生产者在田间地头、农贸市场、自营专卖店直接把产品出售给消费者，或直接把产品送到客户（旅馆、饭店及消费团体）手中，都属于这种直销形式。直销中，生产者和消费者都处于主动地位，不仅保证了生产者的收入和消费者的合理支出，而且保证了产品鲜活性，少损耗。当然，这种销售方式要求生产者具备一定的销售能力和承担市场风险的能力。

目前水果零售直销通常有下面三种形式。

（1）集贸市场上农民自己出售水果。我们经常在各地的农贸市场上看到一些农民出售自己种的水果，生产者参与流通，获取部分商业利润，同时也能及时了解市场行情和顾客的需求。

（2）生产者把自己的产品直接送到用户手中。水果生产者直接向一些宾馆、高级饭店或某些特定消费团体送货，满足机构客户对水果的要求。

（3）自营专卖店。对于大型的水果生产者，由于生产销售的水果品种多、数量大，可以通过构建自身的销售网络，利用设在各地的专卖店进行定点销售。水果销售网点可以借鉴国内外连锁商业的成功经验结合各地具体情况，实现严格的"八个统一管理"，即要统一装修风格、统一服务规范、统一进货、统一库存调配、统一商号、统一价格、统一核算、统一管理。其最大优势是企业能够有效地控制销售渠道，增强市场推广和开发的力度，且有利于树立企业的品牌形象和扩大企业的知名度，能够较好地与消费者进行信息沟通。这一模式需要企业自身构建网络和配备销售人员，管理成本有所增加；销售范围和销量也有一定的局限性。

此外，水果零售直销还有邮售直销或网上零售直销等形式。本节所说的零售直销主要指前三种形式。

### 三、水果间接销售

水果间接销售是指水果生产者通过中间商或中间代理商把水果销售给消费者或用户的销售方式。中间商包括取得产品所有权或帮助转移产品所有权的企业或个人。中间商的作用是购买和销售商品、转移这些产品的所有权。中间代理商不拥有产品所有权，只帮助购销双方转移产品所有权。间接销售是社会分工高度发展的产物，也是商品交换中应用最广的销售方式，在现代商品流通中居主导地位。

### 四、水果零售

水果零售商是出售水果给最终消费者的经营者，水果零售是运销过程的最后一道环节。水果零售商的职能包括购、销、调、存、加工、分包、传递信息等。在地点、时间与服务方面，方便消费者购买水果。

水果的零售形式多种多样，以往的国营果蔬商店虽是商品供应的主渠道，但僵化的体制和封闭的货场给顾客带来很多不便。近年来出现的多种自由市场已成为居民购买果蔬的主要场所，新鲜、方便、灵活是它的最大优点，但有时也给城镇管理和环境交通造成一些困难。此外，在不少城市还出现了水果超市和综合超市等形式，也是对零售市场的一种补充。但无论何种形式的零售，其宗旨都应以服务消费者为中心，做到质量优良、价格合理、灵活方便、安全卫生。

目前我国的水果零售市场主要有水果农贸市场、水果超市、综合超市、传统的水果店及水果摊。

1. 水果农贸市场

（1）水果农贸市场的概念及特征。水果农贸市场是在一定区域范围内，以水果的生产者和消费者互通有无为目的，以水果为交易对象，以零售为主要形式的现货交易场所。一般来说，水果农贸市场辐射范围小，进场交易者主要是当地的农民和城镇居民，每笔交易的成交量小，而且是买卖双方直接交易，交易成功后钱货两清。摊贩从事经营的做法是根据自己的贩卖经验和市场行情，每天或者隔天从批发商手中批发适当数量的水果，拿回后经过分级、整理，以不同价格出售给消费者。目前，市场上的摊贩主要有两类：固定摊贩和流动摊贩。固定摊贩一般在农贸市场租赁一个摊位，摊位租赁时间可长可短，可以以月、季度或者年为单位，根据租赁时间的不同缴纳不同的市场管理费。流动摊贩则以三轮车或机动三轮车为工具，随时随地进行销售。水果农贸市场的特征主要体现在以下几个方面。

市场接近完全竞争：水果农贸市场内有多个水果零售商，按其进货渠道看，主要有从批发市场进货和自产自销两类，总体看，其经营产品种类、经营规模、经营方式、附加服务都类似，销售中没有太多不同，可以认为集贸市场内从事水果销售业务接近完全竞争。

水果价格经常变动：水果农贸市场的水果价格是由买卖双方通过自由协商而形成的。随着水果市场供求关系的变化、产品质量的不同以及交易双方议价能力的不同而出现升降变动。水果农贸市场价格经常变动的原因有：第一，地区差价，这主要是水果生产的区域性、水果消费的普遍性和水果农贸市场交易的区域性决定的；第二，季节差价，这是由水果的季节性生产和常年性消费决定的；第三，时点差价，即同一水果品种在同一市场上的不同时点价格各不相同，水果的供求关系有很大的偶然性和变动性。

（2）水果农贸市场的功能。水果农贸市场作为水果交换的一种传统形式，与我国的社会生产力发展水平和结构相适应，是满足居民水果消费需求必不可少的交换方式。它的功能有如下几点。

增加农民收入：乡镇的水果集贸市场为农民提供交换富余产品的场所，增加了农民货币性收入。实践证明，集贸市场发达的地区，农民从事农业生产也更有积极性，因为产品可以非常方便的销售并换来货币。

方便城市居民生活：城市的集贸市场是城镇居民生活资料的主要来源，丰富了城市居民的果篮子。集贸市场分布于城市内各大社区，近似完全竞争的市场结构保证消费者可以买到物美价廉的产品。它的存在保证了城市居民日常生活必需品的供给。

推动商品经济的发展：水果农贸市场兴起能带动第三产业的发展，有大批劳动力围绕着市场从事各种服务行业、饮食业以及文化娱乐业等。

2. 水果超市

（1）水果超市的概念和发展。水果超市，是以较大规模、专业化经营、超市化服务为特征的，专营水果的大型零售商店。

水果超市是水果行业发展到一定阶段的产物，是近年来新兴的一种水果经营模式。随着经济的发展，生活水平的提高，水果正逐渐成为人们生活的必需品。中国人均消费水果数量逐年攀升，目前在北京、上海、广州、深圳等大城市，水果消费的比例已经接近整个市民餐桌膳食搭配比例的1/2。水果不同于其他食品，对"新鲜"的要求高，而小商贩和传统的水果店已无法满足广大消费者对水果的"鲜"以及对优质水果购买环境的需求；综合超市零售，虽然有较好的购物环境，但超市零售的水果价格往往比较高；农贸市场又往往受制于交通和时间的不便。消费者需要市场提供这样一个地方：既有超市里的购物环境、品质保证，又有批发市场的价格和数量优势。在此情境下，一种新的水果经营模式——水果超市应运而生。水果超市专卖的形式最早出现在深圳，2002年7月深圳百果园水果连锁超市第一家门店在深圳面世后，水果专卖之风吹到了北京、上海、杭州、重庆、福州等地，并呈现进一步扩展态势。水果超市的出现，迎合了水果消费从传统走向现代，从粗放走向精细的趋势。从长远看，作为一种新业态，水果超市的健康成长也将有利于促进整个行业的良性发展。

（2）水果超市的特征。

价格优势、品种丰富：一般水果流通从水果产地到百姓手中，至少要经过"生产者—批发商—零售商"三个环节，去掉其中一环便可以让水果价格降低很多。而水果超市是将批发和零售这两个环节合二为一，自己充当中间环节，这样降低运营成本，水果就拥有了价格与质量优势。水果超市的水果从产地直接运进水果超市，直接面对终端消费者，薄利多销，很受消费者欢迎。而且水果超市的种类也更加丰富，一般都达好几十种甚至上百种。如深圳百果园公司就在山东建有丰水梨、红富士基地，在新疆建有哈密瓜基地、江西建有蜜橘基地。每年由基地直接提供超市的就有40多个品种的水果。

购买环境好：从购买环境上说，水果超市的装修比较好，水果分隔排列整齐能够吸引人，水果标价牌上标明水果产地，给人公正诚信不欺骗的感觉，使用收银机和电子秤结账，不会短斤少两，配备标有水果店名称、联系方式的包装袋，工作人员统一着装，给消费者的感觉比较好。好的购物环境塑造出了水果超市的高档次，成为消费者尤其是追求高品位的年轻人的购物首选。

便利、服务快捷：年轻人来到水果超市，往往是想买马上要吃的水果，既不愿花太多时间比较和挑选，也不会太计较价格高低，只要能够尽快买到满意的水果，他们就会觉得是一次满意的消费。也就是说，消费者在这种消费过程中，便宜、休闲等退居其次，而"便利"成为头等重要。水果超市的出现正好为他们解决了以上问题，下班后可顺路选购，回家马上就可食用，方便、省事又迅速。

服务专业化：大多数水果超市除提供几十种水果外，还提供鲜榨果汁、水果拼盘、水果沙拉、水果甜品等，这些水果及制品都从冷库直接到冷柜，使其品质有了保证。有的水果超市还开发出了水果礼品箱（篮、盒），并且要求服务员向顾客正确介绍水果知识等，这些都是普通超市和水果摊贩做不到的。

（3）水果超市迅速发展的原因。

生活方式的变化：随着经济的发展和个人收入的增加，人们生活质量普遍提高，家境殷实并且收入丰厚，经济自主又注重生存价值的独生子女或年轻人增多。人们用于度假、娱乐、郊外野餐、国内外旅游等方面的消费比重越来越大，这些给水果超市提供了发展的市场需求条件。

工作压力的上升：为赶上时代发展的步伐和节奏，大量业余时间被用于学习新的知识和技术。工作压力上升，闲暇时间减少，使得人们去商店购物的动机与以前相比，闲逛、享受的成分大大减少，取而代之的是强调购物的效率，以快捷的购物作为去商店的主要宗旨，以节省时间用于其他活动。

消费品位的提高：水果消费的比例连年攀升，水果消费人群也从过去的以孩子、老人为主演变成全民消费。随着人们消费水果量的上升，人们开始追求消费的质量和品位。目前消费者对水果的要求已经超出了价格的较低层次，对质量和品牌的要求越来越高。因此，品牌水果专卖店得到市场的认可并不困难。

（4）水果超市的经营之道。水果超市是否能盈利，关键在于选址和进货渠道。

选址：选址不好，客源就少，一个店址的好与坏，在很大程度上决定了将来的盈与亏。在选定一个店址前，需要做一个详细的调查，判断出该地区经济状况、人们的消费水平、人流量和车流量的大小等。

进货渠道也影响水果超市的盈利。水果从产地到终端零售市场一般需要经过三个环节：由长途运销商或果农本人将水果从产地运到批发市场，货主在市场内负责批发定价，水果零售店采购人员从批发市场进货。如果水果零售商直接从产地进货就可以将三个环节缩减成一个环节，就能获得更大的利润空间，而且能够有更大的品种选择空间。目前，大多数水果超市的经营尚未达到真正意义上的水果超市这种"专卖"零售业态的要求，无法从产地直接进货，采购成本、配送成本较大，利润较低。

另外，水果超市刚刚起步，需要商家以创新的经营模式来满足消费者从而提升了的消费需求，通过提高服务水平来赢得消费者。例如，上海、杭州等地的水果超市已经开展了鲜榨水果、水果悠闲吧、送货上门等特色服务，增值效应明显。温州的水果超市还与餐饮店、酒吧等水果消耗量大的场所建立批零合作关系，并适时推出水果吧、水果拼盘等服务，以此拓宽市场。

3. 大型综合超市

为满足消费者一站式购物的需求，传统的超级市场开始向大型化、综合化超级市场发展，这种市场面积规模上通常是传统超市的两倍。大型超级市场满足了消费者对方便、多样性以及服务的需求，它不仅提供食品和一些非食品，还提供蔬菜、水果等鲜活农产品。

大型综合超市的水果零售方式从20世纪80年代开始引入我国，之后发展迅速并推动我国水果零售业格局发生了重大变革。近些年随着市场竞争和绿色农业的发展，很多蔬菜、水果、猪肉等农副产品，尤其是绿色食品纷纷进入超级市场参与竞争。超市生鲜区在蔬菜、水果、鲜肉和水产等初级生鲜商品的价格竞争优势并不明显，但是超市购物环境显著优于其他商店，同时，它销售的生鲜商品富含集合性和多样性，大规模的采购使其质量较有保证。伴随批发市场、农贸市场的清理整顿，大城市和中心城市的综合超市水果零售发展迅速。首先，许多马路市场、露天市场及经营极不规范的水果批发市场和农贸市场被强行拆除，使水果被迫转移到超级市场销售；其次，部分住宅区的农贸市场或小摊商顺应规范化、功能化发展的要求，多数被迫转停，部分转到超市销售；第三，大城市郊区生态农业的发展和水果基地的建设，都瞄准了市中心小区超级市场，为超级市场吸引顾客提供了战略商品；第四，随着城市化的发展，城市人口的增加，为超市水果零售的发展提供了需求的基础。

进入21世纪后，很多大型城市如北京、上海等从市容市貌和消费安全卫生的角度提出"农改超"政策，即农贸市场改革为超级市场，但是在实践中面临很多现实问题。总体而言，超级市场销售生鲜农产品是个大的趋势，但农贸市场在相当长一段时间内仍有其存在意义。

4. 传统的水果店及水果摊

城市里的人们早已习惯了在街头传统的水果店及水果摊购买水果。水果店最大的优势就是方便，在居民区的出入路段进行销售，给消费者带来了便利，从而成为经久不衰的销售形式。但是水果摊不能保证新鲜和品种的丰富，一般水果摊点最多只能经营近20个水果品种。并且，一些水果摊存在短斤缺两、价格乱叫、不讲诚信的毛病，让消费者很不放心。

水果超市的出现对综合超市一般不会有什么影响，综合超市的水果种类本不多，只是方便顾客一次性购物，水果只是其经营的一种，反而对街头传统的水果店及水果摊冲击较大。水果超市在进货上的渠道优势，进货的价位比水果店低，种类更全，购物环境也更好。但是我国水果市场空间很大，仅靠为数不多的水果超市尚难取代水果摊目前的地位。

### 五、水果网络营销

网络营销（On-line marketing 或 Cybermarketing），是企业营销实践与现代信息通讯技术、计算机网络技术相结合的产物，是指企业以电子信息技术为基础，以计算机网络为媒介和手段而进行的各种营销活动（包括网络调研、网络新产品开发、网络促销、网络分销、网络服务等）的总称。

网络营销根据其实现的方式有广义和狭义之分，广义的网络营销指企业利用一切计算机网络（包括 Intranet 企业内部网、EDI 行业系统专线网及 Internet 国际互联网）进行的营销活动，而狭义的网络营销专指国际互联网络营销。国际互联网是全球最大的计算机网络系统。

网络营销在果品行业中的应用主要是借助水果行业网站和企业网站，实现信息的双向交流，即果农及水果生产、流通、加工企业，通过网络及时发布和获取相关的商品供求及服务信息，以 B2B（企业对企业）为主要形式，实现网上营销、洽谈，网下成交、支付。目前，在信用体系和网上支付手段不健全的环境下，这种形式的风险小，也适合果品内在品质及口感差异必须通过感官鉴别判断的特点。在这里需要强调的是，网络营销不能简单地理解为网上销售，通过建立网站对线下产品进行营销宣传，或者通过网络建立客户关系，都是网络营销的一部分。

网络营销方式可以分为无站点营销及基于网站的网络营销。无站点营销主要是借助于各种网络资源进行企业信息和产品信息的发布或者利用网上商店与网上拍卖开展网上销售活动。基于网站的网络营销方法则包括：搜索引擎营销、网站资源合作、病毒性营销、网络广告、许可 E-mail 营销、网络会员营销。果品网络营销可以使用下列方法来实现：利用信息平台进行供求信息发布、网上分类广告、在线黄页服务、网络社区营销、网上拍卖、网上商店营销、搜索引擎营销、许可 E-mail 营销、网络广告等。目前，我国网络营销实践中这些常用的方法使用都很有限。

# 主要参考文献

曹尚银，郭俊英 . 2005. 优质核桃无公害丰产栽培［M］. 北京：科学技术文献出版社 .

曹尚银，侯乐峰 . 2013. 中国果树志：石榴卷 . ［M］. 北京：中国林业出版社 .

丛佩华 . 2015. 中国苹果品种［M］. 北京：中国农业出版社 .

崔宽波，李忠新，杨莉玲，等 . 2016. 鲜核桃贮藏保鲜技术研究进展［J］. 食品研究与开发，37
（5）：194−196.

邓桂森，周山涛 . 1985. 果品贮藏与加工［M］. 上海：上海科学技术出版社 .

冯玉增，胡清坡 . 2017. 软籽石榴智慧栽培 . ［M］. 北京：金盾出版社 .

高东升 . 1998. 桃优质丰产栽培技术问答［M］. 济南：山东科学技术出版社 .

高海生，刘秀凤 . 2004. 核桃贮藏与加工技术［M］. 北京：金盾出版社 .

谷继成，王建文，房荣年 . 2008. 杏树栽培技术问答［M］. 北京：中国科学技术出版社 .

郭应良 . 2016. ‘燕红桃’优质丰产栽培技术［J］. 中国园艺文摘，32（2）：193−194.

郝艳宾，齐建勋 . 2009. 图说果树良种栽培：核桃［M］. 北京：北京科学技术出版社 .

郝艳宾，王贵 . 2008. 核桃精细管理十二个月［M］. 北京：中国农业出版社 .

姜全，赵剑波，陈青华 . 2006. 无公害桃标准化生产［M］. 北京：中国农业出版社 .

姜全 . 2003. 桃生产技术大全［M］. 北京：中国农业出版社 .

李保国 . 2007. 绿色优质薄皮核桃生产［M］. 北京：中国林业出版社 .

李靖，陈延惠，夏国海，等 . 2001. 早熟优质新品系——黄水蜜桃的选育研究［J］. 河南农业大
学学报（2）：130−133.

李绍华 . 2013. 桃树学［M］. 北京：中国农业出版社 .

李效静，等 . 1990. 果品蔬菜贮藏运销学［M］. 重庆：重庆出版社 .

刘捍中 . 2005. 葡萄栽培技术［M］. 北京：金盾出版社 .

刘孟军 . 2004. 枣优质生产技术手册［M］. 北京：中国农业出版社 .

刘兴华，陈维信 . 2014. 果品蔬菜贮藏运销学［M］. 北京：中国农业出版社 .

龙兴桂 . 1993. 苹果栽培管理实用技术大全［M］. 北京：农业出版社 .

龙兴桂 . 2000. 现代中国果树栽培：落叶果树卷［M］. 北京：中国林业出版社 .

鲁怀坤，宋结合 . 2010. 水果市场营销一本通［M］. 郑州：中原农民出版社 .

马文会 . 2017. 梨栽培关键技术与疑难问题解答［M］. 北京：金盾出版社 .

牛良，王志强，鲁振华，等 . 2011. 我国桃育种现状及思考［C］. 中国园艺学会桃分会学术研
讨会 .

曲泽洲，王永蕙 . 1993. 中国果树志：枣卷［M］. 北京：中国林业出版社 .

束怀瑞 . 1999. 苹果学［M］. 北京：中国农业出版社 .

束怀瑞 . 2015. 苹果标准化生产技术原理与参数［M］. 济南：山东科学技术出版社 .

宋宏伟 . 2003. 优质高档枣生产技术［M］. 郑州：中原农民出版社 .

谭彬，郑先波，程钧，等 . 2019. 中熟鲜食黄肉桃新品种‘豫金蜜1号’的选育［J］. 果树学报，

36 (8)：1093-1096.

王力荣，朱更瑞，方伟超，等 . 2012. 中国桃遗传资源［M］. 北京：中国农业出版社 .

王鹏，王东升，许领军 . 2008. 桃速丰高效栽培新技术［M］. 郑州：中原出版传媒集团 .

王少敏，张勇 . 2011. 梨省工高效栽培技术［M］. 北京：金盾出版社 .

王宇霖 . 2011. 苹果栽培学［M］. 北京：科学出版社 .

王志强，牛良，崔国朝，等 . 2015. 我国桃栽培模式现状与发展建议［J］. 果农之友（9）：3-4.

徐海英 . 2001. 葡萄产业配套栽培技术［M］. 北京：中国农业出版社 .

严大义，才淑英 . 1997. 葡萄生产技术大全［M］. 北京：中国农业出版社 .

张绍铃 . 2013. 梨学［M］. 北京：中国农业出版社 .

张有林，原双进，王小纪，等 . 2015. 基于中国核桃发展战略的核桃加工业的分析与思考［J］. 农业工程学报，31 (21)：1-8.

郑先波，孙守如，谭彬，等 . 2010. 晚熟桃新品种'秋蜜红'［J］. 园艺学报，37 (4)：671-672.

郑先波 . 2018. 乡村振兴战略 . 林果业兴旺［M］. 北京：中国农业出版社 .

钟世鹏 . 2011. 梨高效栽培技术［M］. 北京：中国农业科学技术出版社 .

周广芳 . 2010. 枣优质高效生产［M］. 济南：山东科学技术出版社 .